JN081107

インフラ／ネットワークエンジニアのための

ネットワーク「動作試験」入門

システムのあるべき姿を知り、障害や不具合を回避する

みやたひろし 著

本書に関するお問い合わせ

この度は小社書籍をご購入いただき誠にありがとうございます。小社では本書の内容に関するご質問を受け付けております。本書を読み進めていただきます中でご不明な箇所がございましたらお問い合わせください。なお、ご質問の前に小社Webサイトで「正誤表」をご確認ください。
最新の正誤情報を下記のWebページに掲載しております。

https://isbn2.sbcr.jp/09207/ 

上記ページのサポート情報にある「正誤情報」のリンクをクリックしてください。
なお、正誤情報がない場合、リンクは用意されていません。

ご質問送付先

ご質問については下記のいずれかの方法をご利用ください。

Webページより
上記のサポートページ内にある「お問い合わせ」をクリックしていただき、ページ内の「書籍の内容について」をクリックすると、メールフォームが開きます。要綱に従ってご質問をご記入の上、送信してください。

郵送
郵送の場合は下記までお願いいたします。

〒106-0032
東京都港区六本木2-4-5
SBクリエイティブ　読者サポート係

■ 本書内に記載されている会社名、商品名、製品名などは一般に各社の登録商標または商標です。本書中では®、™マークは明記しておりません。
■ 本書の出版にあたっては正確な記述に努めましたが、本書の内容に基づく運用結果について、著者およびSBクリエイティブ株式会社は一切の責任を負いかねますのでご了承ください。

©2021 Miyata Hiroshi
本書の内容は著作権法上の保護を受けています。著作権者・出版権者の文書による許諾を得ずに、本書の一部または全部を無断で複写・複製・転載することは禁じられております。

はじめに

皆さんはネットワークの「試験」と聞いたら、どのようなものをイメージしますか？　ほとんどの方が情報処理技術者試験の「ネットワークスペシャリスト」や、シスコの「CCNA（Cisco Certified Network Associate）」のような、資格試験を思い浮かべるのではないでしょうか。残念ながら、本書は世の中によくある「資格試験」の本ではありません。本書は、ネットワーク構築における「動作試験」について説明している本です。

コロナ渦とともに浮き彫りになったデジタル後進国、日本において、今やシステム障害に関するニュースを目にしない日はありません。しかし、そんな中にあっても、構築現場では依然としてスケジュールありき、コストありきで進むプロジェクトが多く、今なお軽微な障害や不具合、初歩的なミスが頻発しているのが現状です。動作試験は、そんな障害や不具合からシステムを守る「転ばぬ先の杖」のようなものです。新しくシステムを導入するときや、古いシステムを新しいシステムに移行するとき、バージョンアップするときや設定を変更するときなど、システムに大きな変化・変動があるときに、いろいろな機能のいろいろな動作を細かくチェックします。それによって、システムにおける設計や設定の正当性を証明し、起こりうる障害や不具合の影響を最小限にします。また、そこで得た知識や情報をサービスイン後の運用管理へとフィードバックします。

さて、本書は、システムインテグレーター（SIer）の立場で、顧客に新しいネットワークを導入するとき、どのような動作試験をどのように実施し、どのように報告すればよいか、インフラ/ネットワークの側面から説明していきます。一言で「動作試験」と言っても、ありとあらゆる種類の動作試験があって、いざプロジェクトや案件を進めていくと、一筋縄にはいかないことが多いものです。徒手空拳で挑むと、途中で顧客から心をへし折られることも多々あることでしょう。本書は、そんなインフラ/ネットワークエンジニアたちのために執筆されています。

さあ、本書を通じて、動作試験が何であるかを深く理解し、「転ばぬ先の杖」という名の魔法の杖を手に入れましょう。システム運用の「安定」を支えてくれるのは、サーバーラックの扉に貼ってある豪勢なお札ではありません。また、ここ最近いろいろな顧客が好んで使うようになった「ワンチーム」という、まやかしの言葉でもありません。しっかりした動作試験で得た膨大な知識の蓄積と、動作試験を実施することによって得られる大きな自信、そして契約としての合意です。本書が安定的なシステム運用の一助となり、まやかしを退散するお札の代わりになってくれれば、筆者として幸いです。

本書の対象読者

本書は以下のような読者を対象にしています。

試験作業をお願いされた駆け出しエンジニア

ネットワークの登竜門的な資格をひととおり取得し終わった駆け出しエンジニアが、次にやることになる作業と言えば、動作試験のお手伝いでしょう。動作試験のお手伝いは、「試験仕様書」という、試験内容や試験手順が記載されているドキュメントの内容を粛々と実施していくだけなので、作業としては、正直そこまで難しいものではありません。問題はそのときの心の持ちようです。何も考えずに惰性で試験をこなしていくのと、その意味をひとつひとつ理解しながら試験に挑むのでは、大きく違いますし、このことがこれからエンジニアとして飛躍できるかどうかの分かれ道になります。

本書は、一般的なネットワーク構築で行う動作試験とその内容をひとつひとつ紐解いていき、理解の手助けをします。

試験仕様書を作らないといけなくなった中堅エンジニア

駆け出しエンジニアは、ひととおり動作試験のお手伝いができるようになると、試験仕様書を作成する側に回るようになっていきます。いざ試験仕様書を作るにしても、動作試験の内容は、システムの設計や設定だけでなく、顧客の業種や風土などによっても大きく異なるもので、これまでお手伝いしてきた試験仕様書とまったく同じというわけにはいきません。

本書は、典型的なネットワーク構成例をもとに、その設計・設定内容からどのようにして試験項目を導き出し、どのように試験を実施していくのか、その道標を提示します。

障害が起こったときにドタバタしたくない運用エンジニア

サーバーやネットワークの運用管理を行う運用管理エンジニアは、いつなんどき起こるかわからない障害と常に隣り合わせです。そして、障害が起こったときは、迅速な障害対応を求められます。この障害対応の速度を決定づける存在が「ナレッジベース」です。障害に関わる知識やノウハウをナレッジベースとして蓄積しておくと、「いつもはだいたいこれくらいだから…」とか、「ここが壊れたときはこんなログが出る…」など、心のゆとりを持ちながら、当意即妙に障害対応することができ、それが対応速度の向上につながります。

本書は、よく使用する機器・機能のコマンド例と、膨大な図解を掲載することによって、機器の状態やパケットの流れをイメージしやすくし、ナレッジベースの肥やしを提供します。

本書のコンセプト

本書は以下の3つのコンセプトで執筆されています。

構成を絞って

一言で「ネットワーク」と言っても、世の中には数限りないネットワークが存在しています。しかし、それらすべてをひとつひとつ細かく理解しても、きりがないですし、それほど大きな意味はありません。そこで本書では、可能なかぎりシンプルなネットワーク構成、あるいは現場でよく見るスタンダードなネットワーク構成をピックアップして説明することで、現場に通用する知識を効率良く、かつ手早く学習できるようにしています。

機器を絞って

一言で「ネットワーク機器」と言っても、世の中には数限りない機器が存在しています。しかし、そのひとつひとつを極めようとしても、きりがありません。そもそもネットワーク機器が持つ基本的な機能は、メーカーや機種が変わってもそこまで大きく変わるわけではなく、多くはデファクトスタンダードの機器になんとなく似通っています。そこで本書では、L2スイッチ、ルーターだったらCisco IOS、ファイアウォールだったらCisco ASA、負荷分散装置だったらF5 BIG-IPというように、一般的にデファクトスタンダードと言われている機器に絞って説明し、他のメーカーにも知識を転用できるようにしています。

機能を絞って

一言で「ネットワーク機能」と言っても、ネットワーク機器には数限りない機能が存在しています。しかし、それらをひとつひとつ細かく理解しても、きりがないですし、そもそも実際の現場で使用する機能は、そのうちのごく一部です。そこで本書では、現場でよく使用する機能をピックアップして説明することで、現場で通用する知識を効率良く、かつ手早く学習できるようにしています。

本書を利用するために最低限必要な知識とスキル

本書は、ネットワーク構築における、いろいろな機器、いろいろな機能の動作試験をインフラ/ネットワークの視点から解説していきます。したがって、ネットワーク機器の各種機能や通信プロトコルの基本的な知識が最低限必要になります。また、本書は、「curlコマンド」や「ncコマンド」で疎通確認をしたり、「Wireshark」や「tcpdumpコマンド」でパケットをキャプチャしたり、動作試験で一般的に使用しがちなツールをところどころで使用しています。少なくとも、それらをインストールできるくらいのスキルが必要になります。

謝辞

本書はたくさんの方々のご協力のもとに作成されました。いつも変わらぬ在り方で時に優しく、時に厳しく対応してくれるSBクリエイティブの友保健太さんには「感謝」以外の言葉が見つかりません。何の執筆実績もなかったころから、10年間本を書き続けられているのも友保さんのおかげです。確かに地味で限定されたテーマかもしれませんが、この本は、私がずっと書きたかったテーマのひとつでした。ひとつのカタチにしてくれて、本当にありがとうございました。

また、本業やプライベートが忙しい中、どんなときも寛大な心で相談に乗ってくれる堂脇隆浩さん、大きな障害があるといつも一緒にいてくれる高橋勘太さん、毎度高い技術力で私の細かいサポートケースに迅速に対応してくれる松田宏之さん、急な査読依頼を快く引き受けてくれた成定宏之さん、プリセールスからサポート、それぞれの立場で鋭い指摘をいただけたおかげで、唯一無二の本に仕上がったと思います。優秀な皆さんに囲まれて仕事ができているおかげで、自信を持ってデリバリーできています。本当にありがとうございます。

最後に、執筆期間中、ワンオペ育児を強いてしまっていた妻へ。ほぼ休みなく、部屋で働きづめな私をいつもサポートしてくれてありがとう。いつもいつでも感謝しています。そして、まだまだ小さいわが子たちへ。壮真は、お部屋のおかたづけがんばろう。あなたのプラレールで毎夜寝るところがありません。絢音は、iPhoneで殴って、私を起こそうとするのをやめましょう。とても痛いです…。

2021年11月　みやたひろし

CONTENTS

第1章 試験フェーズの重要性

第4章 障害試験

第5章 性能試験・長期安定化試験

第1章

試験フェーズの重要性

動作試験とは、システムが設計・設定どおりに動作するか確認するための試験（テスト）のことです。本章では、新しいネットワークを構築するとき、いつ、どのように動作試験を実施するべきか、順を追って説明します。

1.1 動作試験とは

動作試験とは、システムが設計・設定どおりに動作するか確認するための試験（テスト）のことです。動作試験は、ネットワーク構築の中でもなんとなく地味で、比較的軽んじられやすい傾向にあります。しかし、**設計・設定の正当性や、システムのあるべき姿を知り、障害を回避できるという点において、運用管理に直結する重要な役割を担っており、決して軽んじることはできません。** ここでは、ネットワーク構築における動作試験の位置づけや大まかな流れ、進め方やそのポイントなどを、ひとつひとつ説明します。

1.1.1 動作試験の位置づけ

はじめに、新しいネットワークを構築するときの大きな流れについて説明しましょう。一般的なネットワーク構築は、「要件定義」→「基本設計」→「詳細設計」→「構築」→「動作試験」→「運用管理」という6つのフェーズで構成されています。それぞれのフェーズは独立しているわけではなく、ひとつ前のフェーズのアウトプットが、次のフェーズのインプットになるように、各フェーズは密接に関わり合っています。つまり動作試験は、要件定義、基本設計、詳細設計を経て構築されたネットワークが正しいものであるかどうかを確認し、運用管理に渡すフェーズになります。

では、それぞれのフェーズについて、詳しく見ていきましょう。

要件定義

「要件定義」は、顧客が持っている要件を確認し、ひとつひとつ定義していくフェーズです。顧客の要件は、「提案依頼書（RFP、Request For Proposal）」という形で提示されますが、これはあくまで要件の概要です。提案依頼書の情報をもとに、顧客の要件をヒアリングし、要件の明確化・詳細化を図ります。そして、その内容を「要件定義書」という形でドキュメント化します。

基本設計

「基本設計」は、要件定義書の情報をもとに、各要素における設定の方針を決定するフェーズです。「設定の方針を決定」と聞くと難しく感じるかもしれませんが、ざっくり言えばそのネットワークにおけるルールを決めることです。「こんな機器をこういう風に接続して、こんな感じに設定していきます」といった具合に、使用する機能について、ひとつひとつルールを決めていき、その内容を「基本設計書」という形でドキュメント化します。

詳細設計

「詳細設計」は、基本設計書の情報をもとに、各ネットワーク機器の設定値を決定するフェーズです。当然ながら、機器や機種、OSのバージョンなど、各種要素によって設定するべき項目は大きく異なります。機器ごとに設定値の詳細化を図り、誰が見ても設定できるように、「詳細設計書」という形でドキュメント化します*1。

*1 詳細設計書に求めるものは顧客によってさまざまです。すべてのパラメータを記載している「機器設定書」や「パラメータシート」を詳細設計書としたり、設定値のポイントとなる部分をまとめたものを詳細設計書としたり、いろいろな形の詳細設計書があります。顧客が何をもって詳細設計書としているか、事前に確認してください。

構築

「構築」は、詳細設計書の情報をもとに、機器を設定するフェーズです。詳細設計書は設定値まで落とし込まれているので、それらの情報をネットワーク機器に設定し、接続していきます。当然ながら、機器や機種、OSのバージョンなどによって作業内容は異なります。設定者のスキルレベルや顧客の要求によっては「作業手順書」や「作業チェックシート」を作り、作業手順の詳細化、設定ミスの軽減を図ります。

動作試験

さて、いよいよ本書の肝となる「動作試験」です。動作試験は、構築した環境で、単体試験や結合試験、障害(冗長化)試験など、各種試験を行うフェーズです。試験する前には設計・設定内容をもとに「**試験仕様書**」を作成し、その項目をもとに試験を実施します。そして、その結果を「**試験結果報告書**」という形でドキュメント化します。

どんな試験をどのように実施するかは、これからじっくり説明していきます。ここでは、とりあえず「**動作試験は、設定をした後、運用管理が始まる前に実施する**」ということだけを認識してください。

動作試験が完了したら、いよいよサービスインです。ユーザーのトラフィックが流入してきます。

運用管理

運用管理は、サービスインしたシステムを継続的に、かつ安定的に提供するために、運用管理していくフェーズです。システムは構築したら終了ではありません。むしろサービスインしてからがスタートです。計画的にサーバーを増設することもあるでしょうし、突発的にどこかが壊れることもあるでしょう。通常のオペレーションだけでなく、不測の事態にも対応できるように、万全な形で運用管理していきます。運用管理に関連する業務は、すべて「運用管理手順書」という形でドキュメント化します。

図 1.1.1　ネットワーク構築の流れ

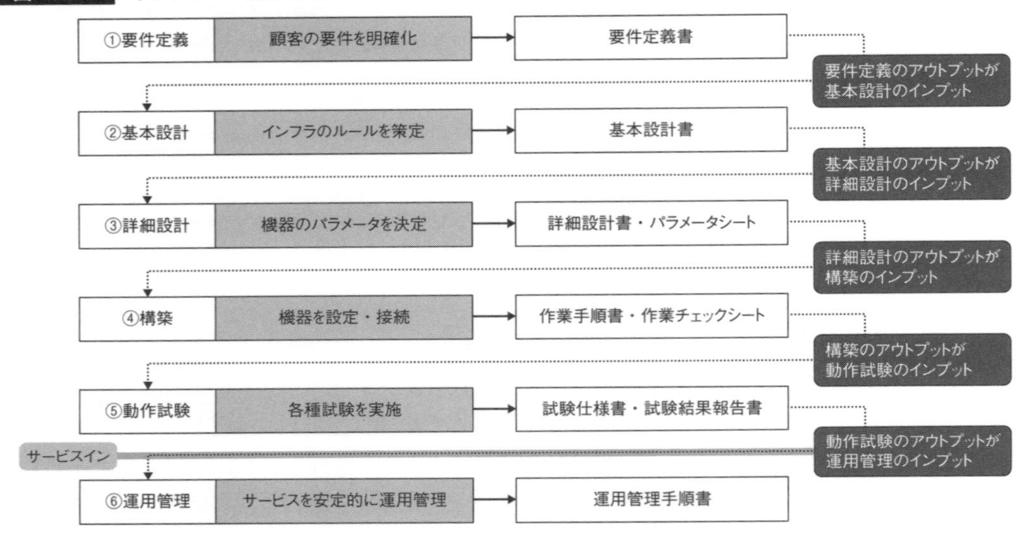

1.1.2　動作試験の重要性

では、なぜ動作試験を実施する必要があるのでしょうか。ここでは、「設計・設定確認」「障害回避」「障害対応」という、3つの側面からもう少し噛み砕いて説明します。

設計・設定確認

設計と設定を確認する。もしかしたら「わざわざそんなことする必要あるの？」なんて疑問に思う読者の方もいるかもしれません。もちろん完璧な人間が設計し、完璧な人間が完璧な機器を設定したら、動作試験など実施する必要はないでしょう。しかし、世の中に完璧なものなど存在しません。設計者が機器の特徴を理解できておらずに設計をミスすることもあるでしょうし、設定者がたまたま寝不足で設定をミスすることもあるでしょう。**動作試験を実施することによって、構築フェーズまで行ってきた設計や設定が正しく動作することを確認・証明します。**

図 1.1.2　設計・設定確認

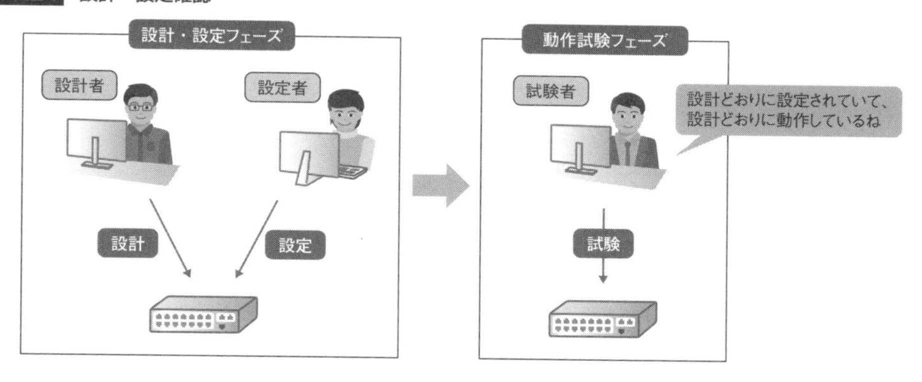

障害回避

　実際に幾度となくネットワークを構築してみるとわかるのですが、機器を設定し、いざ接続してみると、なぜか接続できなかったり、意図しない動作をしたり、いろいろなことが起こります。その原因は、バグだったり、機器同士の相性問題だったりするのですが、**動作試験を実施することで、机上の設計や設定だけでは想定できない障害を事前に洗い出すことができ、サービスインまでに回避できます。**

図 1.1.3　障害回避

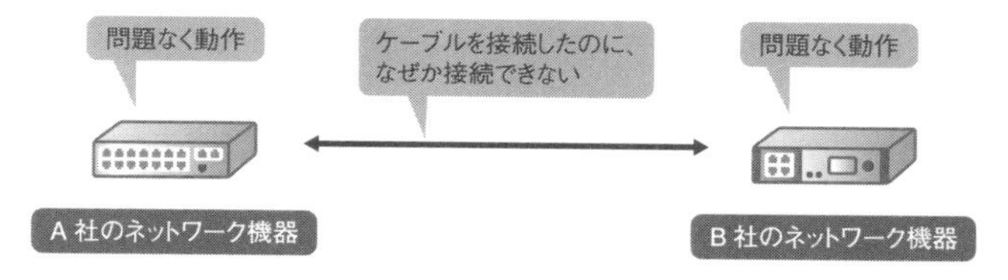

障害対応

　どんなに高性能なネットワーク機器も所詮は電子機器です。いつどこで故障するかはわかりません。そして、ひとたび故障してしまうと、迅速な障害対応を求められます。動作試験を実施しておくと、「そういえば動作試験のときに、このエラーログを見たことあるな」とか、「そのときはこんな動作をして、こんな対応をしたな」など、**殺伐とした障害対応での心の持ちようがまったく違うものになり、対応速度にも明らかな差が出てきます。**また、**システムの正常状態（あるべき姿）を正確に把握することによって、障害状態と比較できるようになり、トラブルシューティングにとても役立ちます。**

図 1.1.4　障害対応

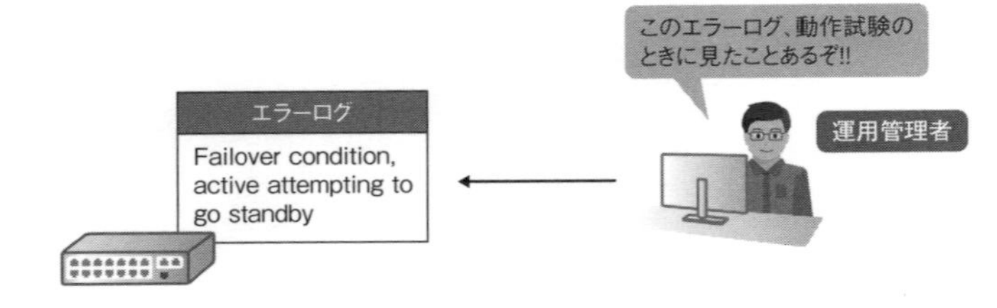

1.1.3　動作試験の流れ

動作試験は、大きく「**試験設計**」「**試験実施**」「**試験結果報告**」という3つのステップで構成されています。

試験設計は、どのような試験をするかを顧客と合意するステップです。ここで試験項目を決めたり、判定項目を決めたりして、「**試験仕様書**」にまとめます。試験実施は、試験仕様書に基づいて、ひたすら試験を実施していくステップです。ここで、機器を利用して、机上の設計と実際の挙動に差異がないことを確認します。試験結果報告は、実施した試験の結果を「**試験結果報告書**」にまとめて、顧客に報告するステップです。

大まかにはこんな感じですが、それぞれに進め方の勘所があるので、これからひとつひとつ深掘りして説明します。

図 1.1.5　動作試験の流れ

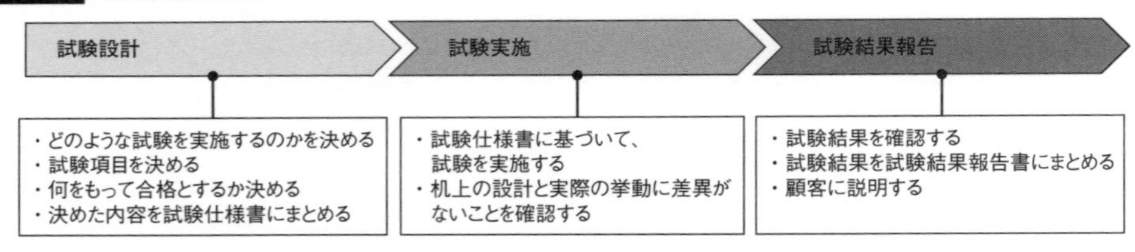

1.2 試験設計

いざ試験を開始するにしても、適当に見繕って、場当たり的に試験するわけにはいきません。まずは、どのような試験項目をどのように実施し、どのような結果をもって合格とするか、ひとつひとつ計画し、「試験仕様書」としてドキュメント化していきます。

1.2.1 試験項目の精査

さて、一言で「動作試験」と言っても、構築するネットワークによって必要な試験はさまざまです。これまでのフェーズでまとめられた基本設計書や詳細設計書から、使用している機能や設計者が意図している動作を洗い出し、それに対応した試験項目を策定します。

とはいえ、いきなり設計者に「これが設計書だから、試験項目作っといて」と言われても、何をどう作ればよいのかわからないでしょう。そこで、ここでは、一般的なネットワークで行うことが多い「**単体試験**」「**結合試験**」「**障害試験**」「**性能試験**」「**長期安定化試験**」について、ざっくりと説明します。

単体試験

単体試験は、機器単体としての動作を確認する試験です。どんなに大きなネットワークであっても、1台1台の機器が正常に動作しないことには始まりません。単体試験で、それぞれの機器がエラーなく起動し、想定した状態で正常に動作していることを確認します*1。

*1 クラウドサービスは、ネットワーク機器の各種機能を1サービスとして提供していたりします。クラウド環境のシステムで、それらのサービスを使用する場合は、単体試験を実施する必要はありません。クラウドまかせになるので、スキップしてください。

図 1.2.1　単体試験で機器単体の動作を確認する

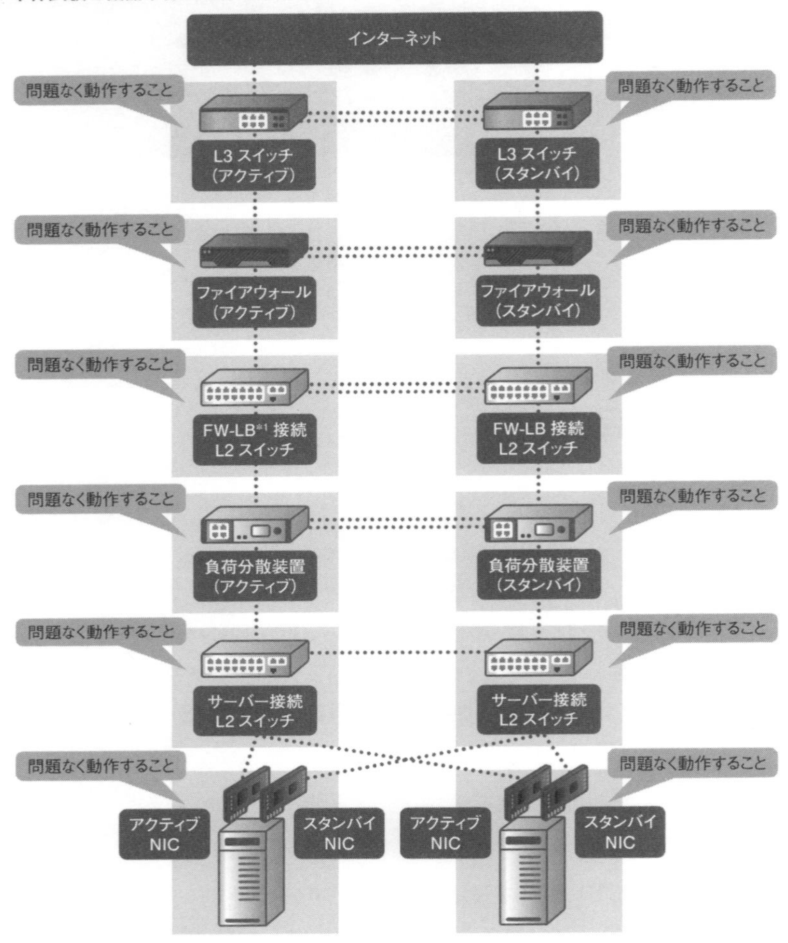

＊1 FWはファイアウォール、LBは負荷分散装置（ロードバランサー）の略語です。

代表的な単体試験には、次表のようなものがあります。

表 1.2.1 代表的な単体試験項目

試験項目	概要
外観試験	機器表面に傷や凹みがないことを確認する
ラベル試験	適切なラベルが適切なフォーマットで記載され、機器に貼られていることを確認する
電源投入試験	電源を投入でき、電源モジュールが認識されていることを確認する
LED 試験	機器の LED が正常に点灯することを確認する
コンソールログイン試験	シリアルコンソール経由でログインできることを確認する
ネットワークログイン試験	ネットワーク経由でログインできることを確認する
起動確認試験	エラーなく起動することを確認する
ストレージ試験	ハードディスクや SSD を認識していることを確認する
バージョン試験	設計どおりの OS バージョンで起動していることを確認する
ライセンス試験	設計どおりのライセンスで起動していることを確認する
インターフェース試験	インターフェースが正常に認識され、接続できることを確認する
パラメータ実装試験	設計どおりの設定が投入されていることを確認する
バックアップ試験	バックアップファイルを作成、および保存できることを確認する
リストア試験	バックアップファイルから設定をリストアできることを確認する

結合試験

結合試験は、ネットワークとしての動作を確認する試験です。たとえ、それぞれの機器が単体で動作しても、お互いが接続でき、通信できるかは別問題です。結合試験で、エラーなく接続できたり、正常状態において意図した通信経路で通信できたりすることを確認します。

図 1.2.2　結合試験でネットワーク全体の動作を確認する

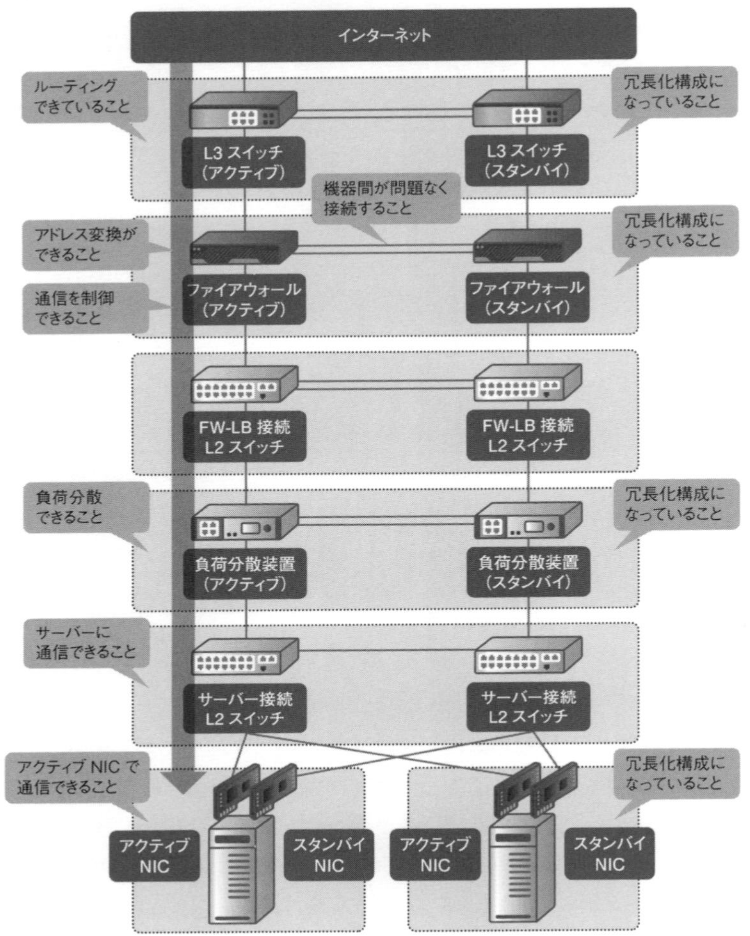

代表的な結合試験には、次表のようなものがあります。

表 1.2.2 代表的な結合試験項目

試験項目	概要
インターフェース試験	機器を接続しているインターフェースが設計どおりのスピード、デュプレックスでリンクアップしていることを確認する
VLAN 試験	設計どおりの VLAN が作成され、インターフェースに割り当てられていることを確認する
IP アドレス試験	設計どおりの IP アドレスが設定され、VLAN、あるいはインターフェースに割り当てられていることを確認する
ルーティング試験	設計どおりのルーティングが設定され、適切なルーティングテーブルが生成されていることを確認する
アドレス変換(NAT)試験	設計どおりにアドレス変換(NAT)されていることを確認する
ファイアウォール試験	設計どおりにセキュリティポリシーが適用されていることを確認する
負荷分散試験	設計どおりに負荷分散されることを確認する
運用管理系試験	時刻同期や Syslog、SNMP など、運用管理に使用する機能が動作することを確認する
冗長化機能試験	各種冗長化機能が設計どおりに動作することを確認する
総合結合試験	アプリケーションを含めて、全体的に動作することを確認する

障害試験

障害試験は、冗長化機能の動作を確認する試験です。人によって「冗長化試験」と言ったり、「高可用性試験」と言ったり、いろいろですが、基本的な意味合いはほとんど同じと考えてよいでしょう。中規模クラス以上のネットワークになると、機器が故障したり、ケーブルが切断したりしても、継続して通信できるように、機器や経路の冗長化を図るようになります。障害試験では、実際に機器の電源を落としたり、ケーブルを抜いたりして、冗長化機能が正常に動作することを確認します。たとえば、最も典型的なオンプレミスのサーバーサイトのネットワークの場合、次図の箇所で、機器の電源を落としたり、ケーブルを抜いたりして、通信が継続できることを確認します。

図 1.2.3　障害試験

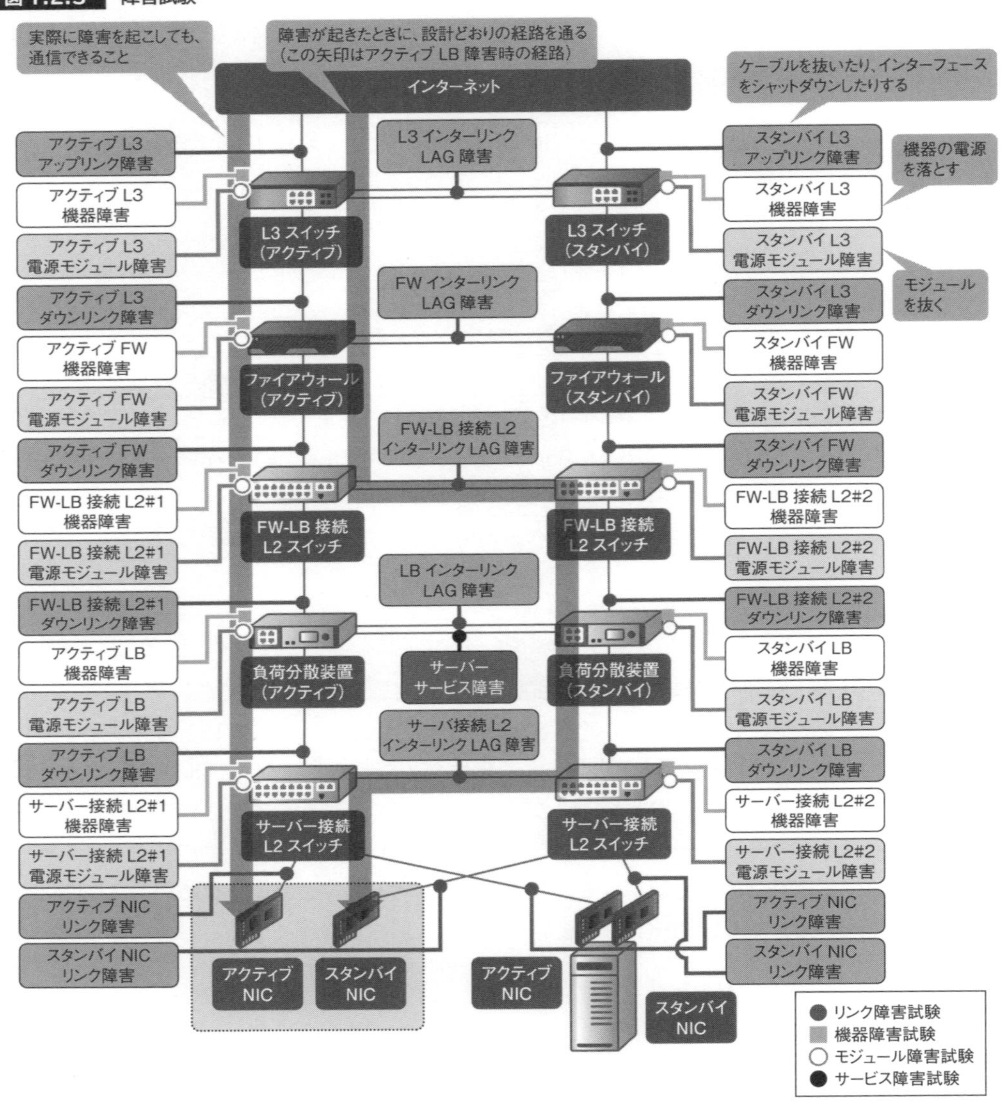

代表的な障害試験には、次表のようなものがあります。

表 1.2.3 代表的な障害試験項目

試験項目	概要
アクティブ L3 スイッチアップリンク障害	アクティブ L3 スイッチのアップリンクに障害が発生しても、通信できることを確認する
アクティブ L3 スイッチ機器障害	アクティブ L3 スイッチに障害が発生しても、通信できることを確認する
アクティブ L3 スイッチ電源モジュール障害	アクティブ L3 スイッチの電源モジュールに障害が発生しても、通信できることを確認する
アクティブ L3 スイッチダウンリンク障害	アクティブ L3 スイッチのダウンリンクに障害が発生しても、通信できることを確認する
アクティブファイアウォール機器障害	アクティブファイアウォールに障害が発生しても、通信できることを確認する
アクティブファイアウォール電源モジュール障害	アクティブファイアウォールの電源モジュールに障害が発生しても、通信できることを確認する
アクティブファイアウォールダウンリンク障害	アクティブファイアウォールのダウンリンクに障害が発生しても、通信できることを確認する
FW-LB 接続 L2 スイッチ #1 機器障害	FW-LB 接続 L2 スイッチ #1 に障害が発生しても、通信できることを確認する
FW-LB 接続 L2 スイッチ #1 電源モジュール障害	FW-LB 接続 L2 スイッチ #1 の電源モジュールに障害が発生しても、通信できることを確認する
FW-LB 接続 L2 スイッチ #1 ダウンリンク障害	FW-LB 接続 L2 スイッチ #1 のダウンリンクに障害が発生しても、通信できることを確認する
アクティブ負荷分散装置障害	アクティブ負荷分散装置に障害が発生しても、通信できることを確認する
アクティブ負荷分散装置ダウンリンク障害	アクティブ負荷分散装置のダウンリンクに障害が発生しても、通信できることを確認する
アクティブ NIC 障害	アクティブ NIC に障害が発生しても、通信できることを確認する
サーバーサービス障害	サーバーのサービスに障害が発生しても、通信できることを確認する

性能試験

性能試験は、システムの性能を確認する試験です。人によっては「パフォーマンス試験」と言ったりしますが、基本的な意味合いはほとんど同じと考えてよいでしょう。性能試験には、顧客から要求された負荷を処理できるか確認する「**負荷試験**」と、そのシステムの限界性能を見極める「**ストレス試験**」の2種類があります。負荷試験は現在想定されている負荷に耐えられるかを確認し、ストレス試験は想定外の負荷でもどれくらいまで耐えられるかを確認します。

図 1.2.4　性能試験

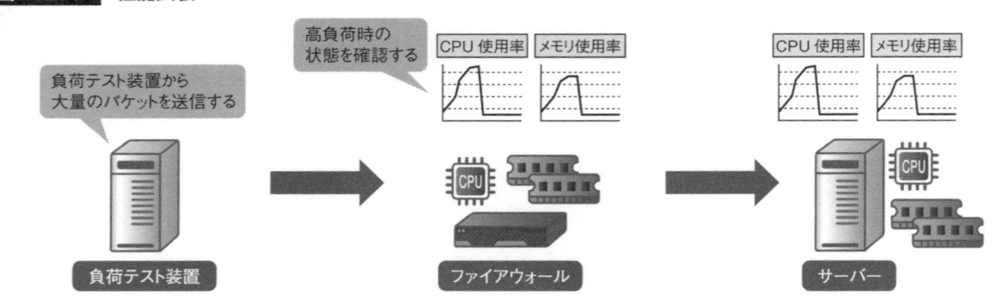

長期安定化試験

長期安定化試験は、長期にわたって、システムが安定的に動作するかを確認する試験です。人によっては、「長安」と中国の古代都市みたいな略称で呼んだりしますが、意味は同じです。どんなに単体試験や結合試験、障害試験や性能試験を入念に実施したとしても、今の時点での状態しかわかりません。長期安定化試験で、短期的ではなく、長期的に問題なく動作するか確認します。とはいえ、何年間もこの試験をしていては、いつまでたってもサービスインできません。どれくらいの間、試験を実施するか、顧客と合意を取り、その間のリソース変動やエラーの有無を確認します。

図 1.2.5　長期安定化試験

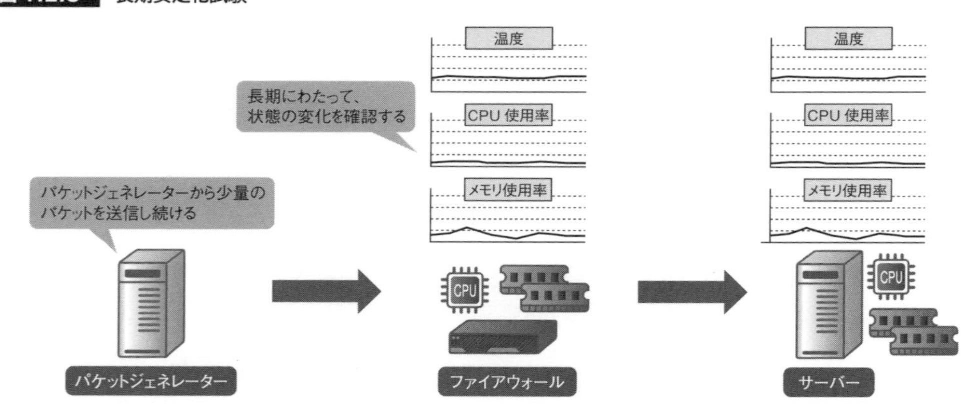

以上、一般的なネットワークで行うことが多い試験項目をざっくり説明しました。試験項目は、顧客の要件やサービスの性質、コストや構成するネットワーク機器などによって大きく変動します。この中から項目を分割したり、削除したり、追加したりと、必要に応じて調整を加えてください。そして、試験項目が思い浮かばないときには、何よりまず基本設計書と詳細設計書をよーく読み直してください。どこかにヒントがあるはずです。

さて、本書は、上記の試験項目をベースとして章立て、項立てをし、いろいろなネットワーク技術やそれに関するトラブルを説明しています。単体試験のことを知りたくなったら第2章、結合試験のことを知りたくなったら第3章のような形で、試験項目に応じて本書を参照してください。

表 1.2.4　動作試験の試験項目と本書の章／項立て

章	章名	項	項名
1	試験フェーズの重要性	1.1	動作試験とは
		1.2	試験設計
		1.3	試験実施
		1.4	試験結果報告
2	単体試験	2.1	単体試験のポイント
		2.2	外観試験
		2.3	ラベル試験
		2.4	電源投入試験
		2.5	LED 試験
		2.6	コンソールログイン試験
		2.7	コンソールログインタイムアウト試験
		2.8	ネットワークログイン試験
		2.9	ネットワークログインタイムアウト試験
		2.10	起動確認試験
		2.11	ストレージ試験
		2.12	OS バージョン試験
		2.13	ライセンス試験
		2.14	インターフェース試験
		2.15	パラメータ実装試験
		2.16	バックアップ試験
		2.17	リストア試験
3	結合試験	3.1	結合試験のポイント
		3.2	インターフェース試験
		3.3	VLAN 試験
		3.4	IP アドレス試験
3	結合試験	3.5	ルーティング試験
		3.6	アドレス変換(NAT)試験
		3.7	ファイアウォール試験
		3.8	サーバー負荷分散試験
		3.9	運用管理系試験
		3.10	リンク冗長化機能試験
		3.11	NIC 冗長化機能試験
		3.12	MLAG 冗長化機能試験
		3.13	STP 冗長化機能試験
		3.14	ループ防止機能試験
		3.15	FHRP 冗長化機能試験
		3.16	ファイアウォール冗長化機能試験
		3.17	負荷分散装置冗長化機能試験
		3.18	実際の現場では
4	障害試験	4.1	障害試験のポイント
		4.2	LAG 障害試験
		4.3	NIC 障害試験
		4.4	MLAG 障害試験
		4.5	STP 障害試験
		4.6	FHRP 障害試験
		4.7	ファイアウォール障害試験
		4.8	負荷分散装置障害試験
		4.9	実際の現場では
5	性能試験・長期安定化試験	5.1	性能試験のポイント
		5.2	長期安定化試験のポイント

1.2.2 試験のレベル感

システム構築において、最もトラブルになりがちな話といえば、**「顧客との認識の相違」**です。動作試験も例外ではなく、往々にして認識の相違が発生しがちです。中でも最も相違が生じやすいポイントが試験のレベル感です。人によっては「粒度」と言ったりします。

顧客によって、要求する試験項目や試験内容のレベル感はまったく異なります。たとえば、ある顧客はデフォルト値の細かいところまでひとつひとつ確認しろと言うでしょうし、ある顧客は設計したところだけ確認すればいいと言うでしょう。動作試験はやろうと思えば、無限にやることがあります。しかし、やっても意味がない試験もたくさんありますし、そもそもプロジェクトの費用は有限です。それに、スケジュールも決まっていますので、無限に試験を続けることはできません。そこで、**どのような試験項目をどのように試験し、どのように記録するか、顧客と相談し、共通認識を確認し合いながら進めます。**

最も効率的なレベル感の確認方法

最も効率的で手っ取り早い確認方法が**「右にならえ作戦」**です。まずは、顧客が過去のネットワーク構築でどのような試験をどのように実施したか、過去の試験仕様書や試験結果報告書を確認させてもらってください。もちろんすべての試験項目をそのまま使用できるわけではありませんが、大まかなレベル感を把握できるはずです。

議事録を取る

右にならえ作戦が機密保持契約（NDA）などの理由で通用しない場合は、**こういう試験をこのように実施するという共通認識を、顧客とひとつひとつ作り上げていくしかありません。**そのときのポイントが**「議事録を取っておく」**ことです。人によっては釈迦に説法かもしれませんが、昨今アジャイル的なプロジェクトが多くなり、なおざりになる傾向にあります。

日本では人事異動がやたらと多く、たとえプロジェクトの終盤であっても、いきなり担当者が変わることも珍しくありません。変わった後任担当者が存在をアピールするために「試験が足りないでしょ」なんて無茶なことを言い始めても、「■月■日の議事録で、こういう合意が取れています」とカウンターパンチが打てるように、議事録はしっかり取っておきましょう。

1.2.3 試験の順序

試験の順序も重要なポイントのひとつです。機器単体で動作しているかわからないのに、接続して試験するのも変ですし、正常に接続できているかわからないのに、障害試験をするのも変な話で

す。まずは、単体試験で機器単体として動作することを確認し、結合試験で機器が接続されネットワークとして動作することを確認、次に障害試験でネットワークが冗長化されていることを確認……といった風に、論理立てて順序を決めましょう。もちろんいろいろな進め方がありますが、**一般的には「単体試験」→「結合試験」→「障害試験」→「性能試験」→「長期安定化試験」の流れで進めることが多いでしょう。**

図 1.2.6 試験の順序

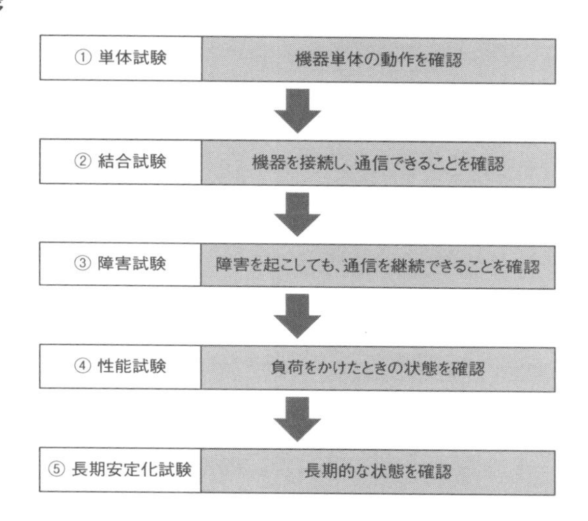

また、各試験の中の試験項目にも考慮が必要です。たとえば、結合試験において、ケーブルが接続できているかわからないのに、いきなりアプリケーションの接続試験をするのは論理的ではないでしょう。物理層が正常に動作していないのにアプリケーション層が動作することは、ネットワークの仕組み上、絶対にありえません。**ネットワークに関わる部分は、必ずOSI参照モデルの最下層、つまり物理層から順に試験を実施し、データリンク層、ネットワーク層、トランスポート層、アプリケーション層へとレイヤーを上に上げながら試験しましょう。**

図 1.2.7 試験は物理層から順にレイヤーを上げながら実施する

レイヤー	レイヤー名	役割
第７層	アプリケーション層	ユーザーに対して、アプリケーションを提供する
第６層	プレゼンテーション層	アプリケーションデータを通信できる方式に変換する
第５層	セッション層	アプリケーションデータを送受信するため論理的な通信路（セッション）を管理する
第４層	トランスポート層	アプリケーションの識別と、それに応じた通信制御を行う
第３層	ネットワーク層	異なるネットワークにいる端末との接続性を確保する
第２層	データリンク層	物理層の信頼性を確保し、同じネットワークにいる端末との接続性を確保する
第１層	物理層	デジタルデータを光信号や電波に変換して、ネットワークに流す

試験は低レイヤーに関連する項目から順に行う

1.2.4 エビデンスの形式

エビデンス（evidence）は、直訳すると「証拠」です、試験を間違いなく実施したことを示す証になるものです。「試験しましたー」と声高らかに叫んでも、それを保証するものは何もありません。そこで、**試験項目ごとにエビデンスを取得し、試験を実施したことを顧客に提示します。**筆者が新人のころは「なんで英語なの。証拠って言えよ」とよく思っていましたが、先輩から「エビ取っといて」なんてお願いされたりすると、少しプロっぽく感じたりして、いつの間にかそれが当たり前になりました。

エビデンスは、コマンドの表示結果をテキストファイル形式で提出したり、スクリーンショットを画像形式で提出したり、顧客によっていろいろです。ごくまれに、すべての試験のパケットキャプチャファイルを要求する顧客もいます。**エビデンスの取得は、実際にやってみると想像以上に手間のかかる作業で、試験実施の工数に大きく影響します。**しっかりと顧客と合意を取り、認識を一致させておく必要があるでしょう。

1.2.5 動作試験で使用する端末のOS

動作試験に使用する端末のOSについても、決めておいたほうがよいでしょう。あらかじめサーバー、あるいはクライアントで使用するOSやアプリケーションがわかっているようであれば、それを使用するのが無難でしょう。それがなければ、どのOSを使用するか決める必要があります。

あっさりさくっと試験したい場合は、おなじみのWindows OSでよいでしょう。試験に役立ついろいろなフリーソフトが用意されていて、楽ちんです。エビデンスにパケットキャプチャのファイルを求められる場合は、Linux OSがよいでしょう。余計なパケットが送受信されず、試験に関するパケットだけに注力しやすいです。

1.2.6 動作試験を行う環境

多くの場合、ネットワーク構築のプロジェクトは、検証環境、ステージング環境を経て、本番環境へと移行します。そこで、**どの環境でどんな試験を実施すべきかについても考えておきましょう。**

検証環境は、検証用サーバーや自分のPCの中で、最低限の動作を確認する環境です。最近は、いろいろなネットワーク機器が仮想化されたり、コンテナ化されたりして、便利な時代になりました。検証環境では、冗長化機能を省略したり、すべての機器を仮想マシンやコンテナで構成したりして、**ネットワークがとりあえず接続することを大まかに確認します。**この環境では、試験仕様書を作ったり、エビデンスを取ったりはせず、顧客には報告だけを行うことが多いでしょう。

ステージング環境は、本番環境と同じ構成で、本番環境と同じ動作・状態を確認する環境です。どんなシステムであっても、ひとたびサービスインして、ユーザーのパケットが流入し始めると、そう簡単にはいろいろな作業ができなくなります。そこで、ステージング環境を用意して、本番環境で行う作業の予行演習を実施します。ステージング環境では、サービスインした後も本番環境で問題なく作業（設定変更やバージョンアップなど）できることを確認できるように、本番環境で実施する試験とまったく同じ試験をフルに実施します。この環境の動作試験では、試験前に試験仕様書も作成しますし、試験中にエビデンスも取ります。試験仕様書については、この時点では、検証環境、あるいは机上で作成したものになることが多いので、ところどころ不備がある可能性もあります。**ステージング環境でしっかりと試験手順や状態を確認し、本番環境での作業に向けてしっかり修正してください。**

本番環境は、実際のユーザーのパケットを処理する環境です。ステージング環境は、あくまで本番環境での作業のための予行演習の場であって、実際のユーザーのパケットは流れません。本番環境では、ステージング環境とまったく同じ試験を行い、サービスインに備えます。この環境の動作試験では、試験前に試験仕様書も作成しますし、試験中にエビデンスも取得します。**試験仕様書については、ステージング環境で作成したものをうまく使い回し、作業の効率化を図りましょう。**

図 1.2.8 動作試験を行う環境

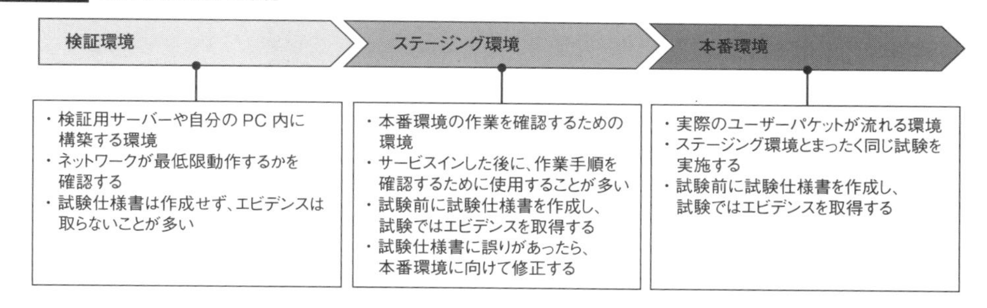

1.2.7 試験仕様書の作成

立てた計画は「**試験仕様書**」という形でドキュメント化します。試験仕様書のフォーマットは、ベンダーや顧客によってさまざまです。顧客が独自の試験仕様書のフォーマットを持っている場合は、入手して、右にならえしてください。最も摩擦が少なく、共通認識を取りやすいです。持っていない場合は、自社内にある過去のプロジェクトの試験仕様書を探しましょう。そして、それすらない場合は自分で一から作るしかありません。一般的な試験仕様書は次表のような項目で構成されています。

表 1.2.5　試験仕様書の代表的な項目

項目	概要
試験項番	試験を識別するための識別子
試験区分	単体試験や結合試験など、試験の区分
対象機器	試験を実施する機器ホスト名
試験項目	試験の項目名称、概要
試験前提・事前作業	試験を実施する前提や、試験のための事前作業
試験実施手順	試験の実施手順・作業手順
合否判定基準	試験をパスするための判定基準、想定されるコマンドの結果など
試験日時	試験を実施した日時
エビデンスファイル名	試験時に取得したエビデンスファイルのファイル名
実施者	試験を実施した人の名前
確認者	試験結果を確認した人の名前
合否判定	試験結果の合否判定
コメント	試験をしたときに発生した問題などを記載
対処完了日	発生した問題について対処した日にち

これらの項目をExcelやWordで表としてまとめ、顧客に提出し、合意を取ってください。たとえば、単体試験のひとつであるコンソールログイン試験の場合、次図のような感じになります。これがひとつひとつの試験項目に対して用意されます。

図 1.2.9 試験仕様書の例(1)*[1]

試験項番	1-5	試験区分	単体試験	対象機器	dmzlb01.local
試験項目		コンソールログイン試験			
試験概要		コンソールでログインできることを確認する			
試験前提・事前作業		Tera Term のシリアルポートを以下に設定する - ポート：COM4（使用する PC に応じて、適宜変更） - スピード：19200 - データ：8 bit - パリティ：none - ストップビット：1 bit - フロー制御：none - 送信遅延：5 ミリ秒 / 字　10 ミリ秒 / 行			
試験実施手順		(1)コンソール接続を行い、以下の許可ユーザー名・パスワードでログインする - ユーザー名：root - パスワード：default (2)コンソール接続を行い、以下の非許可ユーザー名・パスワードでログインする - ユーザー名：hogehoge - パスワード：hogehoge			
合否判定基準		• (1)において、ログインできること • (2)において、ログインできないこと			
試験日時					
エビデンスファイル名					
試験実施者		試験確認者		合否判定	
コメント					
対処完了日					

*1 この試験仕様書は、下部に試験結果を記載する欄を設け、最終的には試験結果報告書として使用できるようにしています。また、プロジェクト名やドキュメント名など、ドキュメントヘッダーになる部分は省略しています。

いろいろな試験仕様書のフォーマットがあるので、もうひとつ試験仕様書の例を載せておきましょう。次図の試験仕様書は、試験全体を俯瞰的に見渡せるバージョンです。

図 1.2.10　試験仕様書の例(2)*1　本や閲覧端末を横にしてご覧ください

試験区分	単体試験
ホスト名	lb01.local

試験項番	試験概要	試験前提	試験実施手順	合否判定基準	試験日時	エビデンスファイル名	試験実施者	試験確認者	合否	コメント	対処完了日
1-1	外観試験	機器を目視確認できること	(1)機器前面を目視で確認する (2)機器背面を目視で確認する (3)機器上面を目視で確認する (4)機器側面を目視で確認する	(1)大きなひっかき傷がないこと (2)大きな凹みがないこと							
1-2	ラベル試験	機器のラベルを目視確認できること	(1)機器前面のラベルを目視で確認する (2)機器背面のラベルを目視で確認する	(1)機器前面に機器ラベルが貼られていること (2)機器背面に機器ラベルが貼られていること (3)機器ラベルにホスト名が記載されていること (4)機器本体にプリントされている機器名や LED が隠れていないこと (5)機器ラベルが以下のフォーマットになっていること - 色：白 - 文字フォーマット：Calibri - 幅；12mm							
1-3	電源投入試験	背面に電源ケーブルを接続できること	(1)電源ケーブルを接続する (2)背面の電源スイッチを ON にする(電源が入らない場合、前面にあるチェックボタンを押す)	(1)機器に電源が投入されること (2)電源モジュールの LED が緑色に点灯していること							
1-4	LED/LCD 試験	LED と LCD を目視確認できること	(1)機器前面にある LED/LCD を目視確認する	(1) LED が以下のように点灯・消灯していること - STATUS：緑点灯 - ALARM：消灯 - POWER1：緑点灯 - POWER2：緑点灯 (2) LCD が以下のように表示されること "F5 Networks, Inc. BIG-IP 15.1.2 Standalone"							

*1 この試験仕様書は、右部に試験結果を記載する欄を設け、最終的には試験結果報告書としても使用できるようにしています。また、プロジェクト名やドキュメント名など、ドキュメントヘッダーになる部分は省略しています。

1.3 試験実施

試験仕様書ができたら、顧客に合意を取り、いよいよ試験の開始です。試験仕様書に沿って、粛々と試験を進めていきます。

1.3.1 確認者の必要性

試験実施において、重要なのに忘れがちな要素が「確認者」の存在です。どんなに体力の有り余る人であっても、数百、数千項目にも及ぶ試験を一人で実施するのは限度があります。たとえ体力的には大丈夫であっても、集中力が続きません。どんなに小さな失敗でも、動作試験に失敗したままサービスインすると、なかなか修正がきかなくなりますし、それが障害で発覚した日には、もうこの世の地獄です。そこで、**試験は必ず二人体制で実施し、ダブルチェックしながら進めていきます**。ごくたまに「○○、よし！！」と、すべての試験結果の指差し呼称を求めてくる顧客もいます。その際は、のどが枯れないように注意してください。のど飴でも用意しておきましょう。

筆者的には、運用担当者の一人を確認者として先行投入するのもありだと思っています。いろいろな動作試験を通じて、システムのあるべき姿を理解し、サービスインの運用管理の見識として役立てることができます。また、何より日本の顧客によくあるSIer丸投げ体質によって欠落しがちな「これから自分たちでシステム運用していくんだ」という当事者意識を養うことができます。

1.3.2 コピペミスに注意

試験を実施するときにありがちなミスが、試験仕様書に記載されているコマンドのコピペミスです。試験自体は、試験仕様書に則って粛々と実施していくことになるため、技術的にそこまで難しいものではありません。しかし、Excelで作成されていることが多い試験仕様書には、なぜかコマンドの中に全角文字が含まれていたり、タブが隠れていたり、いろいろなトラップが仕込まれてしまいがちです。何も考えずにコピペすると、意図しないコマンドが入力されることがあります。そのようなコマンドは「そのコマンドは存在しません」と機器から弾かれるだけなので、システム的に大きな影響があるわけではありません。しかし、**顧客によっては、試験仕様書に記載されていないコマンドを実行したこと自体が問題視されます**。余計な問題は起こさないにこしたことはありません。コマンドを入力するときは、いったん「メモ帳」や「Notepad++」などのテキストエディタにコマンドをコピペし、**意図しない文字が含まれていないことを確認したうえで、ターミナルソフトウェア上でコピペしましょう。**ちなみに筆者は、事前に試験仕様書からコマンド部分だけを抜き出したテキストファイルを作っておいて、内容を確認し、試験のときはそこからコピペするようにしています。

1.3.3 試験は万能ではない

「試験はしてなかったのか！！」 サービスインした後、重大なインシデントが発生したときによく聞く言葉です。はっきり言っておきますが、動作試験をしたからといって、絶対に障害が起こらないという保証はありません。**動作試験は、あくまで設計や設定のミスを減らし、障害の可能性を減らすだけで、万能ではありません。**たとえば、たまたま未知のバグに当たったりすると、対応しようがありません。ネットワーク機器の多様な使い方が模索されている昨今、結果的に「世界初のバグでした…」とか、「世界で数件のレアバグでした…」なんてことはよくある話です。たまに「バグのないやつ持ってこい！！」と構築ベンダーを怒鳴り散らす顧客を見かけたりしますが、そもそもバグのない機器は世の中に存在しませんし、そんなことを言う顧客の側に問題があります。また、サービスインしている時点で、動作試験を完了し、受け入れに合意しているはずなので、職務放棄している発言と捉えられても仕方ありません。**意図しない障害が発生しても、どこに連絡し、どう対応すればよいのか、しっかりリカバリープランを立て、最悪の事態を可能なかぎり短くできるように準備しておきましょう。**

1.4 試験結果報告

試験の結果は、「**試験結果報告書**」としてドキュメントにまとめ、顧客に説明、提出します。試験結果報告書は、試験仕様書とは完全に別物として作る場合もありますし、図1.2.9や図1.2.10のように、試験仕様書に試験結果を記載する欄を設けておいて、結果を追記して、試験結果報告書とする場合もあります。どのような形で進めるのがベストなのか、顧客に確認しましょう。

顧客による試験結果報告書の確認が完了したら、動作試験は完了です。

第2章

単体試験

どんなに大きなネットワークであっても、ネットワーク機器が接続されているという点においては同じで、まずは機器それぞれが正常に動作しないことには機能しません。単体試験では、ネットワーク機器が機器単体として正常に動作することや、設定どおり起動することなどを、ひとつひとつ確認していきます。

2.1 単体試験のポイント

　単体試験は、その名のとおり、ネットワーク機器が単体で正常に動作するかを確認する試験です。機器の外観やLEDなどのハードウェア面から、ソフトウェアバージョンやライセンスなどのソフトウェア面にいたるまで、機器単体で確認できるものをひたすらチェックしていきます。

　単体試験は「**不合格だったら購入元に問い合わせ**」が基本です。たとえば、外観試験で機器の上面に大きなひっかき傷が見つかった場合は、購入元に確認が必要です。また、ライセンス試験で想定しているライセンスが適用されていない場合も、やはり購入元に確認が必要です。日本では、たいていの場合、販売店からその機器を購入しているでしょう。どの販売店から購入しているのかを確認して、状況を説明してください。そして、その回答内容に応じて、機器を交換してもらったり、ライセンスファイルを送付してもらったりしてください。

2.2 外観試験

　外観試験は、ネットワーク機器の外観を確認する試験です。最近は、ネットワーク機器も仮想アプライアンス化*1が進んでいるため、必ずしも外観を確認できるわけではありません。とはいえ、物理アプライアンス*2が世の中から無くなることはありません。そこで、物理アプライアンスを納入するときには、**機器の表面に大きなひっかき傷や凹みがないことを目視でしっかりと確認してください。**

　もちろんひっかき傷や凹みが機器の動作や性能に影響するわけではありませんし、一度サーバーラックにマウントしてしまえば、後はリモートアクセスすることがほとんどなので、実際に目にすることはありません。とはいえ、いきなりドでかい傷がある機器を顧客先に納入するというのも、なかなか気が引けるものです。また、「新品なんだから、傷なんかあるわけないでしょ」と思う方もいるかもしれません。もちろん基本的にはそのとおりでしょう。しかし、その思い込みを保証するものは何もありません。ちなみに、筆者は以前300台くらいの機器を一気に開梱したとき、2、3台大きなひっかき傷があるものを実際に目にしました。「マジか？！」と思いましたが、意外や意外、そんなものなのです。そこで、**外観試験を実施することによって、外観上の欠陥を確認し、合格か不合格かを判定します。**

*1 仮想化技術を提供するソフトウェア（仮想化ソフトウェア）の上で動作するネットワーク機器のことです。
*2 目で見ることができる、いわゆる「箱型のネットワーク機器」です。

TEST

表 2.2.1 外観試験の例

試験前提	(1)機器本体を目視で確認できること

試験実施手順	合否判定基準
(1)機器前面を目視で確認する	以下を確認できること ・表面に大きなひっかき傷がないこと ・表面に大きな凹みがないこと
(2)機器背面を目視で確認する	以下を確認できること ・表面に大きなひっかき傷がないこと ・表面に大きな凹みがないこと
(3)機器上面を目視で確認する	以下を確認できること ・表面に大きなひっかき傷がないこと ・表面に大きな凹みがないこと
(4)機器側面を目視で確認する	以下を確認できること ・表面に大きなひっかき傷がないこと ・表面に大きな凹みがないこと

2.3 ラベル試験

ラベル試験は、ネットワーク機器を識別するために貼り付けるラベル（シール）を確認する試験です。仮想アプライアンスにラベルを貼り付けることはできませんので、外観試験と同じく、物理アプライアンスのときだけ実施する試験です。

「ラベルなんて意味あるの？」と思う方もいるかもしれませんが、その威力は実際に障害が起こったときに実感します。ネットワーク機器は、一度サーバーラックに搭載してしまえば、後はリモートで管理することがほとんどです。したがって、実機を目にすることはあまりないでしょう。しかし、電源が落ちたり、ケーブルが切断したりして、リモートから接続できなくなったら、そうはいきません。機器が搭載されているラックまで出向いて、実際に機器を探し出すしかありません。そんなとき、機器が数台しかない環境であれば、目的の機器はすぐに探し出せるでしょう。しかし、それが数十台、数百台となると話は別です。**機器にラベルを貼っておくと、目的の機器を見つけ出しやすくなり、その分障害時間の短縮を図ることができます。**

ラベルに表記する内容や貼り付ける位置は、基本設計書に定義されているはずです*1。筆者の経験上、表記内容はホスト名だったり、IPアドレスだったりすることが多い気がします。また、貼り付ける位置は、一目見てわかりやすいように、機器の前面や背面、しかももともとプリントされている機器名やLEDと被らないような位置に貼り付けることが多いでしょう。顧客によっては、「老眼だからフォントサイズを大きくしろ」だとか、「テプラは強粘着で…」だとか、いろいろなこだわりがあったりします。そのこだわりに設計として準拠できているか、地道に目視でチェックします。

*1 顧客によっては、セキュリティ上の理由から、ラベルを貼らない場合もあります。その場合は、ラベルが貼られていないことを確認します。

TEST

表 2.3.1　ラベル試験の例

試験前提	(1)機器に貼付したラベルを目視で確認できること

試験実施手順	合否判定基準
(1)機器前面のラベルを目視で確認する	以下を確認できること • 機器前面に機器ラベルが貼られていること • 機器ラベルにホスト名が記載されていること • 機器本体にプリントされている機器名や LED が隠れていないこと • 機器ラベルが以下のフォーマットになっていること - ラベル色：白 - フォント色：黒 - フォントフォーマット：Calibri - 幅：12mm
(2)機器背面のラベルを目視で確認する	以下を確認できること • 機器背面に機器ラベルが貼られていること • 機器ラベルにホスト名が記載されていること • 機器本体にプリントされている機器名や LED が隠れていないこと • 機器ラベルが以下のフォーマットになっていること - ラベル色：白 - フォント色：黒 - フォントフォーマット：Calibri - 幅：12mm

2.4 電源投入試験

電源投入試験は、機器に電源を投入し、起動するかどうかを確認する試験です。どんなに高性能なネットワーク機器も電源がないと始まりません。電源投入試験では、実際に機器に電源ケーブルを接続し、電源スイッチを押して*1、機器を起動します。ほとんどの機器は、電源が投入され、正常に起動すると、システムLEDが緑色に点灯します。そこまで目視で確認できたら、この試験は完了です。モジュールがある機器の場合は、モジュールにもLEDが付いていますので、同じように確認してください。

*1 電源スイッチがない機器は、電源ケーブルを接続するだけで起動します。

TEST

表 2.4.1 電源投入試験の例(F5 BIG-IP の場合)

試験前提	(1)機器背面に電源ケーブルを接続できること

試験実施手順	合否判定基準
(1)電源ケーブルを接続する	以下を確認できること • 機器に電源が投入されること • 本体のシステム LED が緑色に点灯していること

電源が投入できない場合

電源が投入できない場合は、「電源タップ」「電源ケーブル」「電源モジュール」のどれかに問題があります。まずは、**接触不良の可能性を疑って、電源ケーブルと電源モジュールをそれぞれ抜き差しし、様子を見てください。**それでも修復しないようであれば、**それぞれをひとつひとつ動作実績のあるものに交換して、どこに問題があるか特定してください。**たとえば、新しい電源ケーブルに交換して、修復するようであれば、電源ケーブルに問題があります。そして、その結果をもとに、購入元に問い合わせてください。

図 2.4.1　電源投入試験の問題特定

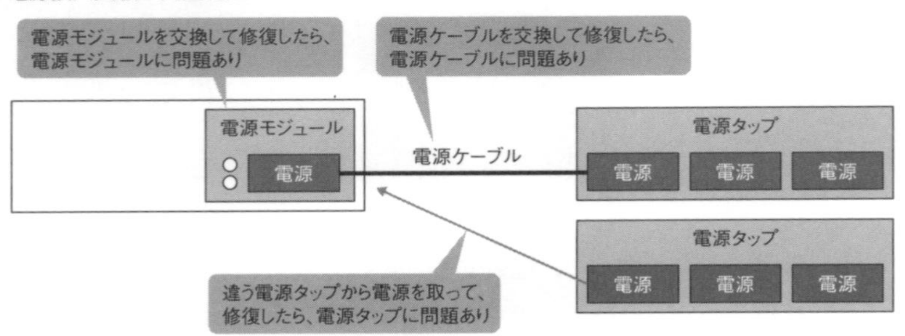

2.5 LED試験

LED試験は、機器本体に搭載されているLEDが正常な色で、正常に点灯することを確認する試験です。LEDは、システムに詳しくない人でも一目で機器の状態をざっくり把握できるため、長く続く運用管理フェーズにおいて重要な意味を持ちます。データセンターによっては、LEDの巡回監視がサービスになっていたりもします。LED試験を実施することによって、正常状態のLEDの色や点灯状態を知り、あわせて機器がLEDレベルで正常動作することを確認してください。ネットワーク機器に搭載されているLEDの種類や色は、メーカーや機器、機種によってさまざまです。また、LEDだけでなく、LCDパネルを搭載している機器もあります。どの状態が正常な状態を表しているかをマニュアルで確認し、試験仕様書に記載しておきましょう。

TEST

表 2.5.1　LED 試験の例（シスコ Catalyst 2960 スイッチの場合）

試験前提	(1)LED を目視で確認できること

試験実施手順	合否判定基準
(1)機器前面にある LED を目視で確認する	LED が以下のように点灯・消灯していること - SYST：緑点灯 - RPS：消灯 - MSTR：緑点灯 - STAT：緑点灯 - DPLX：消灯 - SPED：消灯 - STCK：消灯

LED が正常に点灯しない場合

LEDが正常に点灯しない場合は、正常に起動していないか、LEDが故障しているかのどちらかです。コンソールでログインして、正常に起動していなかったら、どのようなエラーで起動できていないか確認してください。正常に起動していたら、LEDの初期不良の可能性が高いので、購入元に機器交換を依頼してください。

2.6 コンソールログイン試験

コンソールログイン試験は、機器に搭載されているコンソールポート経由でのログインを確認する試験です。ネットワーク機器によっては、デフォルトでIPアドレスが設定されておらず、かつディスプレイやマウスを接続できないため、最初のログインはコンソールポート経由で行う必要があります。また、ケーブル切断などの理由などによって、リモート（遠隔地）からネットワーク経由でログインできなくなったときも、コンソールポート経由でログインします。コンソールログイン試験では、コンソールポートが正常に動作することを確認し、あわせてログイン時のユーザー認証が正しく機能することを確認します。

TEST

表 2.6.1 コンソールログイン試験の例（シスコ Catalyst スイッチの場合）

事前作業	(1)PC にインストールした Tera Term のシリアルポートを以下に設定し、コンソールポートに接続する - ポート：COM4（使用する PC に応じて、適宜変更） - スピード：9600 - データ：8 bit - パリティ：none - ストップビット：1 bit - フロー制御：none - 送信遅延：5 ミリ秒 / 字　10 ミリ秒 / 行

試験実施手順	合否判定基準
(1)コンソール接続を行い、以下のパスワードでログイン試行する - パスワード：default	コンソールログインできること
(2)コンソール接続を行い、以下のパスワードで 3 回ログイン試行する - パスワード：hogehoge	コンソールログインできないこと

図 2.6.1　コンソールログインに成功したとき(シスコ Catalyst スイッチの場合)

```
User Access Verification

Password:
sw1>
```

図 2.6.2　コンソールログインに失敗したとき(シスコ Catalyst スイッチの場合)

```
User Access Verification

Password:
Password:
Password:
% Bad passwords
```

コンソールで接続できない場合

コンソールで接続できない場合、Tera Termなど、ターミナルソフトウェアのシリアルポートの設定に間違いがある可能性があります。特に、スピードの設定は、機器によってデフォルト値が異なりますし*1、設計的に設定変更されている場合もあります。設計書を確認して、どのスピードで接続するべきかを確認してください。

*1 たとえば、シスコのルーターやスイッチのデフォルトのスピードは「9600bps」、F5 BIG-IPのデフォルトのスピードは「19200bps」です。

図 2.6.3　コンソール接続はスピードの設定に要注意

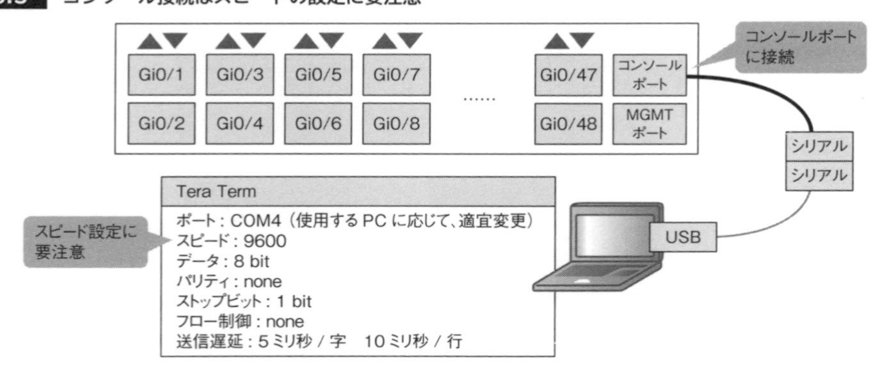

コンソールで接続できるがログインできない場合

また、コンソールで接続できるけれど、ログインはできない場合は、コンソール接続でログインできるユーザー名やパスワードを確認してください。構築中だけ、別ユーザーを使用する場合もあるので、あわせて確認しておく必要があるでしょう。ユーザー認証にRADIUS（Remote Authentication Dial In User Service）などの認証プロトコルを使用している場合は、そのネットワーク機器が認証サーバーと通信できる必要があります。認証サーバーの認証サービスが正常に起動し、疎通が取れていることを確認してください。

2.7 コンソールログインタイムアウト試験

コンソールログインタイムアウト試験は、コンソール接続の自動ログアウトを確認する試験です。コンソール接続は、一度ログインしたら、ずっとログインしっぱなしというわけではありません。ネットワーク機器は、ユーザーから一定の時間コマンドが入力されなくなったら、自動的にログアウト処理を実行し、セキュアな状態を維持します。コンソールログインタイムアウト試験では、コンソールログインした後、設計どおりのログインタイムアウト時間が経過するまでコマンドを入力せずに放置し、自動的にログアウト処理が実行されることを確認します。意図しない時間でログアウト処理が実行されたり、ログアウト処理が実行されなかったりした場合は、設計どおりに設定されているかを確認してください。

TEST

表 2.7.1 コンソールログインタイムアウト試験（シスコ Catalyst スイッチの場合）

試験前提	(1)コンソールログイン試験に成功していること
試験実施手順	**合否判定基準**
(1)コンソールログインした後、10 分間（ログインタイムアウト時間）+5 分間（予備待ち時間）放置する	自動的にログアウトされること

図 2.7.1　自動ログアウト（シスコ Catalyst スイッチの場合）

```
sw1 con0 is now available

Press RETURN to get started.


User Access Verification

Password:
sw1>

（15分間放置）


sw1 con0 is now available

Press RETURN to get started.
```

2.8 ネットワークログイン試験

ネットワークログイン試験は、ネットワーク経由でログインを確認する試験です。ほとんどのネットワーク機器には、管理用のインターフェース（マネージメントポート）に管理用のIPアドレス（マネージメントIPアドレス）とサービス（マネージメントサービス）が割り当てられています。運用管理者は、それらを経由してマネージメントシステムに接続して、機器の設定を変更したり、状態を確認したりします。ネットワークログイン試験では、指定されたIPアドレスから、指定されたプロトコル*1、ポート番号で機器に接続できることを確認し、あわせてログインするときのユーザー認証が正しく機能することを確認します。なお、単体試験の段階では、そもそも機器がネットワークに接続されていない場合もあります。その場合は、マネージメントIPアドレスと同じIPサブネットのIPアドレスを設定した試験用端末を、マネージメントポートに直接接続して*2、試験を実施します。

*1 最近は、GUIだったら「HTTPS (Hypertext Transfer Protocol Secure)」、CLIだったら「SSH (Secure SHell)」を使用していることが多いでしょう。

*2 機器によっては、マネージメントポートがありません。その場合は、ポートのひとつをマネージメントポートとして割り当てたりします。

TEST

表 2.8.1 ネットワークログイン試験の例(シスコ Catalyst スイッチの場合)

事前作業	(1)PC に以下の IP アドレス(接続許可アドレス)とサブネットマスクを設定し、マネージメントポートに接続する - IP アドレス：192.168.1.1 - サブネットマスク：255.255.255.0

試験実施手順	合否判定基準
(1)Tera Term を使用して、マネージメント IP アドレス(192.168.1.2) の SSH (TCP/22) に接続し、以下の許可ユーザー名・パスワードでログイン試行する - ユーザー名：root - パスワード：default	SSH ログインできること
(2)L2 スイッチの CLI で以下のコマンドを実行する show ssh	以下を確認できること • SSHv2.0 でのログインを確認できること • root ユーザーでのログインを確認できること
(3)Tera Term を使用して、マネージメント IP アドレス(192.168.1.2) の SSH (TCP/22) に接続し、以下の非許可ユーザー名・パスワードでログインを試行する - ユーザー名：hogehoge - パスワード：hogehoge	SSH ログインできないこと
(4)PC に以下の IP アドレス(接続拒否アドレス)とサブネットマスクを設定し、マネージメントポートに接続する - IP アドレス：192.168.1.101 - サブネットマスク：255.255.255.0	
(5)Tera Term を使用して、マネージメント IP アドレス(192.168.1.2) の SSH (TCP/22) に接続試行する	接続が拒否されること

図 2.8.1 SSH ログイン状態(シスコ Catalyst スイッチの場合)

```
sw1>show ssh
Connection Version Mode Encryption  Hmac         State               Username
0          2.0     IN   aes256-cbc  hmac-sha1    Session started     root
0          2.0     OUT  aes256-cbc  hmac-sha1    Session started     root
%No SSHv1 server connections running.
```

単体試験 … ネットワークログイン試験

ネットワーク経由で接続できない場合

ネットワーク経由で接続できない場合は、マネージメントIPアドレス/サービスとの疎通を確認しましょう。試験用端末とマネージメントIPアドレス/サービスの間に、ファイアウォールがある場合は、ファイアウォールのセキュリティポリシーを確認してください。また、設計によっては、セキュリティレベルの向上を図るために、アクセス元のIPアドレス(送信元IPアドレス)を制限していたり、デフォルトのポート番号を使用していなかったりします。設計に合わせる形で試験端末のIPアドレスを設定し、指定されたプロトコルとポート番号で接続を試してください。

図 2.8.2　マネージメント IP アドレスとの疎通が必須

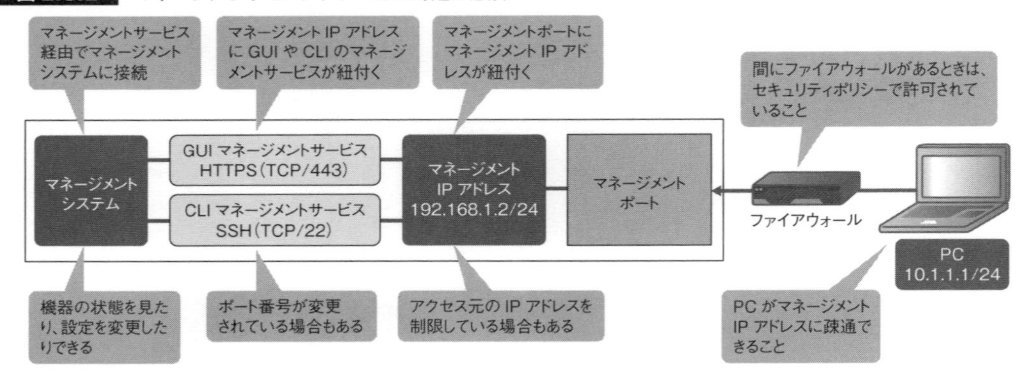

SSHで接続する場合は、SSHサーバー（ここで言う、ネットワーク機器）とSSHクライアント（Tera Termなどのターミナルソフトウェア）が対応している暗号化方式や認証方式にも注意を払う必要があります。SSHは、実際に通信を暗号化する前に、双方が対応しているパラメータ（プロトコルバージョンや暗号化方式、認証方式など）を交換し合います。そして、その中で各パラメータについて、両方が対応していて、かつより優先度が高いものをひとつずつ合意して使用します。このとき、どれかひとつでも合意できないパラメータがあった場合は、通信を切断します。ネットワーク環境によっては、セキュリティ上の理由から、使用する暗号化方式や認証方式を限定していたりします。それぞれが対応している方式を確認し、SSHサーバーに合わせてSSHクライアントの設定を変更しましょう。

図 2.8.3　SSH 接続

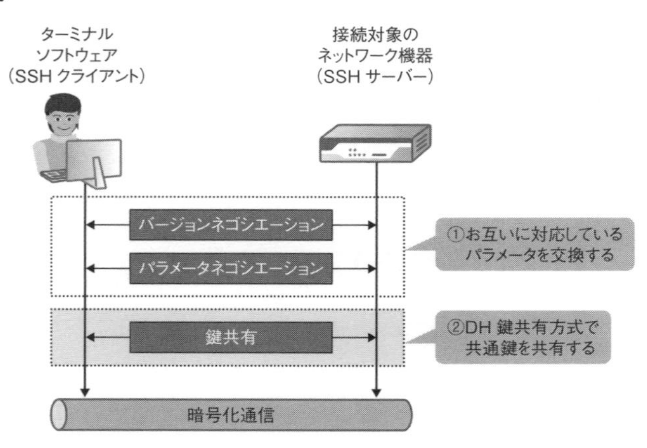

図 2.8.4 パラメータが合意できないと接続できない

```
c:¥>ssh -l root 192.168.1.2
Unable to negotiate with 192.168.1.2 port 22: no matching cipher found. Their offer: aes128-cbc,3des-cbc,aes192-cbc,aes256-cbc
```

ネットワーク経由で接続できるがログインできない場合

接続できるけれど、ログインできない場合は、ネットワーク接続でログインできるユーザー名やパスワードを確認してください。機器やその設計によっては、GUIとCLIでログインできるユーザーが違ったりします。また、構築中だけ、別ユーザーを使用する場合もあるので、あわせて確認してください。ユーザー認証に、RADIUSなどの認証プロトコルを使用している場合は、そのネットワーク機器が認証サーバーと通信ができる必要があります。認証サーバーの認証サービスが起動し、疎通が取れていることを確認してください。

2.9 ネットワークログインタイムアウト試験

ネットワークログインタイムアウト試験は、ネットワーク経由でログインしたときの自動ログアウトを確認する試験です。コンソール接続と同じくネットワーク経由で接続したときも、一度ログインしたら、ずっとログインしっぱなしというわけではありません。ネットワーク機器は、ユーザーから一定時間コマンドが入力されなくなったり、操作されなくなったりしたら、自動的にログアウト処理を実行し、セキュアな状態を維持します。ネットワークログインタイムアウト試験では、ネットワーク経由でログインした後、設計どおりのログインタイムアウト時間が経過するまで操作せずに放置し、自動的にログアウト処理が実行されることを確認します。意図しない時間でログアウト処理が実行されたり、ログアウト処理が実行されなかったりした場合は、設計どおりに設定されているかを確認してください。

TEST

表 2.9.1　ネットワークログインタイムアウト試験(F5 BIG-IP の場合)

試験前提	(1)ネットワークログイン試験に成功していること
試験実施手順	**合否判定基準**
(1)SSH でログインした後、10 分間(ログインタイムアウト時間)+5 分間(予備待ち時間)放置する	自動的にログアウトされること
(2)HTTPS でログインした後、10 分間(ログインタイムアウト時間)+5 分間(予備待ち時間)放置する	自動的にログアウトされること

図 2.9.1　自動ログアウト(SSH 接続)(F5 BIG-IP の場合)

```
root@ubu06:~# ssh -l root 172.16.253.100
Password:
Last login: Mon Apr 12 03:15:02 2021 from 172.16.253.134
[root@bigip1:Active:Standalone] config #


（15分間放置）


[root@bigip1:Active:Standalone] config # timed out waiting for input: auto-logout
Connection to 172.16.253.100 closed.
root@ubu06:~#
```

2.10 起動確認試験

起動確認試験は、ネットワーク機器が正常に起動しているかを確認する試験です。どんな情報をもって「正常起動」とするかは、顧客と調整が必要ですが、**OSを認識できていることを確認するところでOKとすることが多いでしょう**。たまに「起動ログをすべて確認しろ」と言う顧客もいたりします。その場合は、起動し終わるまでのログの意味を1行1行確認して、合格か不合格かを判定します。機器によっては、「STOP」や「DOWN」、「ERROR」など、心なしか正常起動していないかのような文字列を含む起動ログを出力したりします。もちろん意味の確認は必要ですが、起動し終わった後もそのログが出力され続けないかぎりは、正常と判断されることが多いでしょう。もし出力され続けるようであれば、ハードウェア、あるいはソフトウェアに問題がある可能性があります。対象のログをもとに購入元に問い合わせてください。

表 2.10.1 起動確認試験の例(シスコ Catalyst スイッチの場合)

事前作業	(1)PC に以下の IP アドレスとサブネットマスクを設定し、マネージメントポートに接続する - IP アドレス:192.168.1.1 - サブネットマスク:255.255.255.0 (2)スイッチに SSH で接続し、任意のユーザーでログインした後、特権 EXEC モードに移行する

試験実施手順	合否判定基準
(1)スイッチの CLI で以下のコマンドを実行する show version	OS を正常に認識できていること
(2)スイッチの CLI で以下のコマンドを実行する show log	機器の異常を示すログが表示されていないこと

図 2.10.1 ソフトウェアの認識状態(シスコ Catalyst スイッチの場合)

```
sw1#show version
Cisco IOS Software, C2960S Software (C2960S-UNIVERSALK9-M), Version 15.0(2)SE5, RELEASE
SOFTWARE (fc1)
Technical Support: http://www.cisco.com/techsupport
Copyright (c) 1986-2013 by Cisco Systems, Inc.
Compiled Fri 25-Oct-13 13:41 by prod_rel_team

ROM: Bootstrap program is C2960S board boot loader
BOOTLDR: C2960S Boot Loader (C2960S-HBOOT-M) Version 12.2(55r)SE, RELEASE SOFTWARE (fc1)

sw1 uptime is 1 hour, 17 minutes
System returned to ROM by power-on
System restarted at 01:27:23 UTC Wed Mar 30 2011
System image file is "flash:/c2960s-universalk9-mz.150-2.SE5/c2960s-universalk9-mz.150-2.
SE5.bin"
(省略)
```

図 2.10.2 起動ログ(シスコ Catalyst スイッチの場合)

```
sw1#show log
Syslog logging: enabled (0 messages dropped, 0 messages rate-limited, 0 flushes, 0
overruns, xml disabled, filtering disabled)
(省略)
Log Buffer (4096 bytes):

*Mar  1 00:00:15.246: Read env variable - LICENSE_BOOT_LEVEL =
Mar 30 01:27:38.550: %IOS_LICENSE_IMAGE_APPLICATION-6-LICENSE_LEVEL: Module name = c2960s_
lanbase Next reboot level = lanbase and License = lanbase
Mar 30 01:29:02.583: %STACKMGR-4-SWITCH_ADDED: Switch 1 has been ADDED to the stack
Mar 30 01:29:03.804: %LINEPROTO-5-UPDOWN: Line protocol on Interface Vlan1, changed state
to down
Mar 30 01:29:03.894: %LINEPROTO-5-UPDOWN: Line protocol on Interface FastEthernet0,
changed state to down
Mar 30 01:29:06.248: %SPANTREE-5-EXTENDED_SYSID: Extended SysId enabled for type vlan
Mar 30 01:29:13.305: %SYS-5-CONFIG_I: Configured from memory by console
```

```
Mar 30 01:29:13.425: %STACKMGR-5-SWITCH_READY: Switch 1 is READY
Mar 30 01:29:13.425: %STACKMGR-4-STACK_LINK_CHANGE: Stack Port 1 Switch 1 has changed to
state DOWN
Mar 30 01:29:13.425: %STACKMGR-4-STACK_LINK_CHANGE: Stack Port 2 Switch 1 has changed to
state DOWN
Mar 30 01:29:13.845: %STACKMGR-5-MASTER_READY: Master Switch 1 is READY
Mar 30 01:29:13.902: %PLATFORM-6-FLEXSTACK_INSERTED: FlexStack module inserted in Switch
1.
Mar 30 01:29:14.264: %SYS-5-RESTART: System restarted --
Cisco IOS Software, C2960S Software (C2960S-UNIVERSALK9-M), Version 15.0(2)SE5, RELEASE
SOFTWARE (fc1)
Technical Support: http://www.cisco.com/techsupport
Copyright (c) 1986-2013 by Cisco Systems, Inc.
Compiled Fri 25-Oct-13 13:41 by prod_rel_team
Mar 30 01:29:14.285: %SSH-5-ENABLED: SSH 2.0 has been enabled
Mar 30 01:29:15.271: %LINK-5-CHANGED: Interface Vlan1, changed state to administratively
down
Mar 30 01:29:15.522: %USB_CONSOLE-6-MEDIA_RJ45: Console media-type is RJ45.
Mar 30 01:29:16.262: %LINK-3-UPDOWN: Interface FastEthernet0, changed state to down
Mar 30 01:29:25.285: %LINK-3-UPDOWN: Interface FastEthernet0, changed state to up
Mar 30 01:29:26.527: %LINEPROTO-5-UPDOWN: Line protocol on Interface FastEthernet0,
changed state to up
Mar 30 01:29:26.606: %PKI-6-AUTOSAVE: Running configuration saved to NVRAM
```

ソフトウェアを認識できていない場合

ソフトウェアを認識できていない場合は、ハードウェアのPOST（Power On Self Test）*1に失敗していたり、ソフトウェアが壊れていたりします。購入元に状況を説明し、機器を交換したり、ソフトウェアを提供してもらったりしてください。

*1 電源投入時に自動実行されるハードウェアのテストのことです。

2.11 ストレージ試験

ストレージ試験は、ネットワーク機器のストレージを確認する試験です。ネットワーク機器は、Linuxなどのベース OSやベンダー独自のネットワークOSのイメージファイルや設定情報を、HDDやSSD、コンパクトフラッシュなどのストレージに格納し、起動するときに呼び出します。ストレージ試験では、ストレージがエラーなく認識され、設計どおりのバージョンのOSがインストール(あるいは、配置)されていることを確認します。機器によっては、ひとつのストレージ内でパーティション(スロット)に分割されていたり、複数のストレージでRAIDが組まれていたりします。その場合は、それらについても正常に認識されているか確認します。

図 2.11.1 機器によって、ストレージの構成は異なる

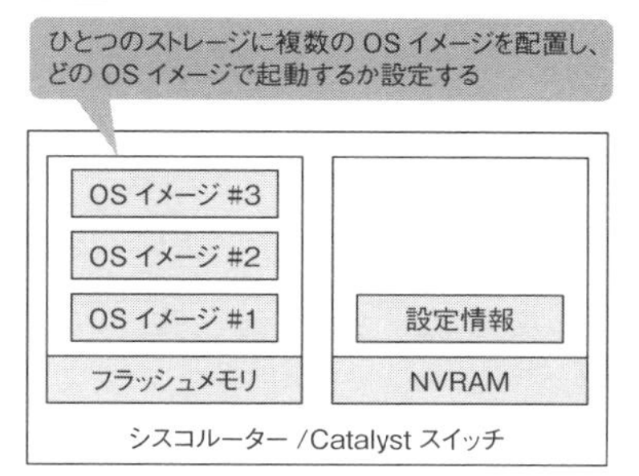

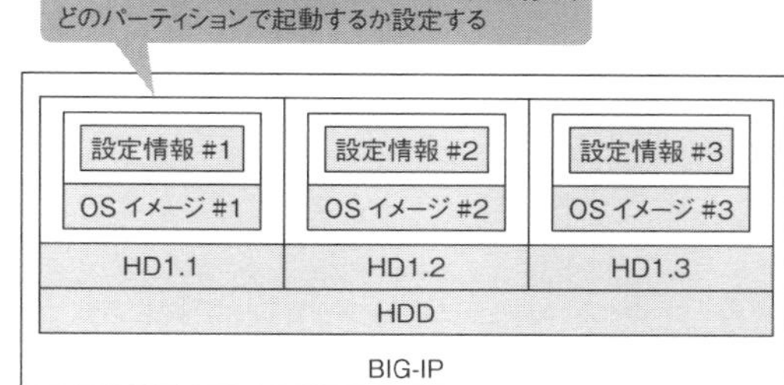

TEST

表 2.11.1 ストレージ試験(シスコ Catalyst スイッチの場合)

事前作業	(1)PC に以下の IP アドレスとサブネットマスクを設定し、マネージメントポートに接続する - IP アドレス:192.168.1.1 - サブネットマスク:255.255.255.0 (2)スイッチに SSH で接続し、任意のユーザーでログインする

試験実施手順	合否判定基準
(1)L2 スイッチの CLI で以下のコマンドを実行する show flash	以下を確認できること • フラッシュ内の情報が表示されること • 以下のバージョンのディレクトリが存在していること - c2960s-universalk9-mz.150-2.SE5

図 2.11.2 ストレージの情報(シスコ Catalyst スイッチの場合)

```
sw1>show flash

Directory of flash:/

  605  -rwx        2173  Mar 30 2011 01:29:27 +00:00  config.text
    2  drwx         512  Mar 30 2011 01:32:50 +00:00  dc_profile_dir
    4  drwx         512   Mar 1 1993 00:10:28 +00:00  c2960s-universalk9-mz.150-2.SE5
  602  -rwx        5464  Mar 30 2011 01:29:27 +00:00  private-config.text
  603  -rwx        3096  Mar 30 2011 01:29:27 +00:00  multiple-fs

57931776 bytes total (38715904 bytes free)
```

表 2.11.2　ストレージ試験(F5 BIG-IP の場合)

事前作業	(1)PC に以下の IP アドレスとサブネットマスクを設定し、マネージメントポートに接続する - IP アドレス：192.168.1.1 - サブネットマスク：255.255.255.0 (2)負荷分散装置に SSH で接続し、管理者ユーザーでログインする

試験実施手順	合否判定基準
(1)負荷分散装置の CLI で以下のコマンドを実行する tmsh show sys software status	以下を確認できること • HD1.1 と HD1.2 のスロットが存在していること • 各スロットの Status が「complete」になっていること • 各スロットに以下のバージョンの OS がインストールされていること - バージョン：15.1.2.1 - ビルド：0.0.10

図 2.11.3　ストレージの情報(F5 BIG-IP の場合)

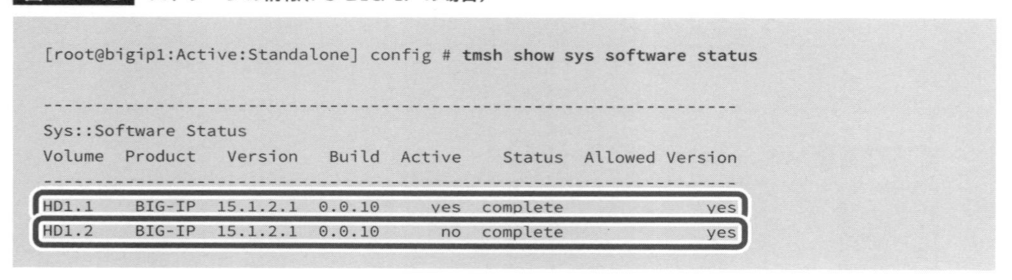

```
[root@bigip1:Active:Standalone] config # tmsh show sys software status

---------------------------------------------------------------------
Sys::Software Status
Volume  Product   Version   Build  Active    Status  Allowed Version
---------------------------------------------------------------------
HD1.1     BIG-IP  15.1.2.1  0.0.10     yes  complete             yes
HD1.2     BIG-IP  15.1.2.1  0.0.10      no  complete             yes
```

ストレージが認識されていない場合

　ストレージが認識されていない場合は、起動すらできないはずなので、前段の起動確認試験で失敗していることでしょう。機器交換を依頼してください。設計どおりのバージョンのOSがインストール(あるいは、配置)されていない場合は、購入元から設計どおりのバージョンのOSイメージを入手して、インストールしてください。

2.12 OSバージョン試験

　OSバージョン試験は、起動しているOSのバージョンを確認する試験です。ネットワーク機器に限らず、OSのバージョンはバグや使用機能に関わる重要な設計要素のひとつです。バージョンが違うだけで、修正されている既知のバグの内容が変わってきますし、場合によっては使用できる機能が違ったりもします。OSバージョン試験では、それぞれのネットワーク機器が設計どおりの適切なOSバージョンで起動しているか、ひとつひとつ確認します。

TEST

表 2.12.1 OS バージョン試験の例(シスコ Catalyst スイッチの場合)

事前作業	(1)PC に以下の IP アドレスとサブネットマスクを設定し、マネージメントポートに接続する - IP アドレス：192.168.1.1 - サブネットマスク：255.255.255.0 (2)スイッチに SSH で接続し、任意のユーザーでログインする

試験実施手順	合否判定基準
(1)L2 スイッチの CLI で以下のコマンドを実行する show version	以下のバージョンで起動していること - c2960s-universalk9-mz.150-2.SE5

図 2.12.1 OS バージョン情報(シスコ Catalyst スイッチの場合)

```
sw1>show version
Cisco IOS Software, C2960S Software (C2960S-UNIVERSALK9-M), Version 15.0(2)SE5, RELEASE
SOFTWARE (fc1)
Technical Support: http://www.cisco.com/techsupport
Copyright (c) 1986-2013 by Cisco Systems, Inc.
Compiled Fri 25-Oct-13 13:41 by prod_rel_team

ROM: Bootstrap program is C2960S board boot loader
BOOTLDR: C2960S Boot Loader (C2960S-HBOOT-M) Version 12.2(55r)SE, RELEASE SOFTWARE (fc1)

sw1 uptime is 1 hour, 17 minutes
System returned to ROM by power-on
System restarted at 01:27:23 UTC Wed Mar 30 2011
System image file is "flash:/c2960s-universalk9-mz.150-2.SE5/c2960s-universalk9-mz.150-2.
SE5.bin"
（省略）
```

設計どおりの OS バージョンで起動していない場合

設計どおりのOSバージョンで起動していない場合は、まず設定を確認してください。ストレージの中に複数のOSイメージがあると、一定の法則に基づいて、自動的にOSを選択してしまい、意図しないバージョンで起動してしまうことがあります。ほとんどのネットワーク機器は、どのストレージのどのイメージで起動するかを設定で指定できるようになっているはずです。設計どおりのOSイメージを指定し、再起動しましょう。そもそもストレージに想定しているバージョンのOSイメージがない場合は、購入元から入手し、インストールしてください。

2.13 ライセンス試験

ライセンス試験は、ネットワーク機器に適用されているライセンスを確認する試験です。最近のネットワーク機器は、ライセンスを適用することによって、使用できる機能や最大スペックを制限しています。したがって、設計どおりのライセンスが適用されていないと、意図した動作や処理性能を実現できません。ライセンス試験では、それぞれのネットワーク機器が設計どおりの適切なライセンスで起動しているか、ひとつひとつ確認します。

TEST

表 2.13.1　ライセンス試験(F5 BIG-IP の場合)

事前作業	(1)PC に以下の IP アドレスとサブネットマスクを設定し、マネージメントポートに接続する - IP アドレス：192.168.1.1 - サブネットマスク：255.255.255.0 (2)負荷分散装置に SSH で接続し、管理者ユーザーでログインする

試験実施手順	合否判定基準
(1)負荷分散装置の CLI で以下のコマンドを実行する tmsh show sys license	(1)Active モジュールに、以下のライセンスが含まれていること - Best Bundle, VE-10G

図 2.13.1　ライセンス情報(F5 BIG-IP の場合)

```
[root@bigip1:Active:Standalone] config # tmsh show sys license

Sys::License
Licensed Version                        15.1.2
Registration key                        xxxxx-xxxxx-xxxxx-xxxxx-xxxxx
Licensed On                             2021/03/30
License Start Date                      2021/03/29
License End Date                        2021/05/15
Service Check Date                      2021/03/30
Platform ID                             Z100
Daily Renewal Notification Days         5
Daily Renewal Notification Start Date   2021/05/11

Active Modules
  APM, Base, VE GBB (500 CCU, 2500 Access Sessions) (SOXIIEJ-QPBOHSU)
    Anti-Virus Checks
    Base Endpoint Security Checks
    Firewall Checks
    Network Access
    Secure Virtual Keyboard
    APM, Web Application
    Machine Certificate Checks
```

```
Protected Workspace
Remote Desktop
App Tunnel
Best Bundle, VE-10G (DZUUGGD-WHWCXMA)
Rate Shaping
ASM, VE
DNS-GTM, Base, 10Gbps
SSL, VE
Max Compression, VE
AFM, VE
Exclusive Version, v12.1.X - 18.X
DNSSEC
GTM Licensed Objects, Unlimited
DNS Licensed Objects, Unlimited
DNS Rate Fallback, 250K
GTM Rate Fallback, 250K
GTM Rate, 250K
DNS Rate Limit, 250K QPS
Routing Bundle, VE
VE, Carrier Grade NAT (AFM ONLY)
PSM, VE
```

設計どおりのライセンスが適用されていない場合

設計どおりのライセンスが適用されていない場合は、インターネット上のライセンスサーバーで、ライセンスのアクティベーションを実施し、インストールできるかどうかを確認してください。アクティベーションに失敗する場合は、そもそも適切なライセンスが購入されていない可能性があります。購入元に問い合わせてください。

2.14 インターフェース試験

インターフェース試験は、インターフェースが正常に動作するかを確認する試験です。ネットワークは、インターフェースとインターフェースがLANケーブルや光ファイバーケーブル*1で接続されることによって構成されています。したがって、まずは、インターフェースが正常に動作しないことには始まりません。インターフェース試験では、機器それぞれに搭載されているインターフェースが正常にリンクアップし、正常にパケットを転送できるかを1ポートずつ確認します。試験方法は、機器や環境によってさまざまですが、たとえばL2スイッチの場合、同じIPサブネットのIPアドレスを設定した2台の試験用端末を、同じVLANのインターフェースにそれぞれ接続し、ポートごとに接続したときのポートLEDの状態、コマンドの表示結果、Pingの疎通結果を確認することが多いでしょう。

*1 無線LANの場合は電波で接続されます。

図 2.14.1　インターフェース試験

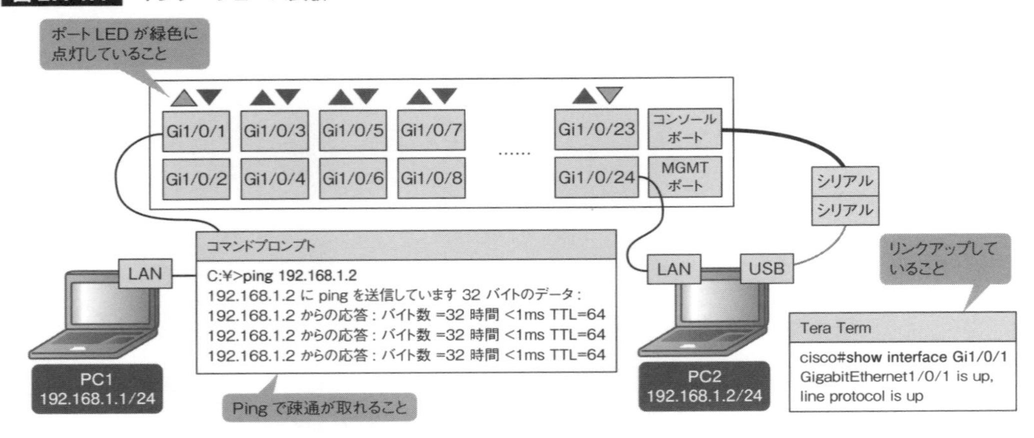

ちなみに、筆者自身は、48ポートのL2スイッチ数百台のインターフェース試験を経験したことがありますが、そのときは、使わなくなったLANケーブルの片方のコネクタの爪を折って、抜きやすいようにしておいて、「1番ポートにLANケーブルを差して、ポートLEDの状態とPingの結果を確認*2、抜いて、2番ポートへ…」という作業をひたすら繰り返しました。もはや体力勝負でしたが、今となっては良い経験です。心なしか体力と忍耐力が付きましたし、終わったときに味わった達成感と言ったらありませんでした（もう二度とやりたくありませんが…）。

*2 このときは試験するインターフェースの数があまりに多すぎて、コマンドの表示結果は求められませんでした。

TEST

表 2.14.1　インターフェース試験の例（シスコ Catalyst スイッチの場合）

事前作業	(1)PC1 に以下の IP アドレスとサブネットマスクを設定する - IP アドレス：192.168.1.1 - サブネットマスク：255.255.255.0 (2)PC2 に以下の IP アドレスとサブネットマスクを設定する - IP アドレス：192.168.1.2 - サブネットマスク：255.255.255.0 (3)PC2 からスイッチにコンソールで接続し、任意のユーザーでログインした後、特権 EXEC モードに移行する

試験実施手順	合否判定基準
(1)PC2 を Gi1/0/24 に接続する	
(2)Gi1/0/24 のポート LED の状態を確認する	ポート LED が緑色に点灯すること
(3)L2 スイッチの CLI で以下のコマンドを実行する show interface Gi1/0/24	インターフェースがリンクアップすること
(4)PC1 を Gi1/0/1 に接続する	
(5)Gi1/0/1 のポート LED の状態を確認する	ポート LED が緑色に点灯すること
(6)L2 スイッチの CLI で以下のコマンドを実行する show interface Gi1/0/1	インターフェースがリンクアップすること
(7)PC1 でコマンドプロンプトを起動し、以下のコマンドを実行する ping 192.168.1.2 以降、(4)から(7)の手順を Gi1/0/23 まで繰り返す	PC1 の Ping に対して、PC2 から応答があること

図 2.14.2 インターフェース情報(シスコ Catalyst スイッチの場合)

```
sw1#show interface Gi1/0/1
GigabitEthernet1/0/1 is up, line protocol is up (connected)
  Hardware is Gigabit Ethernet, address is 5ca4.8a35.f281 (bia 5ca4.8a35.f281)
  MTU 1500 bytes, BW 1000000 Kbit/sec, DLY 10 usec,
     reliability 255/255, txload 1/255, rxload 1/255
  Encapsulation ARPA, loopback not set
  Keepalive set (10 sec)
  Full-duplex, 1000Mb/s, media type is 10/100/1000BaseTX
  input flow-control is off, output flow-control is unsupported
  ARP type: ARPA, ARP Timeout 04:00:00
  Last input 00:00:00, output 00:00:00, output hang never
  Last clearing of "show interface" counters never
  Input queue: 0/75/0/0 (size/max/drops/flushes); Total output drops: 0
  Queueing strategy: fifo
  Output queue: 0/40 (size/max)
(省略)
```

インターフェースが正常にリンクアップしない場合

インターフェースが正常にリンクアップしない場合は、LANケーブルかインターフェースに問題があります。まずは、LANケーブルを動作実績のあるものに交換して、再試験を実施してください。それでも失敗するようであれば、インターフェースに問題があります。機器交換*1を依頼してください。

*1 モジュールタイプの機器の場合は、そのインターフェースが搭載されているモジュールの交換を依頼してください。

2.15 パラメータ実装試験

パラメータ実装試験は、ネットワーク機器が詳細設計書（パラメータシート）どおりに実装されているかを確認する試験です。当たり前のことですが、どんなネットワーク機器も設定が入っていなければ、設計どおり機能しません。にわかに信じがたいことかもしれませんが、何百台と同じような設定をしていると、ごくたまに設定したのに保存するのを忘れていて、設定が空っぽになっていたり、他と同じ設定が入っていたりすることがあります。そのようなことがないように、コマンドラインで全体的な設定情報を取得し、詳細設計書に記載されている情報が正しく設定されていることを確認してください。詳細設計書どおりに設定されていなかった場合は、設定を追加、あるいは変更してください。

TEST

表 2.15.1　パラメータ実装試験の例（シスコ Catalyst スイッチの場合）

事前作業	
事前作業	(1)PC に以下の IP アドレスとサブネットマスクを設定し、マネージメントポートに接続する - IP アドレス：192.168.1.1 - サブネットマスク：255.255.255.0 (2)スイッチに SSH で接続し、任意のユーザーでログインした後、特権 EXEC モードに移行する

試験実施手順	合否判定基準
(1)L2 スイッチの CLI で以下のコマンドを実行する show startup-config	
(2)表示結果をメモ帳に貼り付け、保存する	
(3)保存したパラメータが詳細設計書どおりに実装されていることを確認する	詳細設計書に記載されたすべてのパラメータが正しく実装されていること

図 2.15.1　パラメータ実装状態（シスコ Catalyst スイッチの場合）

```
sw1#show startup-config
Using 2535 out of 524288 bytes
!
! Last configuration change at 03:45:48 UTC Wed Mar 30 2011
! NVRAM config last updated at 03:45:49 UTC Wed Mar 30 2011
!
version 15.0
no service pad
service timestamps debug datetime msec
service timestamps log datetime msec
service password-encryption
!
hostname sw1
```

```
!
boot-start-marker
boot-end-marker
!
!
username root password 7 070B244A4F1C1511
no aaa new-model
switch 1 provision ws-c2960s-24ts-l
!
!
no ip domain-lookup
ip domain-name local
!
!
(以下、省略)
```


ちなみに、機器が何百台もあると、ひとつひとつ作業手順を実施する悠長な時間などありません。そこで、いったんマネージメントポートだけ接続しておいて、Tera TermのマクロやAnsibleで一気に設定を取得し、テキスト比較ツールで一気に差分(Diff)を確認するようなことが多いでしょう。どんなプロジェクトでも、与えられた時間とコストは有限です。**いろいろなツールを上手に駆使して、効率化を図り、作業時間の短縮を図ってください。**

2.16 バックアップ試験

バックアップ試験は、設定情報をバックアップできるか確認する試験です。ネットワーク機器は、運用管理フェーズに移行すると、設定変更のたびに手動でバックアップファイルを取得したり、定期的・自動的にバックアップファイルを取得したりして、障害に備えます。バックアップの方法は、ネットワーク機器によっていろいろですが、設定情報をそのままテキストファイルとして書き出したり、ひとつのファイルに圧縮して書き出したりすることが多いでしょう。書き出したバックアップファイルは、PCのローカルストレージに保存したり、設定管理サーバーにアップロードしたりして管理します。

図 2.16.1　バックアップ(F5 BIG-IP の場合)

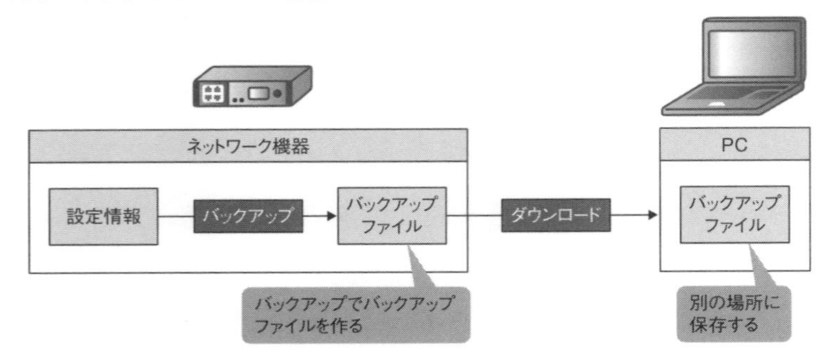

バックアップ試験では、バックアップファイルを設計どおりの命名規則で書き出せることや、それを設計どおりの場所に保存できること、またバックアップ処理の自動化を図っているのであれば、それが問題なく動作することなどを確認します。

TEST

表 2.16.1　バックアップ試験の例(F5 BIG-IP の場合)

事前作業	(1)PC に以下の IP アドレスとサブネットマスクを設定し、マネージメントポートに接続する - IP アドレス：192.168.1.1 - サブネットマスク：255.255.255.0 (2)負荷分散装置に SSH で接続し、管理者ユーザーでログインする

試験実施手順	合否判定基準
(1)負荷分散装置の CLI で以下のコマンドを実行する tmsh save sys ucs (バックアップファイル名).ucs	/var/local/ucs 配下にバックアップファイルができること
(2)WinSCP で /var/local/ucs 配下にあるバックアップファイルを PC にダウンロードする	バックアップファイルをダウンロードできること

図 2.16.2　バックアップしたときの表示(F5 BIG-IP の場合)

```
[root@lb01:Active:Disconnected] config # tmsh save sys ucs lb01_20210904.ucs
Saving active configuration...
/var/local/ucs/lb01_20210904.ucs is saved.
```

2.17 リストア試験

リストア試験は、設定情報をリストア(復元)できるか確認する試験です。バックアップファイルは、取得したらおしまいというわけではありません。機器が壊れてしまって機器交換が必要になったときや、大幅な設定変更によって障害が発生したときなど、元どおりの設定に戻したい(リストアしたい)ときに使用します。リストアの方法は、ネットワーク機器によっていろいろですが、バックアップファイルのテキスト情報をそのまま流し込んだり、圧縮されたバックファイルをリストア処理したりすることが多いでしょう。

図 2.17.1 リストア(F5 BIG-IP の場合)

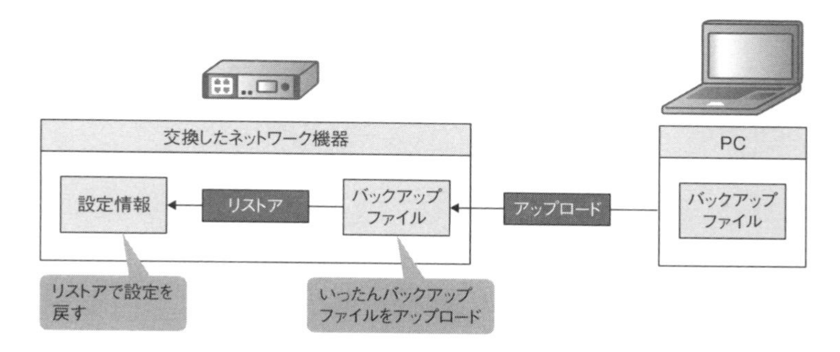

リストア試験では、実際にバックアップファイルからリストアを実行し、元どおりの設定に戻ることを確認します。

TEST

表 2.17.1 リストア試験の例(F5 BIG-IP の場合)

事前作業
(1)PC に以下の IP アドレスとサブネットマスクを設定し、マネージメントポートに接続する - IP アドレス：192.168.1.1 - サブネットマスク：255.255.255.0 (2)負荷分散装置に SSH で接続し、管理者ユーザーでログインする

試験実施手順	合否判定基準
(1)負荷分散装置の CLI で以下のコマンドを実行する tmsh save sys config file (リストア前コンフィグファイル名) no-passphrase	/var/local/scf 配下にリストア前コンフィグファイルができていること
(2)WinSCP で /var/local/scf 配下にあるリストア前コンフィグファイルを PC にダウンロードする	リストア前コンフィグファイルをダウンロードできること

(3)バックアップファイルを WinSCP で /var/local/ucs にアップロードする	
(4)負荷分散装置の CLI で以下のコマンドを実行する tmsh load sys ucs（バックアップファイル名）no-license	エラーなく、リストアが実行されること
(5)負荷分散装置の CLI で以下のコマンドを実行する tmsh save sys config file（リストア後コンフィグファイル名）no-passphrase	/var/local/scf 配下にリストア後コンフィグファイルができていること
(6)WinSCP で /var/local/scf 配下にあるリストア後コンフィグファイルを PC にダウンロードする	リストア後コンフィグファイルをダウンロードできること
(7)(2) で取得したリストア前コンフィグファイルと、(6) で取得したリストア後コンフィグファイルを Diff ツールで比較する	異常な相違がないこと

図 2.17.2　リストアしたときの表示(F5 BIG-IP の場合)

```
[root@lb01:Active:Disconnected] config # tmsh load sys ucs lb01_20210904.ucs no-license
Replace all configuration on the system? (y/n) y
Processing UCS file: /var/local/ucs/lb01_20210904.ucs

Installing full UCS (15.1.3) data, excluding license file.
Extracting manifest: /var/local/ucs/lb01_20210904.ucs
Product : BIG-IP
Platform: Z100
Version : 15.1.3
Edition : Final
Hostname: lb01.local
Installing --full-- configuration on host lb01.local
Installing configuration...
Post-processing...
usermod: no changes

Broadcast message from systemd-journald@lb01.local (Sat 2021-09-04 17:39:21 JST):

logger[28069]: Re-starting named

2021 Sep  4 17:39:21 lb01.local logger[28069]: Re-starting named
Reloading License and configuration - this may take a few minutes...

Broadcast message from systemd-journald@lb01.local (Sat 2021-09-04 17:39:35 JST):

logger[28610]: Re-starting snmpd

2021 Sep  4 17:39:35 lb01.local logger[28610]: Re-starting snmpd
/var/local/ucs/lb01_20210904.ucs is loaded.
```

第3章

結合試験

ネットワークは、たくさんのネットワーク機器が網目上に接続され、無数のパケットをあちこちに高速転送することによって動作しています。結合試験では、エラーなく接続できていることや、正しい経路でパケットを転送できていることなど、ネットワークとして設計どおりに動作し、ユーザーに対して必要最低限のサービスを提供できているかを、機能ごとに確認していきます。

3.1 結合試験のポイント

結合試験は、その名のとおり、ネットワーク機器を結合（接続）して、正常に動作するかを確認する試験です。設定したネットワーク機器をLANケーブルで接続し、実際にパケットを送信したりして、機能ごとに状態をチェックしていきます。結合試験は「不合格だったら、設定を疑え」が基本です。たとえば、インターフェース試験でエラーが発生していたら、デュプレックス（通信方式）の設定が相互に異なる可能性があるので、インターフェースの設定を疑う必要があります。また、ファイアウォール試験で、HTTPSサーバーに対して通信ができなかったら、TCP/443が許可されていない可能性があるので、ファイアウォールの設定を疑う必要があります。

どんなに設定を確認しても問題がなかったら、バグの可能性があります。ネットワーク機器メーカーのサイトで、リリースノートやバグ情報をチェックしてください。該当するバグがないようであれば、いよいよ未知のバグの可能性が出てきます。購入元経由でメーカーに問い合わせましょう。既知バグであれ、未知バグであれ、バグに該当しているようであれば、回避策、あるいはホットフィックス*1適用を検討する必要があります。適用後は、再度同じ試験を実施し、合格するまで繰り返します。

*1 バグを解消するために緊急に提供される修正プログラムのこと。

図 3.1.1　結合試験における切り分けの流れ

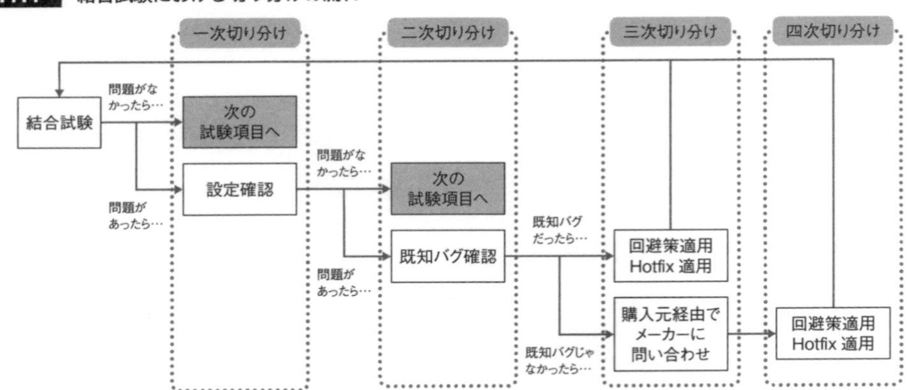

3.2 インターフェース試験

インターフェース試験は、インターフェースが正常に動作しているかを確認する試験です。インターフェース試験といえば、単体試験でも実施しましたが、そちらはあくまで機器単体での動作を確認するものであって、実際のネットワーク環境での相互接続性を保証するものではありません。結合試験のインターフェース試験では、ネットワーク機器を設計どおりに接続した状態で、インターフェースのスピード（通信速度）が最大帯域、デュプレックス（通信方式）が全二重通信でリンクアップしていることや、エラーカウンターが上がっていないことなどを確認します。最近はかなり少なくなりましたが、以前はごくたまに異ベンダー間の機器接続で相性問題が発生して、設定は合っているはずなのに、なぜかリンクアップしなかったり、エラーカウンターが上がっていたり、といったことがありました。結合試験でもインターフェース試験を実施することによって、そのような可能性すら排除し、インターフェースレベルで問題なく接続できることを確認します。

図 3.2.1 インターフェースの設定は同じが基本

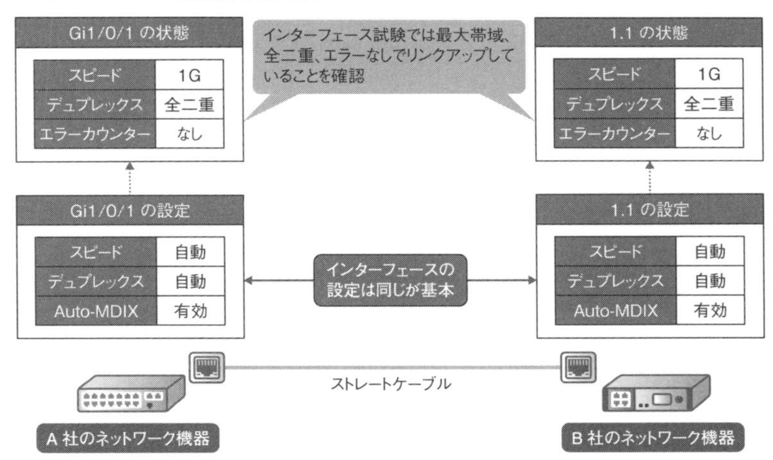

最近は、1000BASE-T以上のインターフェースを持つ機器が多くなり、スピードとデュプレックスを自動、Auto-MDIX機能*1を有効にしている設計が多くなっています。したがって、ケーブル不良のようなことがないかぎり、この試験で不合格になることはなくなりました。しかし、設計的にどれかを手動で設定していて、しかもそれらの設定がお互いに同じになっていない場合は、設定変更が必要になります。

*1 インターフェースのMDIとMDI-Xを自動的に切り替える機能です。

TEST

表 3.2.1　インターフェース試験の例(シスコ Catalyst スイッチの場合)

試験前提	(1)設計どおりにネットワーク機器が接続されていること
事前作業	(1)スイッチに SSH で接続し、任意のユーザーでログインした後、特権 EXEC モードに移行する

試験実施手順	合否判定基準
(1)スイッチの CLI で以下のコマンドを実行する show interface Gi1/0/1	すべてのインターフェースが全二重通信、最大帯域でリンクアップしていること
(2)スイッチの CLI で以下のコマンドを実行する show interface Gi1/0/1 counters errors	各インターフェースにおいて、エラーカウンターがカウントアップされていないこと

図 3.2.2　インターフェースの状態(シスコ Catalyst スイッチの場合)

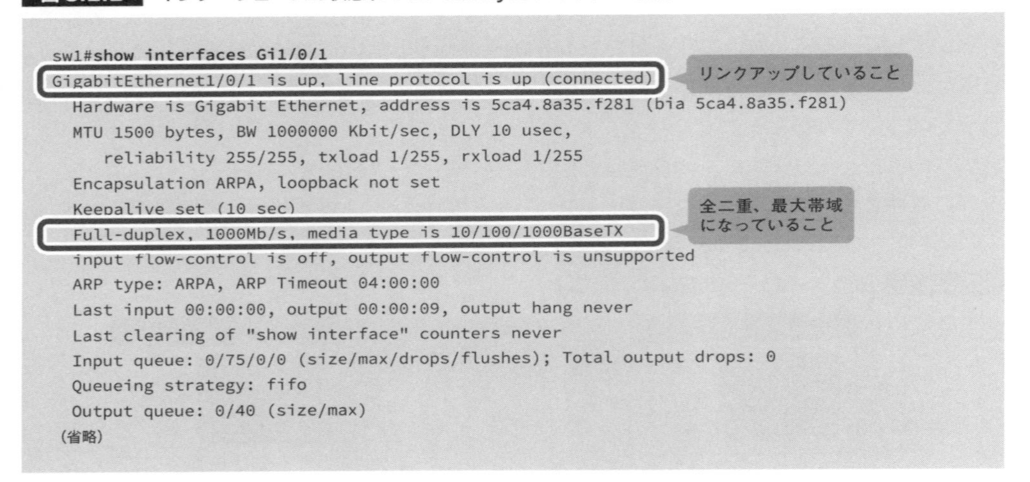
```
sw1#show interfaces Gi1/0/1
GigabitEthernet1/0/1 is up, line protocol is up (connected)
  Hardware is Gigabit Ethernet, address is 5ca4.8a35.f281 (bia 5ca4.8a35.f281)
  MTU 1500 bytes, BW 1000000 Kbit/sec, DLY 10 usec,
     reliability 255/255, txload 1/255, rxload 1/255
  Encapsulation ARPA, loopback not set
  Keepalive set (10 sec)
  Full-duplex, 1000Mb/s, media type is 10/100/1000BaseTX
  input flow-control is off, output flow-control is unsupported
  ARP type: ARPA, ARP Timeout 04:00:00
  Last input 00:00:00, output 00:00:09, output hang never
  Last clearing of "show interface" counters never
  Input queue: 0/75/0/0 (size/max/drops/flushes); Total output drops: 0
  Queueing strategy: fifo
  Output queue: 0/40 (size/max)
(省略)
```


図 3.2.3　インターフェースのエラーカウンター(シスコ Catalyst スイッチの場合)

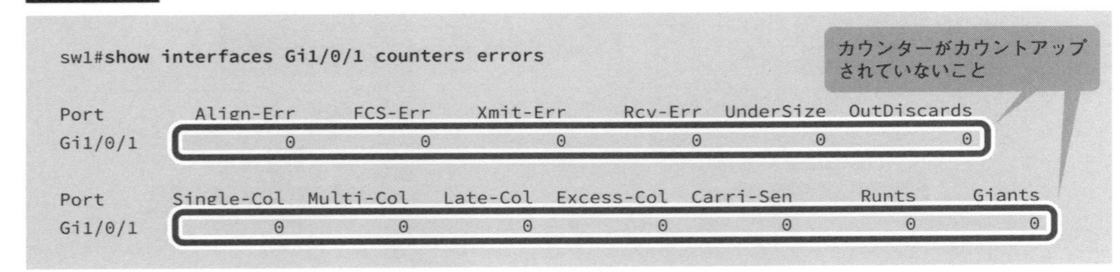
```
sw1#show interfaces Gi1/0/1 counters errors

Port        Align-Err    FCS-Err   Xmit-Err    Rcv-Err  UnderSize  OutDiscards
Gi1/0/1             0          0          0          0          0            0

Port      Single-Col Multi-Col  Late-Col Excess-Col Carri-Sen      Runts     Giants
Gi1/0/1            0         0         0          0         0          0          0
```


リンクアップしない場合

リンクアップしない場合は、インターフェースのスピードの設定と、使用しているLANケーブルの種類を確認しましょう。

インターフェースのスピードを固定する設計の場合、接続するインターフェースのスピードの設定がお互いに同じになっていないと、リンクアップしません。たとえば、片方のインターフェースを100Mbpsに固定しているのにもかかわらず、もう片方のインターフェースが1000Mbpsに固定されていたら、リンクアップしません。このような場合は、どちらかのインターフェースのスピード設定を変更し、設定を合わせる必要があります。

また、Auto-MDIX機能を無効にする設計の場合は、LANケーブルの種類（ストレートケーブル・クロスケーブル）にも気を配る必要があります。MDIのインターフェース（PCやルーターのインターフェース）同士、あるいはMDI-Xのインターフェース（スイッチのインターフェース）同士を接続する場合は、クロスケーブルを使用しないといけません。ストレートケーブルで接続しても、リンクアップしないので、クロスケーブルに交換してください。次表は、MDI/MDI-Xと使用するケーブルの関係をまとめたものです。参考にしてください。

表 3.2.2 MDI/MDI-X と LAN ケーブルの組み合わせ

			対向機器のインターフェース設定		
			Auto-MDIX 無効		Auto-MDIX 有効
			MDI（PC やルーターのインターフェース）	MDI-X（スイッチのインターフェース）	
自機器のインターフェース設定	Auto-MDIX 無効	MDI	クロスケーブル	ストレートケーブル	ストレートケーブル クロスケーブル
		MDI-X	ストレートケーブル	クロスケーブル	ストレートケーブル クロスケーブル
	Auto-MDIX 有効		ストレートケーブル クロスケーブル	ストレートケーブル クロスケーブル	ストレートケーブル クロスケーブル

リンクアップはするが、デュプレックスが半二重で、エラーカウンターが上がる場合

リンクアップするけれど、デュプレックスが半二重通信になり、エラーカウンターが上がってしまうときは、デュプレックスの設定を確認してください。片方が全二重通信（Full Duplex）、もう片方が自動ネゴシエーション（Auto）になっていると、デフォルトの半二重通信（Half Duplex）で通信してしまいます。半二重通信は歴史的な経緯で残っている通信方式で、現代のネットワークにおいて半二重通信を良しとする設計はありえません。絶対に全二重通信にする必要があります。**「片方が全二重のときは、もう片方も全二重」「片方が自動のときは、もう片方も自動」**に設定して、全二重通信にするようにしてください。

表 3.2.3　全二重通信が絶対

			対向機器のインターフェース設定		
			手動設定		自動設定
			半二重 (Half-Duplex)	全二重 (Full-Duplex)	
自機器のインターフェース設定	手動設定	半二重	半二重	半二重／全二重	半二重
		全二重	全二重／半二重	**全二重**	半二重
	自動設定		半二重	半二重	**全二重**

3.3 VLAN試験

VLAN試験は、設計どおりのVLAN (Virtual Local Area Network) が設定されていることを確認する試験です。VLANは、1台のL2スイッチを仮想的に複数のL2スイッチに分割する機能です。L2スイッチのインターフェースにVLANの識別番号となる「VLAN ID」という1から4094までの数字を設定し、異なるVLAN IDを設定しているインターフェースにはイーサネットフレームを転送しないようにします。

VLANの機能は、まずVLAN IDやVLAN名を持つVLANオブジェクトを作成し、それらをインターフェースに割り当てることによって使用できます。VLAN試験では、それぞれのネットワーク機器に対して、設計どおりのVLANが作成され、それらが正しくインターフェースに割り当てられているかを確認します。

図 3.3.1　VLAN の使用方法

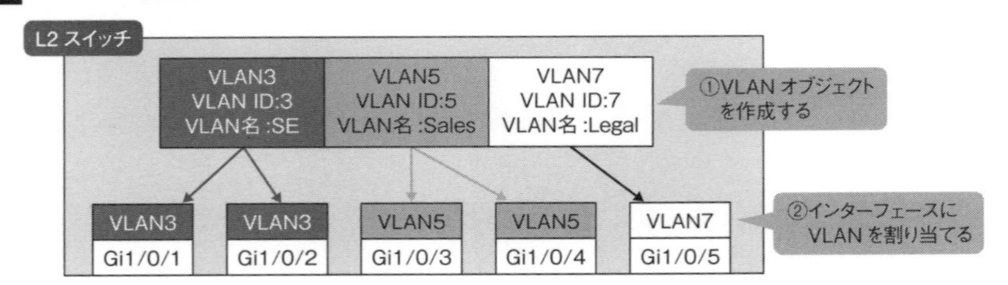

3.3.1 VLAN試験

VLAN試験では、使用するVLANが適切なVLAN ID、およびVLAN名で作成されているかどうかを確認します。設計どおりのVLANが存在していない場合は、適切なVLANを追加してください。機器によって設定できるVLAN数には限りがあり、大量のVLANが必要な場合に問題になることがあります。上限を超えるVLAN数が必要な場合は、そもそも機器選定に不備があります。仕様についてはどうしようもないので、機器選定者に確認し、今後の対応を協議してください。

また、不要なVLANが存在している場合は、それらのVLANを削除しましょう。放置していても基本的には動作に問題ありませんが、運用管理フェーズに入って、「このVLAN、何？」とか、「何のためにあるの？」といった話になると面倒なので、削除しておくのが無難です。なお、機器によっては仕様的に削除できないVLANがあります*1。それらのVLANについては、そのままで大丈夫です。

*1 たとえば、シスコのスイッチの場合は、デフォルトで用意されているVLAN1、VLAN1002、VLAN1003、VLAN1004、VLAN1005は削除できません。

TEST

表 3.3.1 VLAN 試験の例(シスコ Catalyst スイッチの場合)

事前作業	(1)スイッチに SSH で接続し、任意のユーザーでログインした後、特権 EXEC モードに移行する

試験実施手順	合否判定基準
(1)スイッチの CLI で以下のコマンドを実行する show vlan	VLAN ID、VLAN 名が詳細設計書に記載されているとおりになっていること VLAN3 VLAN ID：3 VLAN 名：SE VLAN5 VLAN ID：5 VLAN 名：Sales VLAN7 VLAN ID：7 VLAN 名：Legal

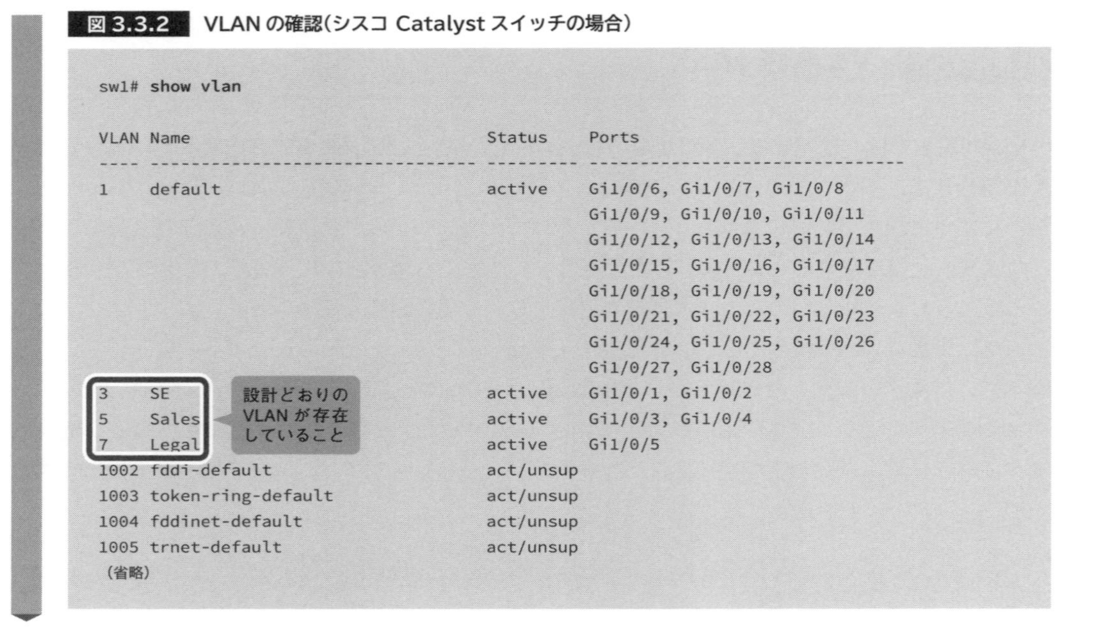


```
sw1# show vlan

VLAN Name                             Status    Ports
---- -------------------------------- --------- -------------------------------
1    default                          active    Gi1/0/6, Gi1/0/7, Gi1/0/8
                                                Gi1/0/9, Gi1/0/10, Gi1/0/11
                                                Gi1/0/12, Gi1/0/13, Gi1/0/14
                                                Gi1/0/15, Gi1/0/16, Gi1/0/17
                                                Gi1/0/18, Gi1/0/19, Gi1/0/20
                                                Gi1/0/21, Gi1/0/22, Gi1/0/23
                                                Gi1/0/24, Gi1/0/25, Gi1/0/26
                                                Gi1/0/27, Gi1/0/28
3    SE                               active    Gi1/0/1, Gi1/0/2
5    Sales                            active    Gi1/0/3, Gi1/0/4
7    Legal                            active    Gi1/0/5
1002 fddi-default                     act/unsup
1003 token-ring-default               act/unsup
1004 fddinet-default                  act/unsup
1005 trnet-default                    act/unsup
（省略）
```

図 3.3.2　VLAN の確認（シスコ Catalyst スイッチの場合）

3.3.2 ポートベース VLAN 試験

VLANを実現する機能は「**ポートベースVLAN**」と「**タグVLAN**」の2種類に大別できます。

ポートベースVLANは、ひとつのインターフェース（ポート、物理ポート）に対して、ひとつのVLANを割り当てる機能です。ユーザー端末が接続するインターフェースで、ごく一般的に使用されています。たとえば、SE部の端末が接続されているインターフェースにはVLAN3、営業部の端末が接続されているインターフェースにはVLAN5、法務部の端末が接続されているインターフェースにはVLAN7といったように、作成したVLANをインターフェースに対して割り当てていきます。ポートベースVLANが設定されたインターフェースのことを「**アクセスポート**」、アクセスポートに接続されているリンクのことを「**アクセスリンク**」と言います。

ポートベースVLAN試験では、それぞれのインターフェースに設計どおりのVLANが割り当てられていることを確認します。設計と異なるVLANが割り当てられている場合は、設定変更してください。

図 3.3.3 ポートベース VLAN

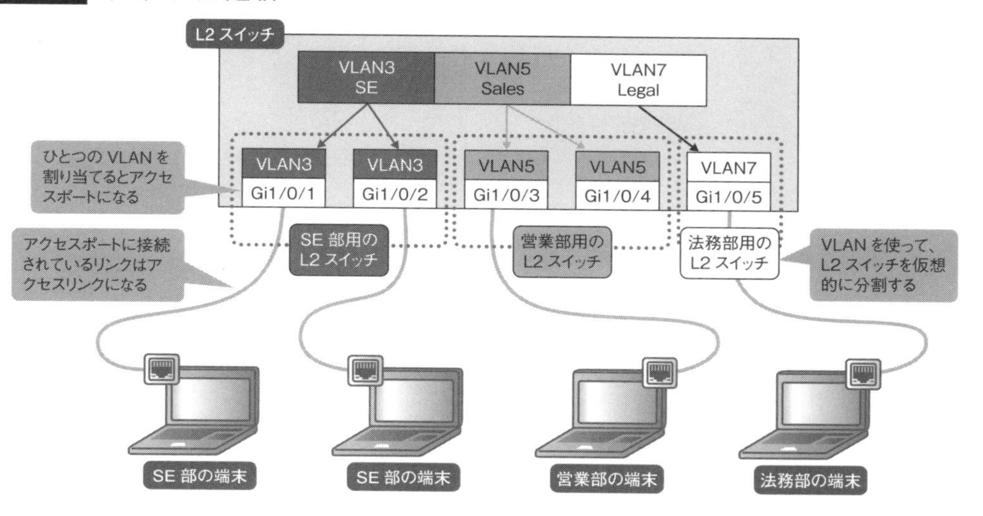

TEST

表 3.3.2 ポートベース VLAN 試験の例(シスコ Catalyst スイッチの場合)

事前作業	(1)スイッチに SSH で接続し、任意のユーザーでログインした後、特権 EXEC モードに移行する
試験実施手順	**合否判定基準**
(1)スイッチの CLI で以下のコマンドを実行する show vlan	各 VLAN に対して、詳細設計書に記載されているとおりのインターフェースが割り当てられていること VLAN3 Ports：Gi1/0/1, Gi1/0/2 VLAN5 Ports：Gi1/0/3, Gi1/0/4 VLAN7 Ports：Gi1/0/5

図 3.3.4 ポートベース VLAN の割り当て(シスコ Catalyst スイッチの場合)

```
sw1# show vlan

VLAN Name                             Status    Ports
---- -------------------------------- --------- -------------------------------
1    default                          active    Gi1/0/6, Gi1/0/7, Gi1/0/8
                                                Gi1/0/9, Gi1/0/10, Gi1/0/11
                                                Gi1/0/12, Gi1/0/13, Gi1/0/14
                                                Gi1/0/15, Gi1/0/16, Gi1/0/17
                                                Gi1/0/18, Gi1/0/19, Gi1/0/20
                                                Gi1/0/21, Gi1/0/22, Gi1/0/23
                                                Gi1/0/24, Gi1/0/25, Gi1/0/26
                                                Gi1/0/27, Gi1/0/28
3    SE                               active    Gi1/0/1, Gi1/0/2
5    Sales                            active    Gi1/0/3, Gi1/0/4
7    Legal                            active    Gi1/0/5
```

各 VLAN に設計どおりのインターフェースが割り当てられていること

```
1002 fddi-default                     act/unsup
1003 token-ring-default               act/unsup
1004 fddinet-default                  act/unsup
1005 trnet-default                    act/unsup
（省略）
```

3.3.3 タグ VLAN 試験

タグVLANは、ひとつのインターフェースに対して、複数のVLANを割り当てる機能です。IEEE802.1qで標準化されていて、「イチキュー」とか「ワンキュー」とか言ったりします。前述のポートベースVLANは、1インターフェース1VLANという絶対的な決まりがあります。したがって、たとえば、2台のL2スイッチをまたいで同じVLANに所属する端末同士が通信できるようにするためには、VLANの数だけ渡りのインターフェースとケーブルを用意する必要があり、いくらインターフェースがあっても足りません。そこで、タグVLANとしてインターフェースを設定することで、イーサネットフレームにVLAN IDを「**VLANタグ**」としてくっつけ、その中で複数のVLANを識別します。タグVLANが設定されたインターフェースのことを「**トランクポート**」*1、トランクポートに接続されているリンクのことを「**トランクリンク**」と言います。

*1 機器によっては、リンクアグリゲーションによって生成された論理インターフェースのことをトランクポートと呼びます。名称は同じですが、まったく別物なので、機器に合わせて使い分けてください。なお、リンクアグリゲーションについては、p.137で説明します。

図 3.3.5　タグ VLAN

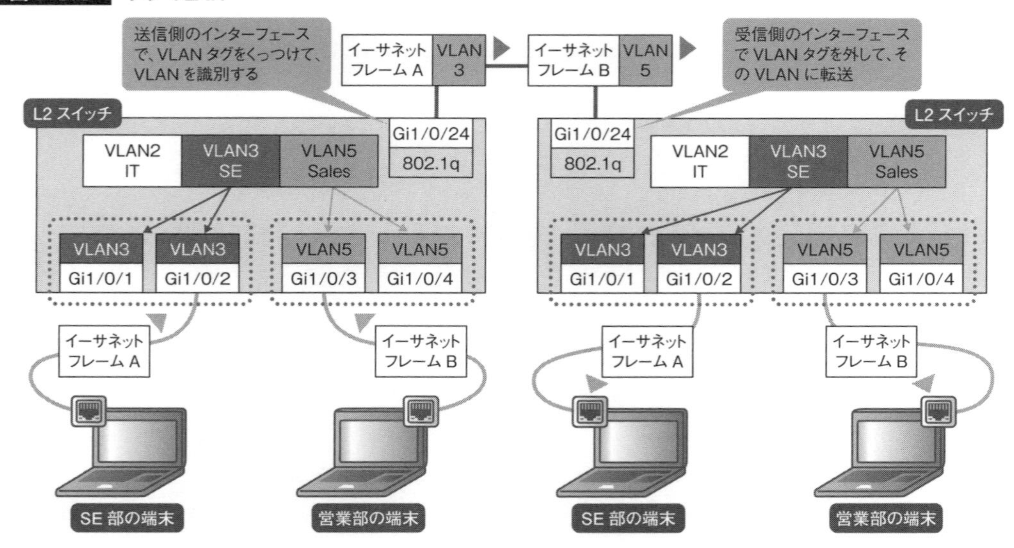

タグVLAN試験では、ポートベースVLAN試験と同様に、それぞれのインターフェースに設計どおりのVLANが割り当てられていることを確認します。また、あわせて「ネイティブVLAN」と「転送許可VLAN（Allowed VLAN）」が対向機器と一致していることを確認します。このふたつは重要なので、それぞれもう少し深掘りしましょう。

ネイティブVLANは、タグVLANを設定したインターフェースにおいて、唯一VLANタグが付かないVLANのことです。ネイティブVLANは対向機器と必ず合わせないといけません。片方のネイティブVLANがVLAN2で、もう片方のネイティブVLANがVLAN3だと、それぞれのL2スイッチで異なるVLANがマッピングされてしまい、VLAN設計に整合性が取れなくなってしまいます。ネイティブVLANは、デフォルトでVLAN1が割り当てられていることが多いですが、セキュリティ上の脆弱性を考慮して、設計で変更していることもあります。タグVLAN試験で設計どおりのVLANがネイティブVLANとして設定されていることを確認してください。

図3.3.6 ネイティブVLANが一致していないと不具合が生じる

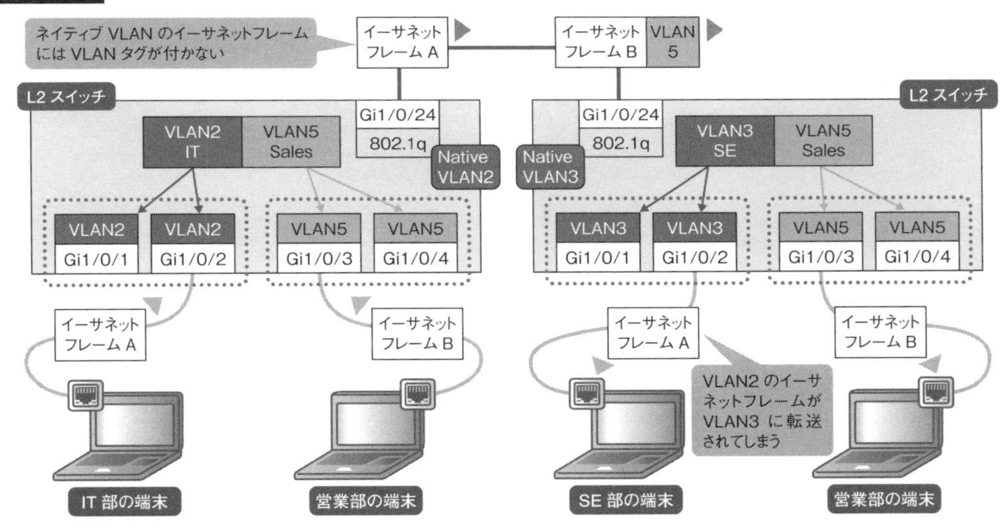

左の L2 スイッチでは VLAN2 がネイティブ VLAN に設定されているので、IT 部の端末からのイーサネットフレームには VLAN タグが付かない。しかし、右の L2 スイッチでは VLAN3 がネイティブ VLAN に設定されているため、SE 部に IT 部からのイーサネットフレームが転送されてしまう。

続いて、転送許可VLAN（Allowed VLAN）についてです。転送許可VLANは、その名のとおり、タグVLANを設定したインターフェースにおいて、転送するVLANを制御する機能のことです。ほとんどのネットワーク機器において、デフォルトですべてのVLANの転送を許可するようになっていますが、これだと不要なイーサネットフレームも転送されてしまい、有限な帯域が余計に消費されてしまいます。そこで、タグVLANのインターフェースでは、転送許可VLANを設定して、必要最低限のVLANのイーサネットフレームだけを転送するようにします。当然ながら、片方のインターフェースでVLAN3とVLAN5を許可しているのにもかかわらず、もう片方のインターフェースでVLAN3しか許可していないと、VLAN5だけ通信できなくなってしまいます。これも対向機器と必ず合わせておく必要があります。タグVLAN試験では、必要なVLANだけが転送許可されていることを確認するだけでなく、対向機器と同じVLANが設定されていることを確認します。

図 3.3.7　転送許可 VLAN（Allowed VLAN）が一致していないと不具合が生じる

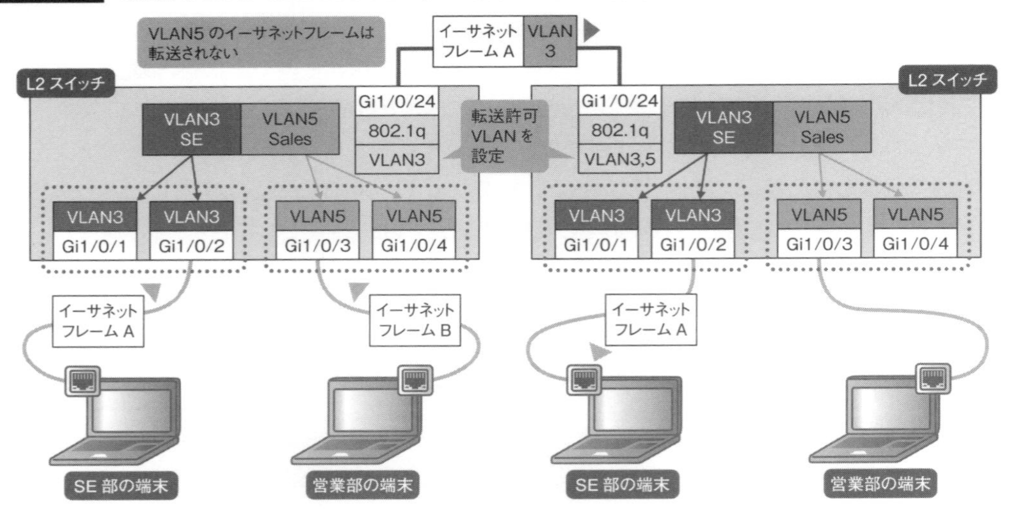

右の L2 スイッチではタグ VLAN のインターフェースに転送許可 VLAN として VLAN3 と VLAN5 を設定している。しかし、左の L2 スイッチではタグ VLAN のインターフェースに転送許可 VLAN として VLAN3 しか設定されていないため、VLAN5 のイーサネットフレームは転送されない。

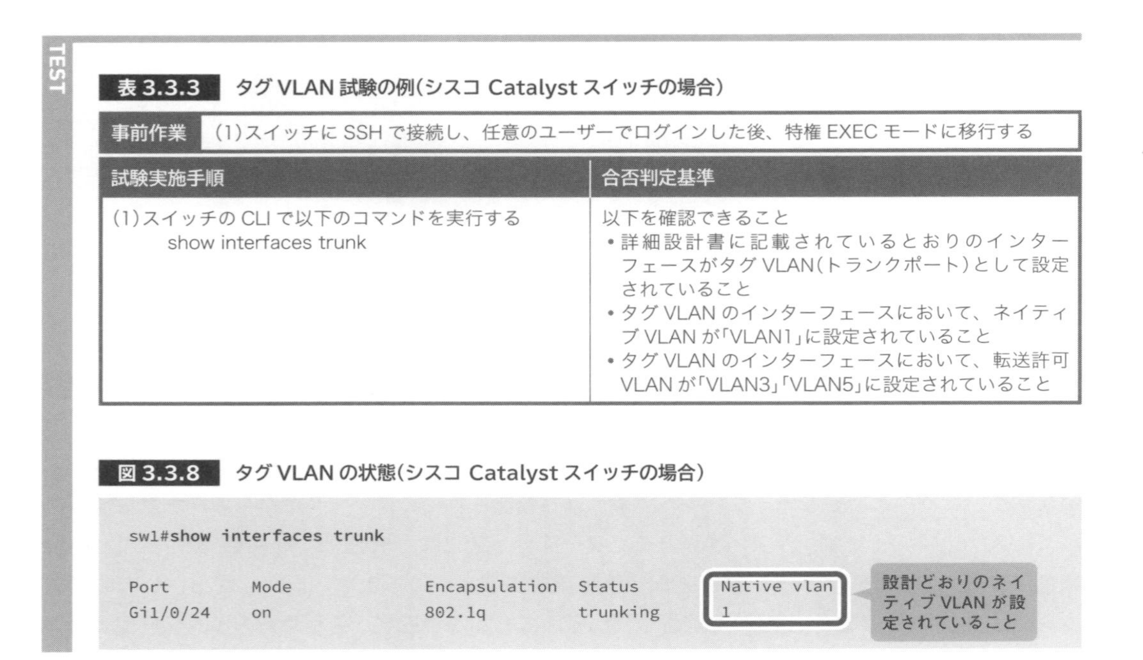

TEST

表 3.3.3　タグ VLAN 試験の例（シスコ Catalyst スイッチの場合）

事前作業	（1）スイッチに SSH で接続し、任意のユーザーでログインした後、特権 EXEC モードに移行する

試験実施手順	合否判定基準
（1）スイッチの CLI で以下のコマンドを実行する show interfaces trunk	以下を確認できること • 詳細設計書に記載されているとおりのインターフェースがタグ VLAN（トランクポート）として設定されていること • タグ VLAN のインターフェースにおいて、ネイティブ VLAN が「VLAN1」に設定されていること • タグ VLAN のインターフェースにおいて、転送許可 VLAN が「VLAN3」「VLAN5」に設定されていること

図 3.3.8　タグ VLAN の状態（シスコ Catalyst スイッチの場合）

```
sw1#show interfaces trunk

Port        Mode             Encapsulation  Status        Native vlan
Gi1/0/24    on               802.1q         trunking      1
```

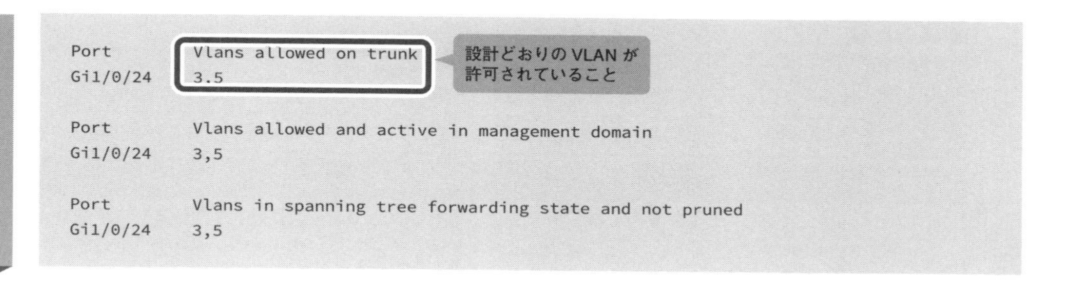

```
Port        Vlans allowed on trunk
Gi1/0/24    3.5

Port        Vlans allowed and active in management domain
Gi1/0/24    3,5

Port        Vlans in spanning tree forwarding state and not pruned
Gi1/0/24    3,5
```

3.4 IPアドレス試験

IPアドレス試験は、設計どおりのIPアドレス・サブネットマスクが設定され、同じIPサブネットの中で疎通が取れることを確認する試験です。現代のネットワークは、データリンク層(レイヤー2、L2)はMACアドレス、ネットワーク層(レイヤー3、L3)はIPアドレスありきで動作します。したがって、IPアドレスの設定が間違っていたら、通信しようがありません。IPアドレス試験では、各インターフェースに対して、設計どおりのIPアドレスとサブネットマスクが設定されていて、かつ同じIPサブネットに存在している別の端末からPingでL3レベルの疎通が取れることを確認します。

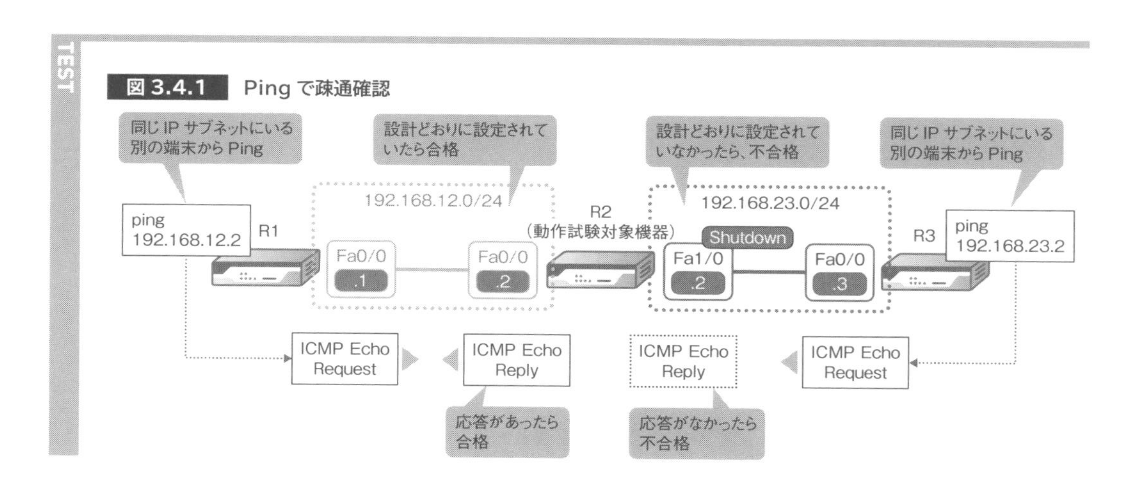

図 3.4.1 Pingで疎通確認

表 3.4.1　IP アドレス試験の例(シスコルーターの場合)

試験前提	(1)設計どおりにネットワーク機器が接続されていること (2)インターフェース試験に合格していること
事前作業	(1)ルーターに SSH で接続し、任意のユーザーでログインした後、特権 EXEC モードに移行する

試験実施手順	合否判定基準
(1)R2 の CLI で以下のコマンドを実行する show ip interface Fa0/0 show ip interface Fa1/0	各インターフェースに対し、詳細設計書に記載されているとおりの IP アドレス、サブネットマスクが設定されていること
(2)R1 の CLI で以下のコマンドを実行する ping 192.168.12.2	R2 から応答があること
(3)R3 の CLI で以下のコマンドを実行する ping 192.168.23.2	R2 から応答があること

図 3.4.2　IP アドレスの設定確認(シスコルーターの場合)

```
R2#show ip interface Fa0/0
FastEthernet0/0 is up, line protocol is up
  Internet address is 192.168.12.2/24
  Broadcast address is 255.255.255.255
  Address determined by setup command
  MTU is 1500 bytes
  Helper address is not set
  Directed broadcast forwarding is disabled
  Outgoing access list is not set
  Inbound  access list is not set
  Proxy ARP is enabled

（省略）

R2#show ip interface Fa1/0
FastEthernet1/0 is up, line protocol is up
  Internet address is 192.168.23.2/24
  Broadcast address is 255.255.255.255
  Address determined by setup command
  MTU is 1500 bytes
  Helper address is not set
  Directed broadcast forwarding is disabled
  Outgoing access list is not set
  Inbound  access list is not set
  Proxy ARP is enabled

（省略）
```

設計どおりの IP アドレスとサブネットマスクが設定されている

設計どおりの IP アドレスとサブネットマスクが設定されている

図 3.4.3　Ping による疎通確認(シスコルーターの場合)

```
R1#ping 192.168.12.2
```

```
Type escape sequence to abort.
Sending 5, 100-byte ICMP Echos to 192.168.12.2, timeout is 2 seconds:
!!!!!
Success rate is 100 percent (5/5), round-trip min/avg/max = 64/66/72 ms
```


Pingで疎通が取れない場合

意図した設定になっていない場合は、設計どおりに設定を変更してください。それでもPingに応答しない場合は、まず「**ARP (Address Resolution Protocol) テーブル***1」を確認しましょう。ARPは、イーサネットネットワークの識別子である「**MACアドレス**」と、IPネットワークの識別子である「**IPアドレス**」を紐付けるプロトコルです。ARPテーブルにはARPで学習したIPアドレスとMACアドレスが書き込まれます。ARPテーブルはWindows OSであればコマンドプロンプトで「arp -a」、Linux OS/macOSであればターミナルで「arp」、Cisco IOSであれば「show arp」で確認できます。

***1** IPv6の場合は、ARPテーブルではなく、NDPテーブルを確認します。ここではIPv4のみに限定して説明します。

図 3.4.4 ARP（Address Resolution Protocol）

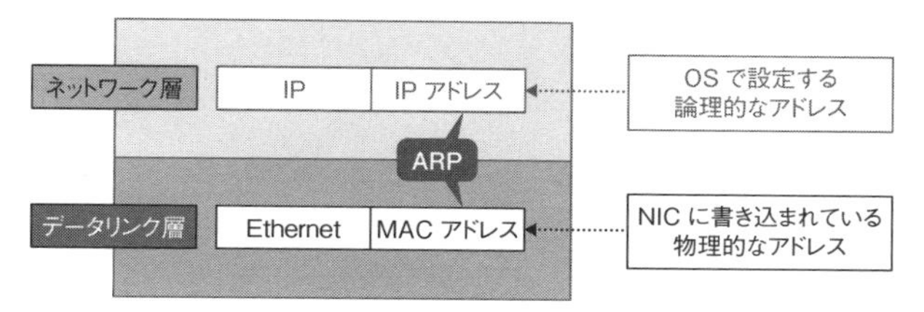

図 3.4.5 ARPテーブルの情報(シスコルーターの場合)

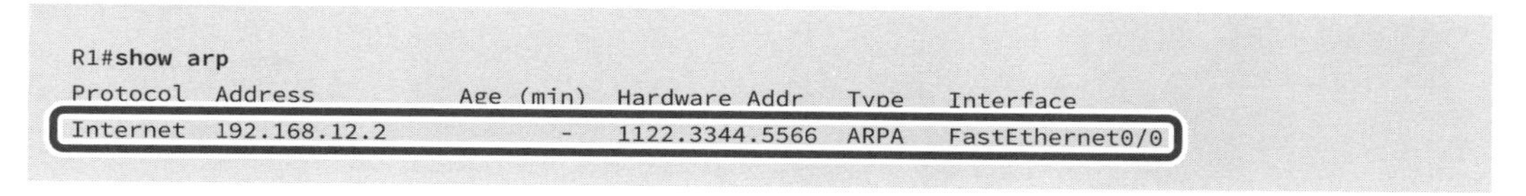

```
R1#show arp
Protocol  Address          Age (min)  Hardware Addr   Type   Interface
Internet  192.168.12.2             -  1122.3344.5566  ARPA   FastEthernet0/0
```

ARPで対向機器のMACアドレスを学習できていたら、そもそも対向機器でPing (ICMP Echo Request) に応答しないように、セキュリティポリシー (フィルター、ACL) が適用されている可能性があります。その場合は、一時的にその設定を解除して再試験するか、ARPを学習していることをもって良しとしましょう。

図3.4.6　対向機器でPingを返さない可能性

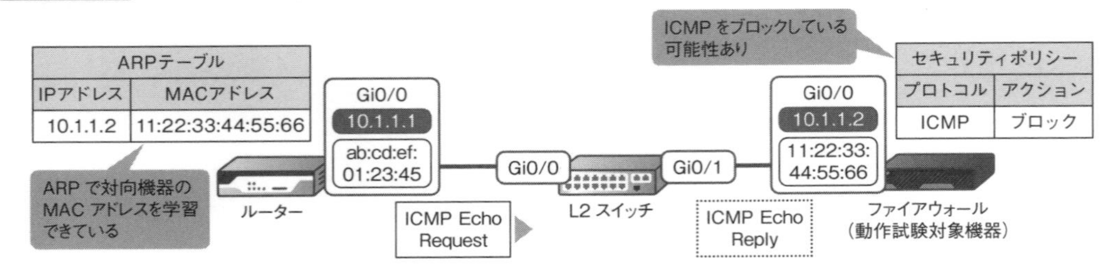

ARPテーブルに対向機器のMACアドレス情報がなかったら

ARPで対向機器のMACアドレスを学習できていなかったら、そもそもL2レベルで疎通が取れていません。ARPの動作を紐解きながら説明しましょう。

ARPは、まず同じVLANにいるすべての端末に「○○のIPアドレスを持ってる人はいますかー？」と聞き（ARPリクエスト）、対象となる端末だけが「私ですー」と応答する（ARPリプライ）という、病院の待合室的な動作をします。ARPテーブルに対向機器のMACアドレスの情報がない場合は、そもそも対向機器がリンクアップしていなかったり、同じVLANにいなかったりして、ARPリクエストが届いていない可能性があります。物理層、あるいはデータリンク層に問題があるので、対向機器がリンクアップしているか、そして対向機器との間に介在するL2スイッチのVLAN設定が間違っていないかを確認してください。

図3.4.7　VLAN設定を確認する

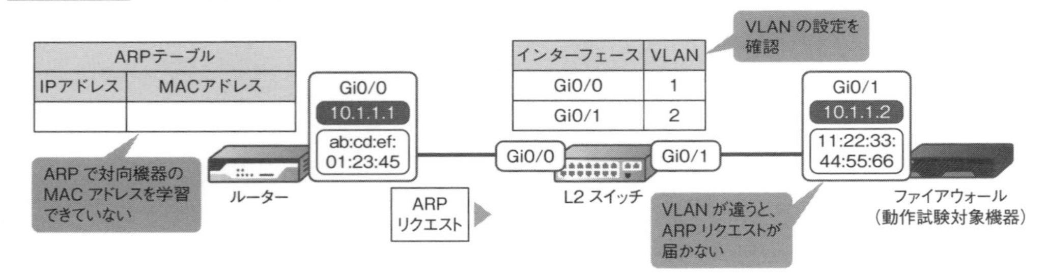

通信できない・通信速度が遅いときはMACアドレスの重複も疑う

それ以外で、最近よく見かけるトラブルが「**MACアドレスの重複**」です。IPアドレスとMACアドレスは、ARPによって切っても切り離せない関係にあります。したがって、IPアドレスを確認するIPアドレス試験と言えど、MACアドレスと無縁ではありません。MACアドレスは、建前上、IEEEによって一意に管理されている上位24ビットの「**OUI**（Organizationally Unique Identifier）」と、ベンダー内で一意に管理されている下位24ビットの「**UAA**（Universally Administered Address）」で世界的に一意になるものとされています。しかし、実際は、ベンダー内で使い回されていたり、ソフトウェア的に書き換えできたりするので、必ずしも一意になるというわけではありません。

図 3.4.8 MAC アドレス

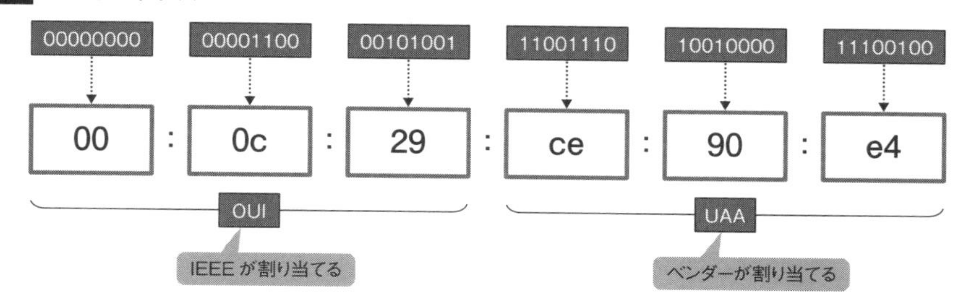

同一VLANの中でMACアドレスが重複してしまうと、「**MACアドレステーブルのフラッピング**」が発生し、通信できなかったり、通信速度が遅くなったりします。では、MACアドレステーブルのフラッピングについて、もう少し詳しく説明しましょう。

L2スイッチは、接続端末がやりとりしているイーサネットフレームの送信元アドレスや、そのイーサネットフレームを受け取ったインターフェース番号（ポート番号）、VLAN IDなどを「**MACアドレステーブル**」というメモリ上の表（テーブル）で管理しています。

図 3.4.9 MAC アドレステーブル

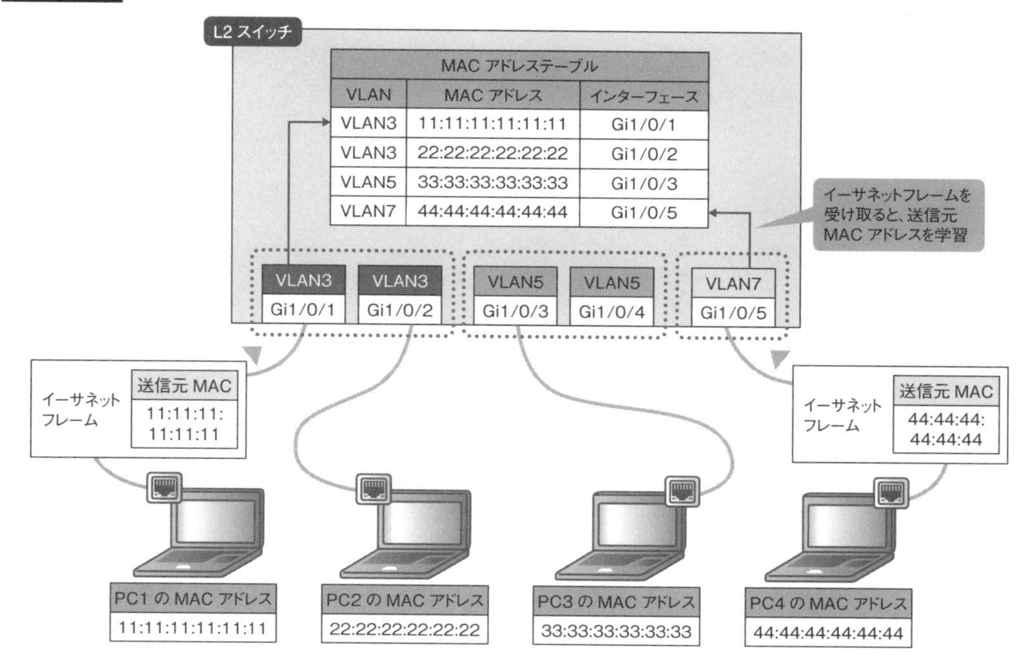

図 3.4.10 MAC アドレステーブルの状態（シスコ Catalyst スイッチの場合）

```
sw1#show mac address-table
          Mac Address Table
```

```
------------------------------------------

Vlan    Mac Address       Type        Ports
----    -----------       --------    -----
   3    1111.1111.1111    DYNAMIC     Gi1/0/1
   3    2222.2222.2222    DYNAMIC     Gi1/0/2
   5    3333.3333.3333    DYNAMIC     Gi1/0/3
   7    4444.4444.4444    DYNAMIC     Gi1/0/5
```

MACアドレステーブルは、ひとつのVLANの中で、同じMACアドレスのエントリ（行）を複数持つことができません。 したがって、同一VLANの中で同じMACアドレスを持つ端末が接続されると、イーサネットフレームを受け取るたびに、MACアドレスの学習を繰り返します。「11:11:11:11:11:11」というMACアドレスを持つ2台のPC1とPC4が、VLAN3に設定されているGi1/0/1とGi1/0/5に接続されている環境（図3.4.11）を例に説明しましょう。この場合、それぞれのインターフェースで、イーサネットフレームを受け取るたびに、同じMACアドレスを学習するため、短時間で頻繁なバタつき（フラッピング）が生じます。この状態で「11:11:11:11:11::11」宛てのイーサネットフレームを受け取ると、あるタイミングではPC1に転送、またあるタイミングではPC4に転送されてしまい、通信ができなかったり、通信速度が低下したりします。この事象に遭遇したら、どちらかのMACアドレスを変更して、重複を回避してください。ちなみに、図3.4.11ではPC3も同じMACアドレスを持っていますが、別VLANに所属しているのでフラッピングは発生しません。

図 3.4.11　MAC アドレステーブルのフラッピング

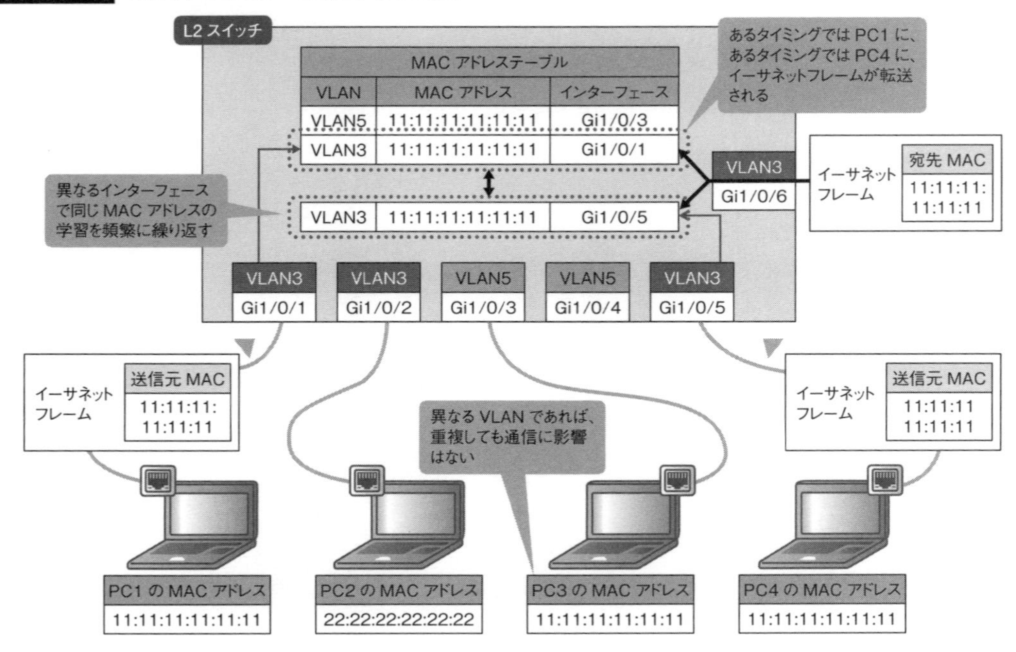

3.5 ルーティング試験

ルーティング試験は、異なるIPサブネットで疎通が取れることを確認する試験です。ルーターやL3スイッチなど、ネットワーク層以上で動作するネットワーク機器は、宛先IPアドレスの参照元となる「宛先ネットワーク」と、そのIPパケットを転送すべき隣接機器のIPアドレスである「ネクストホップ」を管理することによって、IPパケットの転送先を切り替え、通信の効率化を図っています。このIPパケットの転送先を切り替える機能のことを「**ルーティング**」と言います。また、宛先IPネットワークとネクストホップを管理するテーブル（表）のことを「**ルーティングテーブル**」と言います。ルーティングはルーティングテーブルありきで動作します。ルーティング試験では、設計どおりの方法でルーティングテーブルのエントリ（行）を学習し、適切なネットワーク、かつ適切なネクストホップに転送されることを確認します。

図 3.5.1 ルーティング試験

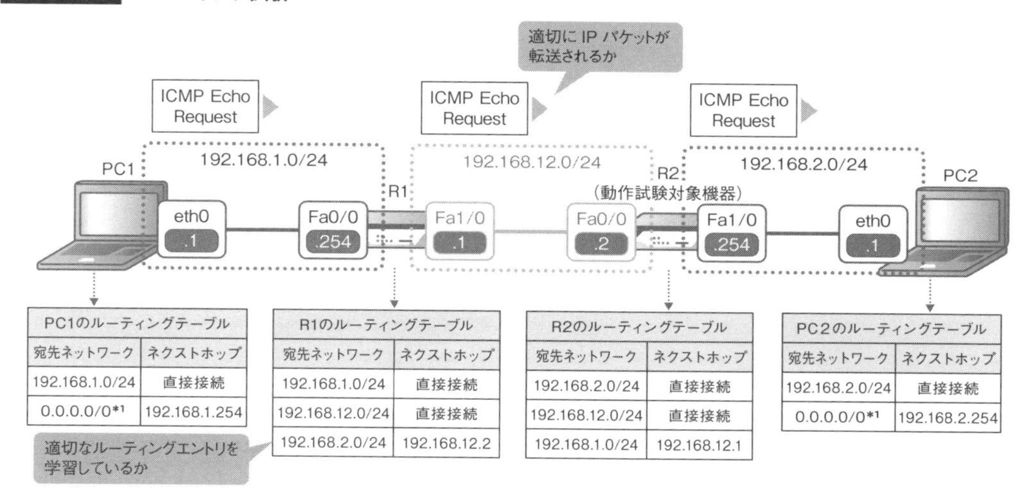

*1 「0.0.0.0/0」はすべての宛先ネットワークを意味しています。「0.0.0.0/0」のことを「デフォルトネットワーク」、そのネクストホップのことを「デフォルトゲートウェイ」と言います。

ルーティングは、ルーティングテーブルの学習方法によって「**静的ルーティング**」と「**動的ルーティング**」の2種類があります。学習方法によって、試験方法も若干異なりますので、それぞれ説明しましょう。

表 3.5.1　静的ルーティングと動的ルーティングの比較

ルーティング	静的ルーティング	動的ルーティング
ルーティングエントリの追加・削除方法	ひとつひとつ手動で設定	ルーティングプロトコルで動的に追加削除
ルーティングプロトコル	使用しない	使用する
ルーティングプロトコルの種類	—	OSPF、EIGRP、BGP など
対象規模	小規模	中規模から大規模
動作のわかりやすさ	わかりやすい	わかりにくい
トラブルシューティングのしやすさ	しやすい	しにくい（ルーティングプロトコルに関する専門知識を要する）
管理者の負荷	大きい（ネットワークが増減するたびに設定変更が必要）	小さい（ネットワークが増減しても設定変更は不要）
技術的な難しさ	簡単（どの IP パケットがどこに行くか判別しやすい）	少し難しい（特にトラブルが発生したとき、深い知識が必要）
耐障害性	なし（手動で迂回経路の設定変更が必要）	あり（自動的に迂回経路を探す）

3.5.1 静的ルーティング試験

静的ルーティングは、手動でルーティングエントリを設定する方法です。「この宛先ネットワークだったら、このネクストホップに転送する」と、ひとつひとつの宛先ネットワークに対してネクストホップを設定します。技術的に理解しやすく、IPパケットの行き先も掌握しやすいため、小規模なネットワーク環境で一般的に使用されます。

図 3.5.2　静的ルーティング

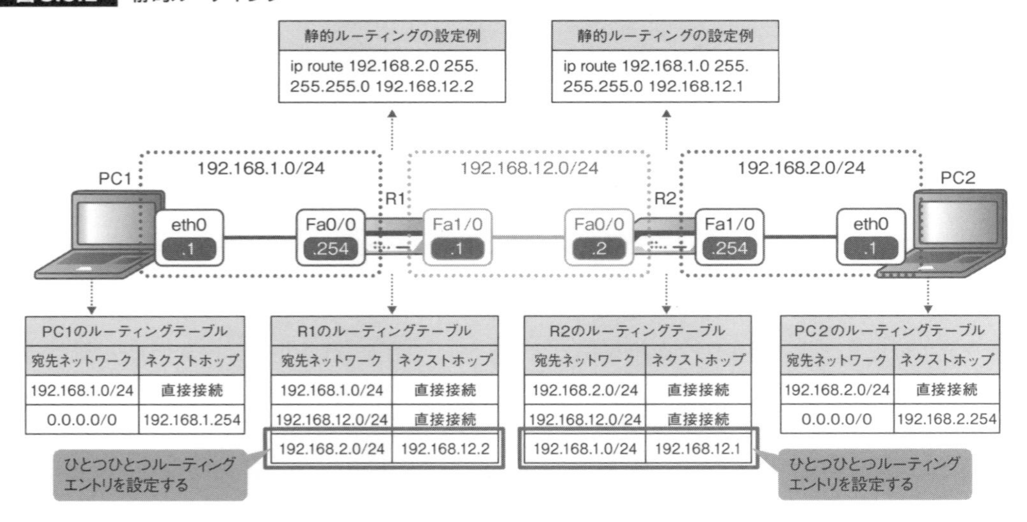

静的ルーティング試験では、設計どおりに宛先IPネットワークとネクストホップが設定されていることを確認し、あわせて異なるIPサブネットにいる端末に対して、Pingレベルで疎通が取れることを確認します。

TEST

表 3.5.2 静的ルーティング試験

試験前提	(1)設計どおりにネットワーク機器が接続されていること (2)インターフェース試験に合格していること (3)IP アドレス試験に合格していること
事前作業	(1)ルーターに SSH で接続し、任意のユーザーでログインした後、特権 EXEC モードに移行する (2)PC1 に以下を設定し、R1 の Fa0/0 に接続する • IP アドレス：192.168.1.1 • サブネットマスク：255.255.255.0 • デフォルトゲートウェイ：192.168.1.254 (3)PC2 に以下を設定し、R2 の Fa1/0 に接続する • IP アドレス：192.168.2.1 • サブネットマスク：255.255.255.0 • デフォルトゲートウェイ：192.168.2.254

試験実施手順	合否判定基準
(1)R1 の CLI で以下のコマンドを実行する show ip route	宛先ネットワーク「192.168.2.0/24」、ネクストホップ「192.168.12.2」のルーティングエントリが存在していること
(2)R2 の CLI で以下のコマンドを実行する show ip route	宛先ネットワーク「192.168.1.0/24」、ネクストホップ「192.168.12.1」のルーティングエントリが存在していること
(3)PC1 の CLI で以下のコマンドを実行する ping 192.168.2.1	応答があること
(4)PC1 の CLI で以下のコマンドを実行する traceroute 192.168.2.1	R1 と R2 を経由していること

図 3.5.3 静的ルーティングの状態(シスコルーターの場合)

```
R1#show ip route
Codes: C - connected, S - static, R - RIP, M - mobile, B - BGP
       D - EIGRP, EX - EIGRP external, O - OSPF, IA - OSPF inter area
       N1 - OSPF NSSA external type 1, N2 - OSPF NSSA external type 2
       E1 - OSPF external type 1, E2 - OSPF external type 2
       i - IS-IS, su - IS-IS summary, L1 - IS-IS level-1, L2 - IS-IS level-2
       ia - IS-IS inter area, * - candidate default, U - per-user static route
       o - ODR, P - periodic downloaded static route

Gateway of last resort is not set

C    192.168.12.0/24 is directly connected, FastEthernet1/0
C    192.168.1.0/24 is directly connected, FastEthernet0/0
S    192.168.2.0/24 [1/0] via 192.168.12.2
```

設計どおりに静的ルーティングが設定されている

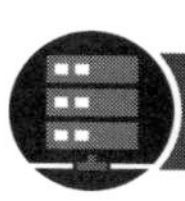

結合試験 …… ルーティング試験

図 3.5.4　traceroute の結果

```
PC1#traceroute 192.168.2.1

Type escape sequence to abort.
Tracing the route to 192.168.2.1

  1 192.168.1.254 68 msec 64 msec 64 msec
  2 192.168.12.2 104 msec 96 msec 96 msec
  3 192.168.2.1 120 msec 124 msec 120 msec
```

Ping で疎通が取れない場合

静的ルーティング試験でPing（ICMP Echo Request）に応答がない場合は、まず「**Traceroute**」の結果を確認します。Tracerouteは、IPヘッダーに含まれる「**TTL**（Time to Live）」の仕組みを応用して、目的の端末までの経路を確認するコマンドです*1。TTLは、ルーティングされるたびに、ひとつずつ減算され、値が「0」になるとパケットが破棄されます。パケットを破棄したルーターは「Time-to-live exceeded」というICMPパケットを返して、パケットを破棄したことを送信元端末に伝えます。Tracerouteは、TTLを「1」からひとつずつ増やしたIPv4パケットを送信し、都度「Time-to-live exceeded」のICMPパケットを受け取ることによって、どのような経路を通って宛先IPアドレスまで到達しているのかを確認します。

Tracerouteの結果において、Tracerouteに対する最後の応答があるIPアドレスを持つネットワーク機器、あるいは経路上の次にある機器のルーティングテーブルを確認します。確認項目は「**対象となるネットワークのルーティングエントリが存在しているか**」と「**ネクストホップが間違っていないか**」のふたつだけです。それぞれ確認し、ルーティングエントリが存在してなかったら静的ルーティングの設定を追加、ネクストホップが間違っていたら設定を修正してください。

それでもまだ疎通が取れないようであれば、今度はその機器でネクストホップのMACアドレスをARPで学習できているか、ARPテーブルを確認してください。学習できている場合は、対向機器のセキュリティポリシーでICMPをドロップしている可能性があります。一時的にそのセキュリティポリシーを解除して再試験するか、許可されている他のプロトコル（TCPやUDP）を使用して再試験しましょう。ARPで学習できていない場合は、物理層かデータリンク層に問題があります。ネクストホップを持つ対向機器がリンクアップしているか、あるいはその対向機器との間に介在するL2スイッチのVLAN設定に誤りがないか確認しましょう。

*1 Windows OSのコマンドは「tracert」です。

図 3.5.5 Traceroute の仕組み

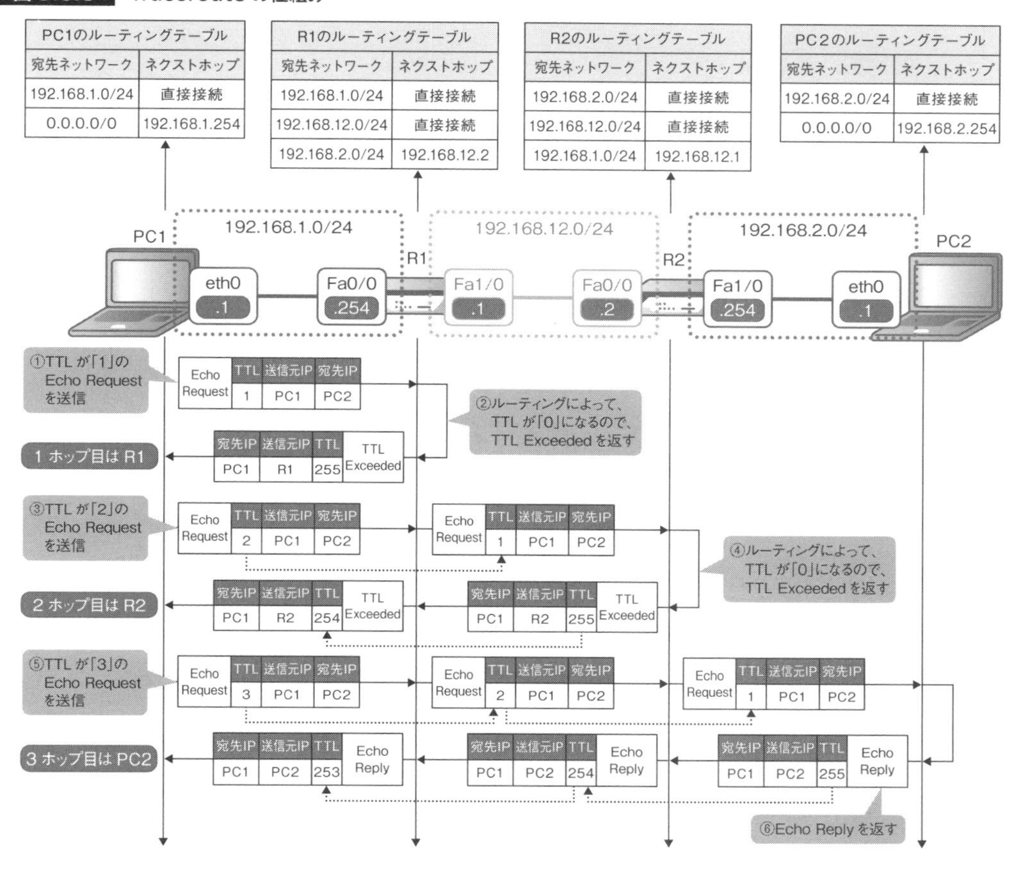

3.5.2 動的ルーティング試験

動的ルーティングは、隣接する機器同士で自分の持っているルート情報を交換して、自動的にルーティングエントリを学習する方法です。ルート情報を交換するプロトコルのことを「**ルーティングプロトコル**」と言います。動的ルーティングは、ルーティングプロトコルで学習した情報をもとに宛先ネットワークとネクストホップを自動的に設定するため、IPサブネットが増えたり減ったりしたとしても、都度設定変更する必要がなく、管理の手間がかかりません。また、宛先ネットワークまでのどこかで障害が発生しても、自動的に迂回経路を探してくれたり、複数の経路を使用することによって帯域を拡張してくれたりします。

図 3.5.6　動的ルーティング

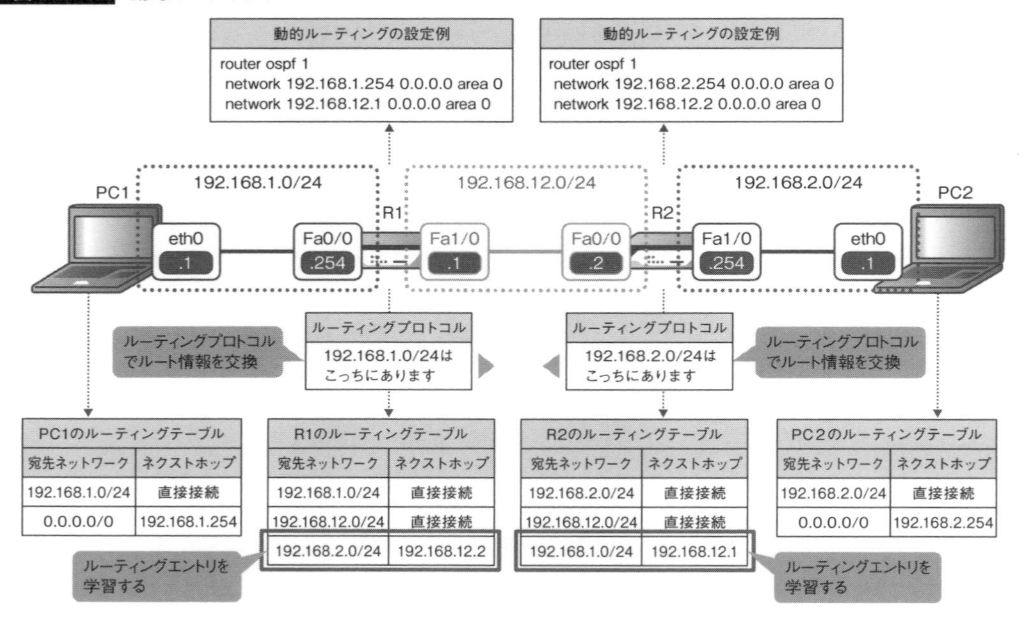

図 3.5.7　動的ルーティングの状態(シスコルーター、OSPF の場合)

```
R1#show ip route
Codes: C - connected, S - static, R - RIP, M - mobile, B - BGP
       D - EIGRP, EX - EIGRP external, O - OSPF, IA - OSPF inter area
       N1 - OSPF NSSA external type 1, N2 - OSPF NSSA external type 2
       E1 - OSPF external type 1, E2 - OSPF external type 2
       i - IS-IS, su - IS-IS summary, L1 - IS-IS level-1, L2 - IS-IS level-2
       ia - IS-IS inter area, * - candidate default, U - per-user static route
       o - ODR, P - periodic downloaded static route

Gateway of last resort is not set

C    192.168.12.0/24 is directly connected, FastEthernet1/0
C    192.168.1.0/24 is directly connected, FastEthernet0/0
O    192.168.2.0/24 [110/2] via 192.168.12.2, 00:11:43, FastEthernet1/0
```

ルーティングプロトコルにはいくつか種類がありますが、よく使用されているのは「**OSPF** (Open Shortest Path Fast)」「**EIGRP** (Enhanced Interior Gateway Routing Protocol)」「**BGP** (Border Gateway Protocol)」の3種類でしょう。使用するルーティングプロトコルによって、試験内容は若干異なりますが、**基本的に (1) 隣接関係 (ネイバー・ピア) の確認**[*1]**、(2) ルーティングエントリの学習確認、(3) 疎通確認の流れで行います。**たとえば、OSPFの場合、次の試験例のような項目を確認します。

＊1 BGPの場合は、「ピア」です。

TEST

表 3.5.3 動的ルーティング試験(シスコルーター、OSPF の場合)

試験前提	(1)設計どおりにネットワーク機器が接続されていること (2)インターフェース試験に合格していること (3)IP アドレス試験に合格していること
事前作業	(1)ルーターに SSH で接続し、任意のユーザーでログインした後、特権 EXEC モードに移行する (2)PC1 に以下を設定し、R1 の Fa0/0 に接続する • IP アドレス：192.168.1.1 • サブネットマスク：255.255.255.0 • デフォルトゲートウェイ：192.168.1.254 (3)PC2 に以下を設定し、R2 の Fa1/0 に接続する • IP アドレス：192.168.2.1 • サブネットマスク：255.255.255.0 • デフォルトゲートウェイ：192.168.2.254

試験実施手順	合否判定基準
(1)R1 の CLI で以下のコマンドを実行する show ip ospf interface	以下を確認できること • 必要なインターフェースで OSPF が有効になっていること • すべてのインターフェースがエリア 0 に所属していること • Hello タイマーが 10 秒、Dead タイマーが 40 秒になっていること
(2)R2 の CLI で以下のコマンドを実行する show ip ospf interface	以下を確認できること • 必要なインターフェースで OSPF が有効になっていること • すべてのインターフェースがエリア 0 に所属していること • Hello タイマーが 10 秒、Dead タイマーが 40 秒になっていること
(3)R1 の CLI で以下のコマンドを実行する show ip ospf neighbor	お互いに OSPF の隣接関係を構築できていること
(4)R2 の CLI で以下のコマンドを実行する show ip ospf neighbor	お互いに OSPF の隣接関係を構築できていること
(5)R1 の CLI で以下のコマンドを実行する show ip route	宛先ネットワーク「192.168.2.0/24」、ネクストホップ「192.168.12.2」の OSPF で学習したルーティングエントリが存在していること
(6)R2 の CLI で以下のコマンドを実行する show ip route	宛先ネットワーク「192.168.1.0/24」、ネクストホップ「192.168.12.1」の OSPF で学習したルーティングエントリが存在していること
(7)PC1 の CLI で以下のコマンドを実行する ping 192.168.2.1	応答があること
(8)PC1 の CLI で以下のコマンドを実行する traceroute 192.168.2.1	R1 と R2 を経由していること

図 3.5.8 動的ルーティングが有効になっているインターフェースの確認(シスコルーター、OSPF の場合)

```
R1#show ip ospf interface
FastEthernet0/0 is up, line protocol is up
  Internet Address 192.168.1.254/24, Area 0
```

結合試験 …… ルーティング試験

```
  Process ID 1, Router ID 192.168.12.1, Network Type BROADCAST, Cost: 1
  Transmit Delay is 1 sec, State DR, Priority 1
  Designated Router (ID) 192.168.12.1, Interface address 192.168.1.254
  No backup designated router on this network
  Timer intervals configured, Hello 10, Dead 40, Wait 40, Retransmit 5
    oob-resync timeout 40
    Hello due in 00:00:00
（省略）
FastEthernet1/0 is up, line protocol is up
  Internet Address 192.168.12.1/24, Area 0
  Process ID 1, Router ID 192.168.12.1, Network Type BROADCAST, Cost: 1
  Transmit Delay is 1 sec, State DR, Priority 1
  Designated Router (ID) 192.168.12.1, Interface address 192.168.12.1
  Backup Designated router (ID) 192.168.12.2, Interface address 192.168.12.2
  Timer intervals configured, Hello 10, Dead 40, Wait 40, Retransmit 5
```

図 3.5.9　ネイバーの確認（シスコルーター、OSPF の場合）

```
R1#show ip ospf neighbor

Neighbor ID     Pri   State           Dead Time   Address         Interface
192.168.12.2      1   FULL/BDR        00:00:31    192.168.12.2    FastEthernet1/0
```

図 3.5.10　ルーティングテーブルの確認（シスコルーター、OSPF の場合）

```
R1#show ip route
Codes: C - connected, S - static, R - RIP, M - mobile, B - BGP
       D - EIGRP, EX - EIGRP external, O - OSPF, IA - OSPF inter area
       N1 - OSPF NSSA external type 1, N2 - OSPF NSSA external type 2
       E1 - OSPF external type 1, E2 - OSPF external type 2
       i - IS-IS, su - IS-IS summary, L1 - IS-IS level-1, L2 - IS-IS level-2
       ia - IS-IS inter area, * - candidate default, U - per-user static route
       o - ODR, P - periodic downloaded static route

Gateway of last resort is not set

C    192.168.12.0/24 is directly connected, FastEthernet1/0
C    192.168.1.0/24 is directly connected, FastEthernet0/0
O    192.168.2.0/24 [110/2] via 192.168.12.2, 01:15:54, FastEthernet1/0
```

Ping で疎通が取れない場合

動的ルーティングでPingに応答がない場合も、Tracerouteの結果からある程度目星を付けます。最後の応答があるIPアドレスを持つネットワーク機器、あるいは経路上の次にある機器のルーティングテーブルを確認します。ルーティングエントリが存在していなかったら、それらの機器の必要なインターフェースでルーティングプロトコルが有効になっているかを確認してください。有効になっていなかったら、設定を修正しましょう。有効になっていたら、その動的ルーティングプロトコルで隣接関係（ネイバー、ピア）を確立できていることを確認してください。**動的ルーティングプロトコルは、兎にも角にも隣接関係ありきです。**隣接関係を確立できてない場合は、隣接関係を確立するための前提条件を確認し、対向機器と合わせて設定しましょう。

表 3.5.4 隣接関係確立の条件

ルーティングプロトコル	プロトコル番号	隣接関係確立の条件
OSPF	89（OSPF）	• エリア ID が同じであること • サブネットマスクが同じであること • Hello インターバルが同じであること • Dead インターバルが同じであること • 認証設定（認証が有効な場合）が同じであること • スタブエリアの場合、お互いにスタブエリアフラグ（オプション）が「1」になっていること • MTU（Maximum Transmission Unit）サイズが同じであること
EIGRP	88（EIGRP）	• AS 番号が同じであること • K 値（デフォルトで帯域幅 + 遅延）が同じであること • サブネットマスクが同じであること • 認証設定（認証が有効な場合）が同じであること
BGP	6 （TCP、ポート番号 179）	• BGP メッセージの送信元 IP アドレスと、対向ルーターで指定している BGP ピアのアドレスが同じであること • 自ルーターの AS 番号と、対向ルーターで指定している AS 番号が同じであること • BGP ピアのアドレスと疎通が取れること • 認証設定（認証が有効な場合）が同じであること

それでも隣接関係が確立できない場合は、対向機器のセキュリティポリシーでルーティングプロトコルパケットがドロップされていたり、物理層からデータリンク層に問題があったりして、そもそもルーティングプロトコルパケットが届いていないはずです。それぞれ確認してください。

3.6 アドレス変換(NAT)試験

NATは、「Network Address Translation」の略で、IPアドレスを変換する技術です。NATを使用すると、数に限りのあるグローバルIPv4アドレスを有効活用できたり、同じネットワークアドレスを持つシステム同士を接続できたりと、IP環境に存在するいろいろな課題を解決できます。

ファイアウォールやルーターなど、NATを実装するネットワーク機器は、変換前後のIPアドレスやポート番号を「**NATテーブル**」というメモリ上の表(テーブル)で紐付けることによって、NATを実現しています。NAT試験では、実際に流れるパケットをキャプチャして変換前後のIPアドレスを確認したり、NATテーブルの情報を確認したりして、適切なIPアドレスが適切なIPアドレスに変換されていることを確認します。

NATはどのIPアドレスをどのように変換するかによって、さらに次表のような技術に分類できます。

表3.6.1　いろいろなNAT

NATのタイプ	説明
静的NAT(1:1NAT)	インバウンド通信の宛先IPアドレスを決められたIPアドレスに変換し、アウトバウンド通信の送信元IPアドレスを決められたIPアドレスに変換する。
動的NAT	インバウンド通信の宛先IPアドレスを決められたIPアドレスプールのうちのどれかに変換し、アウトバウンド通信の送信元IPアドレスを決められたIPアドレスプールのうちのどれかに変換する。現在はほとんど使用されていない。
NAPT (PAT、IPマスカレード)	アウトバウンド通信の送信元IPアドレスと送信元ポート番号を変換することによって、ひとつの外部IPアドレスを複数の内部IPアドレスで使い回す。ブロードバンドルーターなどがわかりやすい例。ブロードバンドルーターは、家庭内にあるスマホやタブレット端末、ノートPCの内部IPアドレス(プライベートIPアドレス)を、外部IPアドレス(グローバルIPアドレス)に変換することによって、インターネット接続を実現している。
CGNAT	NAPTの通信キャリア用拡張版。単純にNAPTするだけでなく、一定時間同じ外部IPアドレスを割り当てるEIM(Endpoint Independent Mapping)や一定時間インバウンド通信を受け入れるEIF(Endpoint Independent Filtering)、コネクション制限機能、ログ機能など、通信キャリア特有の機能が実装されている。
Twice NAT (双方向NAT)	送信元IPアドレスと宛先IPアドレスをそれぞれ決められたIPアドレスに変換し、重複したIPネットワークを接続する。
宛先NAT (負荷分散技術)	インバウンド通信の宛先IPアドレスを負荷分散対象サーバーのうちのどれかに変換する。そのときサーバーの負荷状況に応じて変換するIPアドレスを切り替える。

このうち一般的なネットワークで使用することが多いNATは「静的NAT(1:1NAT)」と「NAPT(PAT、IPマスカレード)」でしょう。静的NATは、一般的にシステム外部から内部に対する*1インン

バウンド通信[*2]で使用します。NAPTは、一般的にシステム内部から外部に対するアウトバウンド通信[*3]で使用します。NAT試験は、通信の方向、つまり使用するNATに応じて、「**インバウンドNAT試験**」と「**アウトバウンドNAT試験**」の2種類に分類できます。それぞれ説明しましょう。

*1「システム外部と内部」がイメージしづらい場合は、とりあえず「システム外部」を「インターネット」、「システム内部」を「LAN」か「DMZ」に置き換えて考えてください。必ずしも合致するわけではありませんが、イメージはしやすくなるはずです。
*2 本文では、読みやすさを考慮して、「外部から内部に対するインバウンド通信」と書いていますが、もう少し細かく言うと「外部発の、外部から内部に対するインバウンド通信」です。したがって、アウトバウンド通信に対する戻りの通信は、同じ方向の通信であっても、これに該当しません。
*3 本文では、読みやすさを考慮して、「内部から外部に対するアウトバウンド通信」と書いていますが、もう少し細かく言うと「内部発の、内部から外部に対するアウトバウンド通信」です。したがって、インバウンド通信に対する戻りの通信は、同じ方向の通信であっても、これに該当しません。

図3.6.1 インバウンドNATとアウトバウンドNAT

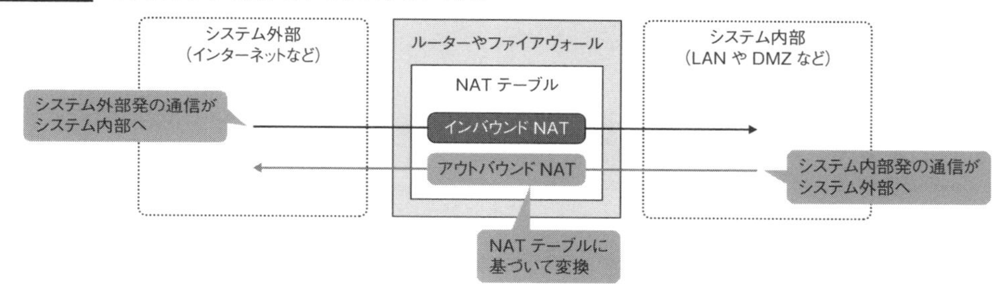

3.6.1 インバウンドNAT試験

インバウンドNAT試験は、システムの外部から内部に対するインバウンド通信における静的NATの処理を確認する試験です。一般的なネットワーク環境において、インバウンドNATが適用されるケースと言えば、インターネットに公開するサーバーを設置するときでしょう。サーバーにはプライベートIPアドレスを設定し、それと紐付くグローバルIPアドレスをルーター[*1]でNATとして1:1で定義します。ルーターは、宛先IPアドレスが設定したグローバルIPアドレスであるIPパケットを受け取ると、プライベートIPアドレスに変換し、その端末に転送します。ちなみに、端末からの応答は同じ定義を使用して、送信元IPアドレスをプライベートIPアドレスからグローバルIPアドレスに変換します。

文章だけだとイメージしづらいので、図3.6.2の例を用いて説明しましょう。この構成の場合、Webサーバーには「192.168.1.1」というプライベートIPアドレスを設定します。そして、ルーターでは「192.168.1.1」と「1.1.1.1」というグローバルIPアドレスを1:1に紐付けるNATを定義します。すると、「1.1.1.1」で受けたインバウンド通信の宛先IPアドレスを「192.168.1.1」に変換し、Webサーバーに転送します。

*1 NATはルーターやファイアウォールで実装することが多いでしょう。ここでは、本文の流れを考慮して、ルーターのみを取り上げています。

図 3.6.2　インバウンド NAT の一般的な構成例

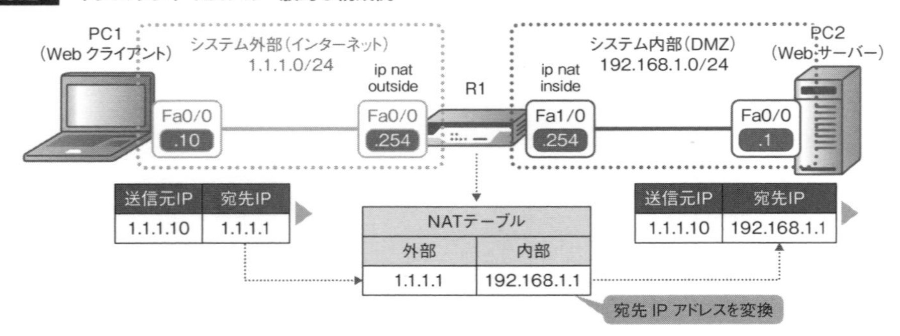

インバウンドNAT試験では、まず設計どおりにNATテーブル上の静的NATエントリが設定されていることを、設定レベルで確認します。続いて、実際にインバウンド通信を流しているときに、NAT機器の前後の端末でパケットキャプチャを実施し*1、IPアドレスが変換されていることをパケットレベルで確認します。

*1 ここでは、「NAT機器前後でパケットキャプチャを実施し」としていますが、NAT機器自体でパケットキャプチャを実施できる場合もあります。その場合は、NAT機器でパケットキャプチャを実施したほうが効率的でしょう。

TEST

表 3.6.2　インバウンド NAT 試験の例(シスコルーターの場合)

試験前提	(1)設計どおりにネットワーク機器が接続されていること (2)インターフェース試験に合格していること (3)IP アドレス試験に合格していること (4)ルーティング試験に合格していること
事前作業	(1)ルーターに SSH で接続し、任意のユーザーでログインした後、特権 EXEC モードに移行する (2)PC1 に以下を設定し、R1 の Fa0/0 に接続する • IP アドレス：1.1.1.10 • サブネットマスク：255.255.255.0 • デフォルトゲートウェイ：1.1.1.254 (3)PC2 に以下を設定し、R1 の Fa1/0 に接続する • IP アドレス：192.168.1.1 • サブネットマスク：255.255.255.0 • デフォルトゲートウェイ：192.168.1.254

試験実施手順	合否判定基準
(1)R1 の CLI で以下のコマンドを実行する show ip nat translation	「1.1.1.1」と「192.168.1.1」を紐付ける静的 NAT エントリが表示されること
(2)PC1 の CLI で以下のコマンドを実施する tcpdump -i eth0 –w /var/tmp/NAT_inside_packets.pcapng	
(3)PC2 の CLI で以下のコマンドを実施する tcpdump -i eth0 –w /var/tmp/NAT_outside_packets.pcapng	
(4)PC1 の CLI で以下のコマンドを実行する ping 1.1.1.1	応答があること
(5)PC1 の CLI で Ctrl キーと「c」を同時に入力する	
(6)PC2 の CLI で Ctrl キーと「c」を同時に入力する	
(7)(5)と(6)で取得したパケットキャプチャファイルの内容を確認する	以下を確認できること • PC1 から送信した IP パケットの宛先 IP アドレスが「1.1.1.1」であること • PC2 で受信した IP パケットの宛先 IP アドレスが「192.168.1.1」であること

図 3.6.3 NAT テーブルの状態(シスコルーターの場合)

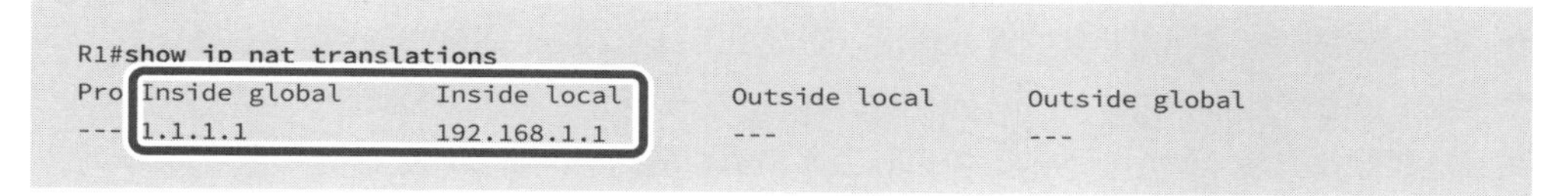

図 3.6.4 変換前の IP パケット

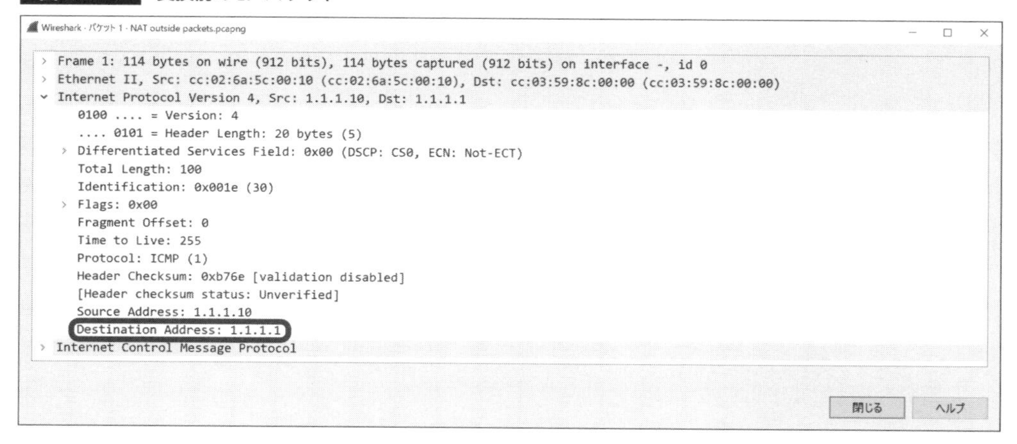

図 3.6.5　変換後の IP パケット

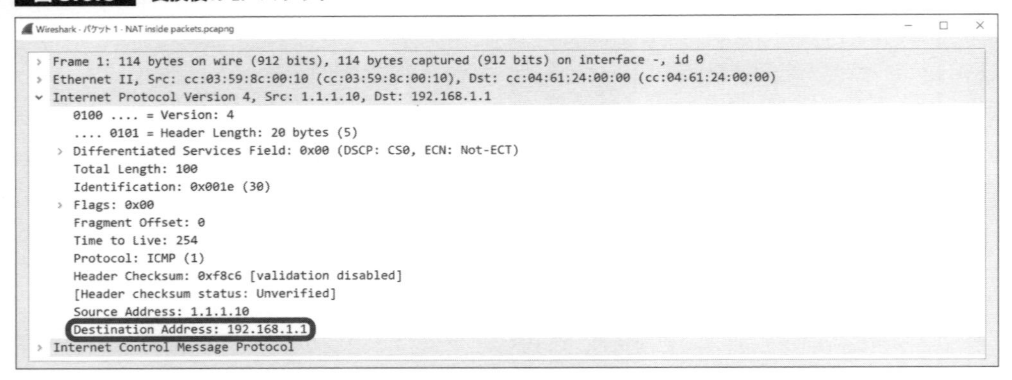

パケットキャプチャで使用するツール

パケットキャプチャでよく使用されるツールとして、「**Wireshark**」と「**tcpdumpコマンド**」があります。どちらもパケットレベルでより深い情報を知ることができ、動作試験だけでなく、ネットワーク構築におけるすべてのフェーズにおいて、とても強い味方になります。

Wiresharkは、インターネット上にOSS（Open Source Software）で公開されているGUIのパケットキャプチャツールです。Windows OSだけでなくLinux OSやmacOSでも動作し、GUIが用意されている端末環境では、これを選択することが多いでしょう。Wiresharkは、パケットキャプチャ機能だけでなく、たくさんのプロトコルの解析機能や分析機能を標準で備えており、今やパケットキャプチャツールの域を超えて「プロトコルアナライザーツール」の定番となっています。

図 3.6.6　Wireshark の画面イメージ

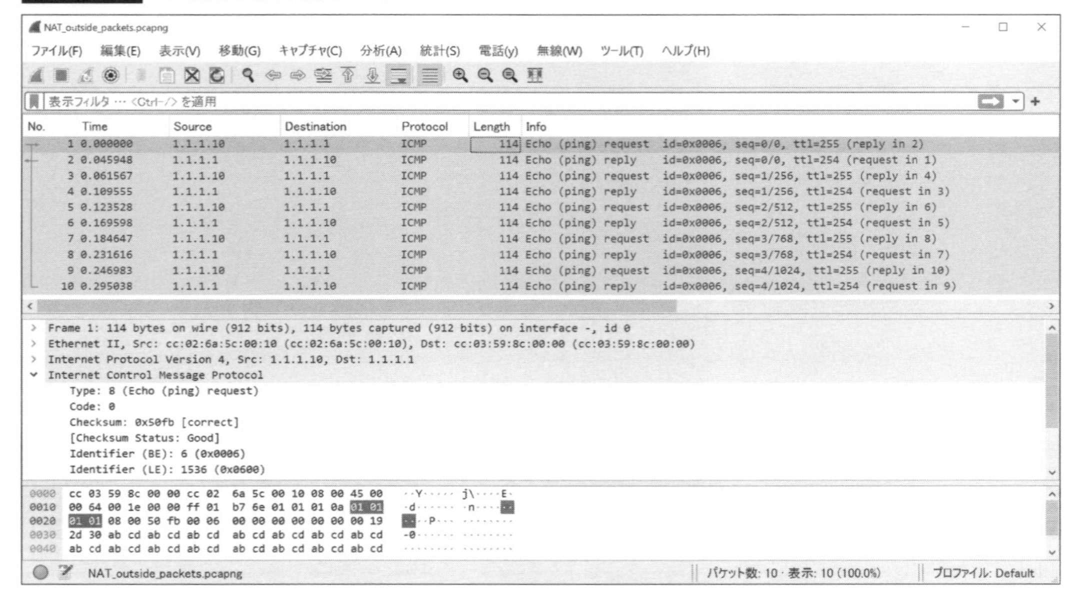

tcpdumpコマンドは、インターネット上にOSS（Open Source Software）で公開されているCLIのパケットキャプチャツールです。Linux OSやmacOSで動作し、CLIが用意されている端末環境であれば使用可能です。tcpdumpコマンドは、Wiresharkのように解析機能や分析機能を備えているわけでありませんが、パケットをキャプチャするだけであれば必要十分とも言えるフィルタリング機能を備えています。tcpdumpコマンドでキャプチャしたデータは、Wiresharkで解析できます。そのため、一般的には、まずtcpdumpコマンドでパケットキャプチャを行い、そのデータをWiresharkで解析するという手順を踏むことが多いでしょう。tcpdumpコマンドは、コマンドラインで「tcpdump」と入力して使用できます。ほとんどの場合、すべてのパケットを取得するのではなく、端末の負荷や視覚的な見やすさを考慮して、いくつかのオプションを併用しフィルタリングしてパケットを取得します。代表的なオプションは、表3.6.3のとおりです。

図3.6.7 tcpdumpコマンド（ens160に流れるTCP/80のパケットを表示する場合）

```
root@ubu07:~# tcpdump -ni ens160 tcp and port 80
tcpdump: verbose output suppressed, use -v or -vv for full protocol decode
listening on ens160, link-type EN10MB (Ethernet), capture size 262144 bytes
09:43:49.886061 IP 172.16.253.136.34616 > 172.16.253.134.80: Flags [S], seq 3918102507, win
29200, options [mss 1460,sackOK,TS val 396469219 ecr 0,nop,wscale 7], length 0
09:43:49.886200 IP 172.16.253.134.80 > 172.16.253.136.34616: Flags [S.], seq 3896699039, ack
3918102508, win 28960, options [mss 1460,sackOK,TS val 396359674 ecr 396469219,nop,wscale 7],
length 0
09:43:49.886215 IP 172.16.253.136.34616 > 172.16.253.134.80: Flags [.], ack 1, win 229, options
[nop,nop,TS val 396469219 ecr 396359674], length 0
09:43:49.886462 IP 172.16.253.136.34616 > 172.16.253.134.80: Flags [P.], seq 1:79, ack 1, win
229, options [nop,nop,TS val 396469219 ecr 396359674], length 78: HTTP: GET / HTTP/1.1
09:43:49.886531 IP 172.16.253.134.80 > 172.16.253.136.34616: Flags [.], ack 79, win 227, options
[nop,nop,TS val 396359674 ecr 396469219], length 0
09:43:49.887065 IP 172.16.253.134.80 > 172.16.253.136.34616: Flags [.], seq 1:7241, ack 79, win
227, options [nop,nop,TS val 396359674 ecr 396469219], length 7240: HTTP: HTTP/1.1 200 OK
09:43:49.887075 IP 172.16.253.136.34616 > 172.16.253.134.80: Flags [.], ack 7241, win 342,
options [nop,nop,TS val 396469220 ecr 396359674], length 0
09:43:49.887080 IP 172.16.253.134.80 > 172.16.253.136.34616: Flags [P.], seq 7241:11577, ack 79,
win 227, options [nop,nop,TS val 396359674 ecr 396469219], length 4336: HTTP
09:43:49.887085 IP 172.16.253.136.34616 > 172.16.253.134.80: Flags [.], ack 11577, win 409,
options [nop,nop,TS val 396469220 ecr 396359674], length 0
09:43:49.892546 IP 172.16.253.136.34616 > 172.16.253.134.80: Flags [F.], seq 79, ack 11577, win
409, options [nop,nop,TS val 396469221 ecr 396359674], length 0
09:43:49.892634 IP 172.16.253.134.80 > 172.16.253.136.34616: Flags [F.], seq 11577, ack 80, win
227, options [nop,nop,TS val 396359675 ecr 396469221], length 0
09:43:49.892637 IP 172.16.253.136.34616 > 172.16.253.134.80: Flags [.], ack 11578, win 409,
options [nop,nop,TS val 396469221 ecr 396359675], length 0
^C
12 packets captured
12 packets received by filter
0 packets dropped by kernel
```

表 3.6.3　tcpdump コマンドのオプション

オプション	説明
-e	L2 ヘッダーを表示する
-n	表示するときに、IP アドレスやポート番号を名前に変換しない
-i [インターフェース名]	パケットキャプチャするインターフェースを指定する
-w [ファイル名]	キャプチャしたパケットをファイルに書き出す
host <IP アドレス >	IP アドレスを指定する
src host <IP アドレス >	送信元 IP アドレスを指定する
dst host <IP アドレス >	宛先 IP アドレスを指定する
port < ポート番号 >	ポート番号を指定する
src port < ポート番号 >	送信元ポート番号を指定する
dst port < ポート番号 >	宛先ポート番号を指定する
tcp	TCP を指定する
udp	UDP を指定する
icmp	ICMP を指定する
arp	ARP を指定する

インバウンド NAT ができていない場合

インバウンドNATができていない場合は、まずセキュリティポリシー（ACLやファイアウォールポリシー）を確認しましょう。特に、インバウンドの通信は、セキュリティポリシーで通過できる通信を厳密に制御していることがほとんどです。パケットを流す前に、セキュリティポリシーを確認し、許可されている通信で再試験してください。セキュリティポリシーに問題がなければ、ルーティングできているかどうかを確認しましょう。これは、静的NATに限ったことではないですが、NATは適切にルーティングができていないことには機能しません。ルーティングテーブルを確認しましょう。

3.6.2　アウトバウンド NAT 試験

アウトバウンドNAT試験は、システムの内部から外部に対するアウトバウンド通信におけるNAPTの処理を確認する試験です。一般的なネットワーク環境において、アウトバウンドNATが適用されるケースと言えば、家庭や社内のLANからインターネット上のサーバーに接続するときでしょう。クライアント端末にはプライベートIPアドレスを設定し、ファイアウォール（家庭の場合はブロードバンドルーター）にはプライベートIPサブネットとそれに紐付くNAPTのグローバルIPアドレスを設定します。ファイアウォールは、送信元IPアドレスが、設定されているIPサブネットに含まれているIPパケットを受け取ると、同じく設定されているグローバルIPアドレスに変換し、インターネットに転送します。また、あわせて変換したIPアドレスやポート番号、プロトコルなどの情報をNATテーブルに書き込みます。

こちらも文章だけだとイメージしづらいかもしれないので、家庭のWi-Fi環境にあるタブレット端末でGoogle検索する場合を例に説明しましょう。この場合、タブレット端末にはプライベートIPアドレスが設定され、Googleが持つグローバルIPアドレス(172.217.175.4*1)に対して、「○○を検索してくださーい」のIPパケットを送信します。このIPパケットを受け取ったブロードバンドルーターは、送信元IPアドレスを自分自身が持つグローバルIPアドレスに変換して、インターネットに転送します。

*1 Googleは、この他にも「172.217.174.100」や「172.217.31.132」など複数のIPアドレスを持っていますが、ここでは本文が読みやすくなるように、そのうちのひとつを記載しています。

図3.6.8 家のタブレット端末からGoogleで検索するとき

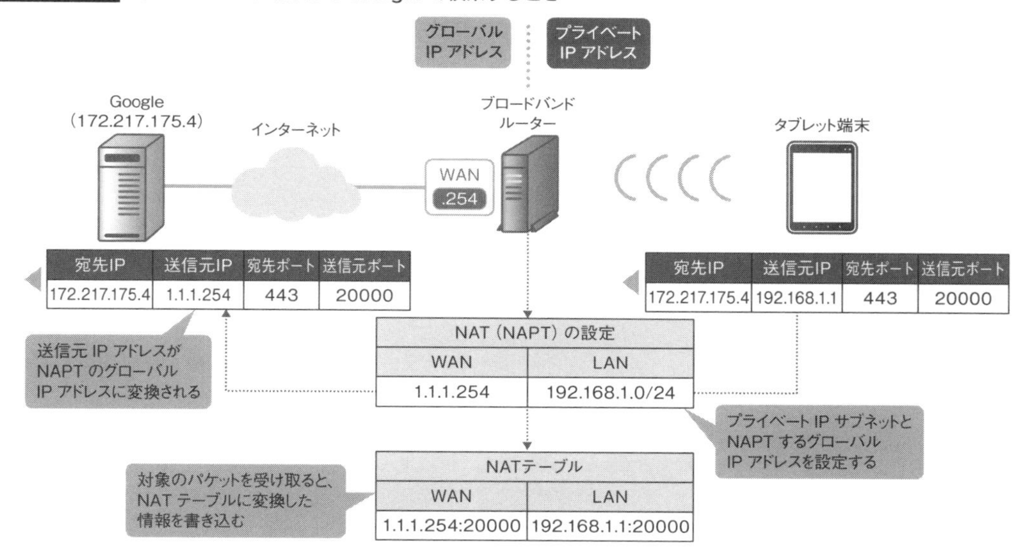

アウトバウンドNAT試験では、まず、実際にアウトバウンド通信を流しているときに、NAT機器前後でパケットキャプチャを実施し*1、実際にIPアドレスが変換されていることを、パケットレベルで確認します。続いて、設定どおりにNATテーブル上にNAPTエントリが自動生成されていることを、状態レベルで確認します。

*1 ここでは、「NAT機器前後でパケットキャプチャを実施し」としていますが、NAT機器自体でパケットキャプチャを実施できる場合もあります。その場合は、NAT機器でパケットキャプチャを実施したほうが効率的でしょう。

TEST

図 3.6.9　アウトバウンド NAT 試験の構成例

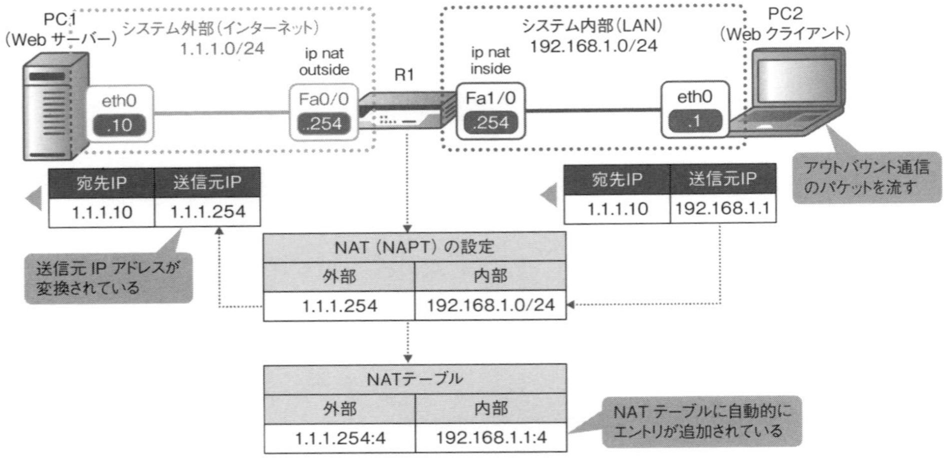

PC1
(Web サーバー)
システム外部(インターネット)
1.1.1.0/24
ip nat
outside
R1
ip nat
inside
システム内部(LAN)
192.168.1.0/24
PC2
(Web クライアント)
eth0
.10
Fa0/0
.254
Fa1/0
.254
eth0
.1

宛先IP	送信元IP
1.1.1.10	1.1.1.254

送信元 IP アドレスが
変換されている

宛先IP	送信元IP
1.1.1.10	192.168.1.1

アウトバウンド通信
のパケットを流す

NAT (NAPT) の設定	
外部	内部
1.1.1.254	192.168.1.0/24

NATテーブル	
外部	内部
1.1.1.254:4	192.168.1.1:4

NAT テーブルに自動的に
エントリが追加されている

表 3.6.4　アウトバウンド NAT 試験の例(シスコルーターの場合)

試験前提	(1)設計どおりにネットワーク機器が接続されていること (2)インターフェース試験に合格していること (3)IP アドレス試験に合格していること (4)ルーティング試験に合格していること
事前作業	(1)ルーターに SSH で接続し、任意のユーザーでログインした後、特権 EXEC モードに移行する (2)PC1 に以下を設定し、R1 の Fa0/0 に接続する • IP アドレス：1.1.1.10 • サブネットマスク：255.255.255.0 • デフォルトゲートウェイ：1.1.1.254 (3)PC2 に以下を設定し、R1 の Fa1/0 に接続する • IP アドレス：192.168.1.1 • サブネットマスク：255.255.255.0 • デフォルトゲートウェイ：192.168.1.254 (4)R1 で「clear ip nat translation *」を実施し、NAT テーブルをクリアする

試験実施手順	合否判定基準
(1)PC1 の CLI で以下のコマンドを実施する tcpdump -i eth0 –w /var/tmp/NAPT_inside_packets.pcapng	
(2)PC2 の CLI で以下のコマンドを実施する tcpdump -i eth0 –w /var/tmp/NAPT_outside_packets.pcapng	
(3)PC2 の CLI で以下のコマンドを実行する ping 1.1.1.10	応答があること
(4)R1 の CLI で以下のコマンドを実行する show ip nat translation	NAPT エントリが存在していること
(5)PC1 の CLI で Ctrl キーと「c」を同時に入力する	
(6)PC2 の CLI で Ctrl キーと「c」を同時に入力する	

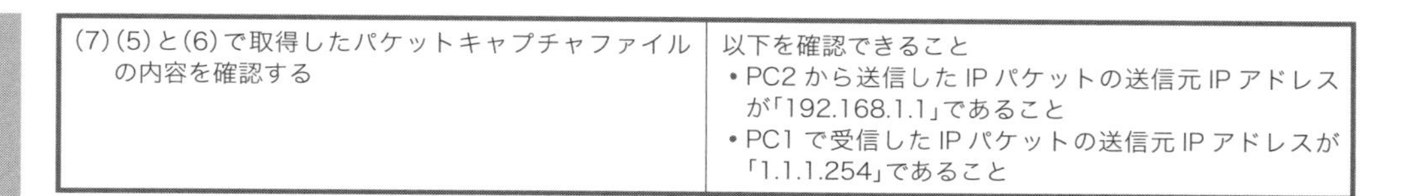

(7)(5)と(6)で取得したパケットキャプチャファイルの内容を確認する	以下を確認できること • PC2 から送信した IP パケットの送信元 IP アドレスが「192.168.1.1」であること • PC1 で受信した IP パケットの送信元 IP アドレスが「1.1.1.254」であること

図 3.6.10 NAT テーブルの状態(シスコルーターの場合)

```
R1#show ip nat translations
Pro Inside global      Inside local       Outside local      Outside global
icmp 1.1.1.254:4       192.168.1.1:4      1.1.1.10:4         1.1.1.10:4
```

図 3.6.11 変換前の IP パケット

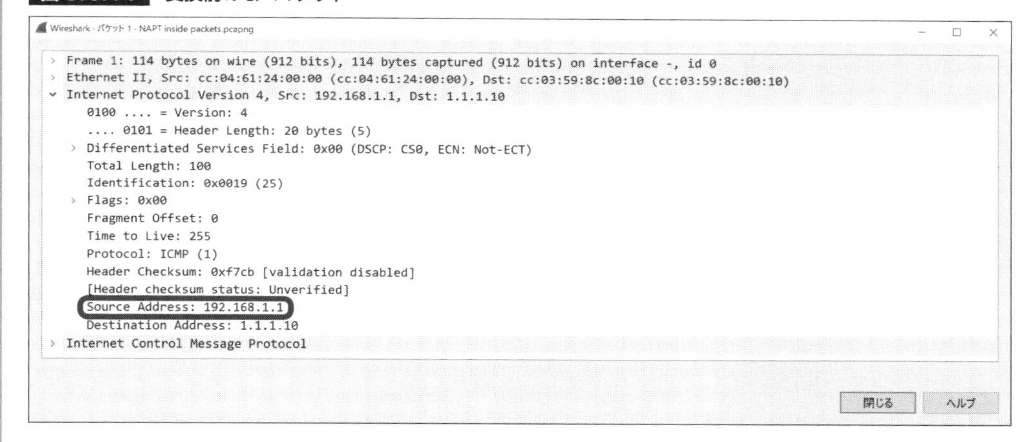

図 3.6.12 変換後の IP パケット

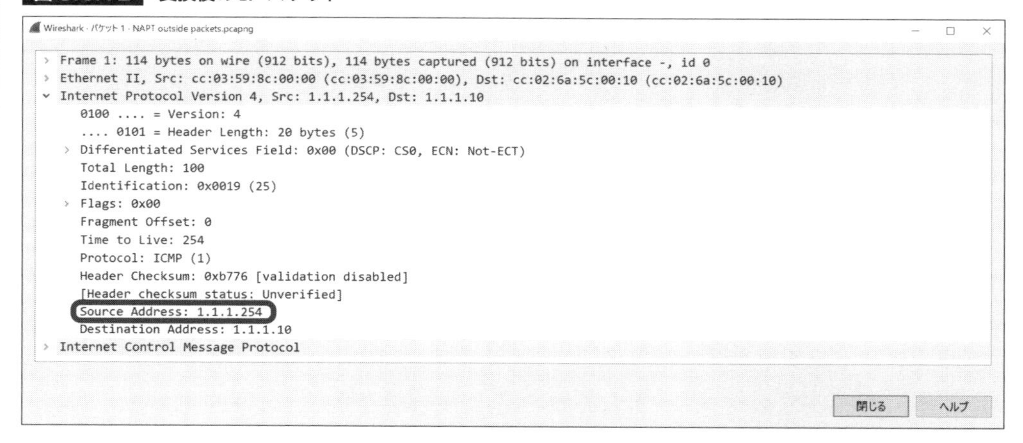

アウトバウンドNATができていない場合

アウトバウンドNATができていない場合は、まずセキュリティポリシーを確認しましょう。アウトバウンド通信は、設計的にオール許可になっていることもありえます。とは言え、許可されていなかったら、どうしようもありません。とりあえず確認です。

セキュリティポリシーに問題がなければ、ルーティングできているかどうかを確認しましょう。NAPTは適切にルーティングできないことには機能しません。ルーティングテーブルを確認しましょう。

ルーティングにも問題がなければ、NAPTの対象となっている送信元IPサブネットを確認しましょう。NAPTは、送信元IPサブネットとNAT後のIPアドレスを紐付けて設定します。試験で流すパケットの送信元IPアドレスが、NAPT対象の送信元IPサブネットに含まれているかどうかを確認しましょう。

3.7 ファイアウォール試験

ファイアウォール試験は、ファイアウォールに適用されているフィルタリングルールを確認する試験です。ファイアウォールは、送信元/宛先IPアドレスやトランスポート層プロトコル(TCP/UDPなど)、送信元/宛先ポート番号(5-tuple、ファイブタプル*1)でコネクションを識別し、通信を制御する機器です。あらかじめ設定したフィルタリングルールに従って、「この通信は許可、この通信はドロップ」というように、受け取った通信を選別し、いろいろな脅威からシステムを守ります。この通信制御機能のことを「**ステートフルインスペクション**」と言います。

*1 ファイアウォールや負荷分散装置において、通信を識別するために使用する5つの情報のこと。具体的には「送信元IPアドレス」「宛先IPアドレス」「プロトコル」「送信元ポート番号」「宛先ポート番号」の5つ。

図 3.7.1 ファイアウォール

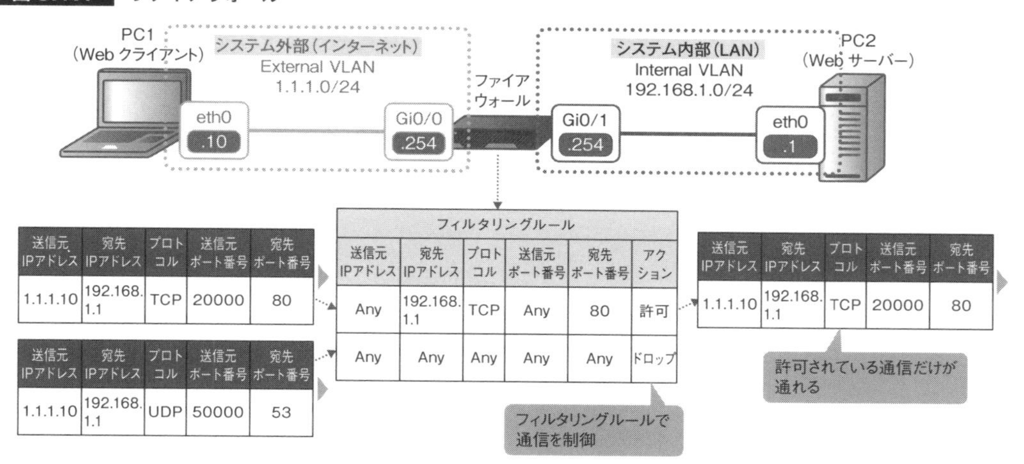

ファイアウォール試験では、まず設計どおりにフィルタリングルールが設定されていることをCLI、あるいはGUIで確認します。ほとんどのファイアウォール製品は、上位のルールから下位のルールに向かって、順々に処理を実行していきます。ルールの順序についても注意深く確認してください。続いて、許可されている通信と遮断されている通信を実際に流してみて、該当するルールのヒットカウンターがカウントアップされ、適切に制御されることを確認します。設計によっては、どのルールでどのようなパケットがどのように処理されたか、ファイアウォールログとして出力している場合もあります。その場合は、そのログがメモリバッファやSyslogサーバーなど、適切な場所に、適切なフォーマットで出力されているかもあわせて確認します。

図 3.7.2 ファイアウォール試験

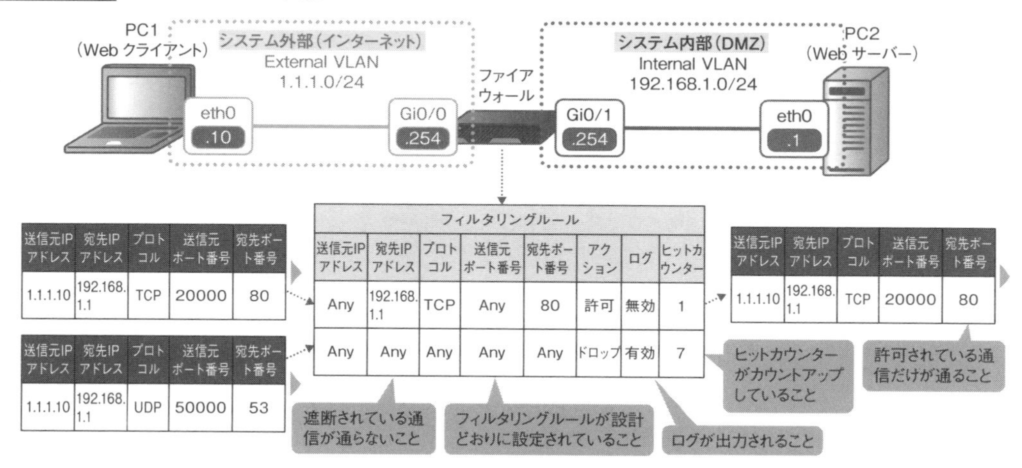

ファイアウォール試験で実際に流す通信は、可能なかぎりシンプルなものにしておいたほうがよいでしょう。たとえば、HTTP（TCP/80）が許可されていることを確認するためにWebブラウザを使用することもできますが、Webブラウザは表示の効率化・高速化を図るために、複数のTCPコネクションを作ったり、キャッシュを使用したり、裏でいろいろな処理をしています。そうすると、1回しかアクセスしていないはずなのに、ルールのヒットカウンターが複数カウントアップされたり、逆にアクセスしたはずなのにカウントアップされなかったり、いろいろな不整合が発生します。そして細かい顧客は、その挙動ひとつひとつに「なんで？」「どうして？」と、いちいち理由を求めてきたりします。そうなると、もはや本来の目的を見失い、ただただ時間を浪費するだけになりかねません。ファイアウォール試験で確認したいのは、「**通信が設計どおりに制御されているか**」、ただこれだけです。不毛なやりとりを回避するためにも、たとえばTCPであれば「**telnetコマンド**」、UDPであれば「**ncコマンド**」など、**シンプル、かつピュアにL4レベルの通信を確認できるツールを使用したほうがよいでしょう。**

TEST

表3.7.1　ファイアウォール試験の例（Cisco ASAシリーズの場合）

試験前提	(1)設計どおりにネットワーク機器が接続されていること (2)インターフェース試験に合格していること (3)IPアドレス試験に合格していること (4)ルーティング試験に合格していること
事前作業	(1)ファイアウォールにSSHで接続し、任意のユーザーでログインした後、特権EXECモードに移行する (2)PC1に以下を設定し、External VLANに接続する*1 • IPアドレス：1.1.1.10 • サブネットマスク：255.255.255.0 • デフォルトゲートウェイ：1.1.1.254 (3)PC2に以下を設定し、Internal VLANに接続する • IPアドレス：192.168.1.1 • サブネットマスク：255.255.255.0 • デフォルトゲートウェイ：192.168.1.254 (4)ファイアウォールで「clear access-list outside-acl coutners」を実施し、ヒットカウンターをクリアする (5)PC2でWebサーバーとSSHサーバーを起動し、TCP/80とTCP/22がそれぞれLISTEN状態にあることを確認する

試験実施手順	合否判定基準
(1)PC1のCLIで以下のコマンドを実行する telnet 192.168.1.1 80	応答があること
(2)PC1のCLIで以下のコマンドを実行する telnet 192.168.1.1 22	応答がないこと
(3)ファイアウォールのCLIで以下のコマンドを実行する show access-list	許可ルールのヒットカウンターと、拒否ルールのヒットカウンターがそれぞれカウントアップしていること
(4)ファイアウォールのCLIで以下のコマンドを実行する show log	(2)の通信をDenyしたログがあること

*1 厳密に言うと「External VLANが割り当てられたインターフェースに接続する」ですが、ここでは読みやすさを考慮して、簡略化した形で記載しています。以降も同様です。

図 3.7.3 サーバー側のLISTEN状態を事前に確認する

```
root@PC2:~# netstat -ln
Active Internet connections (only servers)
Proto Recv-Q Send-Q Local Address           Foreign Address         State
tcp        0      0 127.0.0.53:53           0.0.0.0:*               LISTEN
tcp        0      0 0.0.0.0:22              0.0.0.0:*               LISTEN
tcp        0      0 127.0.0.1:631           0.0.0.0:*               LISTEN
tcp6       0      0 :::3389                 :::*                    LISTEN
tcp6       0      0 :::80                   :::*                    LISTEN
tcp6       0      0 :::22                   :::*                    LISTEN
tcp6       0      0 ::1:3350                :::*                    LISTEN
tcp6       0      0 ::1:631                 :::*                    LISTEN
udp        0      0 0.0.0.0:631             0.0.0.0:*
udp        0      0 127.0.0.53:53           0.0.0.0:*
udp        0      0 0.0.0.0:5353            0.0.0.0:*
udp        0      0 0.0.0.0:36270           0.0.0.0:*
udp6       0      0 :::39911                :::*
udp6       0      0 :::5353                 :::*
```

図 3.7.4 TCP/80（許可されている通信）にTelnet接続

```
root@PC1:~# telnet 192.168.1.1 80
Trying 192.168.1.1...
Connected to 192.168.1.1.
Escape character is '^]'.
Connection closed by foreign host.

（Ctrl+cでキャンセル）
```

図 3.7.5 TCP/22（ドロップされている通信）にTelnet接続

```
root@PC2:~# telnet 192.168.1.1 22
Trying 192.168.1.1...
telnet: Unable to connect to remote host: Connection timed out
```

図 3.7.6 ログの出力（メモリバッファに出力した場合）

```
fw1# show log
%ASA-4-106023: Deny tcp src outside:10.1.1.10/57014 dst inside:192.168.1.1/22 by access-
group "outside-acl" [0xfcd2c9a6, 0x0]
```

図3.7.7 ヒットカウンターのカウントアップ

```
fw1# show access-list
access-list cached ACL log flows: total 1, denied 1 (deny-flow-max 4096)
            alert-interval 300
access-list outside-acl; 2 elements; name hash: 0xb1b82131
access-list outside-acl line 1 extended permit tcp any host 192.168.1.1 eq www (hitcnt=1)
0x450e5468
access-list outside-acl line 2 extended deny ip any any (hitcnt=7) 0xfcd2c9a6
```

ファイアウォール試験で役立つコマンド

ファイアウォール試験で役立つtelnetコマンドとncコマンドについて、もう少し掘り下げて説明しましょう。

telnetコマンドは、遠隔からテキストのデータを送信できるコマンドです。以前は、ネットワーク機器に対するリモートログインなどでよく使用されていましたが、通信が暗号化されずに生で流れるということもあって、最近は暗号化機能を持つSSHコマンドに置き換えられつつあります。さて、リモートログインコマンドとしてはその役目を終えたtelnetコマンドですが、**コマンドひとつでいろいろなポート番号のTCPコネクションを作ることができ、簡単にファイアウォールの挙動を確認できるため、いまだにファイアウォール試験ではとても重宝します。**結合試験の時点で、すでにサーバーが用意されており、かつそのサーバーがTCPで動作するものであれば、telnetコマンドはとても有効でしょう。

telnetコマンドは、Windows OSであればコマンドプロンプト*1で、Linux OSであればターミナルで「telnet [IPアドレス] [ポート番号]」で使用できます*2。たとえば、HTTP（TCP/80）が許可されているかを確認する場合は「telnet 192.168.1.1 80」と入力すると、TCPの3ウェイハンドシェイクを開始し、80番のTCPコネクションを確立しようとします。

*1 Windows 10/11では、デフォルトでtelnetコマンドが無効にされています。コントロールパネルの「プログラムと機能」→「Windows機能の有効化または無効化」で「Telnetクライアント」を有効にしてください。
*2 ポート番号を省略すると、デフォルトの23番でTCPコネクションを作ります。

図3.7.8 telnetコマンド

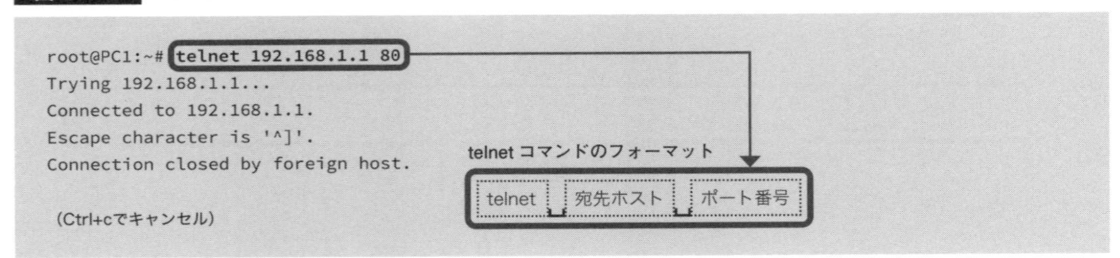

ncコマンドは、netcatコマンドの略で、UDP/TCPの簡易クライアント・サーバーコマンドです。telnetコマンドは、あくまでクライアントアプリケーションなので、サーバーになることはできません。また、UDPには対応していません。**ncコマンドは、コマンドひとつで、任意のポート番号のクライアントにもサーバーにもなれるうえに、UDPにも対応しているので、telnetコマンドより幅広い動作試験に対応できます。**ネットワークの結合試験の時点で「まだサーバー、ありません!! できてません!!」なんてことはよくあることです。クライアント役とサーバー役の試験用端末を用意して、それぞれでクライアントになるncコマンドと、サーバーになるncコマンドを実行すれば、簡単にファイアウォール試験を実施できます。

ncコマンドは、Windows OSであれば、GitHub上にexeファイル(nc.exe)が公開されている*1ので、任意のフォルダーにダウンロードして、パスを通してください*2。Linux OSであれば、デフォルトでインストールされているものもありますし、インストールされていなければyumやaptでインストール可能です。たとえば、UDP/12345が許可されているかを確認する場合は、まずサーバー役の試験用端末のターミナルで「nc -u -l 12345」と入力し、UDP/12345のパケットを受け入れられるようにします。続いて、クライアント役の試験用端末で「nc -u 192.168.1.1 12345」を入力した後、適当な文字列を入力してください。その文字列がサーバー側で表示されたら、ファイアウォールで許可されている証拠です。

*1 https://github.com/diegocr/netcat
*2 システム環境変数のPathに任意のフォルダーのアドレスを追加してください。

図 3.7.9 ncコマンド(UCP/12345で接続した場合)

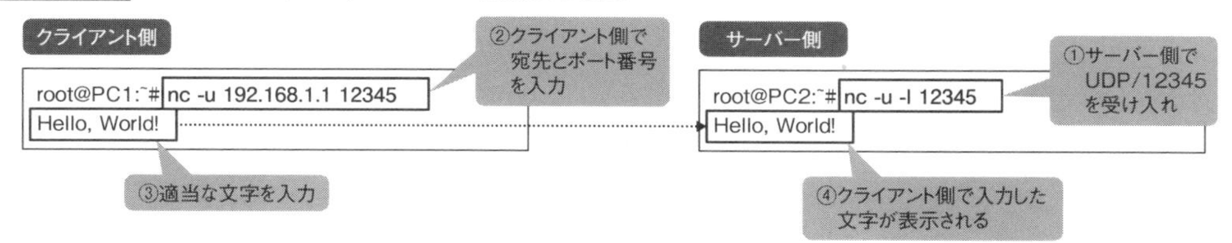

さて、ncコマンドには、いろいろな通信要件に対応できるようにたくさんのオプションが用意されていますが、L4レベルの疎通を確認するファイアウォール試験で使用するものはごくわずかです。次表にまとめておきましたので、活用してください。

表 3.7.2 ファイアウォール試験でよく使用する nc コマンドのオプション

オプション	説明
-4	IPv4 アドレスを使用する
-6	IPv6 アドレスを使用する
-k	Listen しているときに、複数のコネクションを受け入れる
-l	指定したポート番号のパケットを受け入れる
-p	送信元ポート番号を指定する
-u	デフォルトの TCP の代わりに UDP を使用する
-z	通信の詳細を表示する

ALG プロトコルのファイアウォール試験

telnetコマンドやncコマンドで対応できない「**ALGプロトコル**」のファイアウォール試験についても触れておきましょう。ALGプロトコルは、最初にアプリケーションで使用するポート番号を動的に決定し、途中からそのポート番号に切り替えて通信する、ちょっと特殊で、ひねくれたプロトコルです。**ALGプロトコルの「ALG」とは、Application Level Gatewayの略で、アプリケーションレベルの情報をもとに通信を制御する、ファイアウォールや負荷分散装置の機能のことです**。通信途中でポート番号が変わってしまうようなプロトコルをファイアウォールや負荷分散装置で処理するためには、ALG機能が必要です。

表 3.7.3 ALG プロトコル

ALG プロトコル	最初のポート番号	用途とプチ情報
FTP(File Transfer Protocol)	TCP/21	TCP でファイル転送を行うプロトコル。コントロールコネクションとデータコネクションを作る。
TFTP(Trivial File Transfer Protocol)	UDP/69	UDP でファイル転送を行うプロトコル。シスコ機器の OS をアップロードしたりするときに、よく使用する。
SIP(Session Initiation Protocol)	TCP/5060、UDP/5060	IP 電話の呼制御を行うプロトコル。あくまで呼制御のみを行い、電話の音声は RTP(Real-time Transport Protocol)など、別のプロトコルを使用して転送する。
RTSP(Real Time Streaming Protocol)	TCP/554	音声や動画をストリーミングするときに使用するプロトコル。古いプロトコルなので、最近はあまり使用されていない。
PPTP(Point-to-Point Tunneling Protocol)	TCP/1723	リモートアクセス VPN で使用するプロトコル。データ転送は「GRE (Generic Routing Encapsulation)」という別プロトコルを使用して行う。データが暗号化されていないため、最近は IPsec に置き換えられ気味。macOS での対応も打ち切られた。

ALGプロトコルのファイアウォール試験は、素直なTCP/UDPコネクションしか作れないtelnetコマンドやncコマンドでは、十分な試験ができません。そのALGプロトコルに応じたアプリケーションコマンドを使用する必要があります。代表的なALGプロトコルのひとつである「FTP（File

Transfer Protocol)」を例に説明しましょう。

FTPは、最初にTCP/21でFTPを制御する「**コントロールコネクション**」を作った後、TCP/20でファイルを転送する「**データコネクション**」を作ります。したがって、単純にtelnetコマンドでTCP/21に接続するだけでは、ファイルを転送できるかまでは確認できません。そこで、FTPをアプリケーションレベルで操作できる「**ftpコマンド**」を使用して、ファイルを転送できることを確認します。

図3.7.10 ftpコマンド

```
root@ubuntu:~# ftp 192.168.1.1
Connected to 172.16.254.1.
220 3Com 3CDaemon FTP Server Version 2.0
Name (192.168.1.1:root): anonymous
331 User name ok, need password
Password
230 User logged in
Remote system type is UNIX.
Using binary mode to transfer files.
ftp> bin
200 Type set to I.
ftp> passive
Passive mode on.
ftp> ls
200 PORT command successful.
150 File status OK ; about to open data connection
drwxrwxrwx 1 owner group         0 Sep 07 11:04 .
drwxrwxrwx 1 owner group         0 Sep 07 11:04 ..
-rwxrwxrwx 1 owner group        70 Sep 07 11:04 test.txt
226 Closing data connection
ftp> get test.txt
local: test.txt remote: test.txt
200 PORT command successful.
150 File status OK ; about to open data connection
226 Closing data connection; File transfer successful.
70 bytes received in 0.00 secs (109.9025 kB/s)
```

3.8 サーバー負荷分散試験

サーバー負荷分散試験は、複数のサーバーに通信が負荷分散されていることを確認する試験です。サーバー負荷分散技術は、その名のとおり、通信負荷を複数のサーバーに分散する技術です。1台のサーバーで処理できる通信の量には限りがあります。サーバー負荷分散技術は、負荷分散装置を使用して、クライアントから受け取った通信を複数のサーバーに振り分け、システム全体として処理できる通信量の拡張を図ります。また、定期的なサービス監視を行うことによって、障害の発生したサーバーを負荷分散対象から切り離し、システム全体としての可用性向上を図ります。

図3.8.1　サーバー負荷分散技術

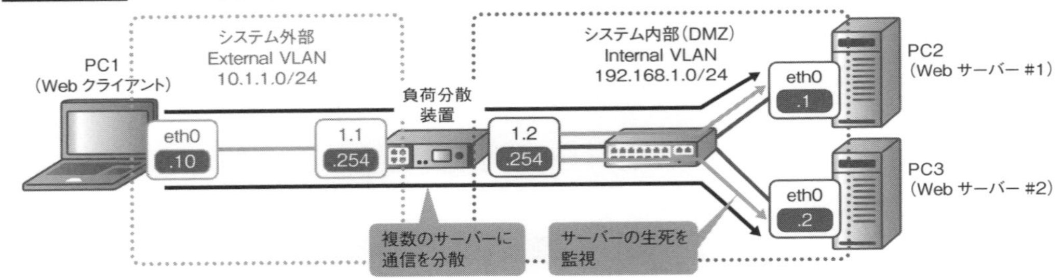

サーバー負荷分散試験は、大きくヘルスチェック試験、負荷分散試験、オプション機能試験で構成されています。それぞれ説明していきましょう。

3.8.1 ヘルスチェック試験

ヘルスチェック試験は、サーバーの監視に成功しているかを確認する試験です。「**ヘルスチェック**」は、負荷分散対象のサーバーの状態を監視する機能です。ダウンしているサーバーに通信を割り振っても意味がありません。応答しないだけです。負荷分散装置は、負荷分散対象のサーバーに対して、一定間隔(インターバル)の監視パケットを送ることで、サーバーが正常に稼働しているかを監視します。また、期待した応答がなかったら、サーバーに異常が発生したと判断し、一定時間経過(タイムアウト)後に負荷分散対象から切り離します。

ヘルスチェックは、IPアドレスの生死を確認する「**L3チェック**」、サービスの生死を確認する「**L4チェック**」、アプリケーションの生死を確認する「**L7チェック**」の3種類に大別できます。

図 3.8.2 3種類のヘルスチェック

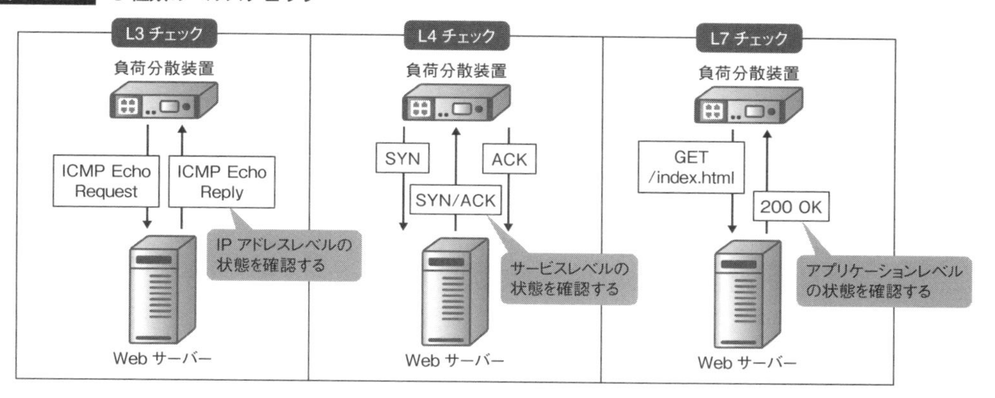

ヘルスチェック試験では、まず、正常状態において、サーバーに対するヘルスチェックが成功していることを確認します。L7チェックを使用する場合は、ヘルスチェックに対する応答処理がサーバーの負荷になることがあります。サーバーのリソース状況にも注意を払っておいたほうがよいでしょう。

次に、実際にサーバー、あるいはサーバーアプリケーションをダウンしてみて、設計どおりの秒数（タイムアウト＋α）でヘルスチェックがダウンと判定することを確認します。ここで勘違いしがちな点が、ダウン判定までの時間です。**ダウン判定時間は、必ずしもタイムアウト時間とイコールになるわけではありません。**ヘルスチェックとサーバーダウンのタイミングによっては、最大でタイムアウト＋インターバルくらいになりえます。たとえば、ヘルスチェックインターバル（ヘルスチェックの間隔）を5秒、タイムアウトを16秒と設定した場合、ヘルスチェック直後にサーバーがダウンすると、その約5秒後に次のヘルスチェックがかかり、そこからタイムアウトのカウントアップが始まります。つまり、最大で20.999…秒（4.9999…秒＋16秒）経った後に、はじめてダウンと判定されます。16秒ではありません。16秒（タイムアウト）経ったからといって慌てて状態を確認しようとせず、もう少し（インターバル分）待ってから状態を確認してください。

図 3.8.3 ダウン判定時間

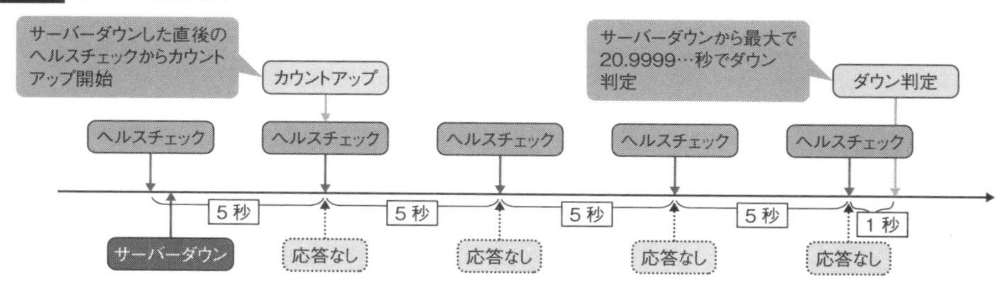

ちなみに、ファイアウォール試験と同じく、サーバー負荷分散試験の段階では、サーバーが用意できていない場合も往々にしてありえます。その場合は、待っていても仕方がないので、いったん

サーバー役の試験用端末を用意して、必要最低限のサーバーアプリケーションで仮試験を実施するしかないでしょう。サーバーが用意できた後に、本試験を実施してください。

サーバー負荷分散試験では、負荷分散の動作を確認するために、複数のサーバーが必要になります。複数の端末を用意できない場合は、VMware Workstation PlayerやVirtualBoxなどの無償の仮想化ソフトウェアをうまく活用して、複数のサーバー（仮想マシン）を立ち上げたり、ApacheやnginxだったらVirtual Host*1の機能を利用したり、いろいろ工夫してください。また、**立ち上げるサーバーごとに、表示するWebページのテキストを変えたり背景色を変えたりしておくと、どのサーバーに通信が割り振られたか一目で認識できて、作業効率が上がります。**

*1 Virtual Hostは、1台の端末を複数のWebサーバーとして使用する、Webサーバーソフトウェアの機能のことです。1台の端末に複数のIPアドレスを割り当てる「IPベース方式」と、複数のドメインを割り当てる「ネームベース方式」があります。

図 3.8.4　サーバーがないときは仮想化ソフトウェアを利用する

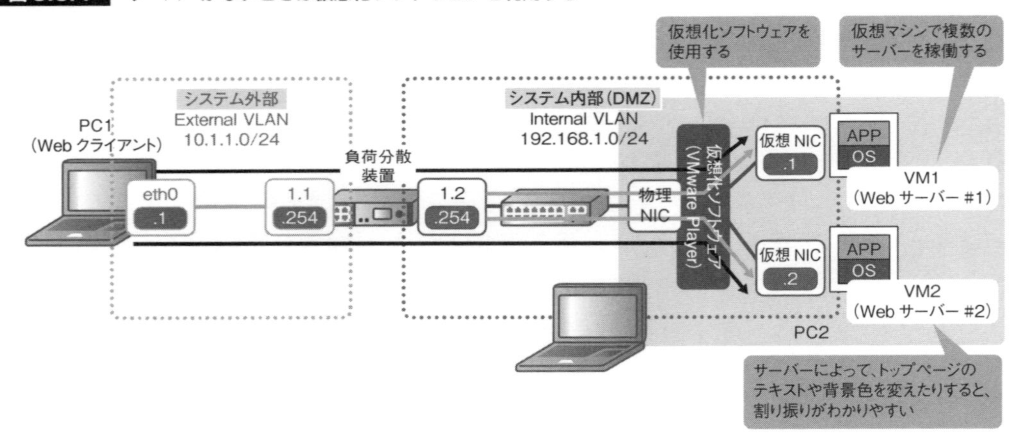

TEST

図 3.8.5　ヘルスチェック試験の構成例

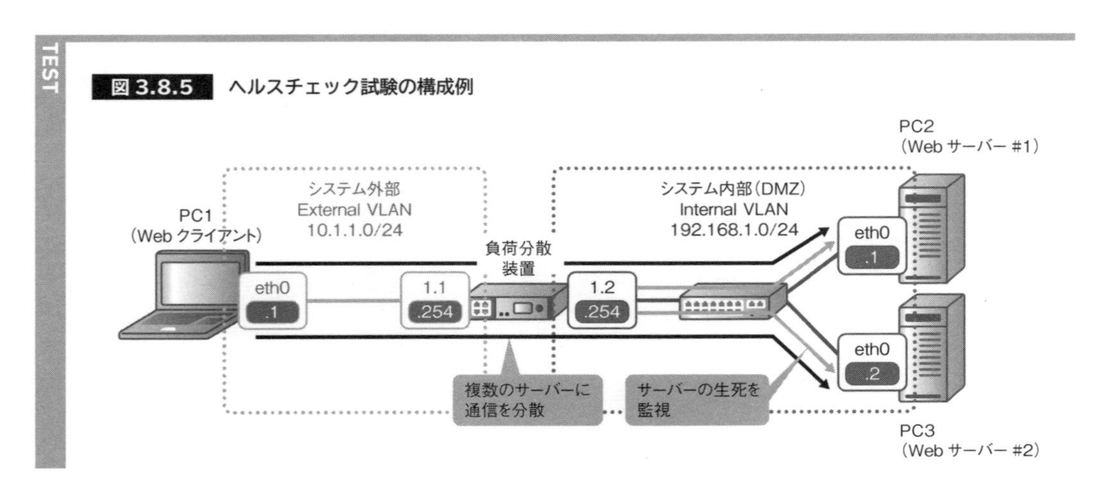

表 3.8.1 ヘルスチェック試験（F5 BIG-IP の場合）

試験前提	(1)設計どおりにネットワーク機器が接続されていること (2)インターフェース試験に合格していること (3)VLAN 試験に合格していること (4)IP アドレス試験に合格していること (5)ルーティング試験に合格していること
事前作業	(1)負荷分散装置に HTTPS で接続し、管理者ユーザーでログインする (2)PC1 に以下を設定し、External VLAN に接続する • IP アドレス：10.1.1.1 • サブネットマスク：255.255.255.0 • デフォルトゲートウェイ：10.1.1.254 (3)PC2 に以下を設定し、Internal VLAN に接続する • IP アドレス：192.168.1.1 • サブネットマスク：255.255.255.0 • デフォルトゲートウェイ：192.168.1.254 (4)PC3 に以下を設定し、Internal VLAN に接続する • IP アドレス：192.168.1.2 • サブネットマスク：255.255.255.0 • デフォルトゲートウェイ：192.168.1.254 (5)PC2 と PC3 で Web サーバーを起動する

試験実施手順	合否判定基準
(1)「Local Traffic」-「Nodes」をクリックし、以下の IP アドレスのステータスを確認する 192.168.1.1 192.168.1.2	両方のサーバーのステータスが緑丸アイコン(Available)になっていること
(2)PC2(Web サーバー #1)をシャットダウンした後、「Local Traffic」-「Nodes」をクリックし、以下の IP アドレスのステータスを確認する 192.168.1.1 192.168.1.2	サーバーのシャットダウンから 21 秒後に、192.168.1.1 のステータスが赤ひし形アイコン(Offline)、192.168.1.2 のステータスが緑丸アイコン(Available)になっていること
(3)PC3(Web サーバー #2)をシャットダウンした後、「Local Traffic」-「Nodes」をクリックし、以下の IP アドレスのステータスを確認する 192.168.1.1 192.168.1.2	サーバーのシャットダウンから 21 秒後に、両方のサーバーのステータスが赤ひし形アイコン(Offline)になっていること
(4)PC2(Web サーバー #1)と PC3(Web サーバー #2)を起動した後、「Local Traffic」-「Nodes」をクリックし、以下の IP アドレスのステータスを確認する 192.168.1.1 192.168.1.2	両方のサーバーのステータスが緑丸アイコン(Available)になっていること
(5)「Local Traffic」-「Pools」-「pl-http-01」-「Members」をクリックし、以下のステータスを確認する 192.168.1.1:80 192.168.1.2:80	両方のサービスのステータスが緑丸アイコン(Available)になっていること
(6)PC2(Web サーバー #1)の Web サービスをシャットダウンした後、「Local Traffic」-「Pools」-「pl-http-01」-「Members」をクリックし、以下のステータスを確認する 192.168.1.1:80 192.168.1.2:80	サーバーのシャットダウンから 21 秒後に、192.168.1.1:80 のステータスが赤ひし形アイコン(Offline)、192.168.1.2:80 のステータスが緑丸アイコン(Available)になっていること

(7)PC3(Web サーバー #2)の Web サービスをシャットダウンした後、「Local Traffic」-「Pools」-「pl-http-01」-「Members」をクリックし、以下のステータスを確認する 192.168.1.1:80 192.168.1.2:80	サーバーのシャットダウンから 21 秒後に、両方の Web サービスのステータスが赤ひし形アイコン(Offline)になっていること
(8)PC2(Web サーバー #1)と PC3(Web サーバー #2)の Web サービスを起動した後、「Local Traffic」-「Pools」-「pl-http-01」-「Members」をクリックし、以下のステータスを確認する 192.168.1.1:80 192.168.1.2:80	両方のサービスのステータスが緑丸アイコン(Available)になっていること

図 3.8.6　L3 チェックの状態確認(F5 BIG-IP の場合)

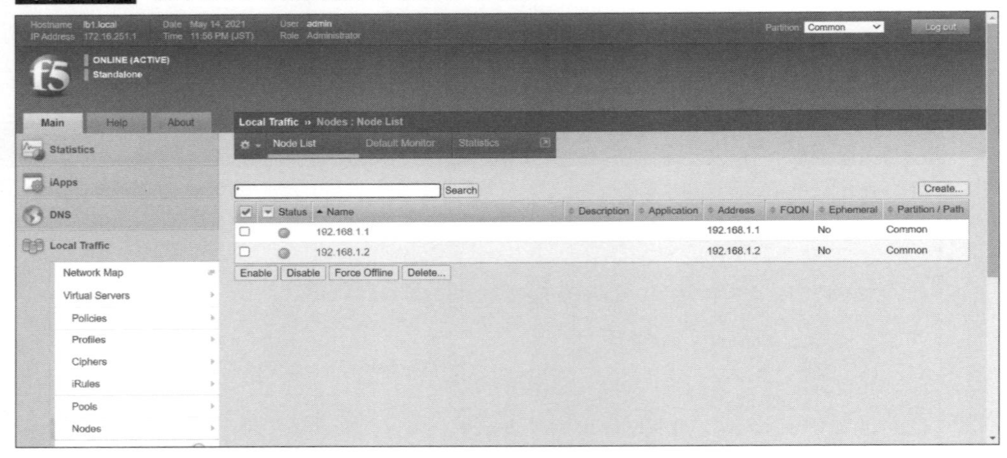

図 3.8.7　Web サーバー 1 号機の L3 チェックに失敗したとき(F5 BIG-IP の場合)

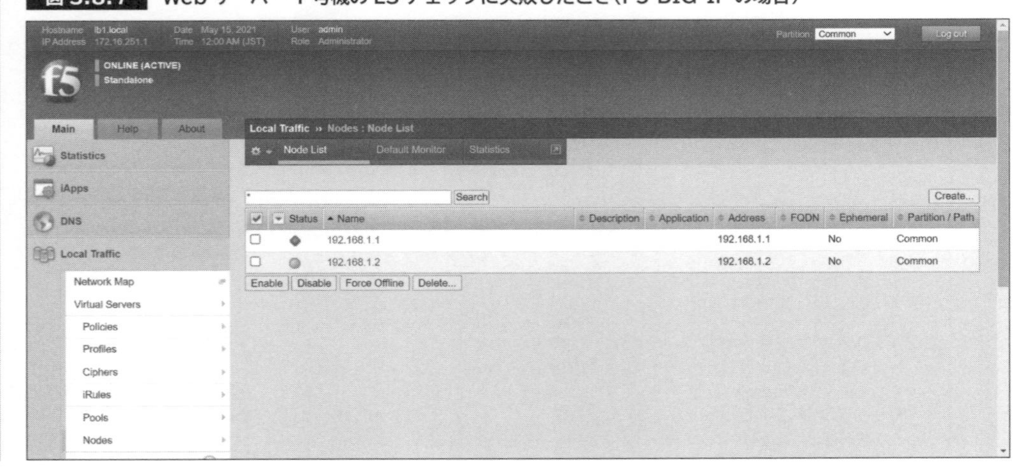

図 3.8.8 L7 チェックの状態確認(F5 BIG-IP の場合)

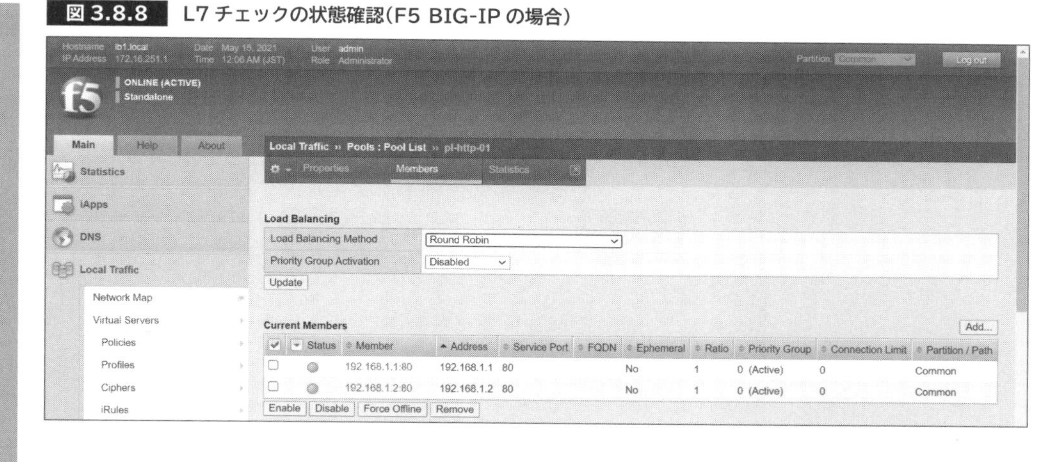

図 3.8.9 Web サーバー 1 号機の L7 チェックに失敗したとき(F5 BIG-IP の場合)

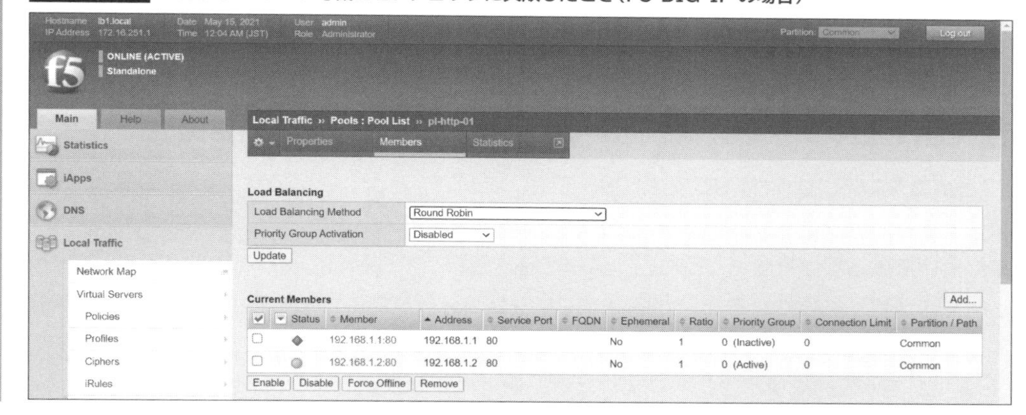

サーバーが正常に動作しているのにヘルスチェックに失敗する場合

サーバーが正常に動作しているにもかかわらず、ヘルスチェックに失敗している場合は、負荷分散装置にログインして、負荷分散装置からトラブルシューティングを実施しましょう。どのようにトラブルシューティングするかは、使用しているヘルスチェックの種類にもよりますが、**L3 (ネットワーク層) からL7 (アプリケーション層) に向かって、それぞれのレイヤーに対応したコマンドを実行し、都度応答結果を確認する方法が定番です。**たとえば「192.168.1.1」のWebサーバーをHTTPのL7チェックでヘルスチェックしている場合は、最初に「ping 192.168.1.1」でIPアドレス(L3)に対する疎通を確認、続いて「telnet 192.168.1.1 80」でサービス(L4)に対する疎通を確認、最後に「curl http://192.168.1.1/index.html*1」でアプリケーション(L7)に対する疎通を確認します。

*1 curlコマンドは実際にヘルスチェックを実施しているURIに対して実行してください。なお、curlコマンドについては次項で説明します。

図 3.8.10　負荷分散装置からトラブルシューティング

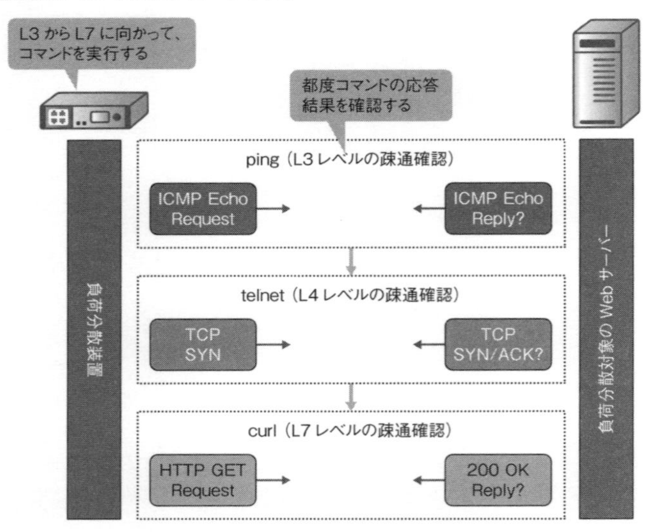

curl コマンドでアプリケーション(L7)に対する疎通を確認

「**curlコマンド**」は、HTTPやHTTPS、FTP、SMTPなど、いろいろなプロトコルでファイルを転送できるアプリケーションコマンドです[*1]。CLI環境で、いろいろなプロトコルのコマンドを簡単に実行できるだけでなく、役に立つ情報を整理整頓して表示してくれるので、アプリケーションレベルの情報が必要になることが多いサーバー負荷分散試験でとても重宝します。筆者の経験上、実際の構築現場では、特にHTTPやHTTPSの環境で使用することが多い気がします。もともとLinux OSで一般的に使用されていましたが、最近はWindows OS[*2]でもプリインストールされるようになって、一気に身近になった感があります。

curlコマンドは、引数にURLを指定して実行すると、そのURLにあるファイルをダウンロードできたり、逆にそのURLにファイルをアップロードできたりします。また、**curlコマンドには、たくさんのオプションが用意されていて、うまくトッピングすると、トラブルシューティングの強い味方になります。**表3.8.2にHTTPやHTTPSに関する代表的なオプションをまとめたので、参考にしてください。

＊1 curlというコマンド名は「client for URL」という意味です。
＊2 Windows 10 Ver.1803以降でプリインストールされています。

表 3.8.2 代表的な curl コマンドのオプション（curl 7.47.1 の「man curl」に準拠）

関連プロトコル	ショートオプション	ロングオプション	例
HTTP	-0	--http1.0	HTTP/1.0 で接続する
HTTP		--http1.1	HTTP/1.1 で接続する
HTTP		--http2	HTTP/2 で接続する
SSL	-1	--tlsv1	TLSv1.x で接続する
SSL	-2	--sslv2	SSLv2 で接続する
	-4	--ipv4	IPv4 を使用する
	-6	--ipv6	IPv6 を使用する
HTTP	-A	--user-agent < エージェント文字列 >	ユーザーエージェントヘッダーの文字列を指定する
HTTP	-b	--cookie < クッキー名 : 値 >	Cookie を送信する
HTTP	-c	--cookie-jar < ファイル名 >	Cookie を保存する
SSL		--ciphers <Cipher リスト >	指定した Cipher Suite で接続
HTTP	-H	--header < ヘッダー名 : 値 >	HTTP ヘッダーを指定する
HTTP	-i	--include	HTTP のレスポンスヘッダーを含めて、表示する
HTTP	-I	--head	HTTP ヘッダーのみをリクエストし、表示する
SSL	-k	--insecure	デジタル証明書のエラーを無視して接続する
HTTP/HTTPS	-L	--location	リダイレクトされている場合にリダイレクト先にも接続する
	-o	--output < ファイル名 >	ダウンロードしたデータを指定のファイル名でファイルに保存する
	-O	--remote-name	ダウンロードしたデータをそのままのファイル名でファイルに保存する
	-s	--silent	進捗情報やエラーを表示しない
SSL		--tlsv1.0	TLS 1.0 で接続
SSL		--tlsv1.1	TLS 1.1 で接続
SSL		--tlsv1.2	TLS 1.2 で接続
		--trace	やりとりしたデータを 16 進数とテキストで保存する
		--trace-ascii	やりとりしたすべてのデータをテキストで保存する
	-u	--user < ユーザー : パスワード >	認証用のユーザーを指定する
	-v	--verbose	HTTP だったら、HTTP ヘッダーを表示したり、HTTPS だったら、SSL ハンドシェイクの状態を表示したり、いろいろな診断情報を表示する
	-x	--proxy < プロキシサーバー : ポート番号 >	プロキシサーバー経由で接続する
HTTP	-X	--request < コマンド >	HTTP メソッドを指定する

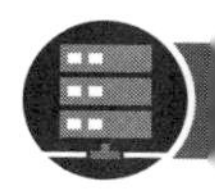

図 3.8.11　curl コマンドの例

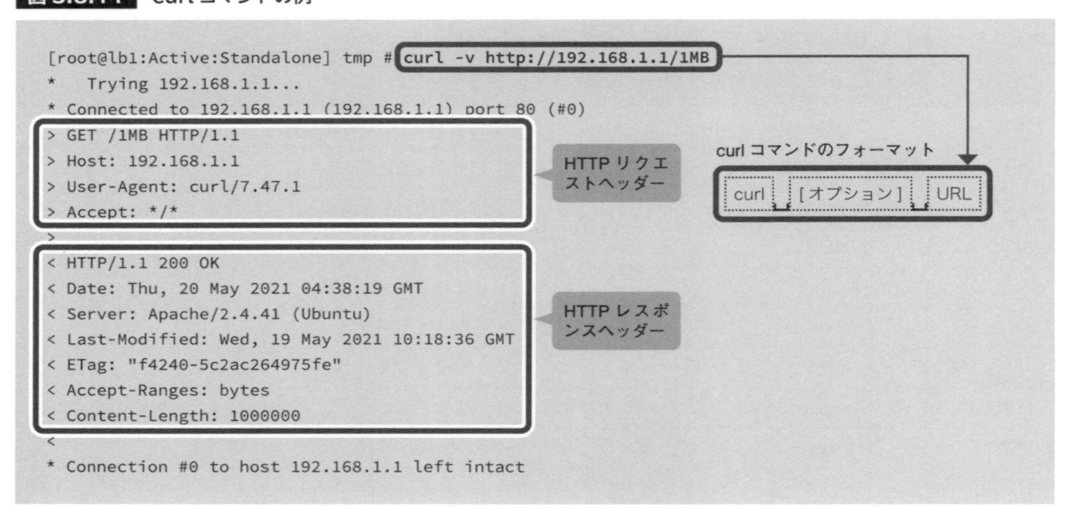

コマンドレベルで応答状態を見ても、問題を特定できない場合は、いよいよパケットキャプチャの出番です。負荷分散装置で、ヘルスチェックに失敗しているサーバーに対するパケットと、成功しているサーバーに対するパケットをキャプチャし、それらの差異を確認してください。ヘルスチェックに成功しているサーバーすらない場合は、単純にアプリケーションが正常動作している状態のパケットをキャプチャして、それと比較してください。

3.8.2　負荷分散試験

負荷分散試験は、通信が複数のサーバーに負荷分散されていることを確認する試験です。負荷分散装置は、クライアントのリクエストを「**仮想サーバー**（Virtual Server、VS）*1」という仮想的なサーバーでいったん受け取り、負荷分散対象のサーバーへと振り分けます。そのとき、どのサーバーに振り分けるかは「**負荷分散方式**」によって決まります。負荷分散方式は、大きく「**静的な負荷分散方式**」と「**動的な負荷分散方式**」に分けられます。

静的な負荷分散方式は、サーバーの状況は関係なしに、あらかじめ定義された設定に基づいて割り振るサーバーを決める方式です。順番に割り振る「**ラウンドロビン**」や、あらかじめ決められた比率に基づいて割り振る「**比率**」などがあります。動的な負荷分散方式は、サーバーの状況に応じて割り振るサーバーを決める方式です。コネクション数に応じて割り振る「**最小コネクション数**」や、応答時間に応じて割り振る「**最短応答時間**」などがあります。

*1 仮想サーバーのIPアドレスのことを「仮想IPアドレス（Virtual IP Address、VIP）」と言います。

図 3.8.12 負荷分散方式

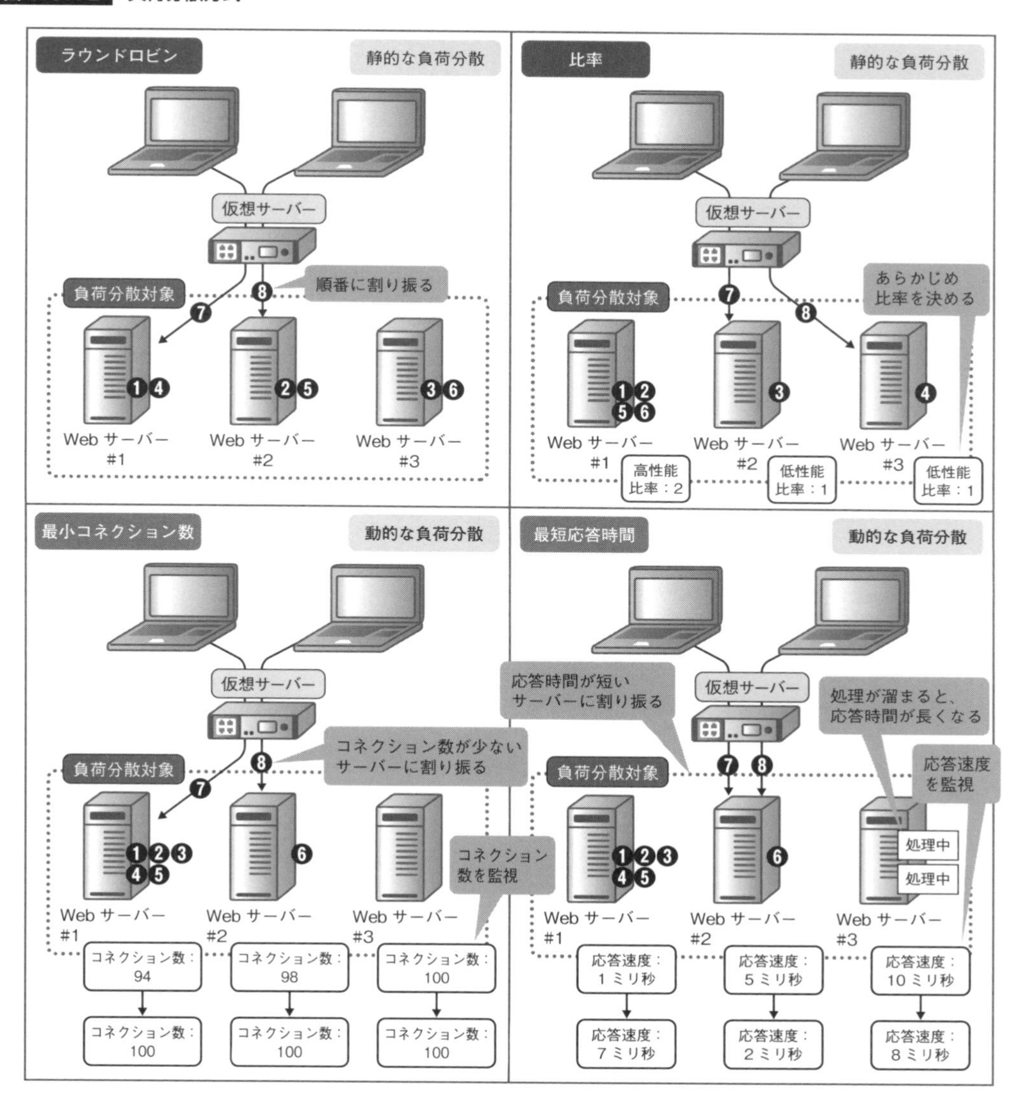

負荷分散試験では、クライアントから仮想サーバーにアクセスし、アプリケーションとして接続できることを確認します。また、負荷分散装置のカウンターを見て、設定した負荷分散方式どおりに振り分けられることを確認します。たとえば、Webサーバー #1とWebサーバー #2に、HTTPをラウンドロビンで負荷分散している場合、クライアントから受け取ったコネクションがWebサーバー #1→Webサーバー #2→Webサーバー #1……と交互に割り振られ、結果的に割り振られたコネクション数は、「ほぼ」均等になるはずです。クライアントから仮想サーバーに何度も何度もアクセスしてみて、期待どおりに動作することを確認しましょう。たまに、「最初のコネクションは

どっちにいくのか？」とか、「なぜ、このときこっちのサーバーにいくのか？」とか、それを聞いて一体どうするんだろう的な、細かい質問ばかり投げてくる顧客もいますが、本番環境では、場合によって何百万、何千万というコネクションを処理するわけで、試験の一瞬一瞬にそれほど大きな意味があるわけではありません。**葉っぱばかりを見ずに、森を見て、俯瞰的に判断しましょう。**

TEST

図 3.8.13　負荷分散試験の構成例

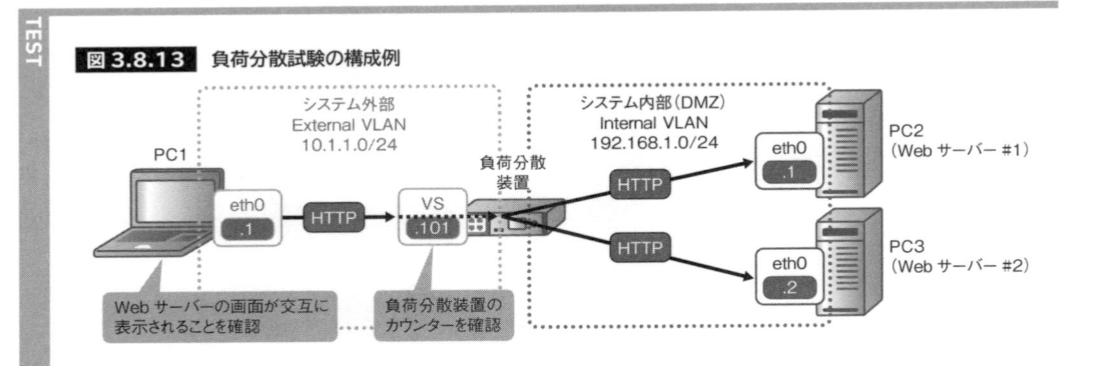

表 3.8.3　負荷分散試験(F5 BIG-IP の場合)

試験前提	(1)設計どおりにネットワーク機器が接続されていること (2)インターフェース試験に合格していること (3)VLAN 試験に合格していること (4)IP アドレス試験に合格していること (5)ルーティング試験に合格していること
事前作業	(1)負荷分散装置に HTTPS で接続し、管理者ユーザーでログインする (2)PC1 に以下を設定し、External VLAN に接続する • IP アドレス：10.1.1.1 • サブネットマスク：255.255.255.0 • デフォルトゲートウェイ：10.1.1.254 (3)PC2 に以下を設定し、Internal VLAN に接続する • IP アドレス：192.168.1.1 • サブネットマスク：255.255.255.0 • デフォルトゲートウェイ：192.168.1.254 (4)PC3 に以下を設定し、Internal VLAN に接続する • IP アドレス：192.168.1.2 • サブネットマスク：255.255.255.0 • デフォルトゲートウェイ：192.168.1.254 (5)PC2 と PC3 で Web サーバーを起動する (6)負荷分散装置の GUI で、「Statistics」-「Local Traffic」-「Statistics Type」-「Pools」にある「pl-http-01」のチェックボックスをクリックした後、「Reset」をクリックしてカウンターをリセットする

試験実施手順	合否判定基準
(1)PC1 の CLI で以下のコマンドを数回実行する curl http://10.1.1.101/	Web サーバー #1 と Web サーバー #2 のトップページが交互に表示されること
(2)負荷分散装置の GUI で、「Statistics」-「Local Traffic」-「Statistics Type」-「Pools」を選択し、以下のプールメンバーに割り振られた合計コネクション数をそれぞれ確認する 192.168.1.1:80 192.168.1.2:80	Web サーバー #1 と Web サーバー #2 に対して、ほぼ均等にコネクションが割り振られていること

図 3.8.14 Webサイトが交互に表示される

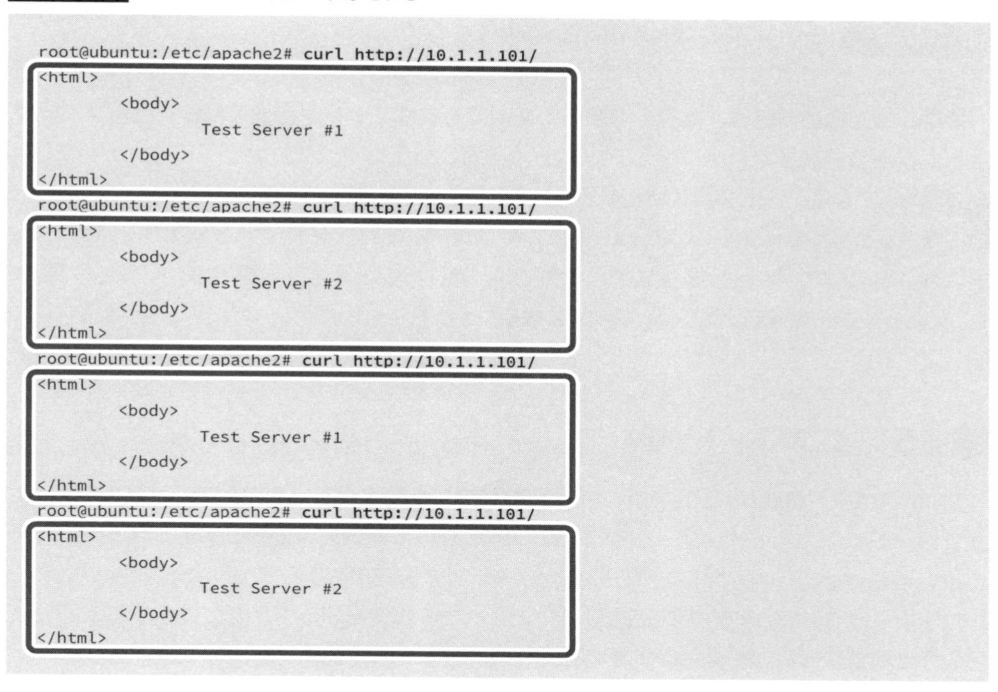

```
root@ubuntu:/etc/apache2# curl http://10.1.1.101/
<html>
        <body>
                Test Server #1
        </body>
</html>
root@ubuntu:/etc/apache2# curl http://10.1.1.101/
<html>
        <body>
                Test Server #2
        </body>
</html>
root@ubuntu:/etc/apache2# curl http://10.1.1.101/
<html>
        <body>
                Test Server #1
        </body>
</html>
root@ubuntu:/etc/apache2# curl http://10.1.1.101/
<html>
        <body>
                Test Server #2
        </body>
</html>
```

図 3.8.15 負荷分散状態の確認(F5 BIG-IP の場合)

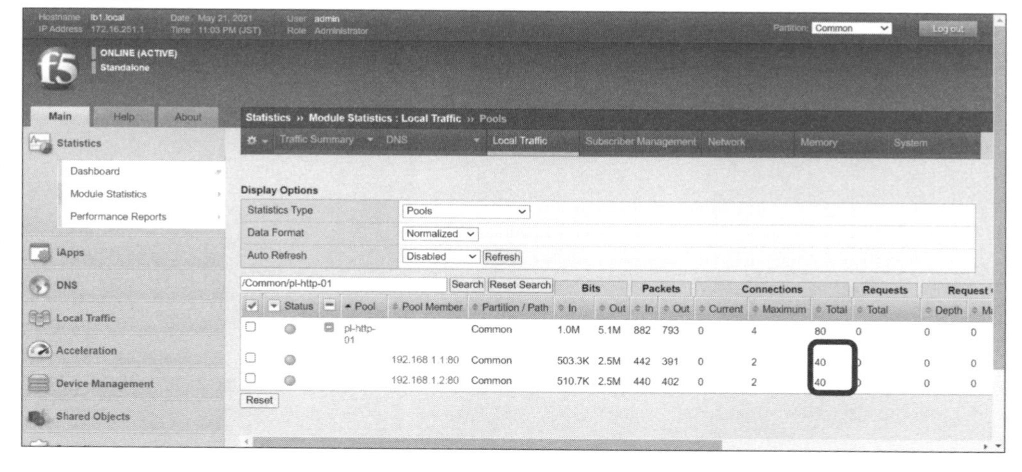

3.8.3 オプション機能試験

オプション機能試験は、負荷分散装置で使用できるオプション機能の動作を確認する試験です。 もともと負荷分散装置は、ファイアウォールと同じく、コネクションごとに処理を行うL4レベルの機器でした。しかし、最近は活躍の場をL7まで広げ、今や「アプリケーションデリバリーコントローラー」としての地位を確固たるものにしています。それを支えているのがサーバー負荷分散技術以外の膨大なオプション機能です。本書では、負荷分散装置の持つ豊富なオプション機能の中から「**SSLオフロード機能**」「**パーシステンス機能**」を取り上げ、それらに関する動作試験について説明します。

SSL オフロード試験

SSLオフロード試験は、SSLオフロード機能が正しく動作しているかを確認する試験です。「**SSLオフロード**」は、Webサーバーが行うSSLの処理を負荷分散装置が肩代わりする機能です。「**SSL**(Secure Socket Layer) ***1**」は、データを盗聴から守る「**暗号化**」、改ざんから守る「**ハッシュ化**」、なりすましから守る「**デジタル証明書**」という、3つの技術を組み合わせて使用することによって、通信のセキュリティを確保するプロトコルです。

***1** SSLはバージョンアップによって「TLS (Transport Layer Security)」という名称に変わりました。しかし、今のところ「SSL」のほうが言葉として世の中に流通しているため、本書では特に明示的に区別しないかぎり「SSL」と記載します。

図 3.8.16 SSL を支える 3 つの技術

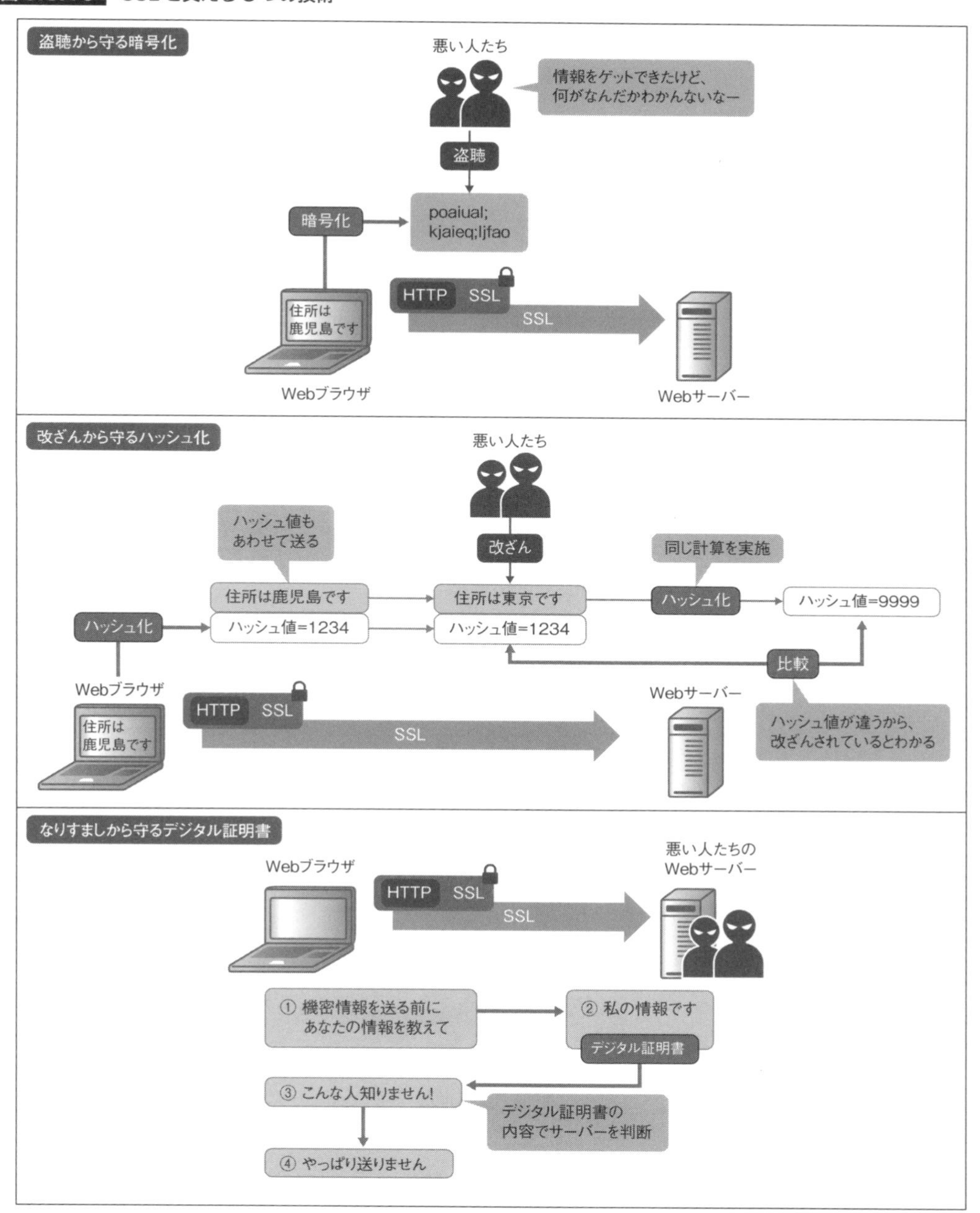

SSLは、暗号化したり認証したりするために、たくさんの処理を行っていて、それがそのままサーバーの負荷につながります。そこで、その処理を負荷分散装置のSSLオフロード機能が肩代わりします。

具体的な処理を見てみましょう。クライアントはSSLオフロード機能を適用した仮想サーバーに対して、HTTPS（HTTP Secure）*1でリクエストします。そのリクエストを受け取った負荷分散装置は、フロントでSSL処理を行い、バックにいるサーバーにはHTTPとして渡します。サーバーはSSL処理をしなくてよくなるため、処理負荷が劇的に軽減し、結果として大局的な負荷分散を図ることができます。

*1 HTTP Secureは、SSL/TLSで暗号化されたHTTPのことです。

図3.8.17　SSLオフロード機能

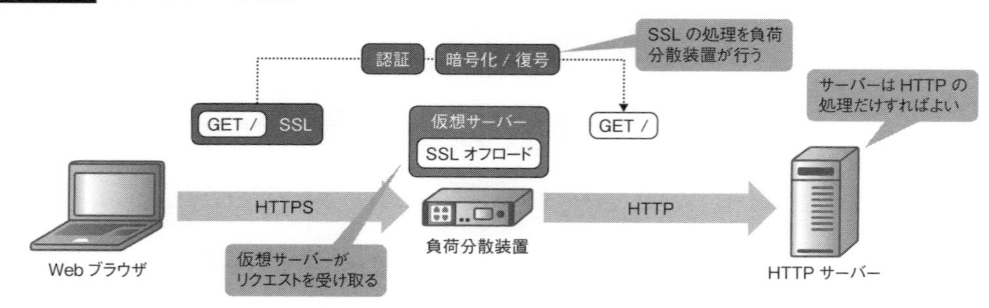

SSLオフロード試験では、実際にクライアントからSSLオフロード機能が適用された仮想サーバーに対して、HTTPSでアクセスし、アプリケーションとして接続できることを確認します。また、負荷分散装置のカウンターを見て、SSLオフロード機能が働いていることを確認します。

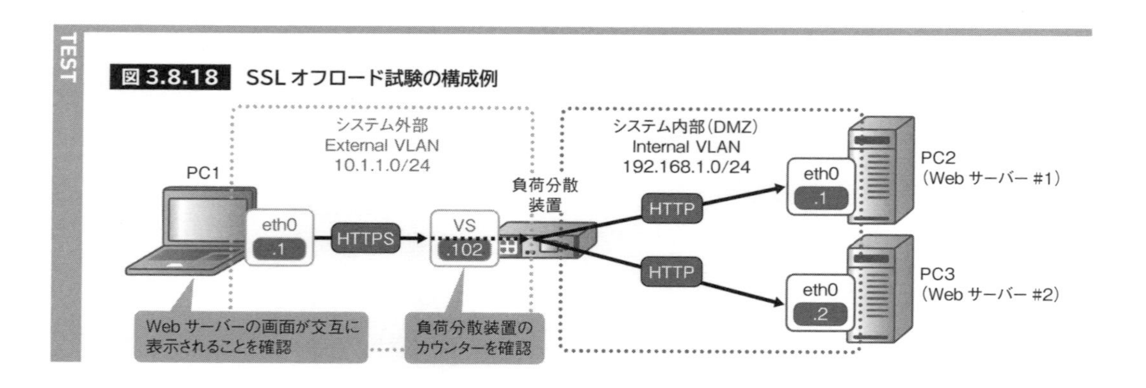

図3.8.18　SSLオフロード試験の構成例

表 3.8.4 SSL オフロード試験

試験前提	(1)設計どおりにネットワーク機器が接続されていること (2)インターフェース試験に合格していること (3)IP アドレス試験に合格していること (4)ルーティング試験に合格していること
事前作業	(1)負荷分散装置に SSH で接続し、管理者ユーザーでログインする (2)PC1 に以下を設定し、External VLAN に接続する • IP アドレス：10.1.1.1 • サブネットマスク：255.255.255.0 • デフォルトゲートウェイ：10.1.1.254 (3)PC2 に以下を設定し、Internal VLAN に接続する • IP アドレス：192.168.1.1 • サブネットマスク：255.255.255.0 • デフォルトゲートウェイ：192.168.1.254 (4)PC3 に以下を設定し、Internal VLAN に接続する • IP アドレス：192.168.1.2 • サブネットマスク：255.255.255.0 • デフォルトゲートウェイ：192.168.1.254 (5)PC2 と PC3 で Web サーバーを起動する (6)負荷分散装置の CLI で「tmsh reset-stats ltm profile client-ssl pf-ssl-01」を入力し、カウンターをリセットする

試験実施手順	合否判定基準
(1)PC1 の CLI で以下のコマンドを数十回実行する curl -v -k https://10.1.1.102	以下を確認できること • 設定したサーバー証明書が表示されること • Web サーバー #1 と Web サーバー #2 のトップページが交互に表示されること
(2)負荷分散装置の CLI で以下のコマンドを実行する tmsh show ltm profile client-ssl pf-ssl-01	「Encrypted」と「Decrypted」のカウンターがカウントアップしていること

図 3.8.19 サーバー証明書が表示され、HTTPS の Web サイトが交互に表示される*1

```
root@ubuntu1:~# curl -v -k https://10.1.1.102/

(省略)

* Server certificate:
*  subject: C=JP; CN=10.1.1.102
*  start date: Aug  4 07:24:01 2021 GMT
*  expire date: Aug  2 07:24:01 2031 GMT
*  issuer: C=JP; CN=10.1.1.102
*  SSL certificate verify result: self signed certificate (18), continuing anyway.

(省略)

<html>
 <body>
          Test Server #1
 </body>
</html>

root@ubuntu1:~# curl -v -k https://10.1.1.102/
```

```
(省略)

<html>
 <body>
         Test Server #2
 </body>
</html>

root@ubuntu1:~# curl -v -k https://10.1.1.102/

(省略)

<html>
 <body>
         Test Server #1
 </body>
</html>

root@ubuntu1:~# curl -v -k https://10.1.1.102/

(省略)

<html>
 <body>
         Test Server #2
 </body>
</html>
```

*1 実際はコマンドを入力するたびにサーバー証明書が表示されます。ここでは情報が冗長すぎるということで2回目以降のサーバー証明書の表示を省略しています。また、-kオプションを使用して、証明書のエラーを無視しています。

図 3.8.20 SSL オフロードの状態(F5 BIG-IP の場合)

```
[root@lb1:Active:Standalone] config # tmsh show ltm profile client-ssl pf-ssl-01

-------------------------------------------------------------------------------------------
Ltm::ClientSSL Profile: pf-ssl-01
-------------------------------------------------------------------------------------------
Virtual Server Name                                                   N/A

Bytes                                                             Inbound  Outbound
  Encrypted                                                        114.5K    475.1K
  Decrypted                                                         58.0K    446.8K

Connections                                                          Open   Maximum  Total
  Native                                                                1         2     81

Certificates/Handshakes
  Valid Certificates                                                    0
  Invalid Certificates                                                  0
  No Certificates                                                      81
  Mid-Connection Handshakes                                             0
  Secure Handshakes                                                    81
  Current Active Handshakes                                             0
```

```
  Insecure Handshakes Accepted                      0
  Insecure Handshakes Rejected                      0
  Insecure Renegotiations Rejected                  0
  Mismatched Server Name Rejected                   0
  Extended Master Secret Handshakes                81

TLSv1.3 0-RTT
  0-RTT with Early Data Accepted                    0
  0-RTT Rejected                                    0

Protocol
  SSL Protocol Version 2                            0
  SSL Protocol Version 3                            0
  TLS Protocol Version 1.0                          0
  TLS Protocol Version 1.1                          0
  TLS Protocol Version 1.2                         81
  TLS Protocol Version 1.3                          0
  DTLS Protocol Version 1                           0

Key Exchange Method
  Anonymous Diffie-Hellman                          0
  Diffie-Hellman w/ RSA Certs                       0
  Ephemeral Diffie-Hellman w/ DSS Certs             0
  Ephemeral Diffie-Hellman w/ RSA Certs             0
  Ephemeral ECDH w/ ECDSA Certs                     0
  Ephemeral ECDH w/ RSA Certs                       3
  Fixed ECDH w/ ECDSA Certs                         0
  Fixed ECDH w/ RSA signed Certs                    0
  RSA Certs                                         0
```


ごくまれに、リクエストのSSL/TLSのバージョンや、暗号化方式とハッシュ化方式の組み合わせ（Cipher Suite、サイファースイート）を細かく指定してくる顧客もいます。その場合は、Webブラウザだとなかなか指定が面倒なので、curlコマンドのオプションをうまく利用してください（p.105参照）。

また、SSLでは認証のためにデジタル証明書が必須になりますが、結合試験のときに「まだデジタル証明書がありません…」というのも試験あるあるです。その場合は、負荷分散装置で「**オレオレ証明書**[*1]」を作って、いったん試験を実施してください。もちろん証明書のエラーが表示されますが、この時点では無視して進めてかまいません。そして、認証局からデジタル署名を受けた本番証明書ができた後に、負荷分散装置にインストールして、再度試験を実施してください。

***1** 自分自身で署名し、発行した自己署名証明書の俗称。

パーシステンス試験

パーシステンス試験は、パーシステンス機能が正しく動作しているかを確認する試験です。「パーシステンス」は、アプリケーションの同じセッションを同じサーバーに割り振り続ける機能です。

アプリケーションによっては、一連の処理を同じサーバーで行わなければ、処理の整合性が取れないものもあります。ショッピングサイトが良い例でしょう。ショッピングサイトは「カートに入れる」→「購入する」という一連の処理を同じサーバーで行う必要があります。たとえば、Webサーバー #1でカートに入れたのに、Webサーバー #2で購入処理するなんてことはできません。Webサーバー #1でカートに入れたら、Webサーバー #1で購入処理もしないといけません。そんなときにパーシステンスを使用します。「カートに入れる」→「購入する」という一連の処理を同じサーバーで行うことができるように、特定の情報をもとに同じサーバーに割り振り続けます。

図 3.8.21　パーシステンス機能

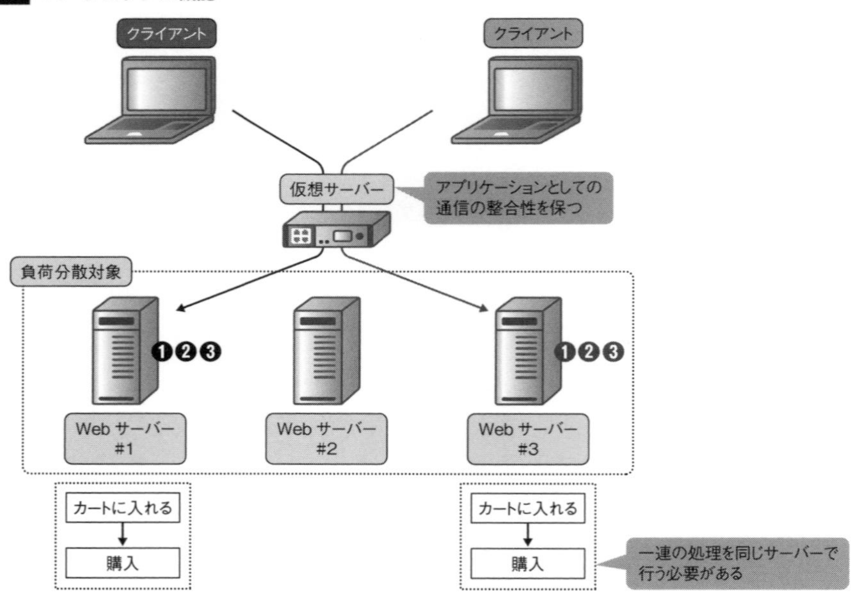

パーシステンスは、何の情報を見て同じサーバーに割り振るかによって、いくつかの方式があります。その中でも、現場でよく使用される方式が「**送信元IPアドレスパーシステンス**」と「**Cookieパーシステンス**」です。それぞれ説明しましょう。

送信元IPアドレスパーシステンスは、送信元のIPアドレスを見て、一定時間同じサーバーに割り振り続けるパーシステンスです。たとえば、送信元IPアドレスが「1.1.1.1」だったらサーバー #1に、「2.2.2.2」だったらサーバー #2に、設定した時間だけ割り振り続けます。送信元IPアドレスパーシステンスを制御しているのが「パーシステンステーブル」という名前のメモリ上のテーブル

(表)です。負荷分散装置は、クライアントからパケットを受け取ると、パーシステンステーブルに、送信元IPアドレスや割り振ったサーバーのIPアドレス、経過時間など、パーシステンスの処理に必要な各種情報をレコード(行)として記録します。また、その送信元IPアドレスからパケットを一定時間受け取らなくなると、タイムアウトし、該当のレコードを削除します。

図 3.8.22 送信元 IP アドレスパーシステンス

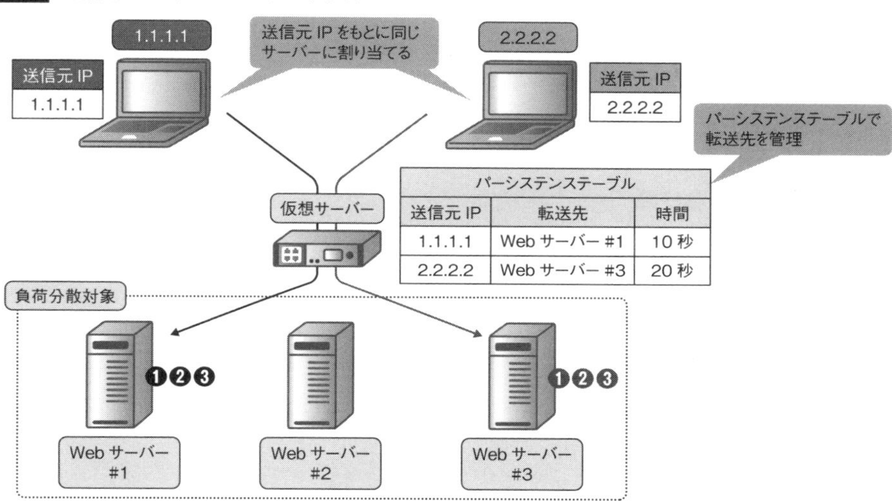

Cookieパーシステンスは、Cookieの情報を見て、一定時間同じサーバーに割り振り続けるパーシステンスです。HTTP、あるいは前述のSSLオフロード機能を使用しているHTTPS環境でのみ有効です。CookieはHTTPサーバーとの通信で特定の情報をWebブラウザに保存させる仕組み、または保持されたファイルのことです。ドメイン名(FQDN、Fully Qualified Domain Name、完全修飾ドメイン名)*1ごとに管理されています。負荷分散装置は、最初のHTTPレスポンスで割り振ったサーバーの情報や有効期限を詰め込んだCookieをクライアントに渡します*2。以降のHTTPリクエストはCookieを持ちつつ行われるため、負荷分散装置はそのCookie情報を見て、有効期限まで同じサーバーに割り振り続けます。

*1 ドメイン名は「www.amazon.com」のように、サイトごとに付いている名前のことです。FQDN (Fully Qualified Domain Name、完全修飾ドメイン名)とも言います。
*2 実際はHTTPヘッダーとしてCookieが挿入されます。

図 3.8.23　Cookie パーシステンス

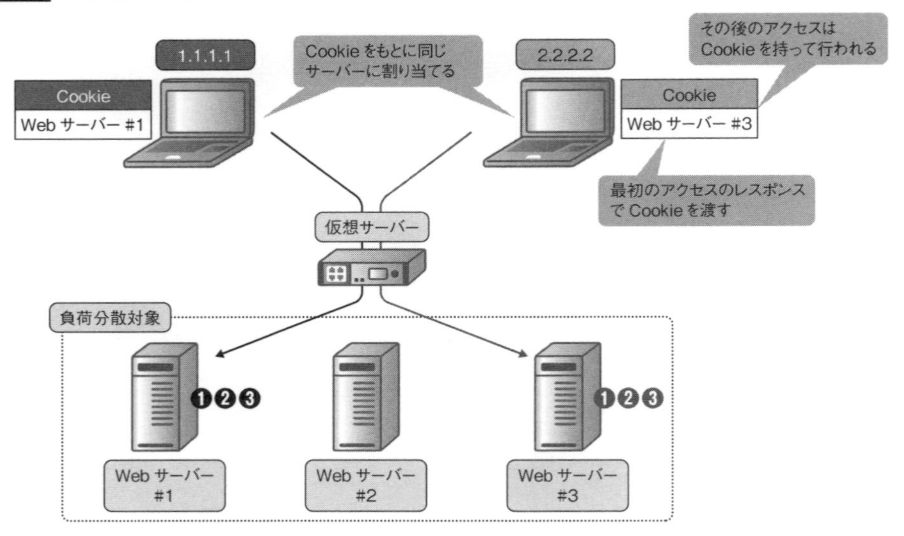

パーシステンス試験では、実際に複数のクライアントからパーシステンス機能が適用された仮想サーバーに対してHTTPでアクセスし、設計どおりの情報をもとに、同じサーバーに割り振られることを確認します。また、送信元IPアドレスパーシステンスであれば、パーシステンステーブルを確認し、タイムアウトした後のアクセスが新しいサーバーに割り振られることを確認します*1。Cookieパーシステンスであれば、Webブラウザで正しいCookieがセットされていることを確認し*2、有効期限*3が切れた後、あるいはCookieを削除した後のアクセスが新しいサーバーに割り振られることを確認します。

さて、パーシステンス機能は、アプリケーションの整合性を保つための機能なので、アプリケーションなしには本来あるべきパーシステンス機能とアプリケーションの連携動作を確認できません。しかし、ネットワークの結合試験時点では、まだアプリケーションができていないことはよくあります。その場合は、いったん簡易的なサーバーを用意して、パーシステンス機能だけを確認してください。そして、アプリケーションができた後に、再試験を実施してください。パーシステンス機能は、アプリケーションとの共同作業です。特に、**アプリケーションタイムアウト時の挙動やパーシステンスタイムアウト時の挙動はしっかり確認しましょう。**

*1 結果として、同じサーバーが選択されることもあります。
*2 Google Chromeの場合、「設定」→「プライバシーとセキュリティ」の「Cookieと他のサイトデータ」→「すべてのCookieとサイトデータ」をクリックすると、Cookieを確認できます。
*3 有効期限がない「セッションCookie」がセットされることもあります。セッションCookieは、Webブラウザを終了するまで有効です。

TEST

図 3.8.24 送信元 IP アドレスパーシステンス試験の構成例

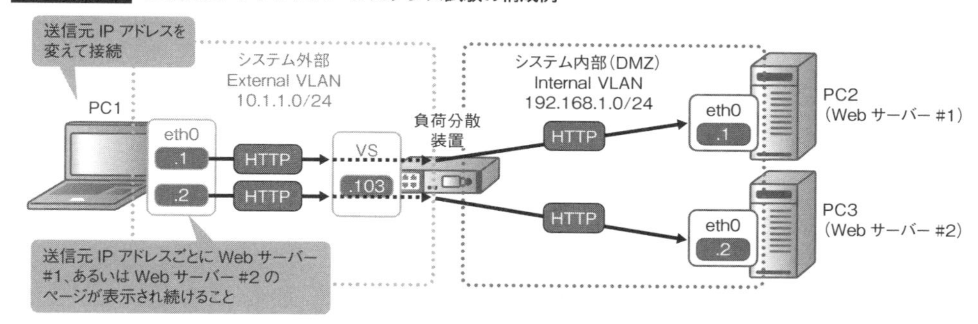

表 3.8.5 送信元 IP アドレスパーシステンス試験(F5 BIG-IP の場合)

試験前提	(1)設計どおりにネットワーク機器が接続されていること (2)インターフェース試験に合格していること (3)IP アドレス試験に合格していること (4)ルーティング試験に合格していること
事前作業	(1)負荷分散装置に SSH で接続し、管理者ユーザーでログインする (2)PC1 に以下を設定し、External VLAN に接続する • IP アドレス： 10.1.1.1 10.1.1.2 • サブネットマスク：255.255.255.0 • デフォルトゲートウェイ：10.1.1.254 (3)PC2 に以下を設定し、Internal VLAN に接続する • IP アドレス：192.168.1.1 • サブネットマスク：255.255.255.0 • デフォルトゲートウェイ：192.168.1.254 (4)PC3 に以下を設定し、Internal VLAN に接続する • IP アドレス：192.168.1.2 • サブネットマスク：255.255.255.0 • デフォルトゲートウェイ：192.168.1.254 (5)PC2 と PC3 で Web サーバーを起動する

試験実施手順	合否判定基準
(1)PC1 の CLI で以下のコマンドを数十回実行する curl --interface 10.1.1.1 http://10.1.1.103/	Web サーバー #1 か Web サーバー #2 のトップページが表示され続けること
(2)PC1 の CLI で以下のコマンドを数十回実行する curl --interface 10.1.1.2 http://10.1.1.103/	Web サーバー #1 か Web サーバー #2 のトップページが表示され続けること
(3)負荷分散装置の CLI で以下のコマンドを実行する tmsh show ltm persistence persist-records all-properties	「10.1.1.1」と「10.1.1.2」のレコードが表示されること

図 3.8.25　同じサーバーに割り振られる（送信元 IP アドレスを 10.1.1.1 に指定）

```
root@ubuntu:~# curl --interface 10.1.1.1 http://10.1.1.103/
<html>
        <body>
                Test Server #1
        </body>
</html>
root@ubuntu:~# curl --interface 10.1.1.1 http://10.1.1.103/
<html>
        <body>
                Test Server #1
        </body>
</html>
root@ubuntu:~# curl --interface 10.1.1.1 http://10.1.1.103/
<html>
        <body>
                Test Server #1
        </body>
</html>
root@ubuntu:~# curl --interface 10.1.1.1 http://10.1.1.103/
<html>
        <body>
                Test Server #1
        </body>
</html>
```

図 3.8.26　同じサーバーに割り振られる（送信元 IP アドレスを 10.1.1.2 に指定）

```
root@ubuntu:~# curl --interface 10.1.1.2 http://10.1.1.103/
<html>
        <body>
                Test Server #2
        </body>
</html>
root@ubuntu:~# curl --interface 10.1.1.2 http://10.1.1.103/
<html>
        <body>
                Test Server #2
        </body>
</html>
root@ubuntu:~# curl --interface 10.1.1.2 http://10.1.1.103/
<html>
        <body>
                Test Server #2
        </body>
</html>
root@ubuntu:~# curl --interface 10.1.1.2 http://10.1.1.103/
<html>
        <body>
                Test Server #2
        </body>
</html>
```

図 3.8.27 パーシステンスレコードの確認(F5 BIG-IP、送信元 IP アドレスパーシステンスの場合)

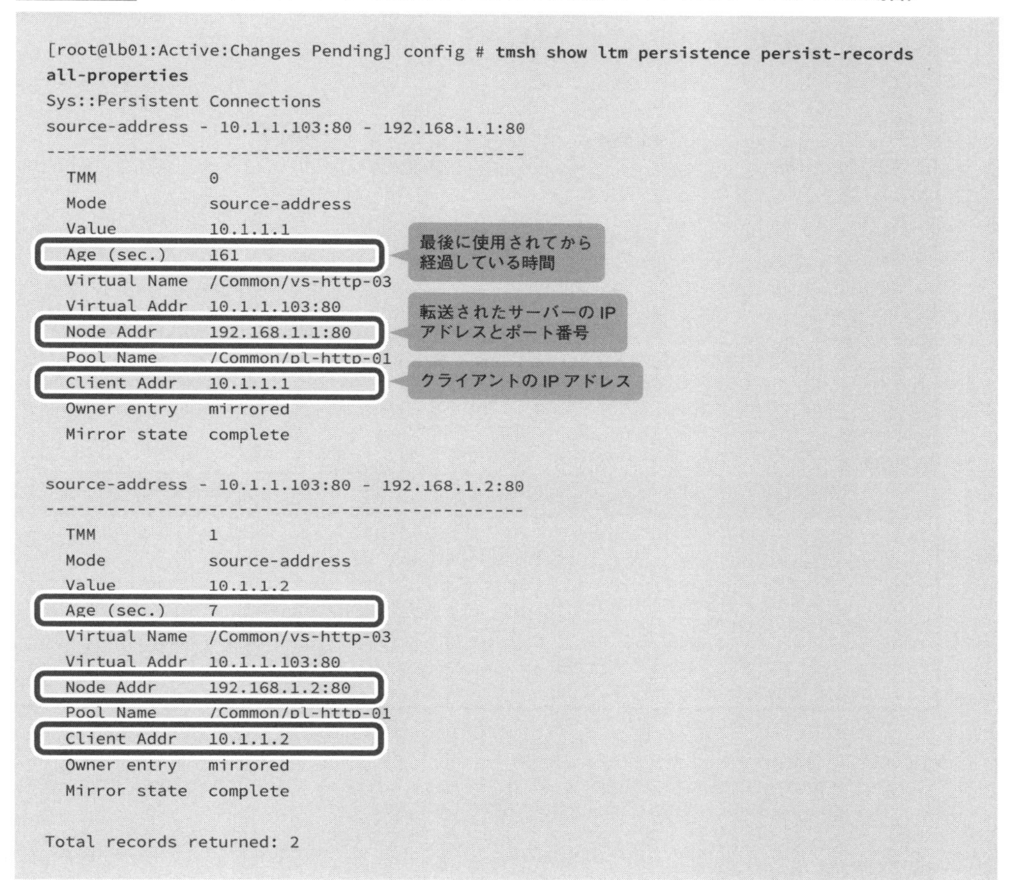

```
[root@lb01:Active:Changes Pending] config # tmsh show ltm persistence persist-records
all-properties
Sys::Persistent Connections
source-address - 10.1.1.103:80 - 192.168.1.1:80
-----------------------------------------------
  TMM           0
  Mode          source-address
  Value         10.1.1.1
  Age (sec.)    161
  Virtual Name  /Common/vs-http-03
  Virtual Addr  10.1.1.103:80
  Node Addr     192.168.1.1:80
  Pool Name     /Common/pl-http-01
  Client Addr   10.1.1.1
  Owner entry   mirrored
  Mirror state  complete

source-address - 10.1.1.103:80 - 192.168.1.2:80
-----------------------------------------------
  TMM           1
  Mode          source-address
  Value         10.1.1.2
  Age (sec.)    7
  Virtual Name  /Common/vs-http-03
  Virtual Addr  10.1.1.103:80
  Node Addr     192.168.1.2:80
  Pool Name     /Common/pl-http-01
  Client Addr   10.1.1.2
  Owner entry   mirrored
  Mirror state  complete

Total records returned: 2
```


図 3.8.28 Cookie パーシステンス試験の構成例

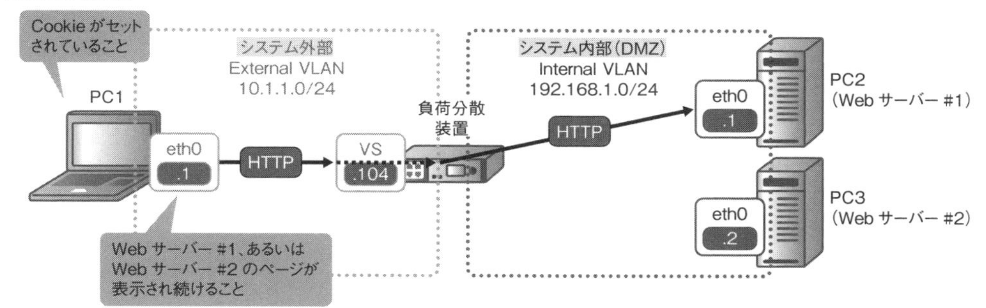

表 3.8.6　パーシステンス試験(F5 BIG-IP、Cookie パーシステンスの場合)

試験前提	(1)設計どおりにネットワーク機器が接続されていること (2)インターフェース試験に合格していること (3)IP アドレス試験に合格していること (4)ルーティング試験に合格していること
事前作業	(1)負荷分散装置に SSH で接続し、管理者ユーザーでログインする (2)PC1 に以下を設定し、External VLAN に接続する • IP アドレス :10.1.1.1 • サブネットマスク：255.255.255.0 • デフォルトゲートウェイ：10.1.1.254 (3)PC2 に以下を設定し、Internal VLAN に接続する • IP アドレス：192.168.1.1 • サブネットマスク：255.255.255.0 • デフォルトゲートウェイ：192.168.1.254 (4)PC3 に以下を設定し、Internal VLAN に接続する • IP アドレス：192.168.1.2 • サブネットマスク：255.255.255.0 • デフォルトゲートウェイ：192.168.1.254 (5)PC2 と PC3 で Web サーバーを起動する

試験実施手順	合否判定基準
(1)PC1 の CLI で以下のコマンドを実行する curl -c cookie.txt http://10.1.1.104/ *1	Web サーバー #1 か Web サーバー #2 のトップページが表示されること
(2)PC1 の CLI で以下のコマンドを実行する more cookie.txt *2	Cookie が存在していること
(3)PC1 の CLI で以下のコマンドを実行する curl -b cookie.txt http://10.1.1.104/	(1)と同じ Web サーバーのトップページが表示されること

*1 Cookieは、コマンドを実行したディレクトリに保存されます。たとえば、図3.8.29の場合は、rootユーザーのホームディレクトリである「/root」でコマンドを実行しているので、「/root」に「cookie.txt」としてCookieの情報が保存されます。

*2 moreコマンドは、テキストの内容を1ページ単位に表示するコマンドです。

図 3.8.29　Cookie の確認

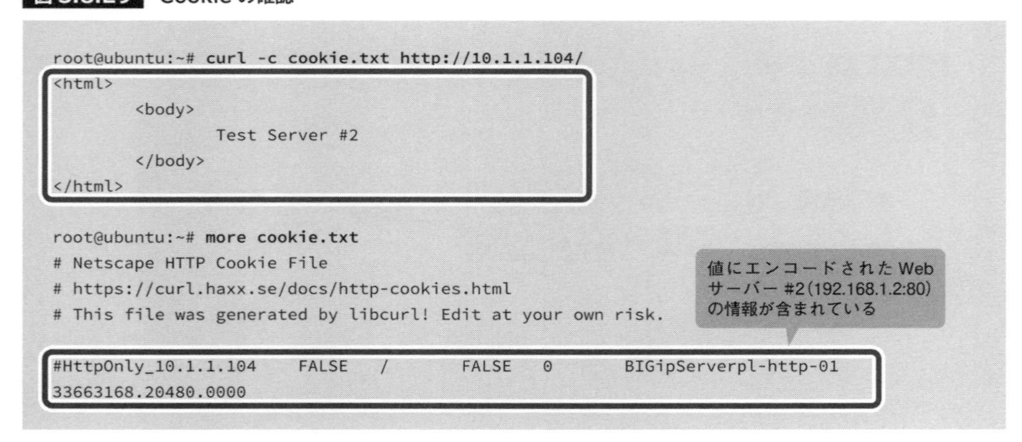

図 3.8.30 同じサーバーに割り振られる

```
root@ubuntu:~# curl -b cookie.txt http://10.1.1.104/
<html>
        <body>
                Test Server #2
        </body>
</html>
root@ubuntu:~# curl -b cookie.txt http://10.1.1.104/
<html>
        <body>
                Test Server #2
        </body>
</html>
root@ubuntu:~# curl -b cookie.txt http://10.1.1.104/
<html>
        <body>
                Test Server #2
        </body>
</html>
root@ubuntu:~# curl -b cookie.txt http://10.1.1.104/
<html>
        <body>
                Test Server #2
        </body>
</html>
```

3.9 運用管理系試験

運用管理系試験は、運用管理フェーズに関わる各種機能を確認する試験です。システムは、構築が完了してサービスインしたら、「はい、おしまい」というわけではありません。むしろそこからがスタートです。長く続く運用管理フェーズで起こりうるいろいろなトラブルに対して、より迅速に、より効率良く対応できるように、運用管理系試験で「転ばぬ先の杖」的な機能たちがいずれも正常に動作するか確認しましょう。

3.9.1 時刻同期試験

時刻同期試験は、「NTP（Network Time Protocol）」によって時刻が同期できているかを確認する試験です。NTPは、ネットワーク機器やサーバーの時刻を合わせるために使用するプロトコルです。複数の機器が絡み合うトラブルシューティングにおいて、「どの機器で、何時何分何秒に、何が起きた」を時系列に整理することは、かなり重要なポイントになります。そこで、NTPを使用してシステム全体で時刻を合わせ、時系列の正しさを確保します。

NTPの動きは、とてもシンプルです。NTPクライアントが「今、何時ですかー？」と問い合わせ（NTPクエリー）、NTPサーバーが「〇〇時〇〇分〇〇秒ですよー！！」と返します（NTPリプライ）。

図 3.9.1　NTP の動作

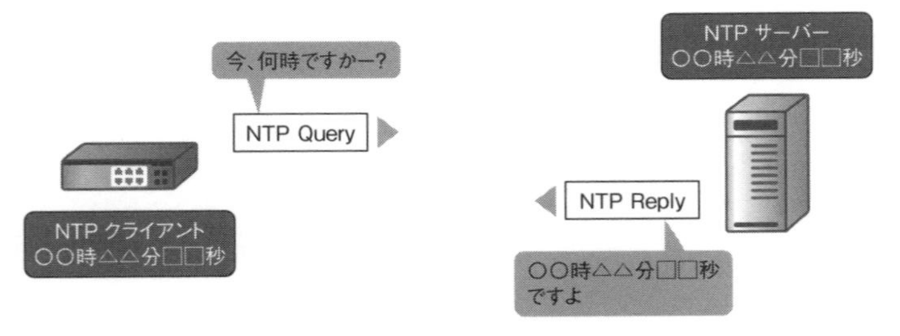

時刻同期試験では、適切なインターフェース（IPアドレス）でNTPサーバーと時刻同期できていること、そして正しいタイムゾーンで正しい時刻を刻んでいることを確認します。

図 3.9.2 時刻同期試験

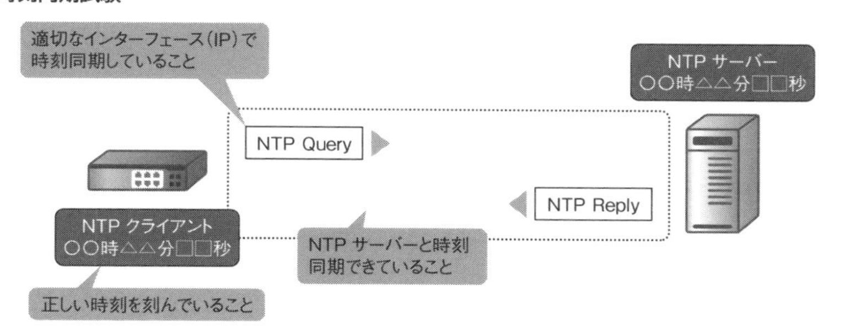

TEST

表 3.9.1 時刻同期試験の例(シスコルーターの場合)

試験前提	(1)設計どおりにネットワーク機器が接続されていること (2)インターフェース試験に合格していること (3)IP アドレス試験に合格していること (4)ルーティング試験に合格していること
事前作業	(1)ルーターに SSH で接続し、任意のユーザーでログインした後、特権 EXEC モードに移行する

試験実施手順	合否判定基準
(1)ルーターの CLI で以下のコマンドを実行する show ntp associations	少なくともひとつの NTP サーバーと同期ができており、それ以外の NTP サーバーが Candidate になっていること
(2)ルーターの CLI で以下のコマンドを実行する show clock	タイムゾーンが「日本(JST)」になっており、時差なく、正しい時刻になっていること

図 3.9.3 時刻同期状態(シスコルーターの場合)

```
R1#show ntp associations

  address         ref clock       st   when   poll reach  delay  offset   disp
*~210.173.160.57  133.243.236.18   2     67    64    37  4.432  -9.380  3.348
+~210.173.160.27  133.243.236.17   2     64    64    37  4.461  -0.931  3.173
+~210.173.160.87  133.243.236.19   2     62    64    37  4.197 -41.873  1.583
 * sys.peer, # selected, + candidate, - outlyer, x falseticker, ~ configured
```

図 3.9.4 現在時刻の確認(シスコルーターの確認)

```
R1#show clock
04:50:37.638 JST Wed May 26 2021
```

時刻同期できない場合

時刻同期ができないときは、まずNTPの送信元インターフェース（送信元IPアドレス）とNTPサーバーの疎通を確認しましょう。また、NTPサーバーとの間にファイアウォールがある場合は、UDP/123のパケットがブロックされていないかもあわせて確認してください。あと、たまにあるのが設定してすぐに同期を確認して、「失敗してます！！」という、せっかちパターンです。**NTPによる時刻同期には時間がかかります**。のんびり待ちましょう。のんびり待っても時刻が合わない場合は、機器の時刻を現在時刻よりほんの少しだけ進めた時刻に設定して、また待ってください。それでも時刻が合わなければ、パケットをキャプチャして、パケットレベルで状態を確認しましょう。

3.9.2 Syslog 試験

Syslog試験は、「Syslog」によって、システムログが転送されるかを確認する試験です。ネットワーク機器やサーバーは、いろいろなイベントをログ（記録）として、機器内部のメモリやハードディスクに一定期間保持しています。Syslogはこのログをサーバーに対して転送し、システム全体のログの一元化を図ります。

Syslogの動きはシンプル、かつわかりやすいものです。何かのイベントが発生したら、それを自身のメモリやディスクに書き出すと同時にSyslogサーバーに転送するだけです。Syslogメッセージには、ログの種類を表す「**Facility**」と、その重要度を表す「**Severity**」が含まれていて、Syslogサーバーでは、それらの情報をもとにログを整理できるようになっています。

図 3.9.5　Syslog の動作

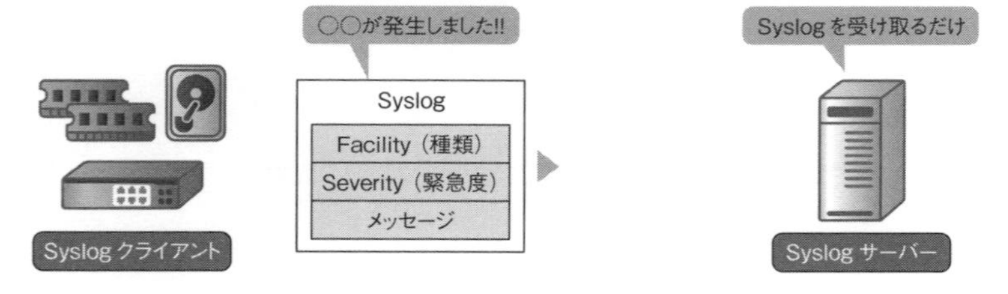

表 3.9.2 Facility（ログの種類）

Facility	コード	説明
kern	0	カーネルメッセージ
user	1	任意のユーザーのメッセージ
mail	2	メールシステム(sendmail,qmail など)のメッセージ
daemon	3	システムデーモンプロセス(ftpd,named など)のメッセージ
auth	4	セキュリティ / 認可(login,su など)のメッセージ
syslog	5	Syslog デーモンのメッセージ
lpr	6	ラインプリンタサブシステムのメッセージ
news	7	ネットワークニュースサブシステムのメッセージ
uucp	8	UUCP サブシステムのメッセージ
cron	9	クロックデーモン(cron と at)のメッセージ
auth-priv	10	セキュリティ / 認可のメッセージ
ftp	11	FTP デーモンのメッセージ
ntp	12	NTP サブシステムのメッセージ
-	13	ログ監査のメッセージ
-	14	ログ警告のメッセージ
-	15	クロックデーモンのメッセージ
local0	16	任意の用途
local1	17	任意の用途
local2	18	任意の用途
local3	19	任意の用途
local4	20	任意の用途
local5	21	任意の用途
local6	22	任意の用途
local7	23	任意の用途

表 3.9.3　Severity（ログの重要度）

名称	Severity	説明	重要度
Emergency	0	システムが不安定になるエラー	高い
Alert	1	緊急に対処すべきエラー	
Critical	2	致命的なエラー	
Error	3	エラー	
Warning	4	警告	
Notice	5	通知	
Informational	6	情報	
Debug	7	デバッグ	低い

Syslog試験では、「**loggerコマンド**[*1]」などを使用したり、ログイン/ログアウトを繰り返したりしてテストログを発行し、Syslogサーバーに、設計どおりのインターフェース（IPアドレス）から、設計どおりのFacilityとSeverityで、Syslogメッセージが転送されることを確認します。もちろんSyslogメッセージがSyslogサーバーで確認できればベストですが、責任分解点などの関係でSyslogサーバーを確認できないようであれば、パケットキャプチャして送信パケットの中身を確認するか、Syslogサーバー用の試験用端末でrsyslogや3CDaemonなどのSyslogサーバーを起動してテストログを確認してください。

*1 loggerコマンドは、ログを発行するコマンドです。「logger -p local0.warning <メッセージ>」のように、-pオプションを使用することによって、FacilityとSeverityを指定可能です。

図 3.9.6　Syslog試験

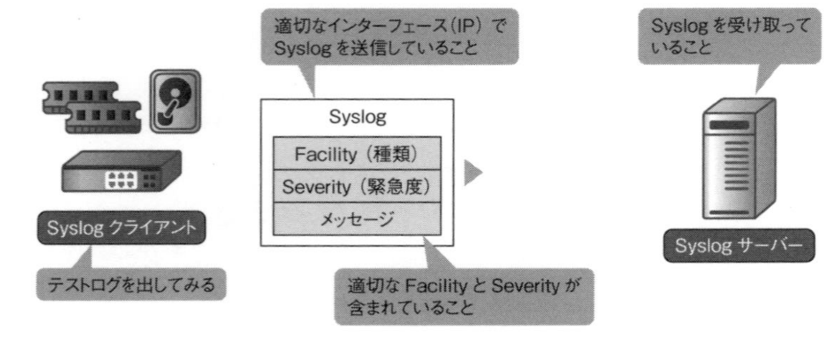

TEST

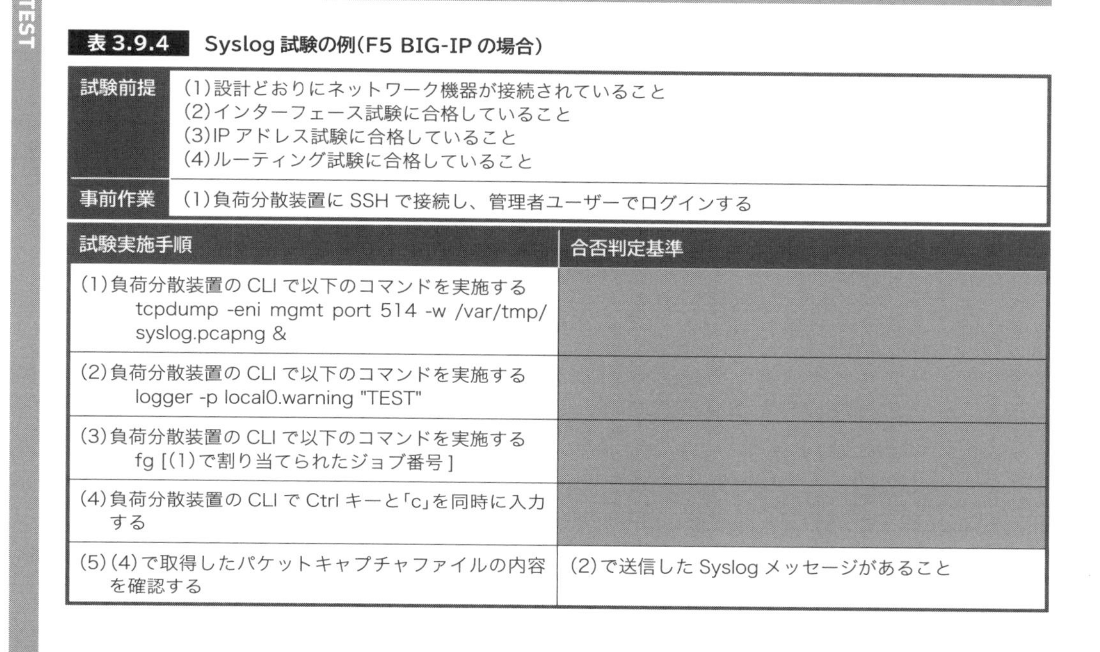

表 3.9.4 Syslog 試験の例(F5 BIG-IP の場合)

試験前提	(1)設計どおりにネットワーク機器が接続されていること (2)インターフェース試験に合格していること (3)IP アドレス試験に合格していること (4)ルーティング試験に合格していること
事前作業	(1)負荷分散装置に SSH で接続し、管理者ユーザーでログインする

試験実施手順	合否判定基準
(1)負荷分散装置の CLI で以下のコマンドを実施する tcpdump -eni mgmt port 514 -w /var/tmp/syslog.pcapng &	
(2)負荷分散装置の CLI で以下のコマンドを実施する logger -p local0.warning "TEST"	
(3)負荷分散装置の CLI で以下のコマンドを実施する fg [(1)で割り当てられたジョブ番号]	
(4)負荷分散装置の CLI で Ctrl キーと「c」を同時に入力する	
(5)(4)で取得したパケットキャプチャファイルの内容を確認する	(2)で送信した Syslog メッセージがあること

図 3.9.7 Syslog メッセージ

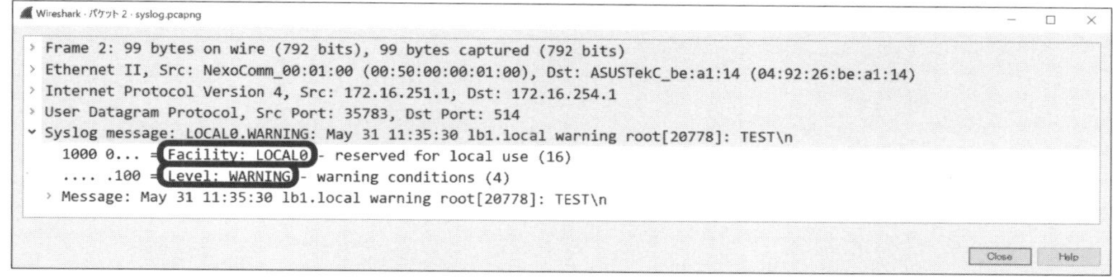

Syslog サーバーでログを確認できない場合

Syslogサーバーでログを確認できない場合は、まずSyslogクライアントの送信元インターフェース(送信元IPアドレス)との疎通を確認しましょう。間にファイアウォールがある場合は、UDP/514あるいはTCP/514のパケットがブロックされていないかも、あわせて確認してください。疎通に問題なければ、そもそもテストトラップのSeverityが低い可能性があります。たとえば、Warning以上のログを転送するようにしているにもかかわらず、Informationalのテストログを発行しても、Syslogパケットは飛びません。どのSeverity以上のSyslogを転送するように設計しているか確認し、設計内容に合わせたSeverityのテストログを発行して動作を確認しましょう。

3.9.3 SNMP試験

SNMP試験は、「SNMP (Simple Network Management Protocol)」によって、ネットワーク機器を監視できるか確認する試験です。SNMPは、ネットワーク機器やサーバーの性能監視や障害監視に使用するプロトコルです。ITシステムにおいて「障害の兆候を見逃さないこと」はとても重要です。SNMPを使用して、CPU使用率やメモリ使用率、パケット数やコネクション数など、管理対象機器のありとあらゆる情報を定期的に収集、継続的に監視し、障害の兆候をいち早く検知します。

SNMPは、管理する「**SNMPマネージャー**」と、管理される「**SNMPエージェント**」というふたつの要素で構成されています。SNMPエージェントは、いろいろな情報を「**OID**（Object IDentifier）」という数値で識別されるオブジェクトで保持し、「**MIB**（Management Information Base）」というデータベースで階層的に管理しています。SNMPマネージャーは、SNMPエージェントのOIDを取得したり（ポーリング）、SNMPエージェントからOIDの変化（トラップ）を受け取ったりすることによって、SNMPエージェントを管理します。いずれの動作においても「**コミュニティ名**」という名の合言葉が一致したときに、はじめて通信が成立します。

図 3.9.8　SNMP の動作（ポーリング）

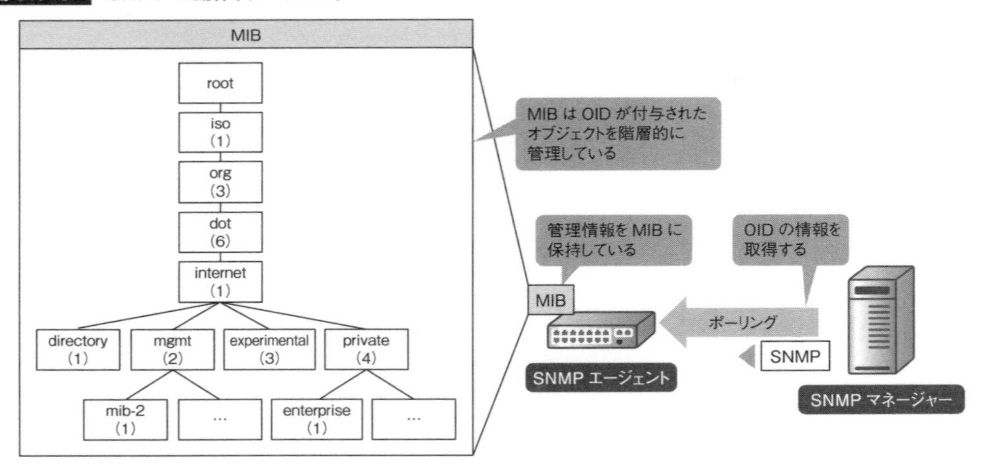

図 3.9.9 SNMP の動作(トラップ)

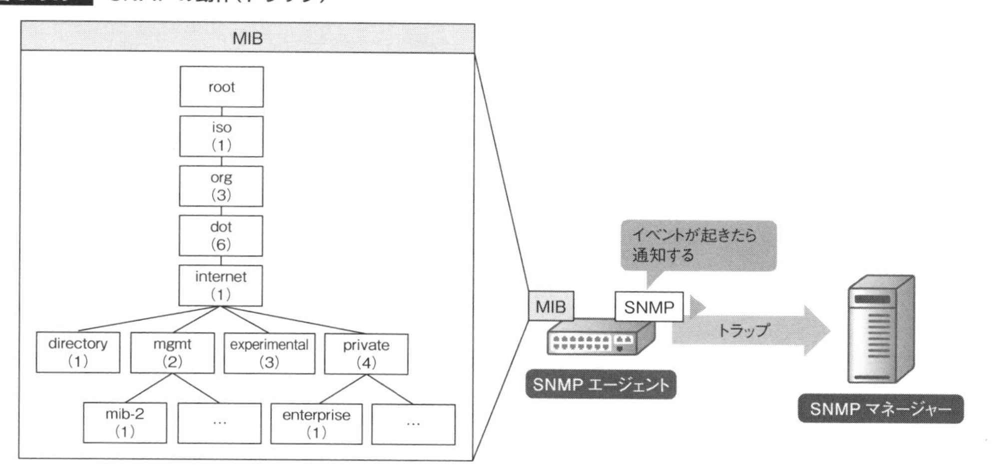

SNMP試験は、SNMPポーリング試験とSNMPトラップ試験に大別でき、試験方法が異なります。それぞれ説明しましょう。

SNMP ポーリング試験

SNMPポーリング試験では、SNMPマネージャーからSNMPエージェントのOIDの情報を取得できることを確認します。もちろんSNMPマネージャーの画面でその情報を確認できるのがベストですが、責任分解点などの関係でSNMPマネージャーを操作できないようであれば、試験用端末をSNMPマネージャーに見立てて、そこから試験を実施します。

SNMPポーリング試験で役に立つツールと言えば、SNMPソフトウェアの定番「Net-SNMP」に含まれる「**snmpwalkコマンド**」です。snmpwalkコマンドで、SNMPエージェントのアドレスやコミュニティ名、OIDやバージョンを指定して、値が取得できるかどうか確認します。OIDがわからないときは、OIDを指定せずにコマンドを実行してください。すると、その機器がサポートしているすべてのOIDの情報を取得できます。

TEST

表 3.9.5 SNMP ポーリング試験(F5 BIG-IP の場合)

試験前提	(1)設計どおりにネットワーク機器が接続されていること (2)インターフェース試験に合格していること (3)IP アドレス試験に合格していること (4)ルーティング試験に合格していること
事前作業	(1)SNMP マネージャーに SSH で接続し、管理者ユーザーでログインする

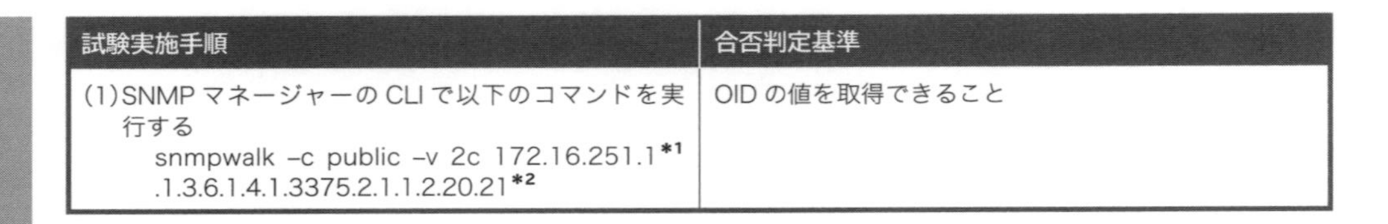

試験実施手順	合否判定基準
(1)SNMP マネージャーの CLI で以下のコマンドを実行する snmpwalk –c public –v 2c 172.16.251.1 *1 .1.3.6.1.4.1.3375.2.1.1.2.20.21 *2	OID の値を取得できること

*1「172.16.251.1」がシスコルーターの管理IPアドレスです。
*2 5秒間隔で取得したCPU使用率を表すOIDです。

図 3.9.10　snmpwalk コマンド

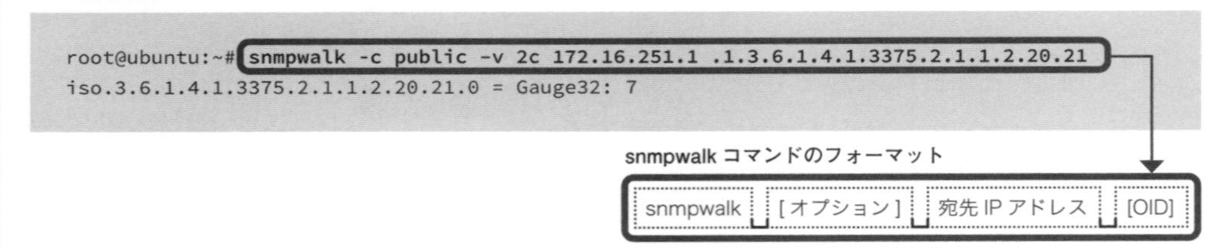

表 3.9.6　snmpwalk コマンドでよく使用するオプション

オプション	説明
-c [文字列]	コミュニティ名を指定する
-r	リトライ回数を指定する
-t	タイムアウトを秒単位で指定する
-v [1|2c|3]	バージョンを指定する

図 3.9.11　SNMP ポーリングメッセージ

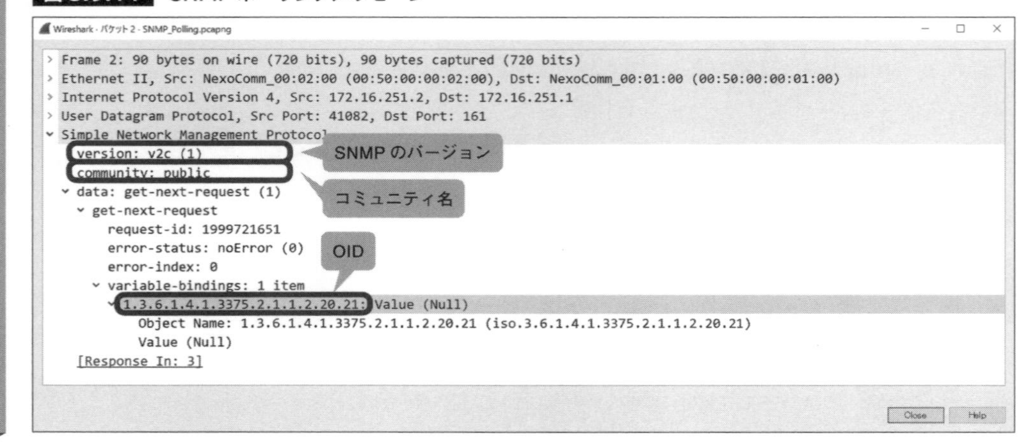

SNMP ポーリングに失敗する場合

SNMPポーリングに失敗するときは、まずSNMPマネージャーとSNMPエージェントの疎通を確認しましょう。間にファイアウォールがある場合は、UDP/161のパケットがブロックされていないこともあわせて確認しましょう。疎通に問題がなければ、コミュニティ名が正しいか確認し、それでも問題がなければ、SNMPマネージャーのアドレスが、SNMPエージェントでSNMPポーリング許可アドレスとして登録されていることを確認してください。

SNMP トラップ試験

SNMPトラップ試験では、SNMPエージェントでインターフェースをダウンしてみたり、テストトラップコマンドを実行してみたりして、トラップが送出されることを確認します。また、SNMPマネージャーでそのトラップを受け取れることを確認します。SNMPポーリング試験と同じく、SNMPマネージャーを操作できないようであれば、SNMPエージェントでパケットキャプチャして送信パケットの中身を確認するか、SNMPマネージャー役の試験用端末でNet-SNMPを起動してトラップを確認してください。

TEST

表 3.9.7 SNMP トラップ試験の例(F5 BIG-IP の場合)

試験前提	(1)設計どおりにネットワーク機器が接続されていること (2)インターフェース試験に合格していること (3)IP アドレス試験に合格していること (4)ルーティング試験に合格していること
事前作業	(1)負荷分散装置に SSH で接続し、管理者ユーザーでログインする

試験実施手順	合否判定基準
(1)負荷分散装置の CLI で以下のコマンドを実施する tcpdump -eni mgmt port 162 -w /var/tmp/snmptrap.pcapng &	
(2)負荷分散装置の CLI で以下のコマンドを実施する logger -p local0.notice "01070640:5: Node 192.168.1.1 monitor status down."	
(3)負荷分散装置の CLI で以下のコマンドを実施する fg [(1)で割り当てられたジョブ番号]	
(4)負荷分散装置の CLI で Ctrl キーと「c」を同時に入力する	
(5)(4)で取得したパケットキャプチャファイルの内容を確認する	(2)で送信した SNMP トラップメッセージがあること

図 3.9.12　SNMP トラップメッセージ

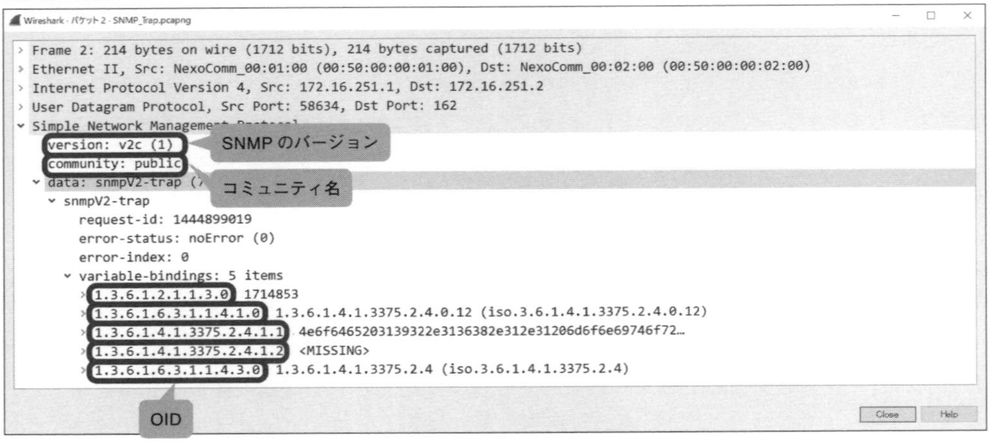

```
Wireshark · パケット 2 · SNMP_Trap.pcapng
> Frame 2: 214 bytes on wire (1712 bits), 214 bytes captured (1712 bits)
> Ethernet II, Src: NexoComm_00:01:00 (00:50:00:00:01:00), Dst: NexoComm_00:02:00 (00:50:00:00:02:00)
> Internet Protocol Version 4, Src: 172.16.251.1, Dst: 172.16.251.2
> User Datagram Protocol, Src Port: 58634, Dst Port: 162
v Simple Network Management Protocol
    version: v2c (1)
    community: public
  v data: snmpV2-trap (7)
    v snmpV2-trap
        request-id: 1444899019
        error-status: noError (0)
        error-index: 0
      v variable-bindings: 5 items
        > 1.3.6.1.2.1.1.3.0: 1714853
        > 1.3.6.1.6.3.1.1.4.1.0: 1.3.6.1.4.1.3375.2.4.0.12 (iso.3.6.1.4.1.3375.2.4.0.12)
        > 1.3.6.1.4.1.3375.2.4.1.1: 4e6f6465203139322e3136382e312e31206d6f6e69746f72…
        > 1.3.6.1.4.1.3375.2.4.1.2: <MISSING>
        > 1.3.6.1.6.3.1.1.4.3.0: 1.3.6.1.4.1.3375.2.4 (iso.3.6.1.4.1.3375.2.4)
```

SNMP のバージョン
コミュニティ名
OID

SNMP トラップメッセージを確認できない場合

SNMPマネージャーでトラップメッセージを確認できない場合は、まずSNMPエージェントの送信元インターフェース（送信元IPアドレス）との疎通を確認しましょう。間にファイアウォールがある場合は、UDP/162のパケットがブロックされていないかもあわせて確認してください。疎通に問題がなければ、コミュニティ名が一致していない可能性があります。設定を確認してください。

3.9.4 CDP/LLDP 試験

CDP/LLDP試験は、L2レベルの相互接続性と、対向機器の機種やポート番号を確認する試験です。「**CDP**（Cisco Discovery Protocol）」と「**LLDP**（Link Layer Discovery Protocol）」は、定期的に機器の情報をやりとりするL2レベルの隣接機器発見プロトコルです。CDPはシスコ独自のプロトコルで、シスコオンリーなLAN環境で一般的に使用します。LLDPはIEEE802.1ABで標準化されているプロトコルで、マルチベンダーなLAN環境で一般的に使用します。

表 3.9.8 CDP と LLDP の比較

隣接機器発見プロトコル	CDP	LLDP
正式名称	Cisco Discovery Protocol	Link Layer Discovery Protocol
標準化	シスコ独自	IEEE802.1AB
使用するネットワーク環境	シスコオンリーなネットワーク	マルチベンダーなネットワーク
動作レイヤー	データリンク層(レイヤー2、L2)	データリンク層(レイヤー2、L2)
マルチキャスト MAC アドレス	01:00:0c:cc:cc:cc	01:80:c2:00:00:0e
送信間隔*1	60 秒	30 秒
ホールドタイム(情報を破棄するまでの時間)*1	180 秒	120 秒

*1 シスコ Catalystスイッチのデフォルト値

LANケーブルの先に接続されている対向機器は、必ずしも近くに置かれているわけではありません。場合によっては、数十メートル先、数キロメートル先にあったりします。また、必ずしも直接接続されているとは限りません。たとえば、機器間にメディアコンバーターを挟んでいて、距離を延伸していることもありえます。CDP/LLDP試験では、CDP/LLDPを利用してL2レベルで対向機器と接続できていることを確認し、あわせて設計どおりの機器の、設計どおりのインターフェースと接続できていることを確認します*1。

*1 ちなみに、CDP/LLDPはセキュリティ上の理由から無効にされているケースもあります。その場合は、本試験を実施する必要ありません。スキップしてください。

図 3.9.13 CDP/LLDP

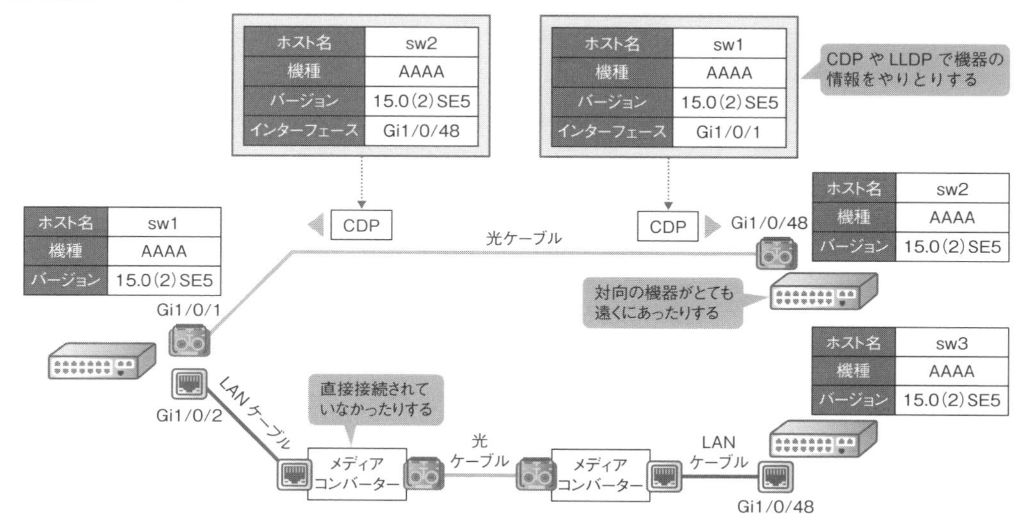

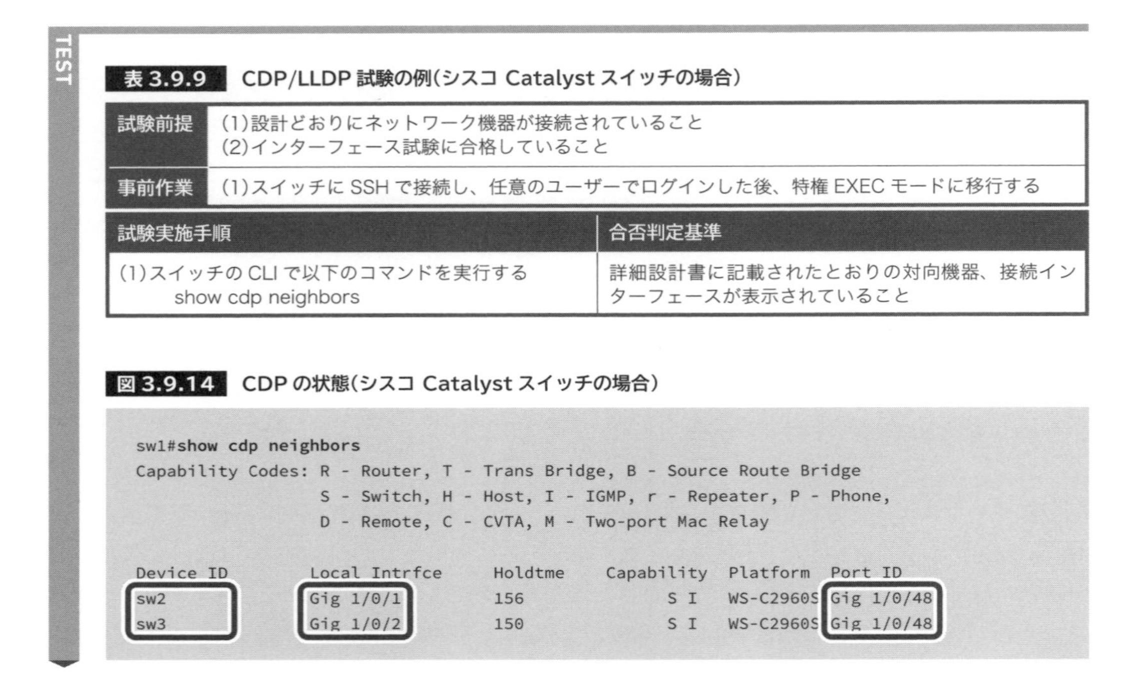

TEST

表 3.9.9　CDP/LLDP 試験の例(シスコ Catalyst スイッチの場合)

試験前提	(1)設計どおりにネットワーク機器が接続されていること (2)インターフェース試験に合格していること
事前作業	(1)スイッチに SSH で接続し、任意のユーザーでログインした後、特権 EXEC モードに移行する

試験実施手順	合否判定基準
(1)スイッチの CLI で以下のコマンドを実行する show cdp neighbors	詳細設計書に記載されたとおりの対向機器、接続インターフェースが表示されていること

図 3.9.14　CDP の状態(シスコ Catalyst スイッチの場合)

```
sw1#show cdp neighbors
Capability Codes: R - Router, T - Trans Bridge, B - Source Route Bridge
                  S - Switch, H - Host, I - IGMP, r - Repeater, P - Phone,
                  D - Remote, C - CVTA, M - Two-port Mac Relay

Device ID        Local Intrfce     Holdtme    Capability  Platform  Port ID
sw2              Gig 1/0/1         156              S I   WS-C2960S Gig 1/0/48
sw3              Gig 1/0/2         150              S I   WS-C2960S Gig 1/0/48
```

CDP/LLDP の表示に問題がある場合

CDP/LLDPで確認した情報が設計どおりの機器とインターフェースでない場合は、LANケーブルの配線に誤りがあります。配線を確認してください。対向機器の情報自体が見えない場合は、L2レベルで接続できていません。直接接続の状態はインターフェース試験で確認できているはずなので、間接接続、たとえばメディアコンバーターがあったら、メディアコンバーターの先に問題があります。間接接続の接続性を確認しましょう。

図 3.9.15　間接接続性の問題

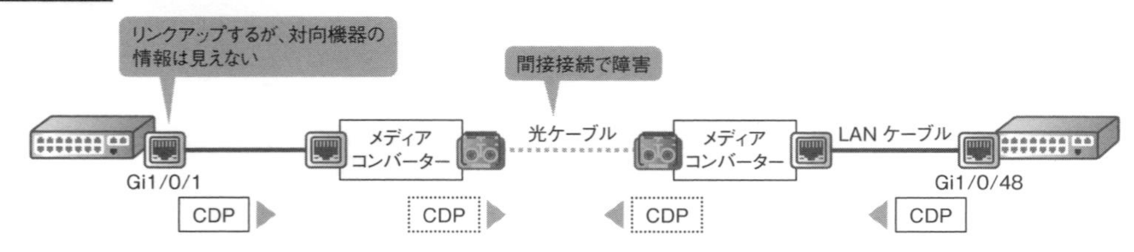

3.10 リンク冗長化機能試験

冗長化機能試験は、ネットワークにおける各種冗長化機能の正常状態を確認する試験です[*1]。どんなにネットワーク機器やサーバーが高性能になったとしても、所詮は電子機器です。故障しないということは絶対にありえません。いつの日か、必ずどこかで故障します。そこで、たとえいつ、どこで、どんな障害が発生しても、即座に別経路を確保し、継続してサービスを提供できるように、すべての階層のすべてのポイントで、くまなく冗長化を図ります。冗長化機能試験では、使用しているすべての冗長化機能について、ひとつひとつ確認していきます。ここからは、現場で使用することが多い、代表的な冗長化機能の試験について、いくつかピックアップして説明します。

*1 冗長化機能試験は、障害試験の一部として実施することもあります。本書では、障害試験の前に、冗長化機能自体が正常状態において機能しているかを確認するために、結合試験の一部として執筆しています。

さて、ひとつ目はリンク冗長化機能試験です。リンク冗長化機能試験は、「**リンクアグリゲーション**(Link Aggregation、LAG)」の状態を確認する試験です。リンクアグリゲーションは、物理リンクをひとつの論理リンクに束ね、冗長化と帯域拡張を図る機能です。シスコ用語では「イーサチャネル」、ヒューレットパッカードやF5ネットワークスの用語では「トランク」と言ったりしますが、同じものと考えてよいでしょう。

リンクアグリゲーションは、スイッチの物理インターフェースのいくつかを論理インターフェースとしてグループ化し、別のスイッチの論理インターフェースと接続することで論理リンクを作ります。どんなにイーサネットが高速になったとしても、ひとつの物理リンクで転送できる帯域幅[*1]には限界があります。リンクアグリゲーションを使用すると、通常時は論理リンクに含まれるすべての物理リンクでパケットを転送することによって、物理リンク本数分の帯域幅を確保できます。また、リンク障害が起きたとき[*2]には、即座に障害リンクを切り離し、縮退しながらパケットを転送し続けることができます。たとえば、ふたつの1000BASE-Tポートをリンクアグリゲーションで束ねた場合、通常時は2Gbpsの帯域幅を確保でき、たとえ1本の物理リンクがダウンしても、1Gbpsの帯域幅を確保しながらパケットを転送し続けることができます。

*1 1秒あたりに転送できるビット数のこと。Gbps (Giga bit per second) やMbps (Mega bit per second) の単位で表現する。
*2 具体的には、LANケーブルが断線したり、物理ポートが故障したりすると、リンク障害が発生します。

図3.10.1　リンクアグリゲーション

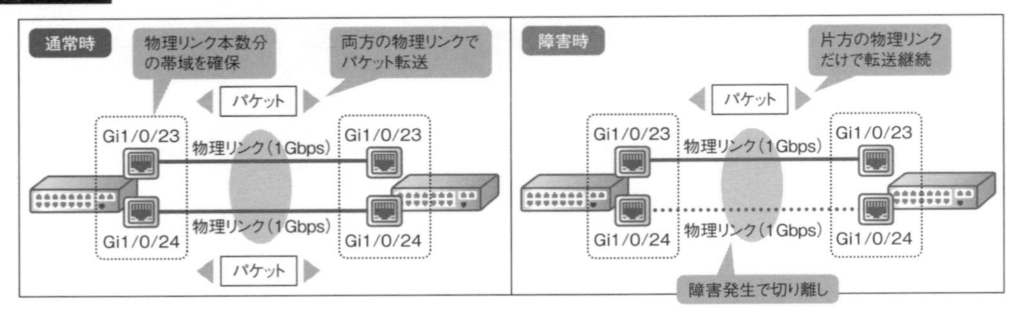

リンクアグリゲーションは「**動的リンクアグリゲーション**」と「**静的リンクアグリゲーション**」の2種類に大別できます。

動的リンクアグリゲーションは、リンクアグリゲーションプロトコルを利用して論理リンクを作り、それを制御します。リンクアグリゲーションプロトコルには、「**LACP** (Link Aggregation Control Protocol)」と「**PAgP** (Port Aggregation Protocol)」の2種類があって、お互いに互換性はありません。LACPは、IEEEで標準化されているプロトコルで、マルチベンダーなネットワーク環境でよく使用します。LACPには積極的に論理リンクを作りに行く「Active」と、待つ「Passive」という2種類のモードがあって、少なくとも片方はActiveにする必要があります。PAgPは、シスコ独自のプロトコルで、シスコオンリーなネットワーク環境でよく使用します。PAgPには、積極的に論理リンクを作りに行く「Desirable」と、待つ「Auto」という2種類のモードがあって、少なくとも片方はDesirableにする必要があります。

静的リンクアグリゲーションは、リンクアグリゲーションプロトコルでおしゃべりすることなく、強制的に論理リンクを作ります。片方を静的リンクアグリゲーションに設定した場合、もう片方も静的リンクアグリゲーションに設定する必要があります。

表3.10.1　リンクアグリゲーションの整理

動的 / 静的	リンクアグリゲーションプロトコル	説明
動的リンクアグリゲーション	LACP(Link Aggregation Control Protocol)	RFC で標準化されているプロトコル。 メーカーが混在する環境で一般的に使用する
	PAgP(Port Aggregation Protocol)	シスコ独自のプロトコル。 シスコ機器同士を接続する環境で一般的に使用する
静的リンクアグリゲーション	使用しない	強制的に論理ポートを作る

表 3.10.2 リンクアップする組み合わせ

				対向インターフェース				
				動的				静的
				LACP		PAgP		
				Active	Passive	Desirable	Auto	
自インターフェース	動的	LACP	Active	○	○	×	×	×
			Passive	○	×	×	×	×
		PAgP	Desirable	×	×	○	○	×
			Auto	×	×	○	×	×
	静的			×	×	×	×	○

リンクアグリゲーションにおける帯域拡張の原理は、複数の物理リンクに対する負荷分散です。実際にパケットを転送するときには、一定の方式で、それぞれの物理リンクに負荷分散をかけ、広い意味での帯域拡張を図ります。負荷分散方式には「送信元IPアドレス＋宛先IPアドレス」や、「送信元IPアドレス＋宛先IPアドレス＋送信元ポート番号＋宛先ポート番号」など、いろいろなものがあります。機器によって対応している方式が異なるので、設計するときはその中でより高いレイヤーの要素がよりたくさん含まれるものを選択します。

図 3.10.2 物理リンクに負荷分散

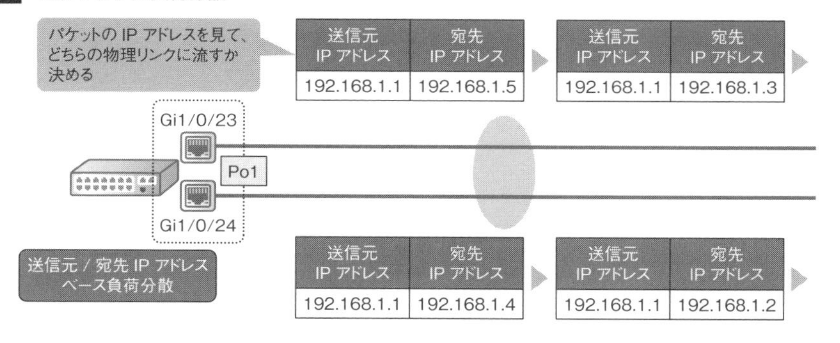

表 3.10.3 Catalyst 3850 が対応しているリンクアグリゲーションの負荷分散方式

対象レイヤー	設定	負荷分散方式(何の情報で物理リンクを選択するか)
レイヤー 2 (データリンク層)	src-mac	送信元 MAC アドレス(デフォルト)
	dst-mac	宛先 MAC アドレス
	src-dst-mac	送信元 MAC アドレス+宛先 MAC アドレス
レイヤー 3 (ネットワーク層)	src-ip	送信元 IP アドレス
	dst-ip	宛先 IP アドレス
	src-dst-ip	送信元 IP アドレス+宛先 IP アドレス
	l3-proto	L3 プロトコル
レイヤー 4 (トランスポート層)	src-port	送信元ポート番号
	dst-port	宛先ポート番号
	src-dst-port	送信元ポート番号+宛先ポート番号
混合	src-mixed-ip-port	送信元 IP アドレス + 送信元ポート番号
	dst-mixed-ip-port	宛先 IP アドレス+宛先ポート番号
	src-dst-mixed-ip-port	送信元 IP アドレス + 宛先 IP アドレス+送信元ポート番号+宛先ポート番号(推奨)

リンク冗長化機能試験の内容

リンク冗長化機能試験では、まずリンクアグリゲーションプロトコルによって*1、論理インターフェースが構成され、設計どおりに物理インターフェースが関連付けられていることを確認します。次に、テストコマンド*2を使用して、パケット転送に選択される物理リンクがある程度ばらける(負荷分散される)ことを確認します。

*1 リンクアグリゲーションプロトコルを使用しない場合(静的リンクアグリゲーションの場合)は、論理リンクが構成され、リンクアップしていることだけを確認してください。

*2 テストコマンドがない場合は、パケットのIPアドレスを変えたり、ポート番号を変えたりして、実際に負荷分散方式に合わせたパケットを何種類か投げて確認してください。

TEST

図 3.10.3 リンク冗長化機能試験の構成例

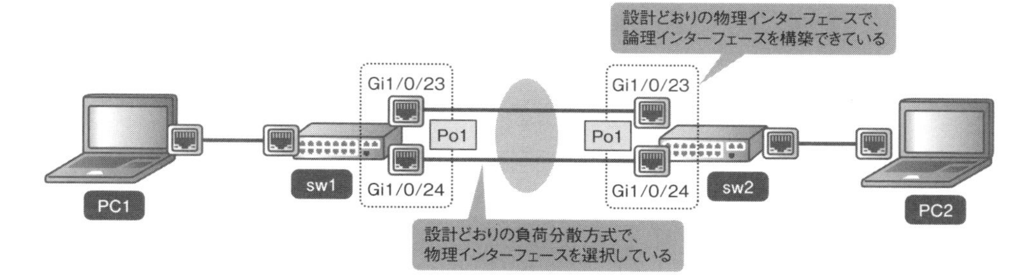

表 3.10.4 リンク冗長化機能試験の例(シスコ Catalyst スイッチの場合)

試験前提	(1)設計どおりにネットワーク機器が接続されていること (2)インターフェース試験に合格していること (3)VLAN 試験に合格していること
事前作業	(1)スイッチに SSH で接続し、任意のユーザーでログインした後、特権 EXEC モードに移行する

試験実施手順	合否判定基準
(1)L2 スイッチの CLI で以下のコマンドを実行する show etherchannel summary	以下を確認できること • プロトコルが LACP であること • Po1(論理インターフェース)に Gi1/0/23 と Gi1/0/24 が含まれていること • Po1 の状態が SU になっていること • Gi1/0/23 の状態が P になっていること • Gi1/0/24 の状態が P になっていること
(2)L2 スイッチの CLI で以下のコマンドを実行する show etherchannel load-balance	送信元 / 宛先 IP アドレスベースの負荷分散方式が設定されていること
(3)L2 スイッチの CLI で以下のコマンドを実行する test etherchannel load-balance interface port-channel 1 ip x y*1	選択される物理インターフェースが分散されること

*1 xは任意の送信元IPアドレス、yは任意の宛先IPアドレスを表します。あくまでテストコマンドなので、適当なIPアドレスを入れて、コマンドを実行してください。

図 3.10.4 リンクアグリゲーションの状態(シスコ Catalyst スイッチの場合、LACP 使用)

```
sw1#show etherchannel summary
Flags:  D - down        P - bundled in port-channel
        I - stand-alone s - suspended
        H - Hot-standby (LACP only)
        R - Layer3      S - Layer2
        U - in use      f - failed to allocate aggregator

        M - not in use, minimum links not met
        u - unsuitable for bundling
        w - waiting to be aggregated
        d - default port
```

結合試験 …… リンク冗長化機能試験

```
Number of channel-groups in use: 1
Number of aggregators:           1

Group  Port-channel  Protocol    Ports
------+-------------+-----------+-----------------------------------------------
1      Po1(SU)         LACP      Gi1/0/23(P) Gi1/0/24(P)
```

図 3.10.5　リンクアグリゲーションの負荷分散設定確認（シスコ Catalyst スイッチの場合）

```
sw1#show etherchannel load-balance
EtherChannel Load-Balancing Configuration:
        src-dst-ip

EtherChannel Load-Balancing Addresses Used Per-Protocol:
Non-IP: Source XOR Destination MAC address
  IPv4: Source XOR Destination IP address
  IPv6: Source XOR Destination IP address
```

図 3.10.6　物理インターフェース選択確認（シスコ Catalyst スイッチの場合）

```
sw1#test etherchannel load-balance interface port-channel 1 ip 192.168.1.1 192.168.1.2
Would select Gi1/0/24 of Po1

sw1#test etherchannel load-balance interface port-channel 1 ip 192.168.1.1 192.168.1.3
Would select Gi1/0/23 of Po1

sw1#test etherchannel load-balance interface port-channel 1 ip 192.168.1.1 192.168.1.4
Would select Gi1/0/24 of Po1

sw1#test etherchannel load-balance interface port-channel 1 ip 192.168.1.1 192.168.1.5
Would select Gi1/0/23 of Po1
```

リンクアグリゲーションがうまく機能せず、論理リンクを構成できない場合は、対向機器のインターフェースと適切な設定の組み合わせに変更します（表3.10.2参照）。

静的リンクアグリゲーションを使用する場合は、対向機器のインターフェースも静的リンクアグリゲーションに設定する必要があります。動的リンクアグリゲーションを使用する場合は、対向機器のインターフェースも動的リンクアグリゲーションに設定する必要がありますし、プロトコルも同じにする必要があります。また、同じプロトコルを使用していても、インターフェースを両方ともPassiveやAutoのような「待ち」のモードに設定していたら、リンクアグリゲーションは機能しません。どちらか、あるいは両方ともActiveやDesirableのような「ガンガンいこうぜ」のモードに設定しましょう。

図 3.10.7 動的と静的で接続した場合（動的側機器の状態、シスコ Catalyst スイッチの場合）

```
sw1#show etherchannel summary
Flags:  D - down        P - bundled in port-channel
        I - stand-alone s - suspended
        H - Hot-standby (LACP only)
        R - Layer3      S - Layer2
        U - in use      f - failed to allocate aggregator

        M - not in use, minimum links not met
        u - unsuitable for bundling
        w - waiting to be aggregated
        d - default port


Number of channel-groups in use: 1
Number of aggregators:           1

Group  Port-channel  Protocol    Ports
------+-------------+-----------+-----------------------------------------------
1      Po1(SD)         LACP      Gi1/0/23(I) Gi1/0/24(I)
```

図 3.10.8 プロトコルが異なる場合（シスコ Catalyst スイッチの場合）

```
sw1#show etherchannel summary
Flags:  D - down        P - bundled in port-channel
        I - stand-alone s - suspended
        H - Hot-standby (LACP only)
        R - Layer3      S - Layer2
        U - in use      f - failed to allocate aggregator

        M - not in use, minimum links not met
        u - unsuitable for bundling
        w - waiting to be aggregated
        d - default port


Number of channel-groups in use: 1
Number of aggregators:           1

Group  Port-channel  Protocol    Ports
------+-------------+-----------+-----------------------------------------------
1      Po1(SD)         PAgP      Gi1/0/23(I) Gi1/0/24(I)
```

図 3.10.9 どちらも Passive の場合（シスコ Catalyst スイッチの場合）

```
sw1#show etherchannel summary
Flags:  D - down        P - bundled in port-channel
        I - stand-alone s - suspended
        H - Hot-standby (LACP only)
```

```
        R - Layer3      S - Layer2
        U - in use      f - failed to allocate aggregator

        M - not in use, minimum links not met
        u - unsuitable for bundling
        w - waiting to be aggregated
        d - default port


Number of channel-groups in use: 1
Number of aggregators:           1

Group  Port-channel  Protocol    Ports
------+-------------+-----------+-----------------------------------------------
1      Po1(SD)         LACP      Gi1/0/23(I) Gi1/0/24(I)
```

3.11 NIC冗長化機能試験

NIC冗長化機能試験は、サーバーにおける「ボンディング」の状態を確認する試験です。ボンディングは、物理NICをひとつの論理NICに束ねて、冗長化や帯域拡張を図る機能です。Windows用語では「チーミング」と言ったりしますが、同じものと考えてよいです。ボンディングは、論理NICを構成する物理NICをアクティブ・スタンバイに使用する「**フォールトトレランス**」、アクティブ・アクティブに負荷分散する「**ロードバランシング**」、複数の物理リンクをひとつの論理リンクに束ねる「**リンクアグリゲーション**」の3種類に大別できます。このうちどれを使用するかは顧客の要件次第ですが、筆者の経験では、通信経路がわかりやすく管理もしやすいフォールトトレランスが多い気がします。

表 3.11.1 3種類のボンディング

方式	説明	運用管理性	帯域幅	スイッチの設定
フォールトトレランス	アクティブ・スタンバイに構成する	○ （パケットがどのNICを経由しているのかわかりやすく、管理しやすい）	△ （アクティブNICしか使用しないため、本来の帯域幅より落ちる）	不要
ロードバランシング	アクティブ・アクティブに構成する	△ （パケットがどのNICを経由しているかわからず、管理しづらい）	○ （すべてのNICを使用するため、本来の帯域幅をフルに使用できる）	不要
リンクアグリゲーション	リンクアグリゲーションを構成する	△ （パケットがどのNICを経由しているかわからず、管理しづらい）	○ （すべてのNICを使用するため、本来の帯域幅をフルに使用できる）	必要 （接続するスイッチのインターフェースにリンクアグリゲーションの設定が必要）

NIC 冗長化機能試験の内容

NIC冗長化機能試験では、まず、論理NICに設計どおりの物理NICが関連付けられていることを確認します。また、論理NICが設計どおりに設定されていることを確認します。たとえば、フォールトトレランスの場合、アクティブに動作する物理NICはひとつで、それ以外の物理NICはスタンバイ状態です。設計どおりの物理NICがアクティブとなり、それ以外の物理NICがスタンバイになっていること、またリンク監視やその間隔など、各種オプション機能が設定されていることを確認します。続いて、論理NICがOSに認識され、MACアドレスやIPアドレスが割り当てられていることを確認します。最後に、同じIPサブネットにいる端末に対してPingを打ち、その論理NICで問題なく疎通が取れることを確認します。

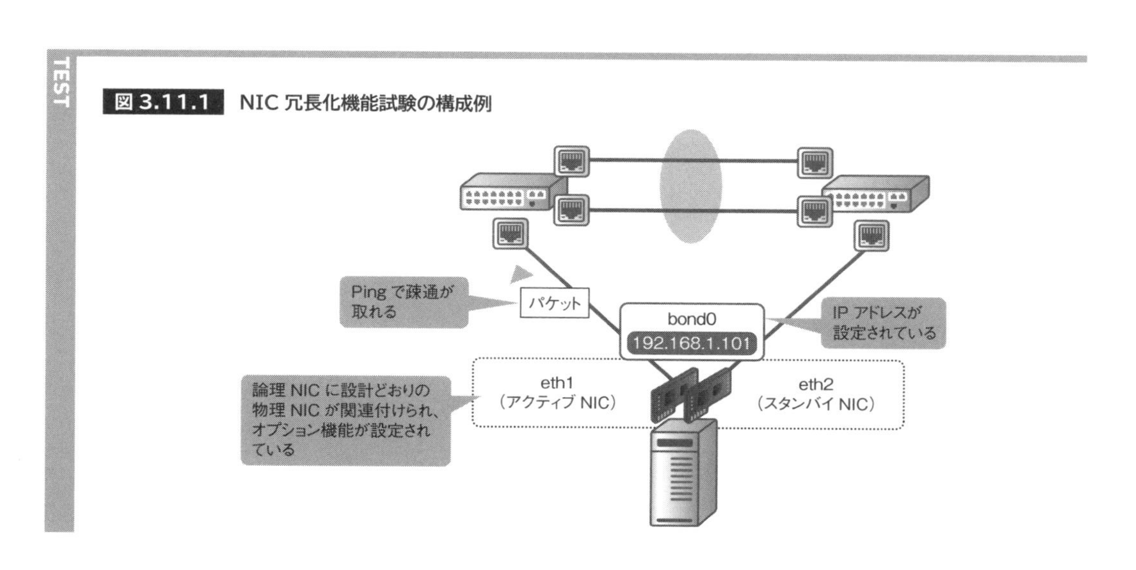

図 3.11.1 NIC 冗長化機能試験の構成例

表 3.11.2　NIC 冗長化機能試験の例(Ubuntu 18.04 の場合)

試験前提	(1)設計どおりにサーバーが接続されていること (2)インターフェース試験に合格していること (3)VLAN 試験に合格していること
事前作業	(1)サーバーに SSH で接続し、管理者ユーザーでログインする

試験実施手順	合否判定基準
(1)サーバーの CLI で以下のコマンドを実行する more /proc/net/bonding/bond0	以下を確認できること • Bonding Mode が fault-tolerance(active-backup)になっていること • Primary Slave が eth1(primary_reselect always)になっていること • Currently Active Slave が eth1 になっていること • MII Polling Interval(ms)が 100 ミリ秒になっていること • Slave Interface に eth1 と eth2 が設定されていること
(2)サーバーの CLI で以下のコマンドを実行する ifconfig	bond0 が確認でき、「192.168.1.101/24」の IP アドレスが設定されていること
(3)サーバーの CLI で以下のコマンドを実行する ping 192.168.1.254	対向の機器から応答があること

図 3.11.2　ボンディングの状態確認(Ubuntu 18.04、フォールトトレランスの場合)

```
root@ubuntu:~# more /proc/net/bonding/bond0
Ethernet Channel Bonding Driver: v3.7.1 (April 27, 2011)

Bonding Mode: fault-tolerance (active-backup)
Primary Slave: eth1 (primary_reselect always)
Currently Active Slave: eth1
MII Status: up
MII Polling Interval (ms): 100
Up Delay (ms): 0
Down Delay (ms): 0

Slave Interface: eth2
MII Status: up
Speed: Unknown
Duplex: Unknown
Link Failure Count: 0
Permanent HW addr: 50:00:00:05:00:02
Slave queue ID: 0

Slave Interface: eth1
MII Status: up
Speed: Unknown
Duplex: Unknown
Link Failure Count: 2
Permanent HW addr: 50:00:00:05:00:01
Slave queue ID: 0
```

eth1をアクティブNICとして使用

論理 NIC (bond0)の状態と設定

物理 NIC (eth2)の状態と設定

物理 NIC (eth1)の状態と設定

図3.11.3 論理NICの認識状態(Ubuntu 18.04、フォールトトレランスの場合)

```
root@ubuntu:~# ifconfig
bond0: flags=5187<UP,BROADCAST,RUNNING,MASTER,MULTICAST>  mtu 1500
        inet 192.168.1.101  netmask 255.255.255.0  broadcast 192.168.1.255
        inet6 fe80::2443:2eff:fe61:cd38  prefixlen 64  scopeid 0x20<link>
        ether 26:43:2e:61:cd:38  txqueuelen 1000  (Ethernet)
        RX packets 106  bytes 10090 (10.0 KB)
        RX errors 0  dropped 0  overruns 0  frame 0
        TX packets 103  bytes 10706 (10.7 KB)
        TX errors 0  dropped 0 overruns 0  carrier 0  collisions 0

eth1: flags=6211<UP,BROADCAST,RUNNING,SLAVE,MULTICAST>  mtu 1500
        ether 26:43:2e:61:cd:38  txqueuelen 1000  (Ethernet)
        RX packets 88  bytes 8485 (8.4 KB)
        RX errors 0  dropped 1  overruns 0  frame 0
        TX packets 103  bytes 10706 (10.7 KB)
        TX errors 0  dropped 0 overruns 0  carrier 0  collisions 0

eth2: flags=6211<UP,BROADCAST,RUNNING,SLAVE,MULTICAST>  mtu 1500
        ether 26:43:2e:61:cd:38  txqueuelen 1000  (Ethernet)
        RX packets 20  bytes 1935 (1.9 KB)
        RX errors 0  dropped 1  overruns 0  frame 0
        TX packets 0  bytes 0 (0.0 B)
        TX errors 0  dropped 0 overruns 0  carrier 0  collisions 0
```

論理NIC(bond0)のIPアドレスやMACアドレス

ボンディングが機能しない場合

ボンディングがうまく機能しない場合は、設定か構成に問題があります。方式によって、注意すべき点が異なるので、それぞれ説明しましょう。

フォールトトレランスがうまく機能しない場合は、サーバーの設定に抜けや誤りがある可能性があります。設定を確認してください。たまに、スタンバイ物理NICのカウンターで受信(RX)パケットがカウントアップされることを指摘してくる顧客がいたりするのですが、ブロードキャストとマルチキャストは受信するに決まっているので、カウントアップされるのは必然です。送信パケット(TX)のみ注視しましょう。

ロードバランシングがうまく機能しない場合も、サーバーの設定に抜けや誤りがある可能性があります。設定を確認してください。たまに、物理NICの転送パケット数の偏りを気にする顧客がいたりもするのですが、どちらのNICを使用するかは設定まかせです。しかも、そこまで細かく調整できるわけではありません。それを気にするくらいなら、むしろ潔くフォールトトレランスを使用したほうがよいでしょう。

リンクアグリゲーションがうまく機能しない場合は、サーバーの設定だけではなく、接続するスイッチの設定も確認してください。サーバーでリンクアグリゲーションするときは、スイッチでもリンクアグリゲーションしてあげないといけません。また、動的リンクアグリゲーションか静的リンクアグリゲーションかも合わせないといけません。その他に、リンクアグリゲーションを使用するときによくある問題といえば、「スイッチまたぎ」でしょう。リンクアグリゲーションは、基本的に複数のスイッチをまたいで論理リンクを構成することはできません。しかし、複数のスイッチをまたいで接続しないと、スイッチが故障したとき、完全に通信できなくなってしまいます。そこで、リンクアグリゲーションを使用するときは、スイッチ側で次項で説明する「**MLAG**（Multi-chassis Link Aggregation）」を設定して、スイッチまたぎで論理リンクを組めるようにしてください。逆に言うと、接続するスイッチでMLAGを使用できないようであれば、実質的にフォールトトレランスかロードバランシングを選択するほかありません。

図 3.11.4　リンクアグリゲーションは構成に注意

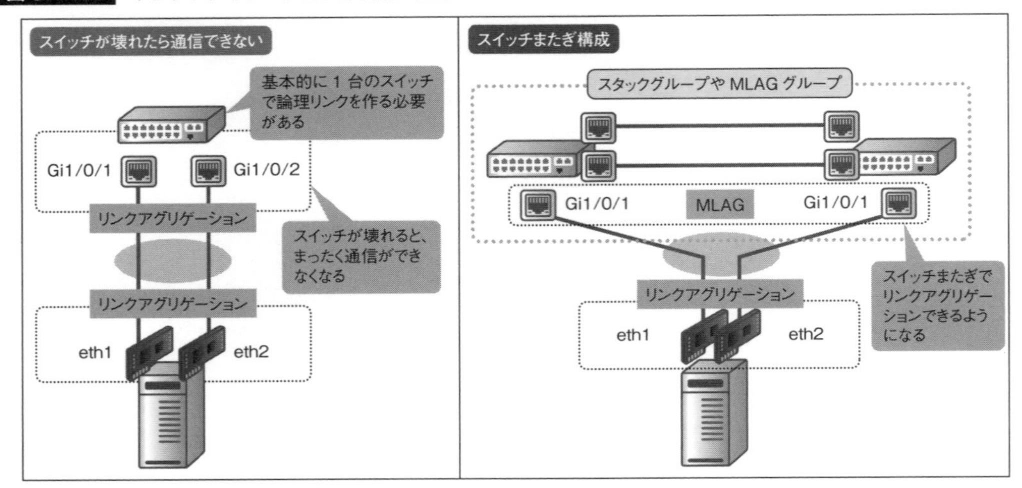

3.12 MLAG冗長化機能試験

MLAG冗長化機能試験は、MLAG（Multi-chassis Link Aggregation）の状態を確認する試験です。 MLAGは、異なるスイッチにある物理リンクをひとつの論理リンクに束ね、冗長化と帯域拡張を図る機能です。シスコ用語では機種によって「クロススタックイーサチャネル」や「MEC（Multichassis EtherChannel）」と言ったり、ジュニパー用語では「MC-LAG」と言ったりしますが、上記の技術的な観点からは、そこまで大きな差はないと考えてよいでしょう。MLAGを使用すると、ループフリー*1なネットワーク環境をフル帯域で使用できたり、論理構成をシンプルにできたり、従来のL2ネットワークが潜在的に抱えていたいろいろな問題をあざやかに解決できます。

*1 ブリッジングループ（L2ループ）が発生しないという意味です。ブリッジングループについては、p.159で詳しく説明します。

図 3.12.1 MLAG

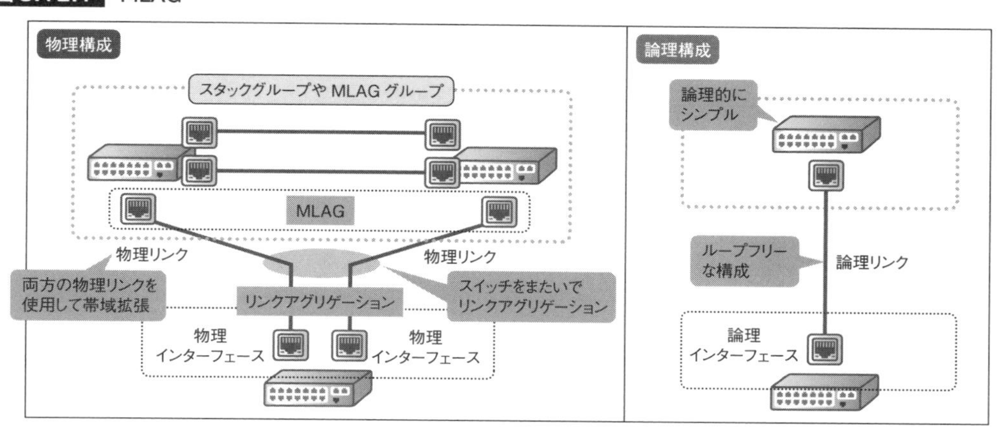

MLAGの基本的な動作は、通常のリンクアグリゲーションのそれと同じで、**違いはその論理リンクがスイッチをまたげるように、スイッチ間でいろいろな連携処理がされているだけです。**通常時は、論理リンクに含まれるすべての物理リンクでパケットを転送することによって、物理本数分の帯域幅を確保できます。また、リンク障害が起こったときには、即座に障害リンクを切り離し、渡りのリンク*1を利用したりしながら、縮退しつつパケットを転送し続けます。

*1 スイッチ間を接続するリンクのことです。

図 3.12.2 スイッチ間で連携

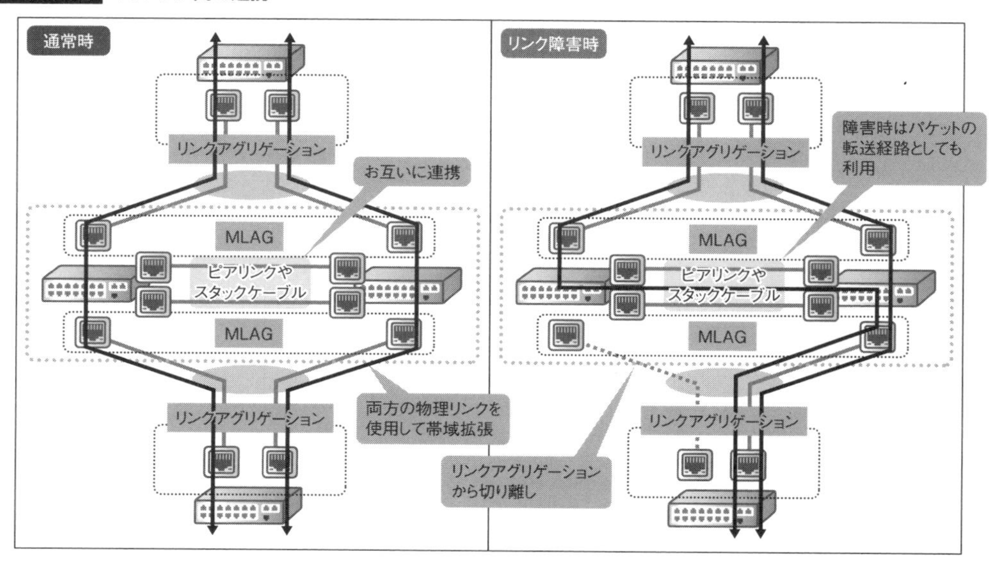

MLAG 冗長化機能試験の内容

MLAG冗長化機能試験では、はじめにMLAGを組むスイッチがMLAGを組めるように、お互いを正しく認識できているか確認します。何をもって「正しく認識できているか」は、MLAGを実現するスイッチの技術によって異なります。たとえば、シスコ Catalyst 3850のStackWiseテクノロジーの場合、スタックグループを構成するスイッチは、全体を制御する1台の「**アクティブスイッチ(マスタースイッチ)**」とそれ以外の「**スタンバイスイッチ(メンバースイッチ)**」で構成され、「**スタックケーブル**」という特別なケーブルでリング状に接続されます。そこで、設計どおりのスイッチがアクティブスイッチ、それ以外のスイッチがスタンバイスイッチになっていることを確認し、スタックケーブルが設計どおりにリング状に接続されていることを確認します。

表 3.12.1　MLAG を実現するスイッチの技術

メーカー	機種	MLAG を実現する技術
シスコ	Catalyst 3750/3850/9300 シリーズ	StackWise テクノロジー
	Catalyst 4500-X/6500/6800 シリーズ	VSS(Virtual Switching System)
	Nexus シリーズ	vPC(virtual Port Channel)
HPE	OfficeConnect 1950 スイッチシリーズ 5510/5130/5980/5950/5940/5900/5700 シリーズ	IRF(Intelligent Resilient Framework)
	Aruba 5400R/2930F スイッチシリーズ	VSF(Virtual Switching Framework)
	Aruba 3810/2930M スイッチシリーズ	スタッキング機能
アリスタ	7000 シリーズ	MLAG(Multi-chassis Link AGgregation)
ジュニパー	EX シリーズ	VC(Virtual Chassis)
アライドテレシス	SBx8100/SBx908 シリーズ x930/x900/x610/x600/x510/x510DP/x510L/SH510/x310 シリーズ	VCS(Virtual Chassis Stack)

正しく認識できていることを確認できたら、後はリンク冗長化機能試験と同じです。リンクアグリゲーションプロトコルによって*1、スイッチまたぎの論理インターフェースが構成され、設計どおりに物理インターフェースが関連付けられていることを確認した後、テストコマンド*2を使用して、パケット転送に選択される物理リンクがある程度ばらける(負荷分散される)ことを確認します。

*1 リンクアグリゲーションプロトコルを使用しない場合(静的リンクアグリゲーションの場合)は、設計どおりの物理インターフェースで、論理インターフェースが構成されていることだけを確認してください。

*2 テストコマンドがない場合は、実際にパケットのIPアドレスを変えたり、ポート番号を変えたり、負荷分散方式に合わせたパケットを何種類か投げて確認してください。

TEST

図 3.12.3 MLAG 冗長化機能試験の構成例(シスコ Catalyst 3850 の StackWise テクノロジーの場合)

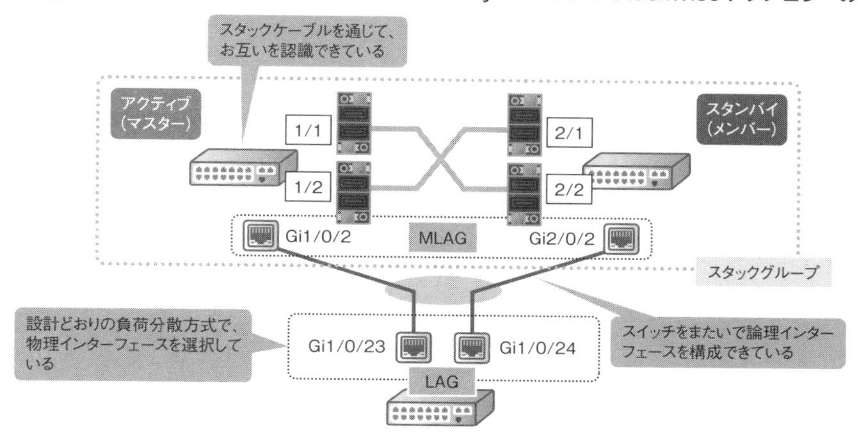

表 3.12.2 MLAG 冗長化機能試験の例(シスコ Catalyst 3850 の StackWise テクノロジーの場合)

試験前提	(1)設計どおりにネットワーク機器が接続されていること (2)インターフェース試験に合格していること (3)VLAN 試験に合格していること
事前作業	(1)スタックグループ*1 に SSH で接続し、任意のユーザーでログインした後、特権 EXEC モードに移行する

試験実施手順	合否判定基準
(1)スタックグループの CLI で以下のコマンドを実行する show switch	以下を確認できること • Switch#1 の Role が Active、Switch#2 の Role が Standby になっていること • Switch#1 のプライオリティが 15、Switch#2 のプライオリティが 14 になっていること • Current State がすべて Ready になっていること
(2)スタックグループの CLI で以下のコマンドを実行する show switch stack-ports	Stack Port Status がすべて OK になっていること
(3)スタックグループの CLI で以下のコマンドを実行する show switch neighbors	以下を確認できること • Switch#1 のスタックポートが Switch#2 に接続されていること • Switch#2 のスタックポートが Switch#1 に接続されていること
(4)スタックグループの CLI で以下のコマンドを実行する show etherchannel summary	以下を確認できること • プロトコルが LACP であること • Po1(論理インターフェース)に Gi1/0/1 と Gi2/0/1 が含まれていること • Po1 の状態が SU になっていること • Gi1/0/1 の状態が P になっていること • Gi2/0/1 の状態が P になっていること
(5)スタックグループの CLI で以下のコマンドを実行する show etherchannel load-balance	送信元 / 宛先 IP アドレス＋送信元 / 宛先ポート番号ベースの負荷分散方式が設定されていること
(6)スタックグループの CLI で以下のコマンドを実行する show platform etherchannel 1 load-balance mac 0000.0000.0001 0000.0000.0002 ip 192.168.1.1 192.168.1.2 port x*2 22	選択される物理インターフェースがある程度分散されること

結合試験 … MLAG冗長化機能試験

＊1 スタックグループはグループでひとつの管理IPアドレスを持ちます。接続するときは、そのIPアドレスに対して接続します。
＊2 xは、任意の送信元ポート番号を表します。あくまでテストコマンドなので、適当な送信元ポートを入れて、コマンドを実行してください。

図 3.12.4　スタックグループの状態確認(シスコ Catalyst 3850 の場合)

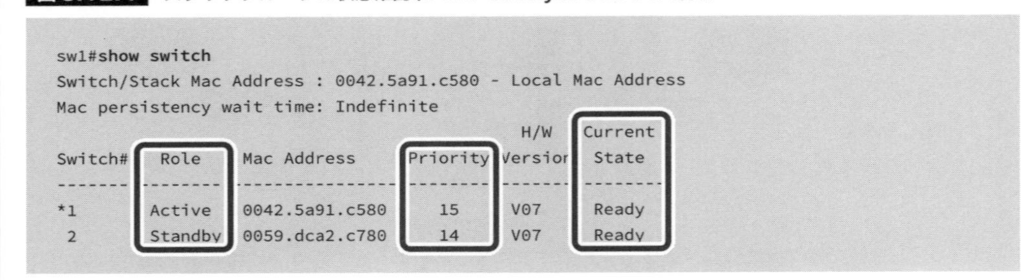

```
sw1#show switch
Switch/Stack Mac Address : 0042.5a91.c580 - Local Mac Address
Mac persistency wait time: Indefinite
                                              H/W    Current
Switch#   Role     Mac Address    Priority Version  State
------- -------- ---------------- -------- ------- --------
*1       Active   0042.5a91.c580     15     V07     Ready
 2       Standby  0059.dca2.c780     14     V07     Ready
```

図 3.12.5　スタックポートの状態確認(シスコ Catalyst 3850 の場合)

```
sw1#show switch stack-ports

Switch#   Port1     Port2
----------------------------
1         OK        OK
2         OK        OK
```

図 3.12.6　隣接するスタック機器の確認(シスコ Catalyst 3850 の場合)

```
sw1#show switch neighbors
  Switch #    Port 1       Port 2
  --------    ------       ------
      1          2            2
      2          1            1
```

図 3.12.7　MLAG の状態(シスコ Catalyst 3850 の場合、LACP 使用)

```
sw1#show etherchannel summary
Flags:  D - down        P - bundled in port-channel
        I - stand-alone s - suspended
        H - Hot-standby (LACP only)
        R - Layer3      S - Layer2
        U - in use      f - failed to allocate aggregator

        M - not in use, minimum links not met
        u - unsuitable for bundling
        w - waiting to be aggregated
        d - default port

        A - formed by Auto LAG
```

```
Number of channel-groups in use: 1
Number of aggregators:           1

Group  Port-channel  Protocol    Ports
------+-------------+-----------+-----------------------------------------------
1      Po1(SU)         LACP      Gi1/0/1(P)  Gi2/0/1(P)
```

図 3.12.8 MLAGの負荷分散設定確認(シスコ Catalyst 3850の場合)

```
sw1#show etherchannel load-balance
EtherChannel Load-Balancing Configuration:
        src-dst-mixed-ip-port

EtherChannel Load-Balancing Addresses Used Per-Protocol:
Non-IP: Source XOR Destination MAC address
  IPv4: Source XOR Destination IP address and TCP/UDP (layer-4) port number
  IPv6: Source XOR Destination IP address and TCP/UDP (layer-4) port number
```

図 3.12.9 物理インターフェース選択確認(シスコ Catalyst 3850の場合)

```
sw1#show platform etherchannel 1 load-balance mac 0000.0000.0001 0000.0000.0002 ip
192.168.1.1 192.168.1.2 port 50000 22
Dest port : Gi2/0/1

sw1#show platform etherchannel 1 load-balance mac 0000.0000.0001 0000.0000.0002 ip
192.168.1.1 192.168.1.2 port 50001 22
Dest port : Gi2/0/1

sw1#show platform etherchannel 1 load-balance mac 0000.0000.0001 0000.0000.0002 ip
192.168.1.1 192.168.1.2 port 50002 22
Dest port : Gi1/0/1

sw1#show platform etherchannel 1 load-balance mac 0000.0000.0001 0000.0000.0002 ip
192.168.1.1 192.168.1.2 port 50003 22
Dest port : Gi2/0/1

sw1#show platform etherchannel 1 load-balance mac 0000.0000.0001 0000.0000.0002 ip
192.168.1.1 192.168.1.2 port 50004 22
Dest port : Gi1/0/1
```

設計どおりの状態になっていない場合は、スイッチの認識状態を確認しましょう。たとえば、シスコ Catalyst 3850のStackWiseテクノロジーの場合、スタックグループを構成するスイッチは同じソフトウェアバージョン、かつ同じライセンスでないと機能しません。MLAGを実現する技術ごとに前提条件は異なるので、各社各機種のマニュアルを確認してください。

3.13 STP冗長化機能試験

STP冗長化機能試験は、「STP（Spanning Tree Protocol）」の状態を確認する試験です。STPは、物理的にループしているネットワークのどこかのインターフェースをブロックして、論理的なツリー構成を作るプロトコルです。STPは隣接するスイッチ間で「BPDU（Bridge Protocol Data Unit）」という特殊なイーサネットフレームをやりとりし合って、ツリー構成の根っことなる「**ルートブリッジ**」と、パケットを流さない「**ブロッキングポート**」を決定します。また、パケットが流れる経路のどこかで障害が発生すると、ブロッキングポートを開放し、迂回経路を確保します。

図3.13.1　STPの動作

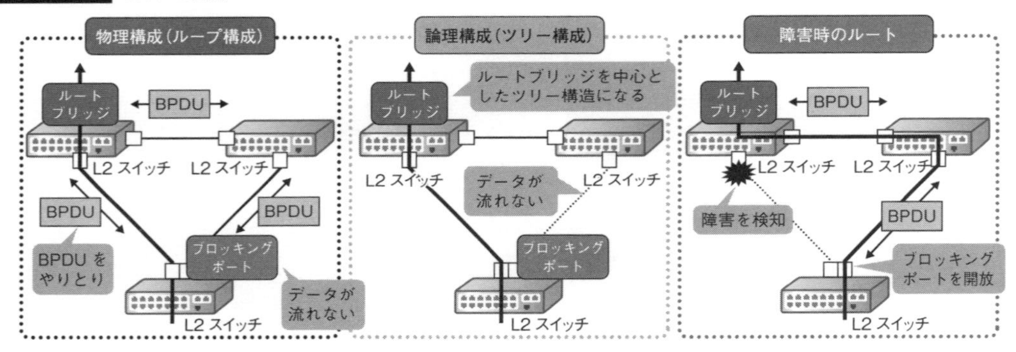

STPは、「STP」「RSTP（Rapid STP）」「MSTP（Multiple STP）」の3種類に分類できます。STPはIEEE802.1Dで標準化されているプロトコルで、STPの原点です。STPは、障害が発生したとき「n秒待ったら○をして、m秒待ったら△をする」といった感じで処理を行うため、迂回経路を確保するまでに時間がかかります。そこで、この弱点を補う形で策定されたプロトコルがRSTPです。IEEE802.11wで標準化されています。RSTPは「○が起きたら□をして、□をしたら△をする」といった感じで、待つことなくどんどん処理を行うため、即座に迂回経路を確保できます。しかし、パケットを負荷分散することができず、片方のポートにトラフィックが偏ってしまうため、効率が良いとは言えません。そこで、この弱点を補う形で策定されたプロトコルがMSTPです。IEEE802.1sで標準化されています。MSTPは、VLANを「インスタンス」というグループにまとめ、インスタンスごとにルートブリッジとブロッキングポートを作ることによって、経路の負荷分散を図ることができます。

表3.13.1 STPの種類

STPの種類	STP	RSTP	MSTP
プロトコル	IEEE802.1D	IEEE802.1w	IEEE802.1s
収束時間	遅い	速い	速い
収束方式	タイマーベース	イベントベース	イベントベース
BPDUの単位	VLAN	VLAN	インスタンス
ルートブリッジの単位	VLAN	VLAN	インスタンス
ブロッキングポートの単位	VLAN	VLAN	インスタンス
負荷分散	不可*1	不可*2	インスタンス単位で可能

*1 シスコ製のスイッチの場合、STPを独自に拡張した「PVST+」を使用できます。PVST+はVLANごとにルートブリッジとブロッキングポートを決めて、トラフィックを分散します。
*2 シスコ製のスイッチの場合、RSTPを独自に拡張した「PVRST+」を使用できます。PVRST+はVLANごとにルートブリッジとブロッキングポートを決めて、トラフィックを分散します。

STP冗長化機能試験の内容

STP冗長化機能試験では、すべてのスイッチで同じプロトコルが有効になっていること*1を確認した後、設計どおりのスイッチがルートブリッジ、セカンダリールートブリッジになり、設計どおりのインターフェースがブロックされていることを確認します。たとえば、図3.13.2のようなネットワーク構成の場合、sw1がルートブリッジ、sw2がセカンダリールートブリッジとなり*2、sw3のGi0/24がブロッキングポートになっていることを確認します。

*1 STP、RSTP、MSTPは、ある程度互換性を保つようにできていますが、ほとんどの場合、同じプロトコルを使用してネットワークを構築します。
*2 ルートブリッジでもセカンダリールートブリッジでもないスイッチのことを、非ルートブリッジと言います。sw3は非ルートブリッジです。

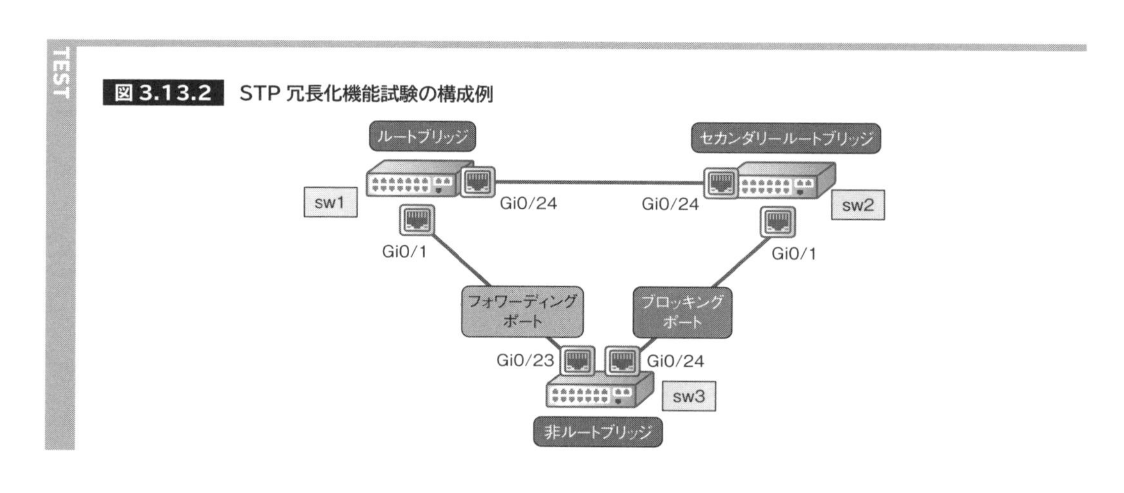

図3.13.2 STP冗長化機能試験の構成例

表 3.13.2　STP 冗長化機能試験の例（シスコ Catalyst スイッチの場合）

試験前提	(1)設計どおりにネットワーク機器が接続されていること (2)インターフェース試験に合格していること (3)VLAN 試験に合格していること
事前作業	(1)スイッチに SSH で接続し、任意のユーザーでログインした後、特権 EXEC モードに移行する

試験実施手順	合否判定基準
(1)sw1 の CLI で以下のコマンドを実行する show spanning-tree	以下を確認できること • Rapid STP(rstp)で動作していること • ルートブリッジになっていること • プライオリティが「1(=0+VLAN ID)」になっていること • すべてのインターフェースがフォワーディング(FWD)状態になっていること
(2)sw2 の CLI で以下のコマンドを実行する show spanning-tree	以下を確認できること • Rapid STP(rstp)で動作していること • プライオリティが「4097(=4096+VLAN ID)」になっていること • すべてのインターフェースがフォワーディング(FWD)状態になっていること
(3)sw3 の CLI で以下のコマンドを実行する show spanning-tree	以下を確認できること • Rapid STP(rstp)で動作していること • プライオリティが「32769(=32768+VLAN ID)」になっていること • Gi0/23 がフォワーディング(FWD)状態になっていること • Gi0/24 がブロッキング(BLK)状態になっていること

図 3.13.3　ルートブリッジの確認（シスコ Catalyst スイッチの場合）

```
sw1#show spanning-tree

VLAN0001
  Spanning tree enabled protocol rstp
  Root ID    Priority    1
             Address     5000.0001.0000
             This bridge is the root
             Hello Time   2 sec  Max Age 20 sec  Forward Delay 15 sec

  Bridge ID  Priority    1      (priority 0 sys-id-ext 1)
             Address     5000.0001.0000
             Hello Time   2 sec  Max Age 20 sec  Forward Delay 15 sec
             Aging Time  300 sec

Interface           Role Sts Cost      Prio.Nbr Type
------------------- ---- --- --------- -------- --------------------------------
Gi0/1               Desg FWD 4         128.1    P2p
Gi0/24              Desg FWD 4         128.24   P2p
```

図 3.13.4 セカンダリールートブリッジの確認(シスコ Catalyst スイッチの場合)

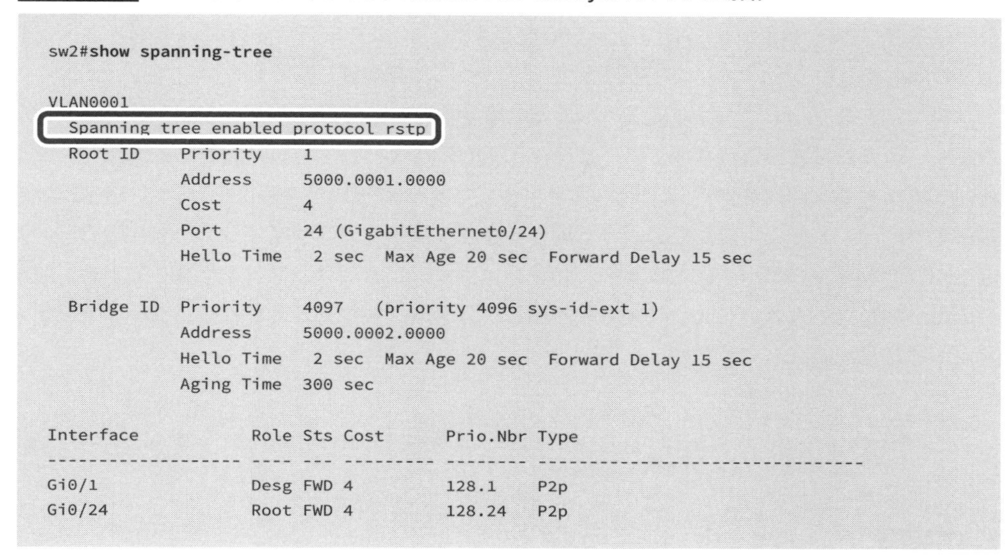

```
sw2#show spanning-tree

VLAN0001
  Spanning tree enabled protocol rstp
  Root ID    Priority    1
             Address     5000.0001.0000
             Cost        4
             Port        24 (GigabitEthernet0/24)
             Hello Time   2 sec  Max Age 20 sec  Forward Delay 15 sec

  Bridge ID  Priority    4097   (priority 4096 sys-id-ext 1)
             Address     5000.0002.0000
             Hello Time   2 sec  Max Age 20 sec  Forward Delay 15 sec
             Aging Time  300 sec

Interface           Role Sts Cost      Prio.Nbr Type
------------------- ---- --- --------- -------- --------------------------------
Gi0/1               Desg FWD 4         128.1    P2p
Gi0/24              Root FWD 4         128.24   P2p
```

図 3.13.5 非ルートブリッジとブロッキングポートの確認(シスコ Catalyst スイッチの場合)

```
sw3#show spanning-tree

VLAN0001
  Spanning tree enabled protocol rstp
  Root ID    Priority    1
             Address     5000.0001.0000
             Cost        4
             Port        23 (GigabitEthernet0/23)
             Hello Time   2 sec  Max Age 20 sec  Forward Delay 15 sec

  Bridge ID  Priority    32769  (priority 32768 sys-id-ext 1)
             Address     5000.0003.0000
             Hello Time   2 sec  Max Age 20 sec  Forward Delay 15 sec
             Aging Time  300 sec

Interface           Role Sts Cost      Prio.Nbr Type
------------------- ---- --- --------- -------- --------------------------------
Gi0/23              Root FWD 4         128.23   P2p
Gi0/24              Altn BLK 4         128.24   P2p
```

STPが設計どおりの状態になっていない場合

設計どおりの状態になっていない場合は「**ブリッジプライオリティ**」と「**パスコスト**」の設定を確認しましょう。

ブリッジプライオリティはルートブリッジを決めるための設定で、最も小さいブリッジプライオリティを持つスイッチがルートブリッジになります*1。ルートブリッジになるべきスイッチに対して、最も小さいプライオリティが設定されていることを確認してください。

パスコストは、STPにおける論理的な距離を表す設定で、手動に設定しないかぎり、リンクの帯域幅から自動的に決定されます。スイッチはBPDUに含まれるパスコストをもとにルートブリッジに対する論理的な距離を計算し、最も大きい値になったポートがブロッキングポートになります。ルートブリッジまでの距離が同じだった場合、今度はブリッジプライオリティを比較して、大きいほうがブロッキングポートになります。ルートブリッジからパスコストを加算していき、設計どおりのポートが最も大きいパスコストになること、パスコストが同じであれば、プライオリティ値に差があることを確認してください。

*1 実際はブリッジプライオリティとMACアドレスで構成される「ブリッジID」によってルートブリッジが決定します。しかし、実際の環境ではブリッジプライオリティでルートブリッジを決めることがほとんどなので、本書では読みやすさも考慮して、ブリッジプライオリティとして説明しています。

図 3.13.6　ブリッジプライオリティとパスコスト

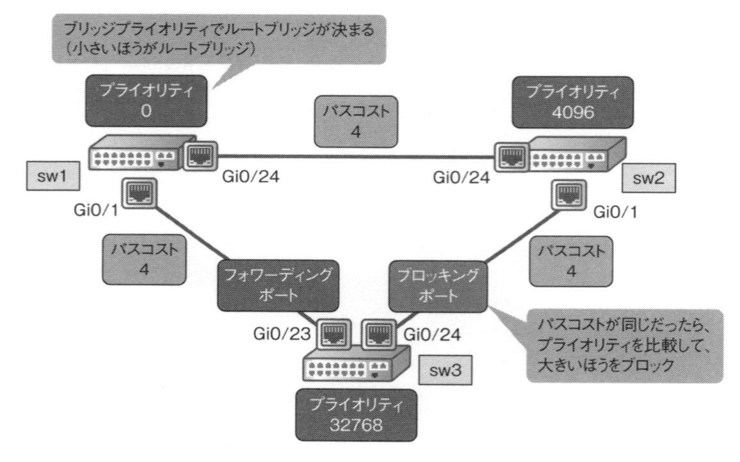

3.14 ループ防止機能試験

ここまで冗長化プロトコルとしてのSTPを説明してきました。しかし、実際のところ、最近はMLAGを駆使したシンプルなネットワーク構成が隆盛を極めていて、冗長化プロトコルとしてのSTPはもはや過去のものになりつつあります。とはいえ、STPをまったく使用しないというわけではなく、最近はSTPを「**ブリッジングループ**（L2ループ）」を防止する、ループ防止プロトコルとして転ばぬ先の杖的に使用することが多くなってきています。

ブリッジングループは、イーサネットフレームが物理的、あるいは論理的にループしている経路上をぐるぐる回る現象です。L2スイッチはブロードキャストをフラッディングするようにできています。したがって、ループする経路があると、ブロードキャストがぐるっと一周し、またフラッディングをするという動作を延々と繰り返します。この動作によって、最終的に通信不能の状態に陥ります。

図3.14.1 ブリッジングループ

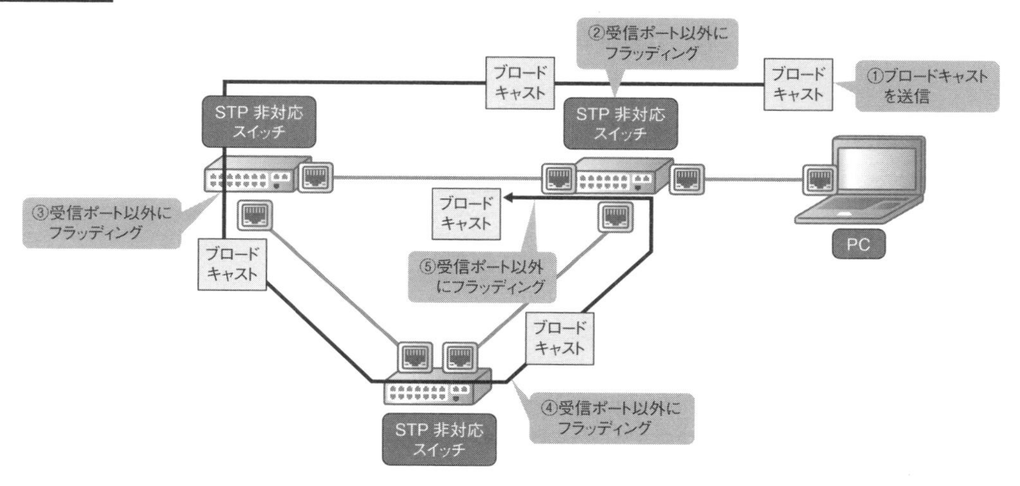

ブリッジングループは、TTL（Time To Live）の概念がないイーサネットを使用しているかぎり、避けては通れない大きな問題です。うまく予防し、付き合っていくしかありません。その予防策のひとつがSTPのオプション機能である「**BPDUガード**」です。STPを有効にしているスイッチのインターフェースは、ツリー構成を作る計算を行うため、パケットを転送できるようになるまで50秒くらい時間がかかります。しかし、PCやサーバーが接続されるインターフェースでは、その計

算をする必要がないため、接続と同時にパケットを転送できるように「PortFast」という設定を行います。BPDUガードはPortFastを設定しているインターフェースでBPDUを受け取ったときに、そのインターフェースを強制的にダウンさせる機能です。ネットワークがループしていると、意図しないBPDUがPortFastを設定したインターフェースに飛んできます。それをBPDUガードで捕捉し、シャットダウンします。**シャットダウンさえしてしまえば、ループ構成にはならず、ブリッジングループを心配する必要がありません。**

図 3.14.2　BPDU ガード

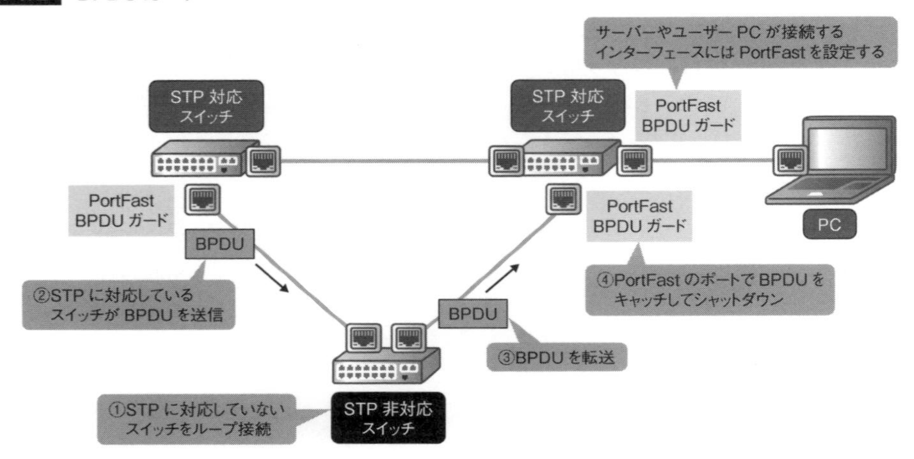

ループ防止機能試験の内容

ループ防止機能試験では、PortFastを設定しているインターフェース同士をLANケーブルで接続することによって、物理的なループ状態を作り、インターフェースがBPDUガードでシャットダウンされること*1を確認します。ただし、何千、何万インターフェースもあるネットワーク環境において、すべてのインターフェースを確認する必要はないでしょう。PortFastを設定しているインターフェースをいくつかピックアップして、機能的に動作するかを確認してください。

*1 シスコ Catalystスイッチの場合、「エラーディセーブル (err-disable)」という状態になります。エラーディセーブルになっているインターフェースを再度有効にするには、shutdownコマンドを発行してから、no shutdownコマンドを発行してください。

TEST

図 3.14.3 ループ防止機能試験の構成例

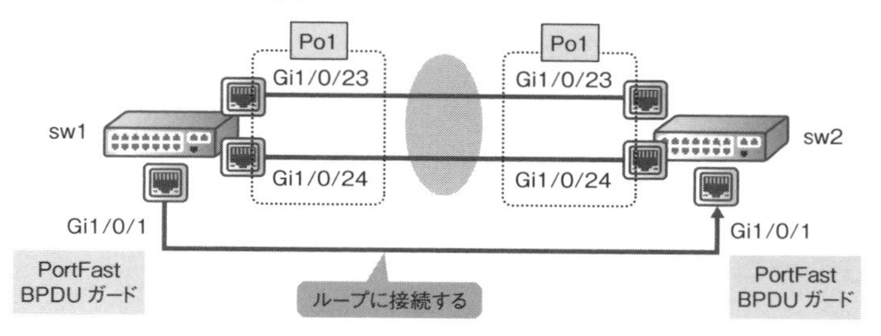

表 3.14.1 ループ防止機能試験

試験前提	(1)設計どおりにネットワーク機器が接続されていること (2)インターフェース試験に合格していること (3)リンク冗長化機能試験に合格していること
事前作業	(1)スイッチに SSH で接続し、任意のユーザーでログインした後、特権 EXEC モードに移行する

試験実施手順	合否判定基準
(1)sw1 の Gi1/0/1 と sw2 の Gi1/0/1 を接続する	
(2)sw1 の CLI で以下のコマンドを実行する show interface Gi1/0/1	以下、どちらかの状態を確認できること • err-disabled になっていること • notconnect になっていること
(3)sw2 の CLI で以下のコマンドを実行する show interface Gi1/0/1	以下、どちらかの状態を確認できること • err-disabled になっていること • notconnect になっていること

図 3.14.4 BPDU を受け取った PortFast インターフェース

```
sw2#show interfaces Gi1/0/1
GigabitEthernet1/0/1 is down, line protocol is down (err-disabled)
  Hardware is Gigabit Ethernet, address is 1c1d.8689.e681 (bia 1c1d.8689.e681)
  MTU 1500 bytes, BW 10000 Kbit/sec, DLY 1000 usec,
     reliability 255/255, txload 1/255, rxload 1/255
  Encapsulation ARPA, loopback not set
  Keepalive set (10 sec)
  Auto-duplex, Auto-speed, media type is 10/100/1000BaseTX
  input flow-control is off, output flow-control is unsupported
  ARP type: ARPA, ARP Timeout 04:00:00
  Last input 00:01:12, output 00:01:12, output hang never
  Last clearing of "show interface" counters never
  Input queue: 0/75/0/0 (size/max/drops/flushes); Total output drops: 0
  Queueing strategy: fifo
  Output queue: 0/40 (size/max)
(省略)
```

図 3.14.5　BPDU ガードによって、インターフェースがシャットダウンされたときのログ

```
Mar 30 01:33:20.307: %SPANTREE-2-BLOCK_BPDUGUARD: Received BPDU on port Gi1/0/1 with BPDU
Guard enabled. Disabling port.
Mar 30 01:33:20.307: %PM-4-ERR_DISABLE: bpduguard error detected on Gi1/0/1, putting
Gi1/0/1 in err-disable state
```

その他のループ防止機能

さて、ループ防止機能として一般的によく使用されるBPDUガードですが、「絶対に」ブリッジングループを防げるかと言えば、必ずしもそうではありません。BPDUガードは、BPDUの送受信を前提として機能するため、その前提が崩れてしまうと意味をなしません。たとえば、BPDUを破棄するスイッチを、空いてるふたつのLANポートに接続して、物理的にループに配線されたりするとアウトです。往々にして、ユーザーが無断で持ち込むスイッチは曲者で、説明がつかない不思議な動作をするものです。また、そういうものを無断で持ち込むユーザーに限って、机の上にあるLANポートが空いていたら平然と接続してループさせます（少なくとも、筆者の経験上はそうでした）。BPDUガードだけではなく、いろいろな機能を駆使して、幾重にも予防策、回避策を張り巡らせてください。そして、その機能に合わせて、それぞれ試験を実行してください。

表 3.14.2　いろいろなループ防止機能

ブリッジングループ防止機能	説明
ストームコントロール	インターフェース上を流れるパケットの量がしきい値を超えたら、超えた分のパケットを破棄する。
UDLD	リンクアップ・リンクダウンを判別する L2 プロトコル。フレームを送信できるが、受信できないという「単一方向リンク障害」を検出すると、ポートを即座にシャットダウンする。
ループガード	STP で冗長化しているネットワーク構成において、ブロッキングポートで BPDU を受信できなくなったときに、転送状態（フォワーディング状態）にするのではなく、不整合ブロッキング状態へ移行する。

3.15 FHRP冗長化機能試験

FHRP冗長化機能試験は、「FHRP (First Hop Redundancy Protocol)」の状態を確認する試験です。FHRPは、サーバーやPCのファーストホップ、つまりデフォルトゲートウェイを冗長化するときに使用するプロトコルです。FHRPは、複数のデフォルトゲートウェイを、ひとつの仮想的なデフォルトゲートウェイのように動作させせることによって冗長化を図ります。両機器がそれぞれ持つIPアドレス(実IPアドレス)とは別に、共有するIPアドレス(仮想IPアドレス、VIP) *1をグループIDとともに設定すると、生死監視パケットでお互いの状態を認識し、片方の機器がアクティブ、もう片方の機器がスタンバイに動作するようになります。通常時は、生死監視パケットに含まれる「**プライオリティ**(優先度)」が高いルーターがアクティブルーターになり、その機器が仮想IPアドレスに対するARPリクエストに応答し、パケットを処理します。また、スタンバイルーターがアクティブルーターから生死監視パケットを受け取れなくなったり*2、優先度の低い生死監視パケットを受け取ったりする*3と、フェールオーバー*4がかかります。

*1 仮想IPアドレスに紐付くMACアドレスのことを「仮想MACアドレス」と言い、デフォルトで自動的に生成されます。
*2 アクティブルーターが故障すると、スタンバイルーターが生死監視パケットを受け取れなくなって、フェールオーバーがかかります。
*3 アクティブルーターのメンテナンスなどで、意図的にフェールオーバーを実行したいとき、アクティブルーターの優先度を下げて、フェールオーバーをかけます。
*4 アクティブルーターとスタンバイルーターで冗長化が図られている環境で、アクティブルーターに障害が発生したとき、自動的にスタンバイルーターが処理を引き継ぎ、そのまま処理を続行する技術のことです。

図 3.15.1 FHRP の動作

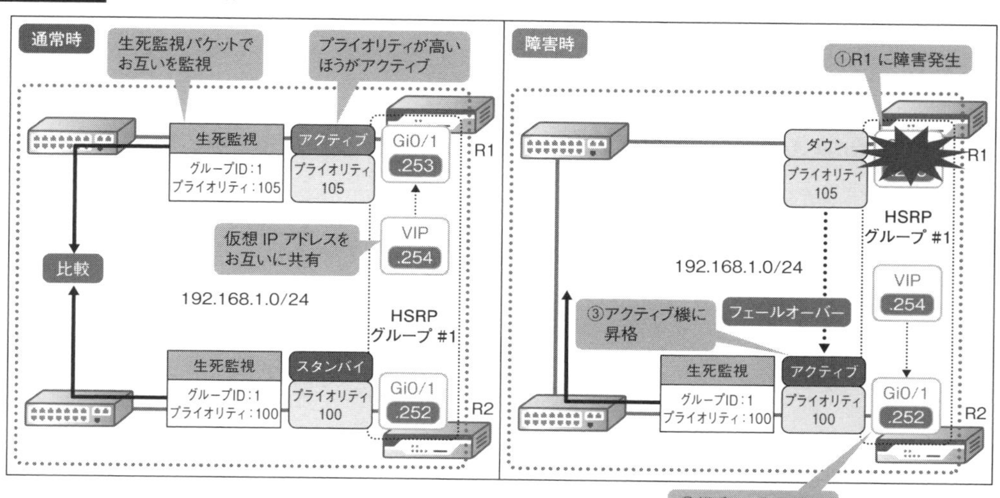

FHRPには、大きく「**HSRP**（Hot Standby Router Protocol）」と「**VRRP**（Virtual Router Redundancy Protocol）」の2種類があります。両者の機能にそこまで大きな違いはありませんが、次表のように、デフォルト値や呼び名が微妙に異なります。シスコ製のルーターやL3スイッチを使用している環境であればHSRP、それ以外の環境であればVRRPを使用することが多いでしょう。

表3.15.1　HSRPとVRRPの違い

FHRPの種類	HSRP	VRRP
正式名称	Hot Standby Router Protocol	Virtual Router Redundancy Protocol
RFC	RFC2281	RFC5798
グループの名称	HSRPグループ	VRRPグループ
グループID（識別子）の名称	グループID	バーチャルルーターID
グループを構成する機器の名称	アクティブルーター スタンバイルーター	マスタールーター スレーブルーター
生死監視パケットの名称	Helloパケット	Advertisementパケット
生死監視パケットで使用するマルチキャストアドレス	224.0.0.2*1	224.0.0.18
生死監視パケットの送信間隔	3秒	1秒
生死監視パケットのタイムアウト	10秒	3秒
仮想IPアドレス	実IPアドレスとは別で設定	実IPアドレスと同じIPアドレスを設定可能
仮想MACアドレス	00-00-0c-07-ac-xx*2 （xxはグループIDの16進数）	00-00-5e-00-01-xx （xxはバーチャルルーターIDの16進数）
自動フェールバック機能（Preempt機能）	デフォルト無効	デフォルト有効
認証機能	あり	あり

*1「224.0.0.2」はHSRPv1のマルチキャストアドレスです。HSRPv2では「224.0.0.102」を使用します。
*2「00-00-0c-07-ac-xx」はHSRPv1の仮想MACアドレスです。HSRPv2では「00-00-0c-9f-fx-xx」を使用します。

FHRP冗長化機能試験の内容

FHRP冗長化試験では、FHRPグループを組んでいるルーターやL3スイッチで同じプロトコルが動作していることを確認した後、設計どおりの機器がアクティブ、およびスタンバイになり、仮想IPアドレスを共有していることを確認します。

図3.15.2のネットワーク構成を例に説明しましょう。この構成では、Externalインターフェース（Gi0/0）とInternalインターフェース（Gi0/1）で異なるHSRPグループが動作しています。そこで、どちらのHSRPグループでもR1がアクティブ、R2がスタンバイになり、それぞれで仮想IPアドレスを共有していることなどを確認します。

また、「**トラッキング*1**」が必要な構成の場合は、HSRPグループにトラッキングが適用され、機能していることをあわせて確認しましょう。たとえば、図3.15.2のネットワーク構成では、トラッキングを設定しないと、片方のインターフェースがダウンしても、もう片方のインターフェースがダウンせず、アクティブのままになってしまうため、通信に不整合が発生します。たとえば、HSRPグループ#1でアクティブなR1のGi0/0がダウンしても、Gi0/1がHSRPグループ#2でアクティブなままなので、R1でInternal VLAN（システム内部）からのパケットを受け取り続けるのにもかかわらず、R1から外に出て行けず、通信経路に不整合が発生します。そこで、R1でGi0/0の状態を監視して、リンクダウンしたら、Gi0/1でプライオリティを下げるようにトラッキングを設定します。すると、R1のGi0/0がダウンすると、HSRPグループ#2だけでなく、HSRPグループ#1でもR2がアクティブになり、結果として通信経路を確保できるようになります。

*1 特定のオブジェクト（インターフェースやPing疎通など）の状態を監視し、障害と判定したらプライオリティを下げる機能です。

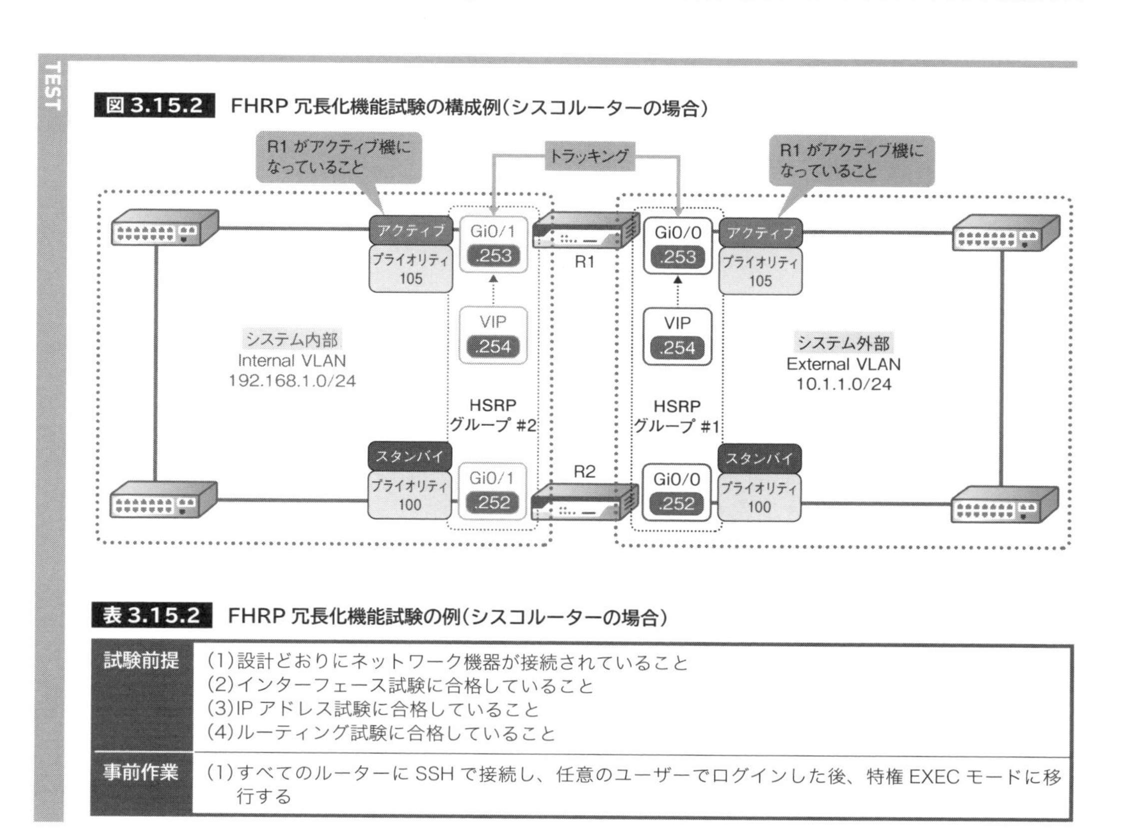

図3.15.2 FHRP冗長化機能試験の構成例（シスコルーターの場合）

表3.15.2 FHRP冗長化機能試験の例（シスコルーターの場合）

試験前提	(1)設計どおりにネットワーク機器が接続されていること (2)インターフェース試験に合格していること (3)IP アドレス試験に合格していること (4)ルーティング試験に合格していること
事前作業	(1)すべてのルーターに SSH で接続し、任意のユーザーでログインした後、特権 EXEC モードに移行する

試験実施手順	合否判定基準
(1)R1 の CLI で以下のコマンドを実行する show standby	Gi0/0 において、以下を確認できること • HSRP グループ ID が 1 になっていること • アクティブになっていること • Virtual IP アドレスが 10.1.1.254 であること • Preempt が有効になっていること • アクティブルーターが local であること • スタンバイルーターの IP アドレスが 10.1.1.252 であること • プライオリティが 105 であること • Track object 1 が適用され、Up していること Gi0/1 において、以下を確認できること • HSRP グループ ID が 2 になっていること • アクティブになっていること • Virtual IP アドレスが 192.168.1.254 であること • Preempt が有効になっていること • アクティブルーターが local であること • スタンバイルーターの IP アドレスが 192.168.1.252 であること • プライオリティが 105 であること • Track object 2 が適用され、Up していること
(2)R1 の CLI で以下のコマンドを実行する show track	以下を確認できること • Track 1 が Gi0/1 の状態を監視していること • Track 1 が Gi0/0 の HSRP に関連付けられていること • Track 2 が Gi0/0 の状態を監視していること • Track 2 が Gi0/1 の HSRP に関連付けられていること
(3)R2 の CLI で以下のコマンドを実行する show standby	Gi0/0 において、以下を確認できること • HSRP グループ ID が 1 になっていること • スタンバイになっていること • Virtual IP アドレスが 10.1.1.254 であること • Preempt が有効になっていること • アクティブルーターの IP アドレスが 10.1.1.253 であること • スタンバイルーターが local であること • プライオリティが 100 であること Gi0/1 において、以下を確認できること • HSRP グループ ID が 2 になっていること • スタンバイになっていること • Virtual IP アドレスが 192.168.1.254 であること • Preempt が有効になっていること • アクティブルーターの IP アドレスが 192.168.1.253 であること • スタンバイルーターが local であること • プライオリティが 100 であること

図 3.15.3　アクティブルーターの状態(シスコルーターの場合)

```
R1#show standby
GigabitEthernet0/0 - Group 1
  State is Active
    6 state changes, last state change 00:11:30
```

```
  Virtual IP address is 10.1.1.254
  Active virtual MAC address is 0000.0c07.ac01
    Local virtual MAC address is 0000.0c07.ac01 (v1 default)
  Hello time 3 sec, hold time 10 sec
    Next hello sent in 2.240 secs
  Preemption enabled
  Active router is local
  Standby router is 10.1.1.252, priority 100 (expires in 10.064 sec)
  Priority 105 (configured 105)
    Track object 1 state Up decrement 10
  Group name is "hsrp-Gi0/0-1" (default)
GigabitEthernet0/1 - Group 2
  State is Active
    5 state changes, last state change 00:11:32
  Virtual IP address is 192.168.1.254
  Active virtual MAC address is 0000.0c07.ac02
    Local virtual MAC address is 0000.0c07.ac02 (v1 default)
  Hello time 3 sec, hold time 10 sec
    Next hello sent in 1.440 secs
  Preemption enabled
  Active router is local
  Standby router is 192.168.1.252, priority 100 (expires in 8.544 sec)
  Priority 105 (configured 105)
    Track object 2 state Up decrement 10
  Group name is "hsrp-Gi0/1-2" (default)
```

図3.15.4 トラッキングの状態確認

```
R1#show track
Track 1
  Interface GigabitEthernet0/1 line-protocol
  Line protocol is Up
    3 changes, last change 00:28:34
  Tracked by:
    HSRP GigabitEthernet0/0 1
Track 2
  Interface GigabitEthernet0/0 line-protocol
  Line protocol is Up
    7 changes, last change 00:00:16
  Tracked by:
    HSRP GigabitEthernet0/1 2
```

図3.15.5 スタンバイルーターの状態（シスコルーターの場合）

```
R2#show standby
GigabitEthernet0/0 - Group 1
  State is Standby
    20 state changes, last state change 05:51:12
  Virtual IP address is 10.1.1.254
  Active virtual MAC address is 0000.0c07.ac01
```

```
    Local virtual MAC address is 0000.0c07.ac01 (v1 default)
  Hello time 3 sec, hold time 10 sec
    Next hello sent in 2.304 secs
  Preemption enabled
  Active router is 10.1.1.253, priority 105 (expires in 7.760 sec)
  Standby router is local
  Priority 100 (default 100)
  Group name is "hsrp-Gi0/0-1" (default)
GigabitEthernet0/1 - Group 2
  State is Standby
    13 state changes, last state change 05:51:14
  Virtual IP address is 192.168.1.254
  Active virtual MAC address is 0000.0c07.ac02
    Local virtual MAC address is 0000.0c07.ac02 (v1 default)
  Hello time 3 sec, hold time 10 sec
    Next hello sent in 2.176 secs
  Preemption enabled
  Active router is 192.168.1.253, priority 105 (expires in 9.792 sec)
  Standby router is local
  Priority 100 (default 100)
  Group name is "hsrp-Gi0/1-2" (default)
```

設計どおりの状態になっていない場合

設計どおりの状態になっていないときは、まず生死監視パケットがお互いに届いているかを、デバッグコマンドやパケットキャプチャを利用して確認しましょう。たまに、ACL（Access Control List、フィルター）を適用していて、FHRPをドロップしていることがあるので、注意が必要です。HSRPはUDP/1985のマルチキャスト（224.0.0.2*1）を使用します。また、VRRPはプロトコル番号が「112」のマルチキャスト（224.0.0.18）を使用します。使用するFHRPが許可されていることを確認してください。

あと、たまにあるトラブルがグループIDのバッティング（重複）です。FHRPは、生死監視パケットに含まれるグループIDをもとにグループを組み、プライオリティでアクティブを決めます。したがって、別で組まれている既設のFHRPグループとグループIDがバッティングすると、エラーが発生したり、既設のFHRPグループでフェールオーバーが発生したりして、もう一大事です。**グループIDは、絶対に他とバッティングさせてはいけません。**同じVLANにおいて、FHRPグループが一意になっていることを確認しましょう。

*1 HSRPv2では「224.0.0.102」のマルチキャストアドレスを使用します。

図 3.15.6 グループ ID のバッティング

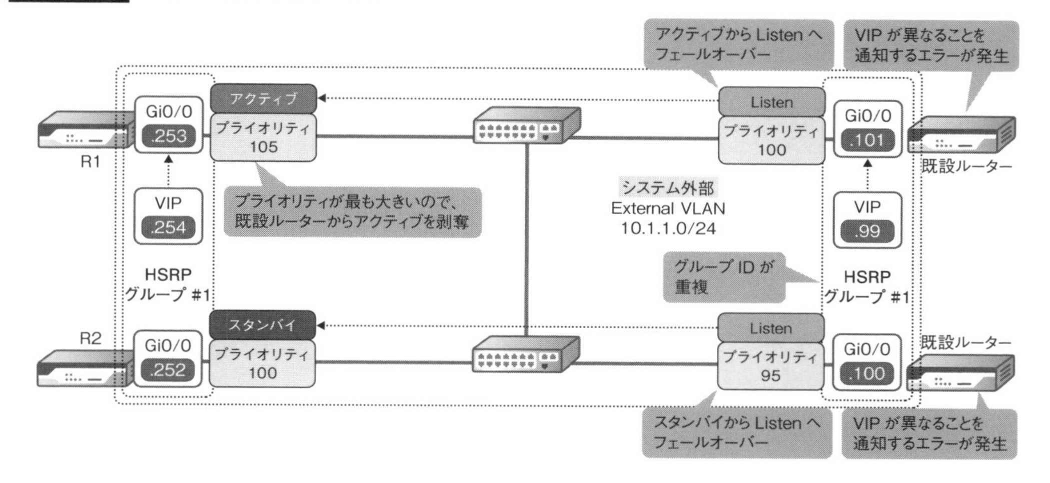

図 3.15.7 グループ ID がバッティングしたときのエラーログ（シスコルーターの場合、HSRP）

```
*Jun 18 08:56:49.204: %HSRP-4-DIFFVIP1: GigabitEthernet0/0 Grp 1 active routers virtual IP
address 10.1.1.254 is different to the locally configured address 10.1.1.99
```

3.16 ファイアウォール冗長化機能試験

ファイアウォール冗長化機能試験は、ファイアウォールにおける冗長化状態を確認する試験です。ファイアウォールの冗長化機能の基本的な動作は、FHRPと大きく変わりません。通常時はアクティブファイアウォールが仮想IPアドレスに対するARPリクエストに応答し、アクティブファイアウォールのみがパケットを処理します。アクティブファイアウォールに障害が発生すると、スタンバイファイアウォールがアクティブファイアウォールに昇格し、パケットを処理します。

FHRPとの最も大きな違いは「**同期技術**」です。FHRPは生死監視パケットでお互いの状態を監視しているものの、基本的には独立して動作し、設定も別々のものを持ちます。一方、ファイアウォールの冗長化機能は、同期用VLAN（HA VLAN）を割り当てたリンクを通じて、アクティブファイアウォールが処理したコネクション情報を同期し、アクティブファイアウォールに障害が発生しても、サービスを止めることなくパケットを処理し続けられるようになっています。また、ファイアウォールポリシーなど、共有しておく必要がある設定を、同じく同期用のリンクを通じて同期し、両機器の設定に不整合が発生しないようになっています。

図 3.16.1　ファイアウォールの冗長化機能

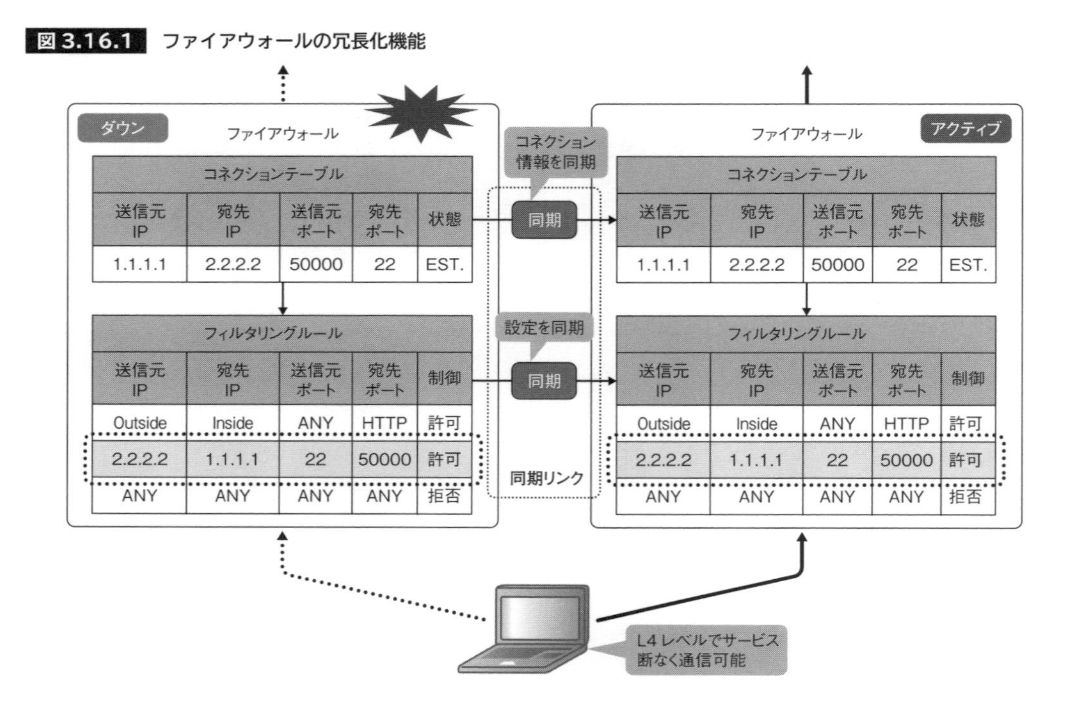

ファイアウォール冗長化機能試験の内容

ファイアウォール冗長化機能試験では、はじめにファイアウォールが同期リンクを通じてお互いを認識し合い、アクティブ・スタンバイの状態にあることをそれぞれ確認します。また、冗長化に必要な各種機能（監視インターフェース*1やコネクション同期、設定同期など）が適用されていることを確認します。その後、実際にパケット流してみて、コネクション情報が同期されることを確認します。

*1 ファイアウォールは自身のインターフェースの状態を監視していて、リンクダウンとともにフェールオーバーを実行します。状態監視をするインターフェースのことを「監視インターフェース」と言います。

図3.16.2 ファイアウォール冗長化機能試験の構成例(Cisco ASA の場合)

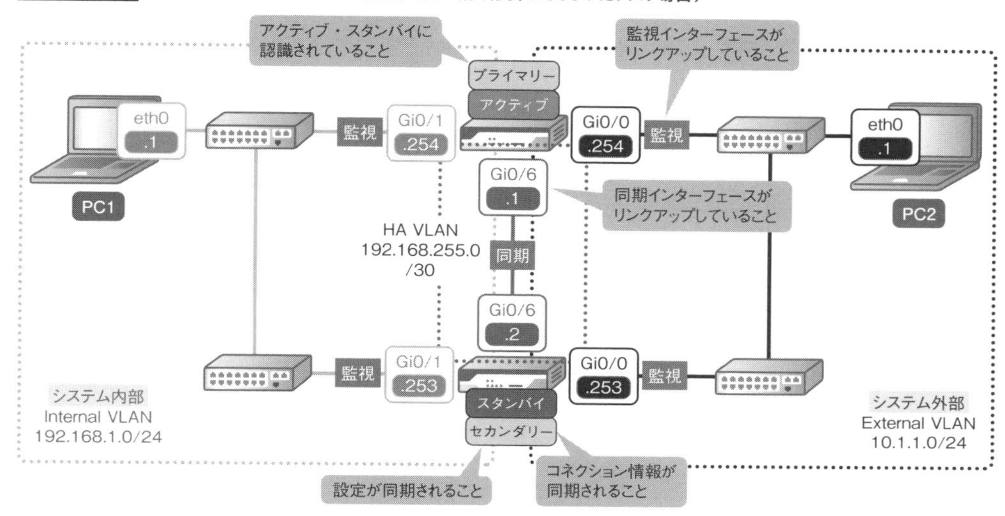

表3.16.1 ファイアウォール冗長化機能試験の例(Cisco ASA の場合)

試験前提	(1)設計どおりにネットワーク機器が接続されていること (2)インターフェース試験に合格していること (3)IP アドレス試験に合格していること (4)ルーティング試験に合格していること (5)ファイアウォール試験に合格していること
事前作業	(1)ファイアウォールに SSH で接続し、任意のユーザーでログインした後、特権 EXEC モードに移行する (2)PC1 に以下を設定し、Internal VLAN に接続する • IP アドレス:192.168.1.1 • サブネットマスク:255.255.255.0 • デフォルトゲートウェイ:192.168.1.254 (3)PC2 に以下を設定し、External VLAN に接続する • IP アドレス:10.1.1.1 • サブネットマスク:255.255.255.0 • デフォルトゲートウェイ:10.1.1.254 (4)PC2 で SSH サーバーを起動する

試験実施手順	合否判定基準
(1)プライマリー機の CLI で以下のコマンドを実行する show failover	以下を確認できること • プライマリー機であること*1 • アクティブであること • 同期インターフェース(Gi0/6)がリンクアップしていること • ユニットの監視間隔が 2 秒、ホールドタイムが 10 秒であること • インターフェースの監視間隔が 2 秒、ホールドタイムが 10 秒であること • 自分自身が Active で、監視インターフェース(outside, inside)が Normal であること • 対向機器が Standby で、監視インターフェース(outside, inside)が Normal であること
(2)セカンダリー機の CLI で以下のコマンドを実行する show failover	以下を確認できること • セカンダリー機であること*1 • スタンバイであること • 同期インターフェース(Gi0/6)がリンクアップしていること • ユニットの監視間隔が 2 秒、ホールドタイムが 10 秒であること • インターフェースの監視間隔が 2 秒、ホールドタイムが 10 秒であること • 自分自身が Standby で、監視インターフェースが Normal であること • 対向機器が Active で、監視インターフェースが Normal であること
(3)プライマリー機の CLI で以下のコマンドを実行する configure terminal username test password test	
(4)セカンダリー機の CLI で以下のコマンドを実行する show run | inc test	(3)で設定した test ユーザーが表示されること
(5)プライマリー機の CLI で以下のコマンドを実行する no username test write memory	
(6)セカンダリー機の CLI で以下のコマンドを実行する show run | inc test	(5)で削除した test ユーザーが表示されないこと
(7)PC1 の CLI で以下のコマンドを実行する telnet 10.1.1.1 22	応答があること
(8)プライマリー機の CLI で以下のコマンドを実行する show conn address 192.168.1.1	(7)で確立した TCP コネクションが表示されること
(9)セカンダリー機の CLI で以下のコマンドを実行する show conn address 192.168.1.1	(8)と同じコネクションが表示されること

*1 Cisco ASAでは、1号機を「プライマリー機」、2号機を「セカンダリー機」と定義します。

図 3.16.3 アクティブファイアウォール(プライマリー機)の状態(Cisco ASA の場合)

Cisco ASA はホスト名も両機器で同期する。どちらの機器にログインしているかは、ホスト名の後ろにある「pri」か「sec」で判断する

```
FW1/pri/act# show failover
Failover On
Failover unit Primary
Failover LAN Interface: fover GigabitEthernet0/6 (up)
Reconnect timeout 0:00:00
Unit Poll frequency 2 seconds, holdtime 10 seconds
Interface Poll frequency 2 seconds, holdtime 10 seconds
Interface Policy 1
Monitored Interfaces 2 of 61 maximum
MAC Address Move Notification Interval not set
Version: Ours 9.8(1), Mate 9.8(1)
Serial Number: Ours 9AB3UQNBFK9, Mate 9A8TNEDMRUG
Last Failover at: 06:18:37 UTC Jun 15 2021
        This host: Primary - Active
                Active time: 702 (sec)
                slot 0: empty
                  Interface outside (10.1.1.254): Normal (Monitored)
                  Interface inside (192.168.1.254): Normal (Monitored)
        Other host: Secondary - Standby Ready
                Active time: 26 (sec)
                  Interface outside (10.1.1.253): Normal (Monitored)
                  Interface inside (192.168.1.253): Normal (Monitored)

Stateful Failover Logical Update Statistics
        Link : fover GigabitEthernet0/6 (up)

(以下、省略)
```

図 3.16.4 スタンバイファイアウォール(セカンダリー機)の状態(Cisco ASA の場合)

```
FW1/sec/stby# show failover
Failover On
Failover unit Secondary
Failover LAN Interface: fover GigabitEthernet0/6 (up)
Reconnect timeout 0:00:00
Unit Poll frequency 2 seconds, holdtime 10 seconds
Interface Poll frequency 2 seconds, holdtime 10 seconds
Interface Policy 1
Monitored Interfaces 2 of 61 maximum
MAC Address Move Notification Interval not set
Version: Ours 9.8(1), Mate 9.8(1)
Serial Number: Ours 9A8TNEDMRUG, Mate 9AB3UQNBFK9
Last Failover at: 06:18:36 UTC Jun 15 2021
        This host: Secondary - Standby Ready
                Active time: 26 (sec)
                slot 0: empty
                  Interface outside (10.1.1.253): Normal (Monitored)
                  Interface inside (192.168.1.253): Normal (Monitored)
```

```
    Other host: Primary - Active
            Active time: 584 (sec)
              Interface outside (10.1.1.254): Normal (Monitored)
              Interface inside (192.168.1.254): Normal (Monitored)

Stateful Failover Logical Update Statistics
        Link : fover GigabitEthernet0/6 (up)

(以下、省略)
```

図 3.16.5 TCP/22 に Telnet 接続

```
root@ubuntu:~# telnet 10.1.1.1 22
Trying 10.1.1.1...
Connected to 10.1.1.1.
Escape character is '^]'.
SSH-2.0-OpenSSH_7.6p1 Ubuntu-4ubuntu0.3
```

図 3.16.6 アクティブファイアウォール(プライマリー機)のコネクションテーブル(Cisco ASA の場合)

```
FW1/pri/act# show conn address 192.168.1.1
9 in use, 14 most used

TCP outside  10.1.1.1:22 inside  192.168.1.1:51386, idle 0:00:03, bytes 5722, flags UIO
```

図 3.16.7 スタンバイファイアウォール(セカンダリー機)のコネクションテーブル(Cisco ASA の場合)

```
FW1/sec/stby# show conn address 192.168.1.1
9 in use, 14 most used

TCP outside  10.1.1.1:22 inside  192.168.1.1:51386, idle 0:00:06, bytes 5722, flags UIO
```

設計どおりの状態になっていない場合

設計どおりの状態になっていないときは、FHRPと同じように、デバッグコマンドやパケットキャプチャを使用して、生死監視パケットがお互いに届いているか確認しましょう。ファイアウォールの生死監視パケットは、設定やコネクションの同期情報もやりとりすることになるため、ベンダーや機種ごとに異なる独自プロトコルを使用していることがほとんどです。生死監視パケットがどんなパケット(IP、プロトコル、ポート番号)なのかを確認して、ACLやファイアウォールポリシーで許可されていることを確認してください[*1]。また、機器によっては、同じライセンスでないとダメとか、同じハードウェア構成でないとダメなど、冗長化構成を組むための条件があったりもします。マニュアルなどで条件を確認しましょう。

あと、たまにあるおっちょこちょいトラブルが、小さいファイルをダウンロードして、コネクションが見えません！となるパターンです。TCPコネクションは、ファイルがダウンロードされ、クローズされれば、コネクションテーブルから削除されます。したがって、小さいファイルをダウンロードしても、数秒後*2にコネクションテーブルから見えなくなります。よほど慌ててコマンドを実行しないかぎり、見えないのは当たり前です。そこで、動作試験のときは、telnetコマンドでTCPコネクションをオープンだけしたり*3、大きいファイルをダウンロードしたり、エビデンスファイルを取得する時間を稼ぐ工夫をしてください。

*1 同期リンクを有効にすると、自動的に機器間で生死監視パケットが許可される機器もあります。
*2 たとえば、Apache2の場合、デフォルトで、コンテンツをダウンロードした5秒後に4ウェイクローズの処理が走り、コネクションテーブルから削除されます。
*3 続くアプリケーションコマンドを実行しなければ、ファイルをダウンロードせず、3ウェイハンドシェイクでTCPコネクションをオープンした状態を一定時間維持します。

3.17 負荷分散装置冗長化機能試験

負荷分散装置冗長化機能試験は、負荷分散装置における冗長化状態を確認する試験です。負荷分散装置の冗長化機能は、ファイアウォールの冗長化機能にアプリケーションレベルの同期技術を加えることにより、より高次元の冗長化を実現しています。基本的な動作は、ファイアウォールのそれと大きく変わりません。異なるのは同期の範囲だけです。負荷分散装置は、パーシステンス情報ややりとりされるコンテンツそのものをスタンバイ負荷分散装置に同期することによって、たとえフェールオーバーが発生しても、アプリケーションとしての整合性を保てるようになっています。

図 3.17.1 負荷分散装置の冗長化機能

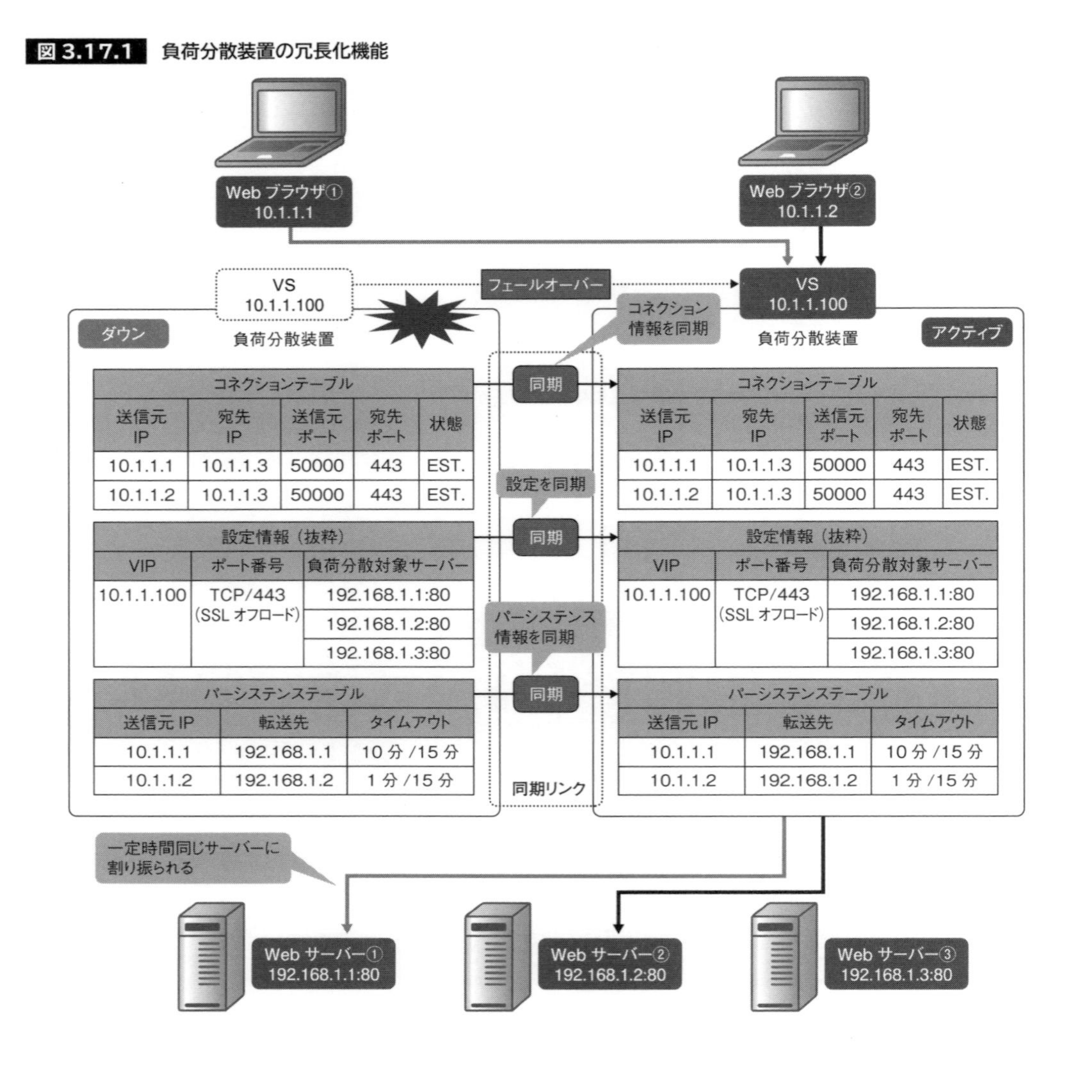

負荷分散装置冗長化機能試験の内容

負荷分散装置冗長化機能試験では、はじめに負荷分散装置が同期リンクを通じてお互いを認識し合い、アクティブ・スタンバイの状態にあることをそれぞれ確認します。また、冗長化に必要な各種機能（監視インターフェースやコネクション同期、設定同期、パーシステンス同期など）が適用されていることを確認します。その後、実際に負荷分散されるパケット流してみて、コネクション情報とパーシステンス情報が同期されることを確認します*1。

*1 もちろん、コネクション同期やパーシステンス同期が無効になっている場合は、この部分はスキップしてください。

図3.17.2 負荷分散装置冗長化機能試験の構成例

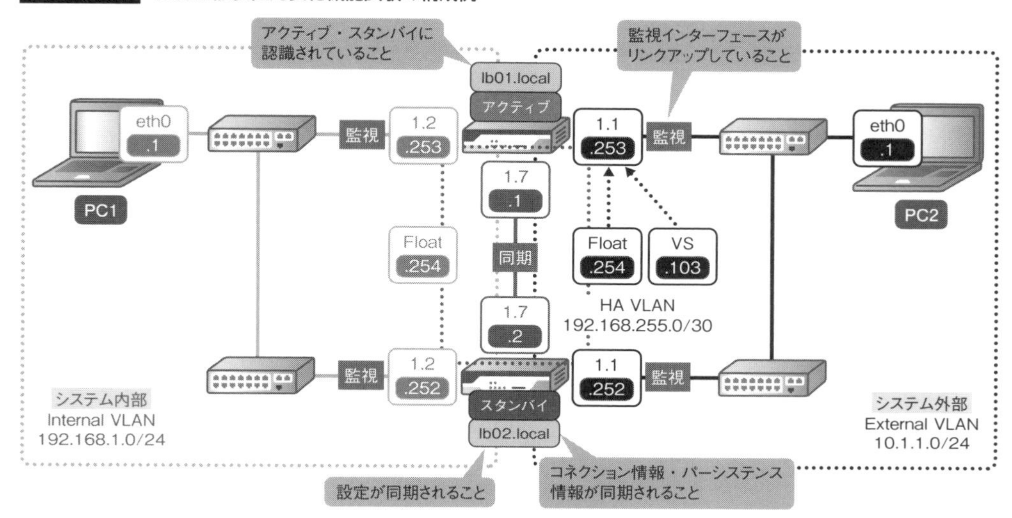

表3.17.1 負荷分散装置冗長化機能試験の例(F5 BIG-IP の場合)

試験前提	(1)設計どおりにネットワーク機器が接続されていること (2)インターフェース試験に合格していること (3)IP アドレス試験に合格していること (4)ルーティング試験に合格していること (5)負荷分散試験に合格していること
事前作業	(1)負荷分散装置に SSH で接続し、管理者ユーザーでログインする (2)PC1 に以下を設定し、Internal VLAN に接続する • IP アドレス:192.168.1.1 • サブネットマスク:255.255.255.0 • デフォルトゲートウェイ:192.168.1.254 (3)PC2 に以下を設定し、External VLAN に接続する • IP アドレス:10.1.1.1 • サブネットマスク:255.255.255.0 • デフォルトゲートウェイ:10.1.1.254 (4)PC1 で Web サーバーを起動する

試験実施手順	合否判定基準
(1)lb01 の CLI で以下のコマンドを実行する tmsh show cm traffic-group traffic-group-1 all-properties	以下を確認できること • lb01.local の Status がアクティブになっていること • lb02.local の Status がスタンバイになっていること • HA Group*1 に ha が適用されていること
(2)lb02 の CLI で以下のコマンドを実行する tmsh show cm traffic-group traffic-group-1 all-properties	以下を確認できること • lb01.local の Status がアクティブになっていること • lb02.local の Status がスタンバイになっていること • HA Group*1 に ha が適用されていること
(3)lb01 の CLI で以下のコマンドを実行する tmsh show sys ha-group ha detail	以下を確認できること • HA Group に Trunk が適用されていること • tr1.1(1.1 だけがメンバーになっている論理インターフェース名)と tr1.2(1.2 だけがメンバーになっている論理インターフェース名)が適用されていること • Percent Up が「100」になっていること*2
(4)lb02 の CLI で以下のコマンドを実行する tmsh show sys ha-group ha detail	以下を確認できること • HA Group に Trunk が適用されていること • tr1.1(1.1 だけがメンバーになっている論理インターフェース名)と tr1.2(1.2 だけがメンバーになっている論理インターフェース名)が適用されていること • Percent Up が 100 になっていること*2
(5)lb01 の CLI で以下のコマンドを実行する tmsh show cm sync-status	Status が「In Sync」になっていること
(6)lb02 の CLI で以下のコマンドを実行する tmsh show cm sync-status	Status が「In Sync」になっていること
(7)PC2 の CLI で以下のコマンドを実行する telnet 10.1.1.100 80 GET / HTTP/1.1 Host: 10.1.1.103 (エンターキーを 2 回入力)	以下のように、アプリケーションレベルの応答があること*3 HTTP/1.1 200 OK Date: Wed, 04 Aug 2021 04:53:15 GMT Server: Apache/2.4.29 (Ubuntu) Last-Modified: Sat, 31 Jul 2021 05:52:24 GMT ETag: 31-5c864f0b335c6 Accept-Ranges: bytes Content-Length: 49 Content-Type: text/html <html> <body> Test Server #1 </body> </html>
(8)lb01 の CLI で以下のコマンドを実行する tmsh show sys connection cs-server-addr 10.1.1.103	(7)で確立した TCP コネクションが表示されること
(9)lb02 の CLI で以下のコマンドを実行する tmsh show sys connection cs-server-addr 10.1.1.103	(8)と同じ TCP コネクションが表示されること
(10)lb01 の CLI で以下のコマンドを実行する tmsh show ltm persistence persist-records	(7)で作成されたパーシステンスレコードが表示されること
(11)lb02 の CLI で以下のコマンドを実行する tmsh show ltm persistence persist-records	(10)と同じパーシステンスレコードが表示されること

*1 HA Groupは、F5 BIG-IPで監視インターフェースを定義するための設定です。HA Groupには、直接物理インターフェースを定義できないため、物理インターフェースをひとつだけメンバーにしたリンクアグリゲーションの論理インターフェース（トランク）を作り、それを監視インターフェースとして定義します。本構成では、「tr1.1」と「tr1.2」という名前の論理インターフェースを作り、それぞれ「1.1」と「1.2」という物理インターフェースをひとつずつ定義しています。
*2 論理インターフェースのうち、ひとつだけ定義されている物理インターフェースがリンクアップしているので、Percent Upは「100」になります。
*3 コマンド実行後にすぐTCPコネクションがクローズされないように、試験のときは、一時的にWebサーバーのKeepAliveTimeoutを長めに設定しておくとよいでしょう。

図 3.17.3 アクティブ負荷分散装置の状態（F5 BIG-IP の場合）

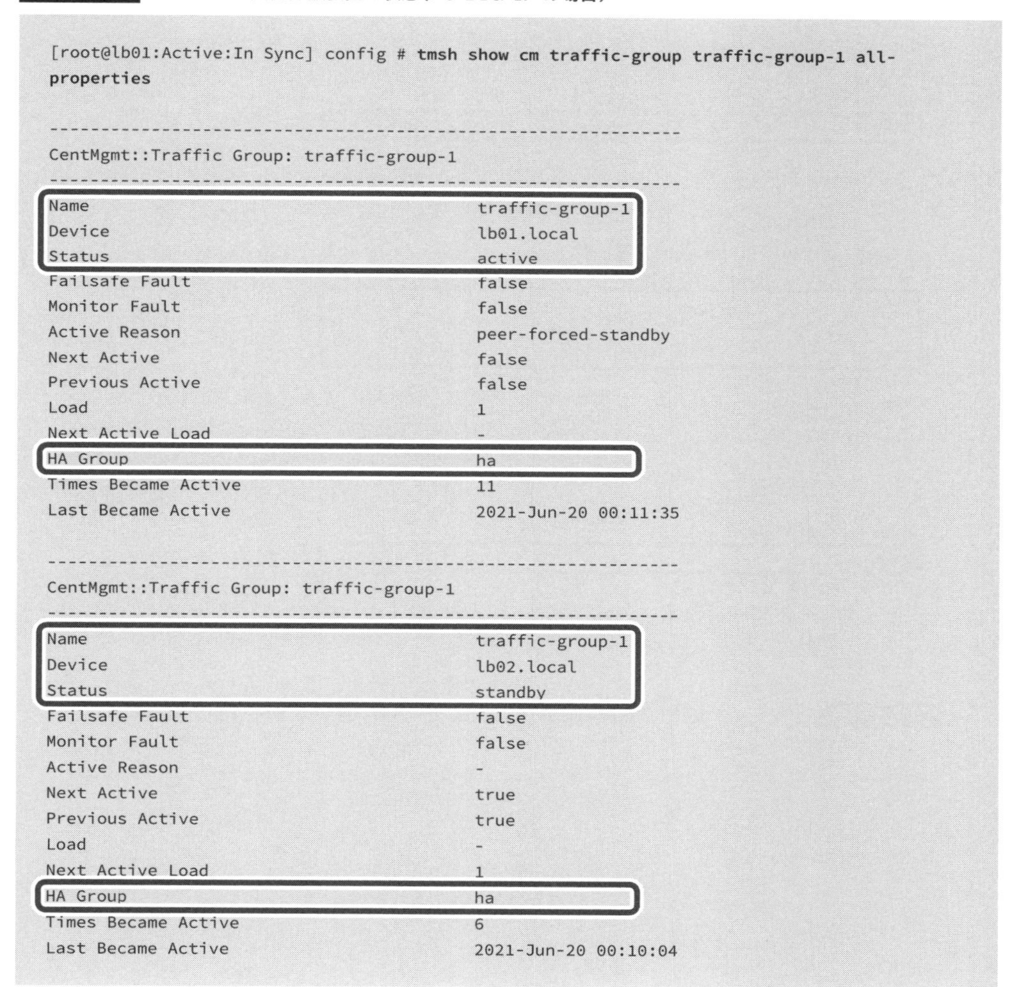

```
[root@lb01:Active:In Sync] config # tmsh show cm traffic-group traffic-group-1 all-
properties

---------------------------------------------------------------
CentMgmt::Traffic Group: traffic-group-1
---------------------------------------------------------------
Name                                    traffic-group-1
Device                                  lb01.local
Status                                  active
Failsafe Fault                          false
Monitor Fault                           false
Active Reason                           peer-forced-standby
Next Active                             false
Previous Active                         false
Load                                    1
Next Active Load                        -
HA Group                                ha
Times Became Active                     11
Last Became Active                      2021-Jun-20 00:11:35

---------------------------------------------------------------
CentMgmt::Traffic Group: traffic-group-1
---------------------------------------------------------------
Name                                    traffic-group-1
Device                                  lb02.local
Status                                  standby
Failsafe Fault                          false
Monitor Fault                           false
Active Reason                           -
Next Active                             true
Previous Active                         true
Load                                    -
Next Active Load                        1
HA Group                                ha
Times Became Active                     6
Last Became Active                      2021-Jun-20 00:10:04
```

図 3.17.4 スタンバイ負荷分散装置の状態（F5 BIG-IP の場合）

```
[root@lb02:Standby:In Sync] config # tmsh show cm traffic-group traffic-group-1 all-
properties
```

```
------------------------------------------------------------
CentMgmt::Traffic Group: traffic-group-1
------------------------------------------------------------
Name                                      traffic-group-1
Device                                    lb01.local
Status                                    active
Failsafe Fault                            false
Monitor Fault                             false
Active Reason                             peer-forced-standby
Next Active                               false
Previous Active                           false
Load                                      1
Next Active Load                          -
HA Group                                  ha
Times Became Active                       5
Last Became Active                        2021-Jun-20 00:11:35

------------------------------------------------------------
CentMgmt::Traffic Group: traffic-group-1
------------------------------------------------------------
Name                                      traffic-group-1
Device                                    lb02.local
Status                                    standby
Failsafe Fault                            false
Monitor Fault                             false
Active Reason                             -
Next Active                               true
Previous Active                           true
Load                                      -
Next Active Load                          1
HA Group                                  ha
Times Became Active                       10
Last Became Active                        2021-Jun-20 00:10:04
```

図 3.17.5 アクティブ負荷分散装置の監視インターフェースの状態（F5 BIG-IP の場合）

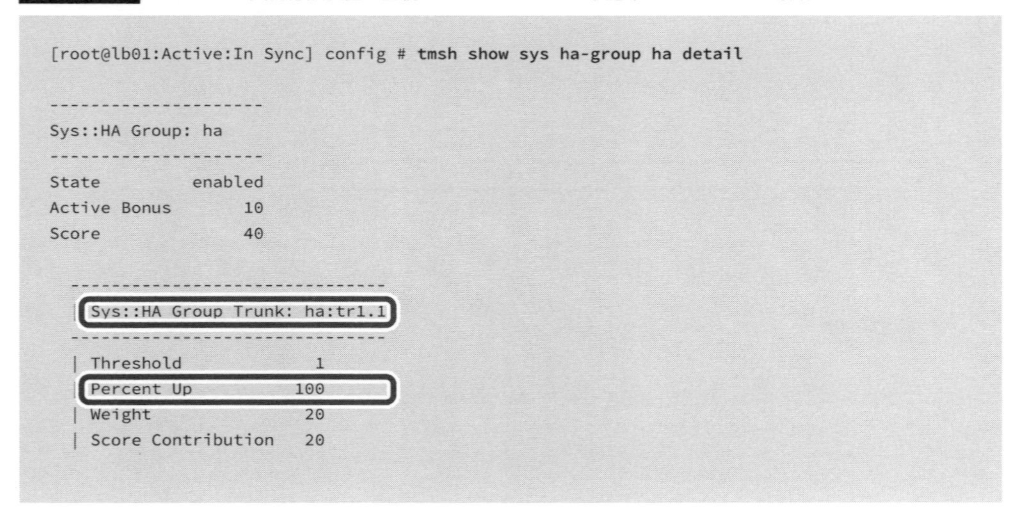

```
[root@lb01:Active:In Sync] config # tmsh show sys ha-group ha detail

---------------------
Sys::HA Group: ha
---------------------
State          enabled
Active Bonus        10
Score               40

  -------------------------------
  | Sys::HA Group Trunk: ha:tr1.1
  -------------------------------
  | Threshold              1
  | Percent Up           100
  | Weight                20
  | Score Contribution    20
```

```
  -------------------------------
  | Sys::HA Group Trunk: ha:tr1.2
  -------------------------------
  | Threshold              1
  | Percent Up           100
  | Weight                20
  | Score Contribution    20
```


図 3.17.6 スタンバイ負荷分散装置の監視インターフェースの状態(F5 BIG-IP の場合)

```
[root@lb02:Standby:In Sync] config # tmsh show sys ha-group ha detail

---------------------
Sys::HA Group: ha
---------------------
State          enabled
Active Bonus        10
Score               40

  -------------------------------
  | Sys::HA Group Trunk: ha:tr1.1
  -------------------------------
  | Threshold              1
  | Percent Up           100
  | Weight                20
  | Score Contribution    20

  -------------------------------
  | Sys::HA Group Trunk: ha:tr1.2
  -------------------------------
  | Threshold              1
  | Percent Up           100
  | Weight                20
  | Score Contribution    20
```

図 3.17.7 アクティブ負荷分散装置の設定同期状態(F5 BIG-IP の場合)

```
[root@lb01:Active:In Sync] config # tmsh show cm sync-status

----------------------------------------------------------------------------------
CM::Sync Status
----------------------------------------------------------------------------------
Color    green
Status   In Sync
Mode     high-availability
Summary  All devices in the device group are in sync
Details
         lb02.local: connected
         device-group-1 (In Sync): All devices in the device group are in sync
         device_trust_group (In Sync): All devices in the device group are in sync
```

図 3.17.8　スタンバイ負荷分散装置の設定同期状態（F5 BIG-IP の場合）

```
[root@lb02:Standby:In Sync] config # tmsh show cm sync-status

---------------------------------------------------------------------------------
CM::Sync Status
---------------------------------------------------------------------------------
Color     green
Status    In Sync
Mode      high-availability
Summary   All devices in the device group are in sync
Details
          lb01.local: connected
          device-group-1 (In Sync): All devices in the device group are in sync
          device_trust_group (In Sync): All devices in the device group are in sync
```

図 3.17.9　アクティブ負荷分散装置のコネクションテーブル（F5 BIG-IP の場合）

```
[root@lb01:Active:In Sync] config # tmsh show sys connection cs-server-addr 10.1.1.103
Sys::Connections
10.1.1.1:36054  10.1.1.103:80  10.1.1.1:36054  192.168.1.3:80  tcp  3  (tmm: 0)  none
none
Total records returned: 1
```

図 3.17.10　スタンバイ負荷分散装置のコネクションテーブル（F5 BIG-IP の場合）

```
[root@lb02:Standby:In Sync] config # tmsh show sys connection cs-server-addr 10.1.1.103
Sys::Connections
10.1.1.1:36054  10.1.1.103:80  10.1.1.1:36054  192.168.1.3:80  tcp  3  (tmm: 0)  none
none
Total records returned: 1
```

図 3.17.11　アクティブ負荷分散装置のパーシステンステーブル（F5 BIG-IP の場合）

```
[root@lb01:Active:In Sync] config # tmsh show ltm persistence persist-records
Sys::Persistent Connections
source-address  10.1.1.1  10.1.1.103:80  192.168.1.3:80  (tmm: 0)
Total records returned: 1
```

図 3.17.12　スタンバイ負荷分散装置のパーシステンステーブル（F5 BIG-IP の場合）

```
[root@lb02:Standby:In Sync] config # tmsh show ltm persistence persist-records
Sys::Persistent Connections
source-address  10.1.1.1  10.1.1.103:80  192.168.1.3:80  (tmm: 0)
Total records returned: 1
```

設計どおりの状態になっていない場合

設計どおりの状態になっていないときは、FHRPと同じように、デバッグコマンドやパケットキャプチャを使用して、生死監視パケットがお互いに届いているか確認しましょう。負荷分散装置の生死監視パケットは、設定やコネクション、パーシステンスの同期情報もやりとりすることになるため、ベンダーや機種ごとに異なる独自プロトコルを使用していることがほとんどです。生死監視パケットがどんなパケット（IP、プロトコル、ポート番号）なのかを確認して、ACLやファイアウォールポリシーで許可されていることを確認してください。また、機器によっては、冗長化構成を組むための条件があったりもします。マニュアルなどで条件を確認しましょう。

あと、たまにあるおっちょこちょいトラブルが、そもそも同期しないパーシステンス方式を使用しているのに、パーシステンス情報が同期されていません！となるパターンです。**ほとんどの機器において、同期できるパーシステンス方式は限定されています**。たとえば、F5のBIG-IPの場合、送信元IPアドレスパーシステンスを使用すると、パーシステンス情報は同期されます。その一方で、Cookieパーシステンスを使用すると、Cookieそのものに負荷分散したサーバーの情報が含まれているため、パーシステンス情報を同期する必要がなく、同期されません。スタンバイ負荷分散装置で見えないのは当然なので、本試験をスキップしてください。

3.18 実際の現場では

さて、長かった結合試験の章も、いよいよこれで最後です。

ここまで、いろいろな機能の結合試験を、可能なかぎりシンプルなネットワーク構成例をもとに説明してきました。しかし、実際に現場で動作しているシステムは、もう少し複雑で、いろいろな機器がいろいろな形で絡み合ってできています。そこで、実際の構築現場で動作試験をするときは、部分部分を切り出して試験するのではなく、L2スイッチやルーター、ファイアウォールや負荷分散装置など、**そのシステムを構成するすべての機器を接続し、上流から下流に（インバウンド）、あるいは下流から上流に（アウトバウンド）にパケットを一気通貫に流しながら、必要な動作試験と対象となる機器をピックアップして実施していきます。**

インターネットにHTTPSサーバーを公開する、よくあるオンプレミスのサーバーサイトのネットワークを例に説明しましょう。一般的なオンプレミスのサーバーサイトは、図3.18.1のように、インターネットから順に、「インターネット回線を受けるL3スイッチ」→「セキュリティ制御とNATを行うファイアウォール」→「ファイアウォールと負荷分散装置を接続するL2スイッチ」→

「サーバー負荷分散を行う負荷分散装置」→「サーバーを接続するL2スイッチ」→「サービスを提供するサーバー」がそれぞれ並列に構成されています。このネットワーク構成の場合、インターフェース試験やVLAN試験は、すべての機器で実施する必要があります。一方で、ファイアウォール試験やアドレス変換(NAT)試験は、ファイアウォールでしか実施する必要がありません。そこで、設計内容から結合試験の項目をあぶり出した後、その項目が必要な機器を選定します。そして、必要に応じて、インターネット上の端末からファイアウォールが持つグローバルIPアドレスにHTTPSでアクセスしたり(インバウンド)、逆にサーバーからインターネット上の端末にアクセスしたり(アウトバウンド)しながら、すべての試験を対象機器に対して実施していきます。

図 3.18.1　試験ごとに対象機器は異なる

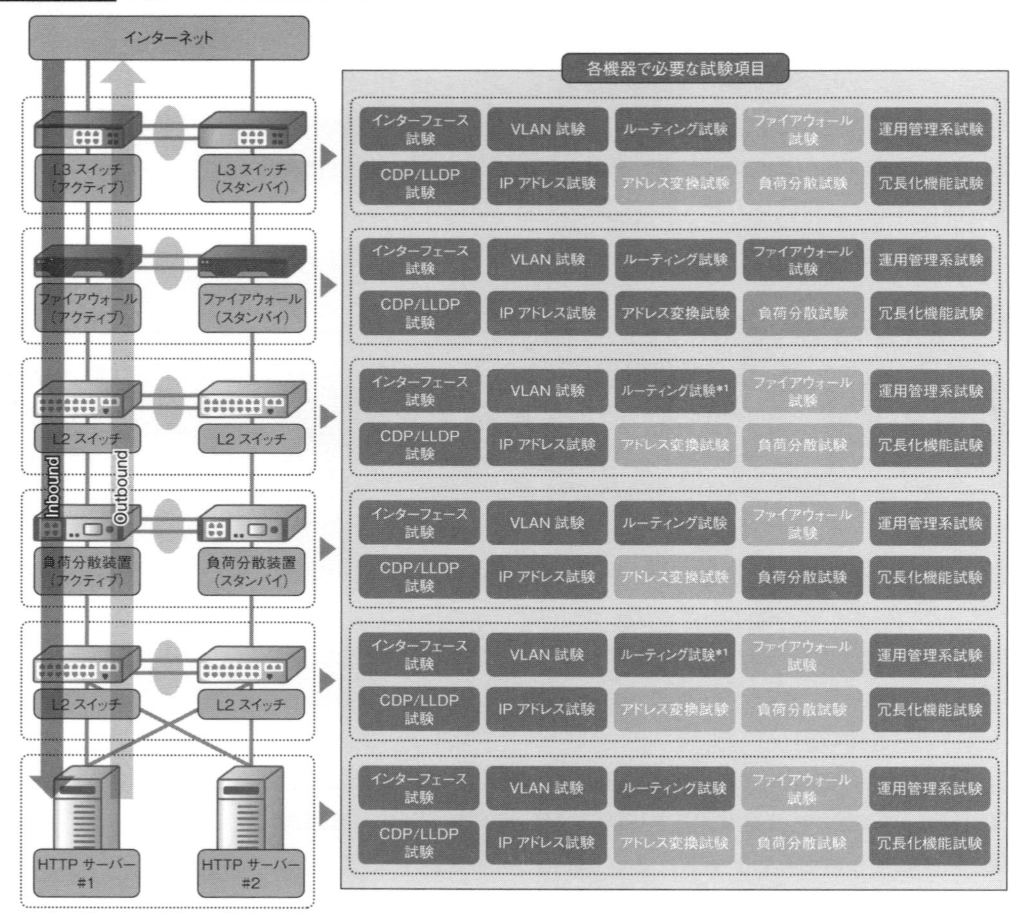

＊1 NTPやSyslog、SNMPなど、運用管理系プロトコルのサーバーとの疎通のために、静的ルーティングの設定を確認する必要があります。

第4章

障害試験

どんなにネットワーク機器やサーバーが高性能になったとしても、「電子機器であること」には変わりありません。したがって、いつかどこかで何かが故障する可能性は否定できません。障害試験では、障害が発生したときに、サービスが途切れることなく接続できることや、正しい迂回経路でパケットを転送できることなど、ネットワークとして設計どおりに動作し、ユーザーに対して継続的にサービスを提供できるかを、障害ポイントごとに確認していきます。

4.1 障害試験のポイント

障害試験は、障害が発生しても、継続的かつ安定的にサービスを提供できるか確認する試験です。実際に機器をシャットダウンしてみたり、ケーブルを抜いてみたり、実際に起こりうるいろいろな障害を発生させてみて、そのときの挙動や状態、迂回経路などをチェックしていきます。ここでは、どんな障害試験をどこでどのように実施すべきか、そのポイントを説明します。

4.1.1 障害は大きく4種類

障害試験は、「**リンク障害試験**」「**機器障害試験**」「**モジュール障害試験**」「**サービス障害試験**」の4種類に大別できます。どのようにして障害を発生させるかも含めて、それぞれ説明しましょう。

リンク障害試験

リンク障害試験は、機器と機器を接続するリンクの障害試験です。「リンク」と言うと、少し抽象的でわかりづらく感じるかもしれませんが、特に難しく考える必要はありません。**インターフェースとインターフェースをケーブルで接続したものがリンクです。**リンクを構成する要素、つまり、インターフェースが壊れたり、ケーブルが断線したりすると、リンク障害の状態に陥ることになります。リンク障害試験では、それを模した形で障害を発生させてみて、そのときの挙動や状態、迂回経路などを確認します。

リンク障害を発生させる最もシンプルな方法は、「**ケーブルを抜く**」ことです。機器が手元にあって、ケーブルを抜ける環境なら、この方法が視覚的にもわかりやすく、ベストと言えるでしょう。ただ、機器が手元になく、ケーブルを抜けないリモートアクセス環境の場合もあります。その場合は、GUIやCLIからリンクを構成するインターフェースのどちらかをシャットダウンしましょう。

図4.1.1 リンク障害試験

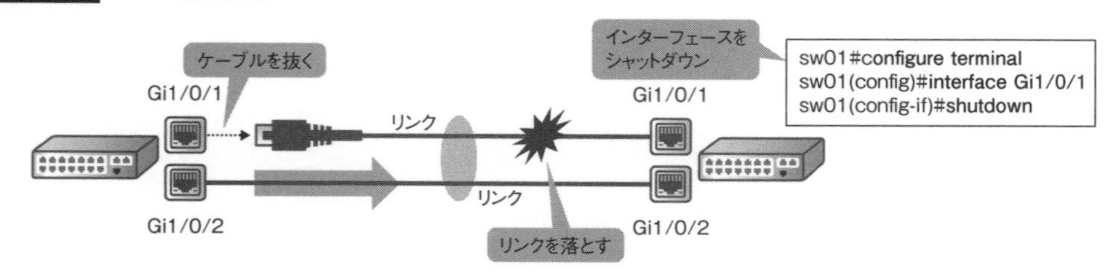

機器障害試験

機器障害試験は、ネットワーク機器そのものの障害試験です。どんなに高速、高性能、高機能なネットワーク機器も電子部品で構成された電子機器以外の何ものでもなく、電源がなければ動作できません。ネットワーク機器は、CPUやメモリ、ストレージなどの電子部品が壊れたり、電源ケーブルが断線したりすると、機器障害の状態に陥ることになります。機器障害試験では、それを模した形で障害を発生させてみて、そのときの挙動や状態、迂回経路などをチェックしていきます。

機器障害を発生させる方法は、「**電源を落とす**」以外にありません。シャットダウンコマンドを実行したり、電源ケーブルを抜いたり、それぞれの機器が持つ手順に基づいて、電源を落としてください。シャットダウンコマンドは、いくつかのシャットダウンステップを踏んで、きれいにシャットダウン状態になるため、厳密に言うと機器障害状態とは異なります。しかし、Linux OSベースで動作していたり、ストレージ(HDDやSSD)を搭載したりしている機器は、いきなり電源ケーブルを抜くと、本当に故障してしまう可能性があります。しかも、意図的な行為による故障は保証の対象外なので、全額自己負担の可能性すらあります。動作試験なのに、機器を壊してしまったら元も子もありません。**やみくもに電源を落とすのではなく、その機器の電源停止手順に基づいて電源を落としてください。**

図 4.1.2 機器障害試験

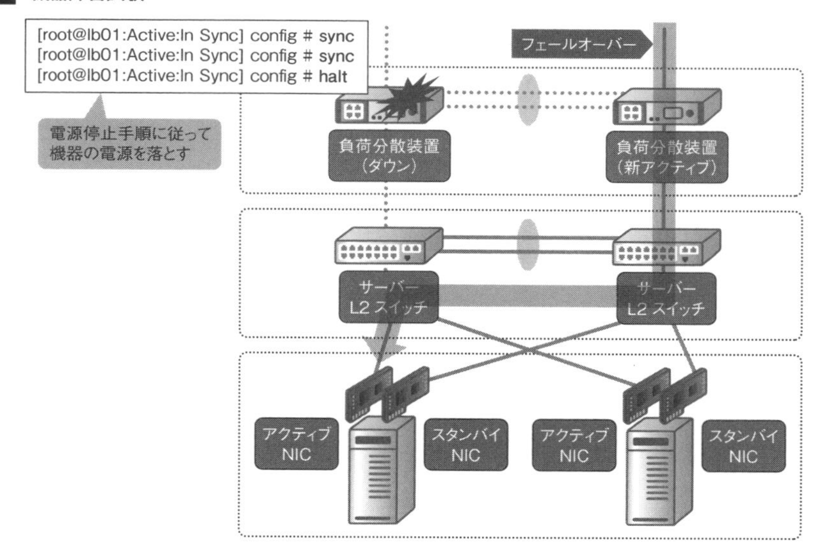

モジュール障害試験

モジュール障害試験は、ネットワーク機器に搭載されているモジュールの障害試験です。中規模から大規模のネットワーク環境になると、いろいろな要件に柔軟に対応できるように、電源モジュールやラインカード*1など、いろいろなハードウェアコンポーネントをモジュールとして取り外し可能なネットワーク機器を使用するようになります。ネットワーク機器は、モジュールが故障すると、モジュール障害状態に陥ります。モジュール障害試験では、それを模した形で障害を発生させてみて、そのときの挙動や状態、迂回経路などを確認します。

モジュール障害を発生させる方法は、「**モジュールの電源を落とす**」以外にありません。モジュールシャットダウンコマンドを実行したり、モジュールを抜いたり、それぞれのモジュールが持っている手順に基づいて、モジュールの電源を落としてください。モジュールシャットダウンコマンドも、いくつかのシャットダウンステップを経て、きれいにシャットダウン状態になるため、純粋なモジュール障害状態とは異なります。しかし、動作試験でいきなりモジュールを抜いて、モジュールが壊れてしまったら本末転倒です。**やみくもにバスっとモジュールを抜くのではなく、そのモジュールの電源停止手順に基づいて、電源を落としてください。**

*1 インターフェースを収容するモジュールのこと。シスコ Catalyst 9600シリーズであれば、「C9600-LC-24C」や「C9600-LC-48YL」がこれに該当します。

図 4.1.3　モジュール障害試験

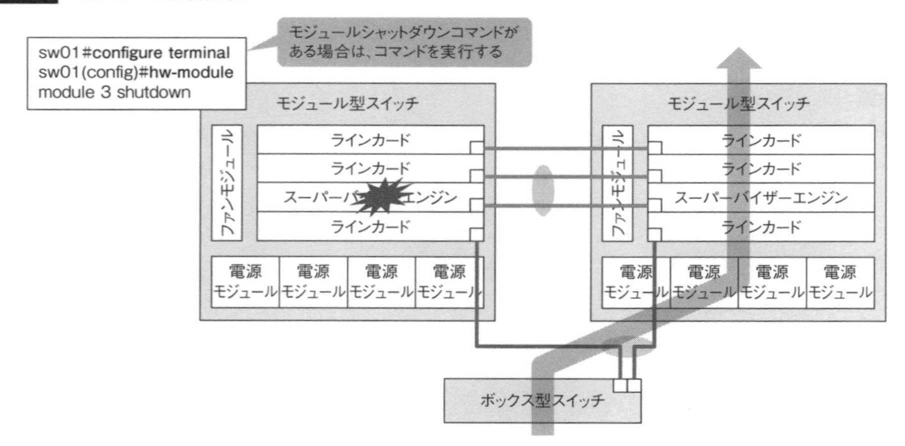

サービス障害試験

サービス障害試験は、負荷分散装置配下の負荷分散対象サーバーで動作しているサーバーサービスの障害試験です。p.98で説明したとおり、負荷分散装置は、負荷分散対象のサーバー上で動作するサービス（プロセス）がダウンすると、ヘルスチェックで検知し、負荷分散対象から切り離します。サービス障害試験では、それを模した形で障害を発生させてみて、そのときの挙動や状態、迂回経路などを確認します。

サービス障害を発生させるには、「**サービスを落とす**」のが最も手っ取り早いでしょう。サーバーのコマンドラインからサービスをシャットダウンしたり、プロセスをキルしたりして、サービスを落としてください。

図 4.1.4 サービス障害試験

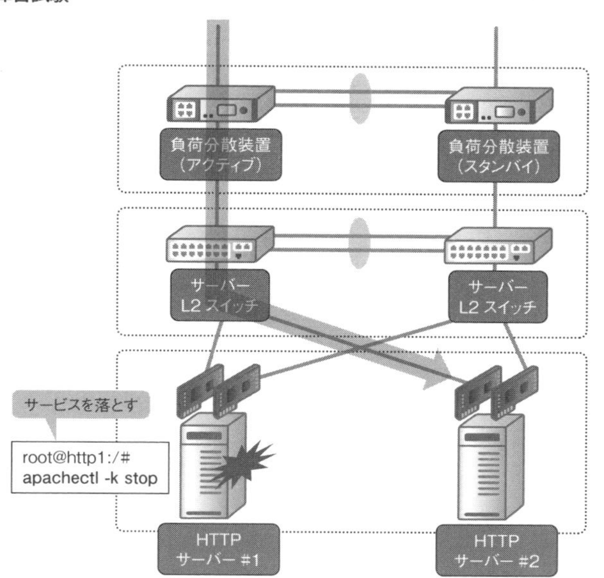

4.1.2 障害箇所の特定

どこで障害を発生させるか。これも障害試験における重要な要素のひとつです。「**冗長化しているところ**」が基本的な答えになりますが、すべての箇所で障害を発生させていると、工数だけが指数関数式に膨らんでしまいます。そこで、**障害試験を実施するときは、とりあえずそのネットワークにおいて障害が起こりうる箇所をプロットして、顧客と折衝しながら、どこで、どこまで障害を発生させるべきか合意していきます**。ちなみに、筆者は以前、まったく冗長化をしていないシングル構成のネットワーク環境構築で、顧客から真顔で「障害試験はしっかりしてくださいね」と念押しされたことがあります。冗長化をしていないネットワーク環境で障害試験を実施したとしても、ただ単に通信できなくなるだけです。もちろん顧客の要件とあれば実施してもよいのですが、工数がかかるだけで、特に意味はありません。そのときも、「いやいや、あなたが冗長化しなくていいって言ったんでしょ…」と心に秘めながら、そのように申し伝えました。

さて、少し話がそれましたが、ここでは図4.1.5のような、一般的なオンプレミスのサーバーサイトネットワークで、顧客とどのように障害箇所を折衝し、合意していくか説明します。このネットワーク構成では、全部で40個(リンク障害:19個、機器障害:10個、モジュール障害:10個、サービス障害:1個)の障害箇所をプロットすることができます。

図 4.1.5　すべての試験箇所をプロットする[*1*2*3]

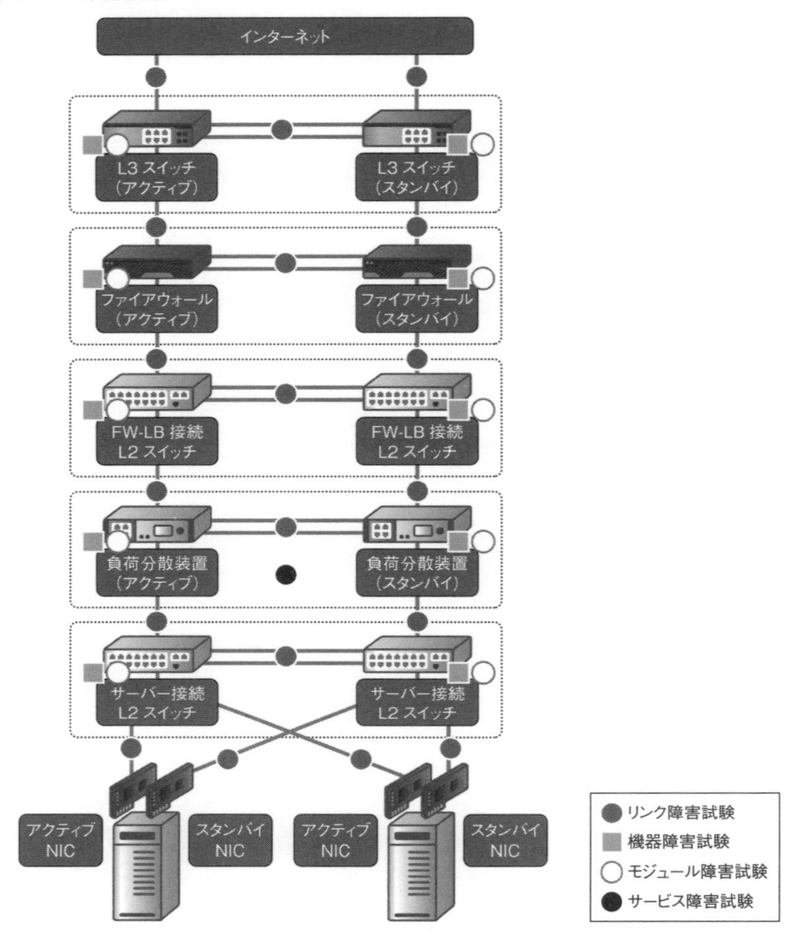

＊1 すべての機器は電源モジュールが冗長化されているものとします。
＊2 リンク障害試験、モジュール障害試験、サービス障害試験は、実際に起こす障害箇所としては2箇所です。ここでは、図が複雑になりすぎないよう、それぞれひとつとしてカウントしています。
＊3 サーバーのハードウェア障害については、割愛しています。

一次障害までに限定する

障害試験のパターンは、一次障害までに限定しましょう。一次障害とは、簡単に言うと「**最初の障害**」です。たとえば「負荷分散装置が壊れた後に、ファイアウォールが壊れて、その後L3スイッチが壊れた場合は…」みたいな感じで、二次障害（ふたつ目の障害）、三次障害（3つ目の障害）まで考慮すると、障害パターンが指数関数的に増えてしまい、それとともに工数も増えていきます。もちろん高次障害が起こる可能性は、ゼロではありません。しかし、可能性としてはかなり低いですし、サービスイン後の運用管理フェーズにおいては、一次障害の段階で火を消しておくべきでしょう。**少なくとも障害試験では「一次障害までを考慮する」と明言し、顧客と合意を取りましょう。**

すべての箇所を試験する

時間とコストが許されるのであれば、障害が起こりうるすべての箇所で障害試験を実施しましょう。たとえば、図4.1.6のネットワーク構成には、プロットしたとおり、全部で22個の障害箇所があります。このひとつひとつで障害を起こし、エビデンスファイルを取得します。

図4.1.6のネットワーク構成では該当しませんが、大規模なLANなど、同じ構成が並列するネットワーク環境の場合は、同じような試験を何度も何度も繰り返すことになり、手動で作業するとなると、かなり骨が折れますし、やっているうちに心も折れてきます。何より、いくら時間とコストがあっても足りません。構成が同じだったら、基本的な設定も同じですし*1、実施する試験も基本的に同じです。**AnsibleやTera Termのマクロなどをうまく利用して処理の自動化を図り、作業の効率化を図ってください。**

*1 もちろんホスト名やIPアドレスなど、異なる部分はあります。

図 4.1.6 同じような構成では自動化を図る

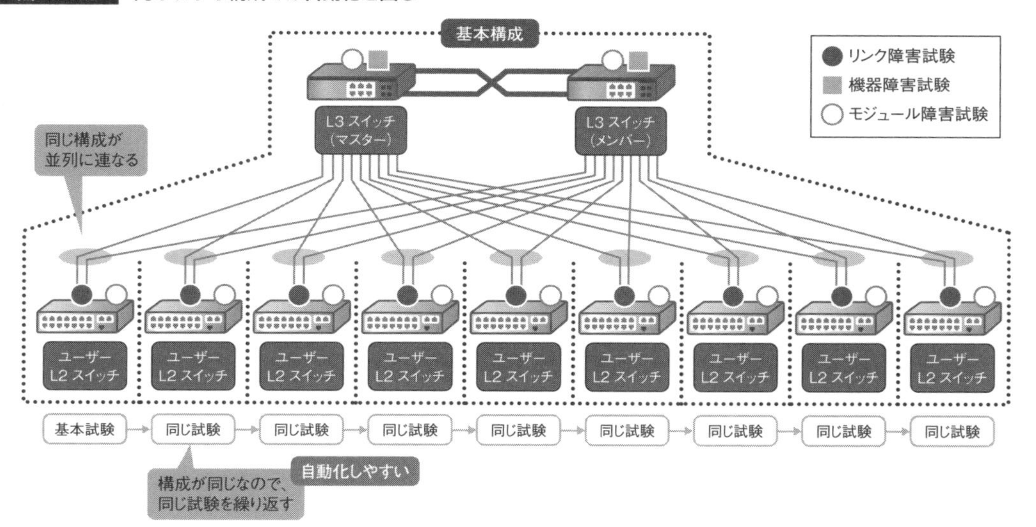

障害箇所を限定する

あらかじめ言っておきますが、すべての箇所を試験できるのであれば、しておいたほうがよいのは間違いありません。しかし、すべてのプロジェクトにおいて、時間とコストにゆとりがあるとは限りません。むしろ日本のプロジェクトでは、なぜかその真逆であることのほうが多いでしょう。そういうときは、すべての箇所で障害を起こしていると、時間が無くなってしまい、スケジュールに影響が出ます。そこで、そんなときは、**顧客と相談しながら優先度の高い箇所だけを選択し、障害箇所の妥協点を見出していきます。**

図4.1.7のネットワーク構成を例に説明しましょう。このネットワーク構成では、何も障害が発生していない場合、インターネットから、L3スイッチ#1 → ファイアウォール#1 → L2スイッチ#1 → 負荷分散装置#1 → サーバー L2スイッチ#1 → サーバー NIC#1の順にパケットが流れます。この経路はサービスに直結するため、なんとしてでも死守しなければなりません。そこで、まずこの経路上のプロットについては、絶対に実施します。次に重要な箇所は、並列する機器を接続するインターリンク[*1]です。各機器はこのリンクを通じて冗長化機能に関するパケットをやりとりします。ここがうまく機能しないと、両機器ともにアクティブになってしまったり、逆にスタンバイ

図 4.1.7　正常経路に関する障害箇所に限定する

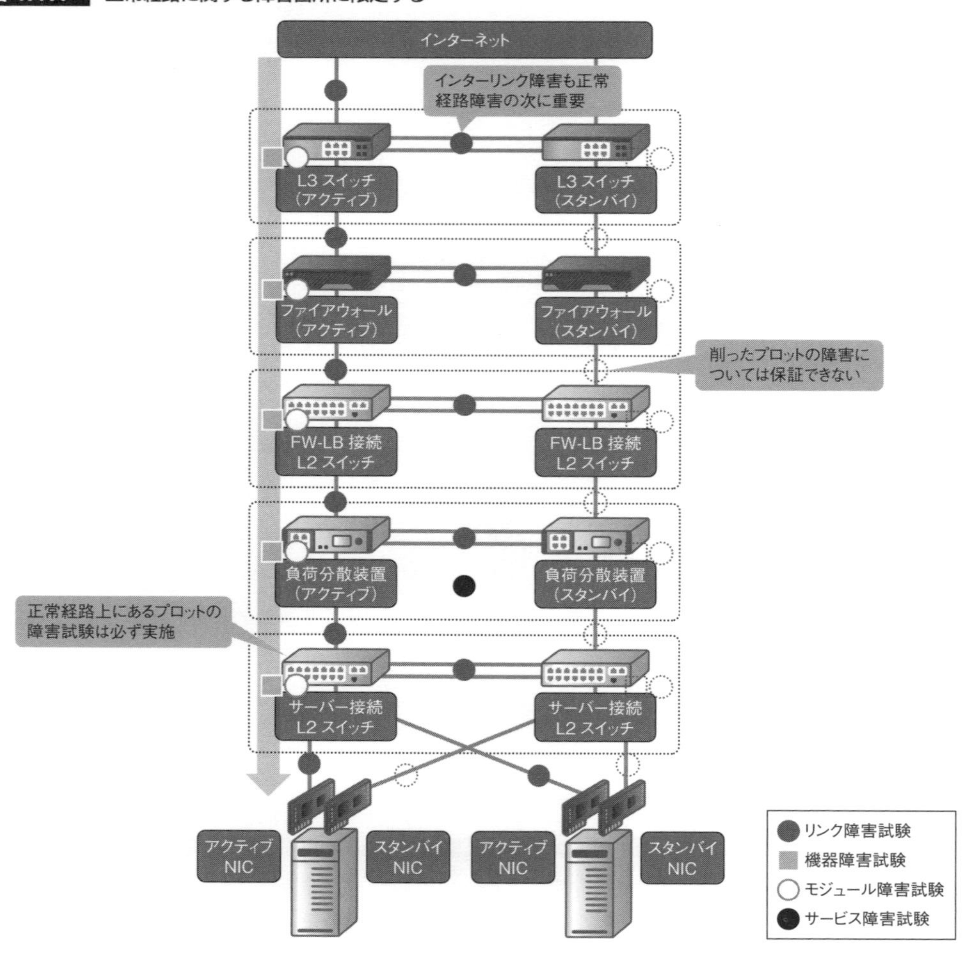

*1 実際は2本の物理リンクをリンクアグリゲーションで1本の論理リンクに束ねています。

になったり、やはりサービスに影響します。このリンク上のプロットについても、実施しておいたほうがよいでしょう。スタンバイファイアウォール障害やスタンバイ負荷分散装置障害など、残りのプロットの障害については、もちろん実施しておいたほうがよいことには間違いありませんが、優先度としてはそこまで高いわけではありません。場合によっては、削ってしまってもよいでしょう。なお、その際は、**それらのプロットで障害が発生したときの保証はなくなります**。その点について、しっかり顧客と合意しておく必要があるでしょう。

大規模LANなど、同じ構成が並列する金太郎飴的ネットワーク環境の場合は、共通しているネットワーク構成のひとつだけに範囲を限定して、試験を実施するのもありでしょう。ネットワーク構成が共通している場合、基本的な設定内容は同じです。したがって、障害が発生したときも同じように動作するはずです。この論理に基づいて、ひとつの構成だけをピックアップして障害試験を実施することで、よしとします。もちろんこの場合も、**それ以外のネットワークで実際の障害を起こしてはいないので、実際の動作については保証できません**。その点については、しっかり顧客と合意を取っておく必要があるでしょう。

図 4.1.8 構成が共通だったら、ネットワークのひとつに限定して試験する

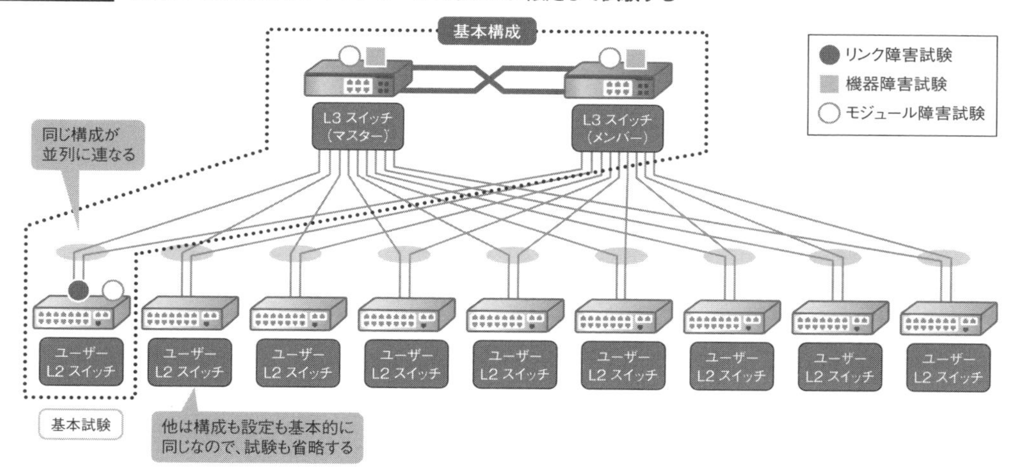

4.1.3 障害試験の流れ

障害試験の各項目は、大きく「**障害前試験**」「**障害発生試験**」「**障害復旧試験**」の3ステップで構成されています。それぞれのステップの意味は、読んで字の如くではあるのですが、確認するポイントが若干異なるので、それぞれもう少し噛みくだいて説明しましょう。

障害前試験

障害前試験は、障害を起こす前の各種状態を確認する試験です。いざ障害を起こすにしても、もともと正しい状態にあるかどうかわかりません。そこで、障害前試験を実施し、正しい状態であるかを確認し、障害試験における、ある種の基準点を設定します。ちなみに正しい状態は、結合試験の冗長化機能試験で、すでに確認しているはずです。**結合試験から障害試験までに、時間が経過していないようであれば、冗長化機能試験の結果をそのまま流用してください。時間が経過しているようであれば、その間に何が起こっているかわかりませんので、念のため、その結果と同じであることを再確認しましょう。**

障害発生試験

障害発生試験は、障害時における各種状態を確認する試験です。ネットワーク機器は、障害を検知すると、フェールオーバーしたり障害箇所を切り離したりして、迂回経路を確保します。障害発生試験では、パケットを流している状態で障害を起こし、そのときの冗長化状態を確認します。また、パケットが設計どおりの迂回経路を流れることや、迂回経路を確保するまでにどれくらいの時間、通信がダウンするかなどを、あわせて確認します。

障害復旧試験

障害復旧試験は、障害復旧時における各種状態を確認する試験です。ネットワーク機器は、障害から復旧すると、そのままの状態を維持するか、元の状態に戻ろうとします。筆者の経験上、コネクション型のプロトコルをメインに扱う負荷分散装置やファイアウォールの冗長化では前者、コネクションレス型のプロトコルをメインに扱うスイッチやルーターの冗長化では後者に設計することが多いでしょう。障害復旧試験では、パケットを流している状態で障害を復旧し、設計どおりの冗長化状態になることを確認します。また、パケットが設計どおりの経路を流れることや、元どおりの経路に戻すまでにどれくらいの時間、通信がダウンするか*1などを、あわせて確認します。

*1 そのままの状態を維持する設計の場合は、通信がダウンしないことを確認します。

図 4.1.9　障害試験の 3 ステップ

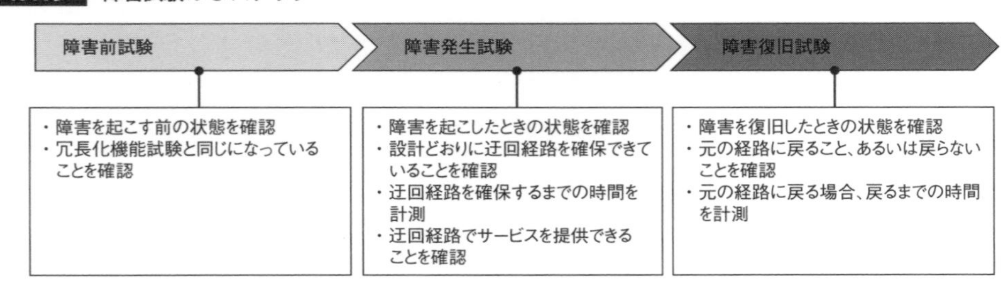

障害復旧試験が終わったら

障害復旧試験が終わったら、障害前試験の状態に戻すことを忘れないようにしましょう。元の状態に戻さないまま、次の項目の障害試験に進んでしまうと、二次障害の状態になってしまい、意図しない障害に発展する可能性があります。p.190で説明したとおり、障害試験で確認すべきは一次障害までです。無用な混乱を招かないように、障害復旧試験が終わったら元の状態に戻してください。

あせらずゆっくり

障害試験を実施するときは、「あせらずゆっくり」が基本です。これは、時間がないプロジェクトのときに特にありがちなのですが、障害が落ち着いていない（収束していない）状態で、次の項目の障害試験を実施すると、二次障害の状態になってしまい、意図しない障害に発展する可能性があります。繰り返しになりますが、障害試験で確認すべきは一次障害までです。無用な混乱を招かないように、各種状態が落ち着いたことをしっかり確認したうえで、次のステップへと進んでください。

4.1.4 流すパケットを設計する

障害試験はパケットを流しながら障害を起こし、そのときの挙動やダウンタイム（通信断時間）を確認します。しかし、いざパケットを流すにしても、どんなパケットをどこからどこにどのように流せばよいでしょうか。**障害試験で何も考えずに変なパケットを流してしまうと、意図しないところでパケットが落ちたりして*1、後々顧客に説明するときに、とても難儀します。**流すパケットにもちょっとしたコツがいるので、ここで説明しておきましょう。

*1 現場ではパケットロスのことを「パケットが落ちる」と言います。

ダウンタイムは基本的にICMPで計測する

まず、どんなパケットを流すのか。流すパケットのプロトコルについて説明しましょう。障害試験では、障害が発生したときと復旧したときのダウンタイムを計測できるように、継続的にパケットを流し続ける必要があります。そこで、ほとんど場合において、**そのような状態を簡単に作り出すことができるICMPを使用します。**障害前試験では、pingコマンドでICMPを流し、L3レベルの疎通があることを確認します。障害発生試験では、ICMPを流し続けている状態で障害を起こし、何秒間パケットが落ちるかを確認します。また、あわせて応答時間（RTT、Round Trip Time）にも大きな変化がないことを確認します。障害復旧試験では、同じくICMPを流し続けている状態で障害を復旧し、何秒間パケットが落ちるか、あるいは落ちないか*1を確認します。ちなみに、通信断の許容時間は、システムやアプリケーションによって異なります。**障害試験では、障害が発生したとき、および復旧したときのダウンタイムが許容時間内に収まっていることを確認します。**

pingコマンドを打つときは、OS標準のコマンドラインを使用してもよいですが、Windows OSであれば「**ExPing**[*2]」という、昔ながらのフリーソフトの利用もおすすめです。実行間隔やタイムアウトなど、いろいろな条件を簡単に指定できるだけでなく、ログ保存機能も備えていて、エビデンスファイルの取得にも役立ちます。

*1 復旧時にそのままの状態を維持する（フェールバックしない）冗長化機能の場合、パケットロスは発生しません。
*2 https://www.vector.co.jp/soft/win95/net/se065510.html

図4.1.10　ダウンタイム計測パケット[*1]

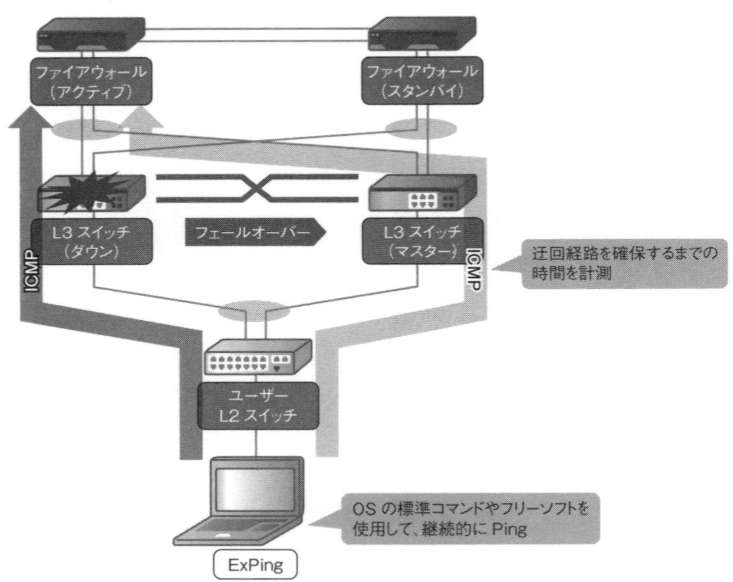

*1 ここでは、迂回経路への切り替わりがわかりやすくなるように、正常経路を1経路だけに固定しています。実際の正常経路は、リンクアグリゲーションの負荷分散方式によって、どちらのL3スイッチも経由する可能性があります。

図 4.1.11 ExPing

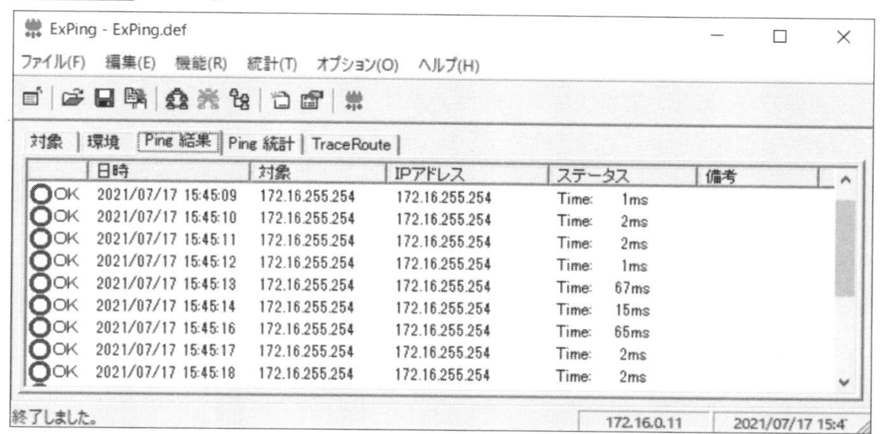

図 4.1.12 ExPingの環境設定画面

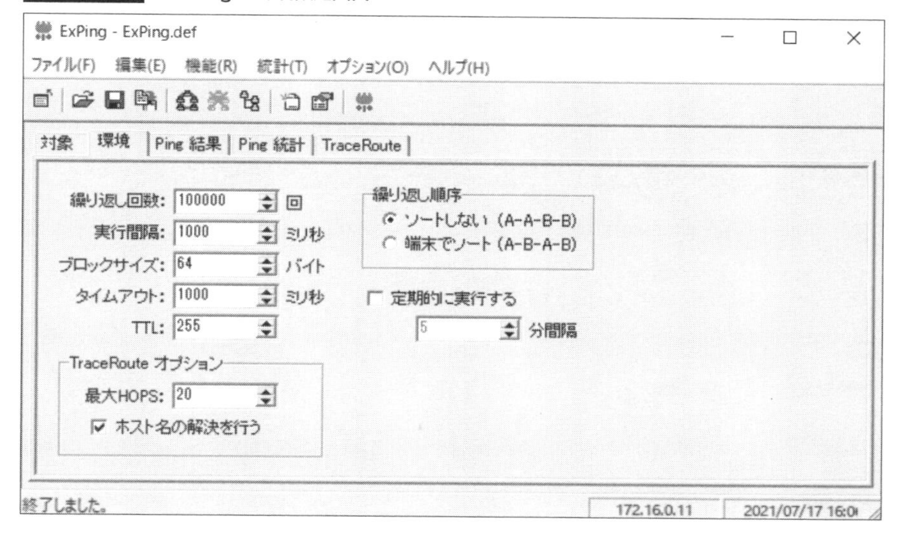

セキュリティ上の理由でICMPを利用できない場合*1**や、試験内容的にそれでは事足りない場合は、whileコマンド***2**やwatchコマンド***3**を使用したり、シェルスクリプトを利用したりして、試験に適したコマンドを定期的に実行するようにします。**本書でも、4.8節「負荷分散装置障害試験」では、ICMPではどのWebサーバーに負荷分散されているかがわからないため、whileコマンドを使用することで定期的にHTTPリクエストを発行し、どのWebサーバーに接続しているかわかるようにして、あわせてダウンタイムを計測できるようにしています。

*1 たとえば、宛先IPアドレスまでの経路のどこかでICMPがドロップされるようなネットワーク環境だと、ICMPではダウンタイムを計測できません。
*2 whileコマンドは、条件が満たされるまで同じ処理を繰り返すコマンドです。
*3 watchコマンドは、一定間隔で同じコマンドを実行し続けるコマンドです。

責任分界点を基準にする

続いて、どこからどこにパケットを流すべきかを説明します。パケットの送信点と受信点を決めるときに、基準となる概念が「**責任分界点**」です。責任分界点とは、「ここからここまではA社」、「ここからここまでは顧客」というように、責任の範囲を分けるポイントのことです。一般的なネットワーク構築では「責任範囲 ＝ 構築範囲」と考えてよいでしょう。**パケットの送信点と受信点は、可能なかぎり、責任分界点の内側、つまり構築範囲内に収めましょう。**たとえば、せっかく高速・高品質なLAN環境を構築したのに、品質の悪い拠点間WAN越しの端末にパケットを流せば、落ちることがあるのは当然ですし、拠点間WANやその先で落ちていたとしてもどうしようもありません。この場合は、LAN内の端末から、責任分界点の端にある拠点間WANを接続するルーターに対して連続Pingを打ち、障害試験を実施します。

図 4.1.13　責任分界点を基準にする

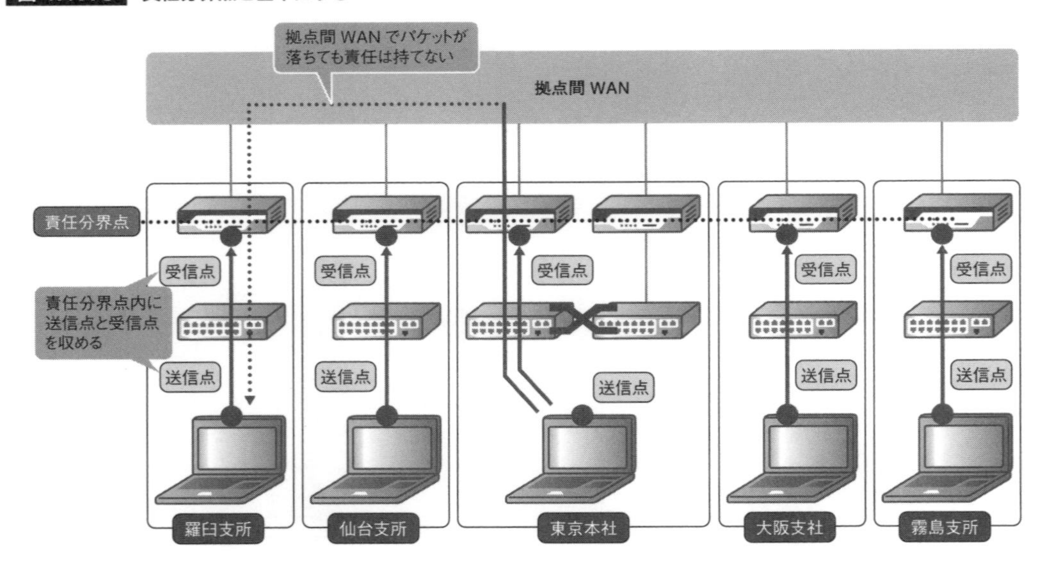

許容されるダウンタイムは短くしすぎない

当然ながら、障害によるダウンタイム（通信断時間）は、無ければ無いに越したことはありませんし、短ければ短いに越したことはありません。**とはいえ、1パケット落ちただけで、「不合格」とするのはやりすぎでしょう。**筆者も過去に一度だけ「1パケット落ちるたびに一人死ぬ」と真顔で言い放つ顧客のシステム移行プロジェクトの障害試験を経験したことがありますが、試験中に多少パケットが落ちても、関係する誰かがお亡くなりになることはありませんでした。それどころか、10年間稼働していた移行前のネットワークは100パケット中1 ～ 2パケット程度落ちていました…。そもそも1パケット落ちたくらいで影響が出るアプリケーションなら、そのアプリケーションに問題がありますし、ほとんどの場合において、落ちたパケットは上位層(L4からL7)で再送されるので、アプリケーションレベルの影響はないはずです。

では、障害試験では、どれくらいのダウンタイムを許容すればよいでしょうか。これは基本的にアプリケーションの要件によって決めるべきです。ただ、動作試験の段階ではそこまで明確に定義されていないことも往々にしてありえます。その場合は、**試験する冗長化機能ごとに許容されるダウンタイムを決めて、顧客の合意を取りましょう**。たとえば、LAG試験の場合、1パケットくらいしかダウンしないですし、FHRP試験の場合、デフォルトで10秒程度はダウンするでしょう。そのため、障害試験では、「冗長化機能で想定されるダウンタイム」+「バッファ時間」くらいを許容しておきましょう。ちなみに、バッファ時間は、障害による隣接機器の状態変化を考慮したものです。何も考えずに、「冗長化機能で想定されるダウンタイム」だけを許容ダウンタイムとしてしまうと、自分で自分の首を絞めることになります。**適切なバッファ時間を取って、自分を守ってください**。

シビアすぎるパケットは流さない

実際に、顧客に障害試験の説明をするとわかると思いますが、**顧客はパケットロスにとても敏感です**。そして、パケットロスが目に見える形でエビデンスファイル上に存在していると、より敏感になります。あまりに条件のシビアなパケットを投げると、パケットロスの回数が多くなり、自分の首を絞めることになります。当たり前と言えば当たり前ですが、たとえばPingの送信設定を1ミリ秒、タイムアウトを10ミリ秒にするより、送信間隔を1秒、タイムアウトを4秒間隔にしたほうが、目に見えるパケットロスの回数は少なくなるでしょう。もちろん実質的なダウンタイムが変わるわけではありません。しかし、見せ方を工夫することによって、顧客の心象も変わるでしょう。

図 4.1.14 見せ方を考える

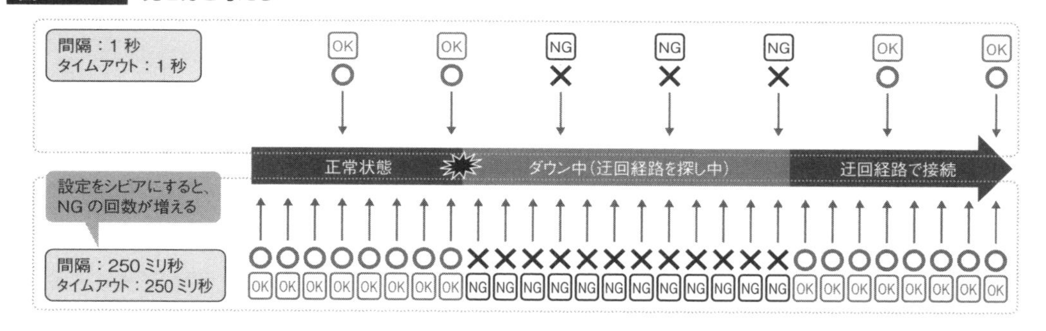

4.1.5 ログを取得する

障害試験において、忘れられがちなわりに、とても重要な作業が「**ログの取得**」です。ここで言うログとは、障害時に送信されるSyslogとSNMPトラップのことです。運用管理フェーズに入り、実際に障害が発生したとき、ログほど頼りになるものはありません。ログは「何時何分何秒に、どの機器でどんなことが起きたのか」を一元的、かつ時系列に整理することができ、障害対応の迅速化を図ることができます。

障害試験は、サービスイン前に自由に障害を起こせる最後のチャンス、予行演習のようなものです。しっかりとログを取得しておき、「この障害のときは、これこれこういうログが出る」と、ある程度理解しておくと、ある程度障害箇所の範囲を絞り込むことができ、「障害」という修羅場の中に心のよりどころを生むことができます。**障害試験のときには、必ずログを取得・確認し、運用管理の肥やしにしましょう。**

監視サーバーがない場合は一時的に立てる

障害試験の段階では、監視サーバー[*1]がまだ構築されていないことも往々にしてありえます。その場合は、仮想化環境の仮想マシンだったり、コンテナ環境のコンテナだったりに、**一時的にSyslogサーバーやSNMPサーバー（SNMPマネージャー）を構築して、そこにSyslogメッセージとSNMPトラップを送信してください。**

*1 ここでは読みやすさを考慮して、SyslogサーバーやSNMPマネージャーのようにネットワーク機器を監視するサーバーを総称して「監視サーバー」と呼んでいます。

監視状態にある場合は監視を停止する

構築したネットワーク機器が、すでに監視サーバーの監視下にある場合は、障害試験の期間中は、必ずその監視を停止してください[*1]。そうしないと、障害を起こすたび監視サーバーに嵐のようなエラーログやエラートラップが飛んでしまい、都度大量のメールが飛んできたり、場合によっては人（監視員）が飛んできたりします。障害試験期間中は、ログの取得だけを行い、監視はしないようにしてください。

*1 監視サーバーが構築範囲外にある場合は、そのサーバーを運用管理している人たちに監視停止を依頼してください。

さて、ここまで障害試験の概要やポイント、進め方などについて説明してきました。ここからは、いろいろなネットワーク構成において、障害試験をどのように実施すればよいか、もう少し具体的に踏み込んで見ていきます。

まず、結合試験の冗長化機能試験で使用した最もシンプルなネットワーク構成を例にとって、各冗長化機能の障害発生試験と障害復旧試験について説明します[*1]。続いて、実際にありがちなオンプレミスのサーバーサイトのネットワーク構成を例にとって、複合的な障害試験の流れや、そのときの状態などについて説明します。

*1 障害前試験については、結合試験の冗長化機能試験と同様なので、割愛します。

4.2 LAG障害試験

LAG障害試験は、リンクアグリゲーション(LAG)に関する障害試験です。論理リンクを構成している物理リンクのひとつで障害を起こし、障害が発生したときと障害から復旧したときの状態を確認します。

図4.2.1 LAG障害試験の構成例*1

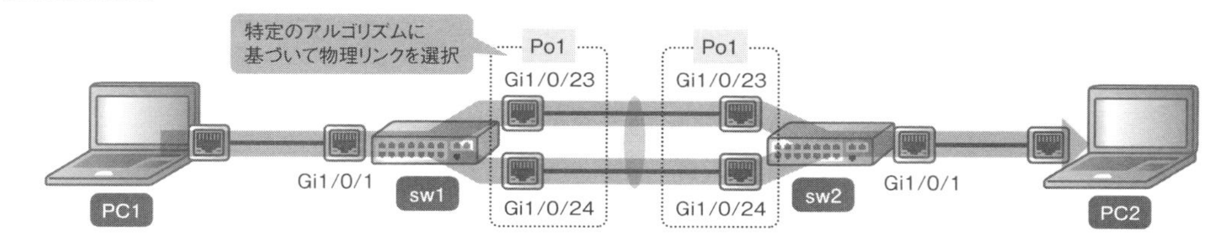

*1 リンクアグリゲーションの動作が目で見て取りやすいよう、両方の物理リンクを流れているように図示していますが、実際は負荷分散方式に基づいて、どちらかの物理リンクを流れます。以降、リンクアグリゲーションでふたつの経路があるネットワーク構成では、同様に図示します。

4.2.1 物理リンク障害発生試験

リンクアグリゲーションは、論理リンクを構成している物理リンクに障害が発生すると、その物理リンクを即座に切り離し、残りの物理リンクでパケットを転送します。

物理リンク障害発生試験では、PingでICMPを流している状態で、物理インターフェース(Gi1/0/23)にささっているLANケーブルを抜いたり、そのインターフェースをシャットダウンしたりしてリンク障害を起こします。そして、その状態で、論理インターフェース(Po1)が使用可能な状態にあることや、許容時間以内に通信が復旧することなどを確認します。

TEST

図 4.2.2　物理リンク障害発生時の通信経路

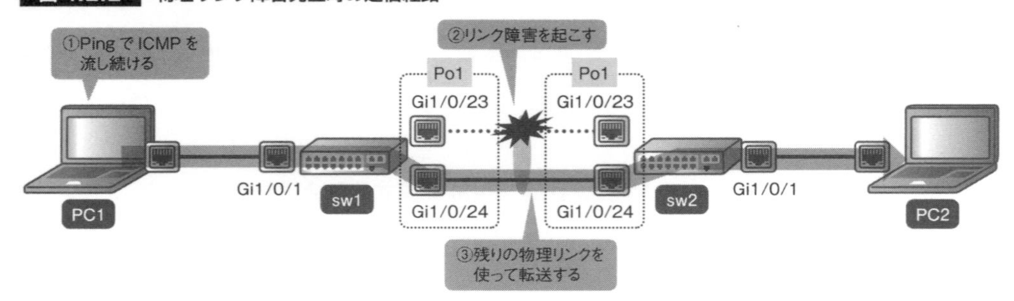

表 4.2.1　物理リンク障害発生試験の例（シスコ Catalyst スイッチの場合）

試験前提	(1)設計どおりにネットワーク機器が接続されていること (2)インターフェース試験に合格していること (3)VLAN 試験に合格していること (4)リンク冗長化機能試験に合格していること
事前作業	(1)L2 スイッチに SSH で接続し、任意のユーザーでログインした後、特権 EXEC モードに移行する (2)PC1 に以下を設定し、sw1 の Gi1/0/1 に接続する • IP アドレス：192.168.1.1 • サブネットマスク：255.255.255.0 • デフォルトゲートウェイ：192.168.1.254 (3)PC2 に以下を設定し、sw2 の Gi1/0/1 に接続する • IP アドレス：192.168.1.2 • サブネットマスク：255.255.255.0 • デフォルトゲートウェイ：192.168.1.254

試験実施手順	合否判定基準
(1)PC1 で ExPing を起動し、以下のとおり設定する 対象：192.168.1.2 環境： 実行間隔：1000 ミリ秒 タイムアウト：1000 ミリ秒 「定期的に実行する」にチェック 「0」分間隔	
(2)Ping を実行する	応答があること（OK と表示されること）
(3)sw1 の Gi1/0/23 に接続されている LAN ケーブルを抜線する	sw1 の Gi1/0/23 と、sw2 の Gi1/0/23 がリンクダウンすること
(4)L2 スイッチの CLI で以下のコマンドを実行する show etherchannel summary	以下を確認できること • Po1 の状態が SU になっていること • Gi1/0/23 の状態が D になっていること • Gi1/0/24 の状態が P になっていること
(5)Ping の結果を確認し、ダウンタイムを計測する	以下を確認できること • 応答があること（OK と表示されること） • 3 秒以内で通信が復旧していること、あるいは通信断が発生しないこと

図 4.2.3 リンクアグリゲーションの状態(シスコ Catalyst スイッチの場合)

```
Mar 30 01:34:14.849: %LINEPROTO-5-UPDOWN: Line protocol on Interface
GigabitEthernet1/0/23, changed state to down
Mar 30 01:34:15.903: %LINK-3-UPDOWN: Interface GigabitEthernet1/0/23, changed state to
down


sw1#show etherchannel summary
Flags:  D - down        P - bundled in port-channel
        I - stand-alone s - suspended
        H - Hot-standby (LACP only)
        R - Layer3      S - Layer2
        U - in use      f - failed to allocate aggregator

        M - not in use, minimum links not met
        u - unsuitable for bundling
        w - waiting to be aggregated
        d - default port


Number of channel-groups in use: 1
Number of aggregators:           1

Group  Port-channel  Protocol    Ports
------+-------------+-----------+-----------------------------------------------
1      Po1(SU)          LACP      Gi1/0/23(D) Gi1/0/24(P)
```

Gi1/0/23 の状態が「D」、Gi1/0/24 の状態が「P」、Po1 の状態が「SU」になっていること

なお、p.139で説明したとおり、リンクアグリゲーションはMACアドレスやIPアドレスなどパケットに含まれる情報に基づいて物理リンクを選択し、負荷分散してパケットを送信します。もともとパケットが障害リンクを流れていれば、新しい物理リンクを選択するまで通信断が発生しますが、もともと障害リンクを流れていなければ、通信断は発生しません。

図 4.2.4 障害リンクによっては通信断が発生しない

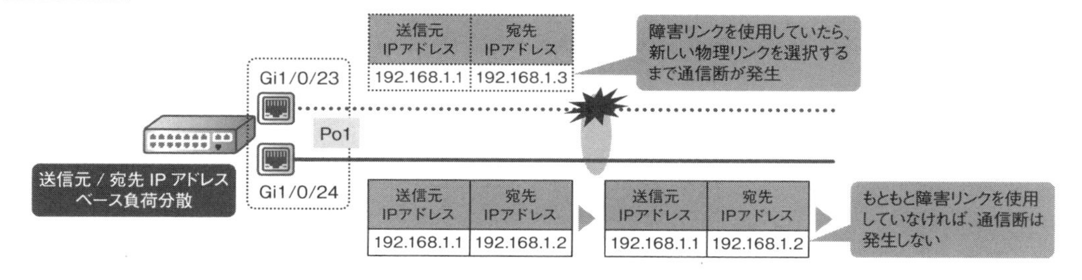

4.2.2 物理リンク障害復旧試験

リンクアグリゲーションは、切り離した障害リンクが復活すると、自動的にまた論理リンクのメンバーに戻し、その物理リンクにパケットを流し始めます。リンク障害発生試験で通信断が発生していたら、復旧するときも通信断が発生するでしょう。逆に、リンク障害発生試験で通信断が発生していなかったら、復旧するときも発生しないでしょう。

物理リンク障害復旧試験では、PingでICMPを流している状態で、抜いたLANケーブルを再接続したり、シャットダウンしたインターフェースを有効化したりして、リンク障害を復旧します。そして、その状態で論理インターフェース（Po1）が元どおりの状態になることや、許容時間以内に通信が復旧することなどを確認します。

TEST

図 4.2.5　物理リンク障害復旧時の通信経路

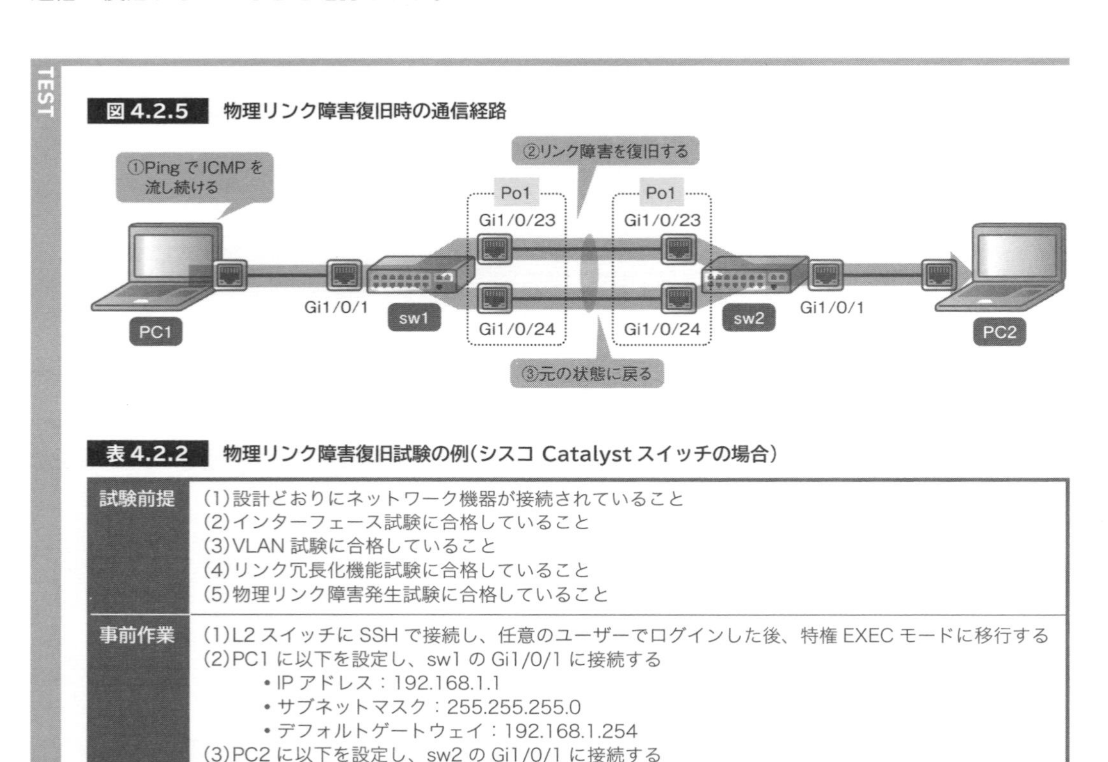

表 4.2.2　物理リンク障害復旧試験の例（シスコ Catalyst スイッチの場合）

試験前提	(1)設計どおりにネットワーク機器が接続されていること (2)インターフェース試験に合格していること (3)VLAN 試験に合格していること (4)リンク冗長化機能試験に合格していること (5)物理リンク障害発生試験に合格していること
事前作業	(1)L2 スイッチに SSH で接続し、任意のユーザーでログインした後、特権 EXEC モードに移行する (2)PC1 に以下を設定し、sw1 の Gi1/0/1 に接続する • IP アドレス：192.168.1.1 • サブネットマスク：255.255.255.0 • デフォルトゲートウェイ：192.168.1.254 (3)PC2 に以下を設定し、sw2 の Gi1/0/1 に接続する • IP アドレス：192.168.1.2 • サブネットマスク：255.255.255.0 • デフォルトゲートウェイ：192.168.1.254

試験実施手順	合否判定基準
(1)PC1 で ExPing を起動し、以下のとおり設定する 対象：192.168.1.2 環境： 実行間隔：1000 ミリ秒 タイムアウト：1000 ミリ秒 「定期的に実行する」にチェック 「0」分間隔	
(2)Ping を実行する	応答があること(OK と表示されること)
(3)抜線した LAN ケーブルを接続する	sw1 の Gi1/0/23 と、sw2 の Gi1/0/23 がリンクアップすること
(4)L2 スイッチの CLI で以下のコマンドを実行する show etherchannel summary	以下を確認できること • Po1 の状態が SU になっていること • Gi1/0/23 の状態が P になっていること • Gi1/0/24 の状態が P になっていること
(5)Ping の結果を確認し、ダウンタイムを計測する	以下を確認できること • 応答があること(OK と表示されること) • 3 秒以内で通信が復旧していること、あるいは通信断が発生しないこと

図 4.2.6 リンクアグリゲーションの状態(シスコ Catalyst スイッチの場合)

```
Mar 30 01:36:43.432: %LINK-3-UPDOWN: Interface GigabitEthernet1/0/23, changed state to up
Mar 30 01:36:46.111: %LINEPROTO-5-UPDOWN: Line protocol on Interface
GigabitEthernet1/0/23, changed state to up


sw1#show etherchannel summary
Flags:  D - down        P - bundled in port-channel
        I - stand-alone s - suspended
        H - Hot-standby (LACP only)
        R - Layer3      S - Layer2
        U - in use      f - failed to allocate aggregator

        M - not in use, minimum links not met
        u - unsuitable for bundling
        w - waiting to be aggregated
        d - default port


Number of channel-groups in use: 1
Number of aggregators:           1

Group  Port-channel  Protocol    Ports
------+-------------+-----------+-----------------------------------------------
1      Po1(SU)         LACP      Gi1/0/23(P) Gi1/0/24(P)
```

Gi1/0/23 と Gi1/0/23 の状態が「P」で、Po1 の状態が「SU」になっていること

Gi1/0/23の障害復旧試験が完了したら、もうひとつの物理インターフェース(Gi1/0/24)でも同様の試験を実施してください。対象の物理インターフェースがGi1/0/24に変わるだけで、確認項

目は変わりません。同じように、論理インターフェース(Po1)が使用可能な状態にあることや、許容時間以内に通信が復旧することなどを確認します。

4.3 NIC障害試験

NIC障害試験は、ボンディング(Windows OSであれば、チーミング)に関する障害試験です。論理NICを構成している物理NICで障害を起こし、障害が発生したときと障害から復旧したときの状態を確認します。

ここでは、eth1をアクティブ物理NIC、eth2をスタンバイ物理NICとして、フォールトトレランス(p.144参照)にボンディングしている状態で、アクティブNIC障害を起こしたときの障害発生試験と障害復旧試験について説明します。

図 4.3.1　NIC 障害試験の構成例

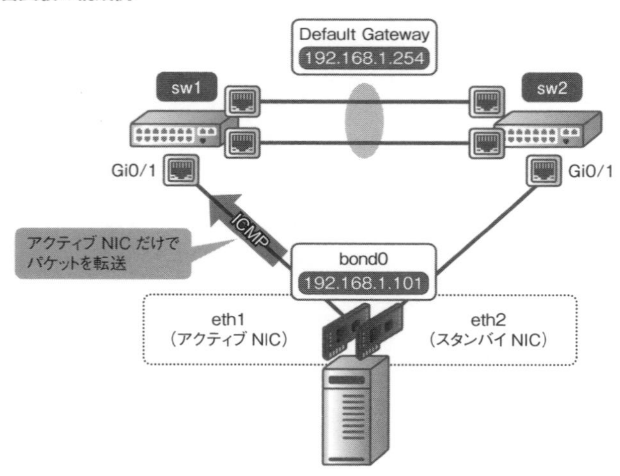

4.3.1 アクティブ NIC 障害発生試験

フォールトトレランスのボンディングは、論理NICを構成しているアクティブ物理NICに障害が発生すると、スタンバイ物理NICにフェールオーバーします。

アクティブNIC障害発生試験では、Pingでデフォルトゲートウェイにicmpを流している状態で、アクティブ物理NIC（eth1）に接続されているLANケーブルを抜いたり、そのNICをシャットダウンしたりしてリンク障害を起こします。そして、その状態でアクティブNICがスタンバイNIC（eth2）にフェールオーバーすることや、許容時間以内に通信が復旧することなどを確認します。

TEST

図 4.3.2 アクティブ NIC 障害発生時の通信経路

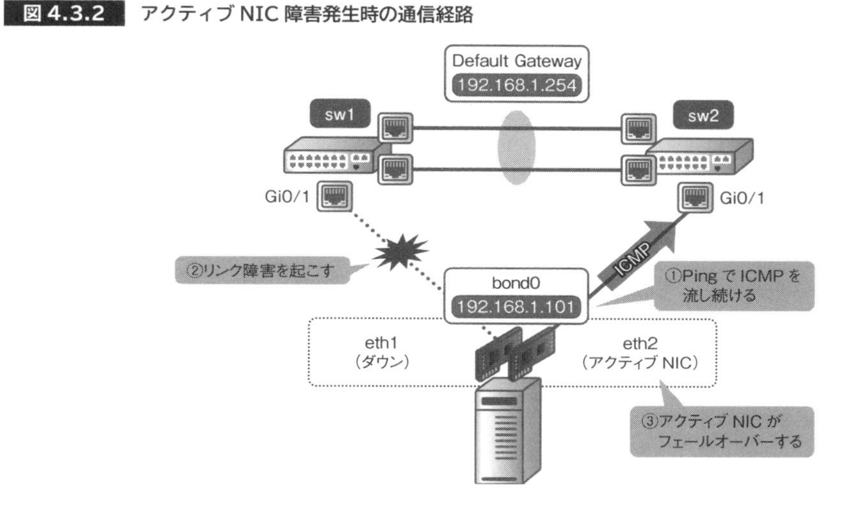

表 4.3.1 アクティブ NIC 障害発生試験の例（Ubuntu 18.04 の場合）

試験前提	(1)設計どおりにサーバーが接続されていること (2)インターフェース試験に合格していること (3)VLAN 試験に合格していること (4)NIC 冗長化機能試験に合格していること
事前作業	(1)サーバーに SSH で接続し、管理者ユーザーでログインする (2)サーバーの eth1 を sw1 の Gi0/1 に接続する (3)サーバーの eth2 を sw2 の Gi0/1 に接続する (4)サーバーの bond0 に以下を設定する • IP アドレス：192.168.1.101 • サブネットマスク：255.255.255.0 • デフォルトゲートウェイ：192.168.1.254

試験実施手順	合否判定基準
(1)サーバーの CLI で以下のコマンドを実行する ping 192.168.1.254	応答があること
(2)サーバーの CLI で以下のコマンドを実行する ip link set eth1 down	
(3)サーバーの CLI で以下のコマンドを実行する more /proc/net/bonding/bond0	以下を確認できること • Currently Active Slave が eth2 になっていること • bond0 の MII Status がアップしていること

障害試験 … NIC障害試験

(4) Ping の結果を確認し、ダウンタイムを計測する	以下を確認できること • 応答があること • 3 秒以内で通信が復旧していること、あるいは通信断が発生しないこと

図 4.3.3　論理 NIC の状態(Ubuntu 18.04 の場合)

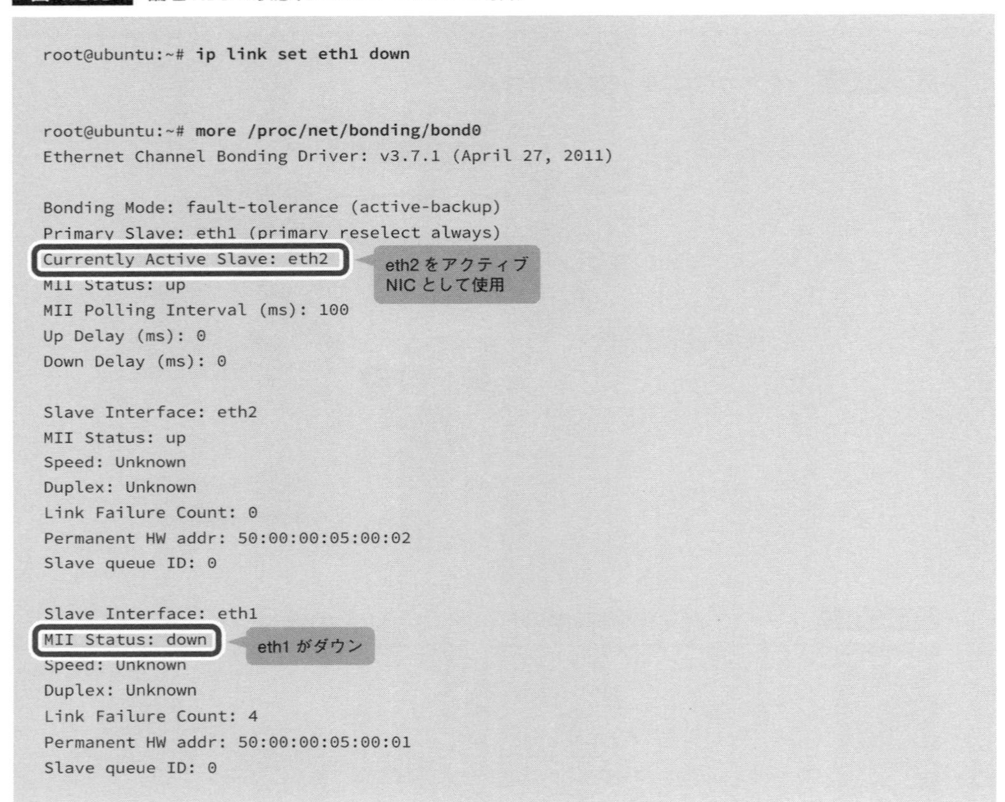

```
root@ubuntu:~# ip link set eth1 down


root@ubuntu:~# more /proc/net/bonding/bond0
Ethernet Channel Bonding Driver: v3.7.1 (April 27, 2011)

Bonding Mode: fault-tolerance (active-backup)
Primary Slave: eth1 (primary reselect always)
Currently Active Slave: eth2
MII Status: up
MII Polling Interval (ms): 100
Up Delay (ms): 0
Down Delay (ms): 0

Slave Interface: eth2
MII Status: up
Speed: Unknown
Duplex: Unknown
Link Failure Count: 0
Permanent HW addr: 50:00:00:05:00:02
Slave queue ID: 0

Slave Interface: eth1
MII Status: down
Speed: Unknown
Duplex: Unknown
Link Failure Count: 4
Permanent HW addr: 50:00:00:05:00:01
Slave queue ID: 0
```


4.3.2　アクティブ NIC 障害復旧試験

障害から復旧したときの挙動は、優先NIC (プライマリー NIC) の設定によって異なります。**復活した物理NICが優先NICとして設定されていたら、復活した物理NICに自動でフェールバックします。**なお、この場合、フェールバックするときに若干の通信断が発生する可能性があります。**逆に、復活した物理NICが優先NICとして設定されていなかったら、アクティブ物理NICをそのまま、復活した物理NICをスタンバイNICにします。**この場合、アクティブ物理NICに変わりはないので、通信断は発生しません。

アクティブNIC障害復旧試験では、PingでデフォルトゲートウェイにICMPを流している状態で、LANケーブルを再接続したり、物理NICを有効化したりしてリンク障害を復旧し、アクティブNICがフェールバックしていること（あるいは、そのままの状態を維持していること）や、許容時間以内に通信が復旧していること（あるいは、通信断が発生しないこと）などを確認します。

TEST

図 4.3.4 アクティブ NIC 障害復旧時の通信経路*1

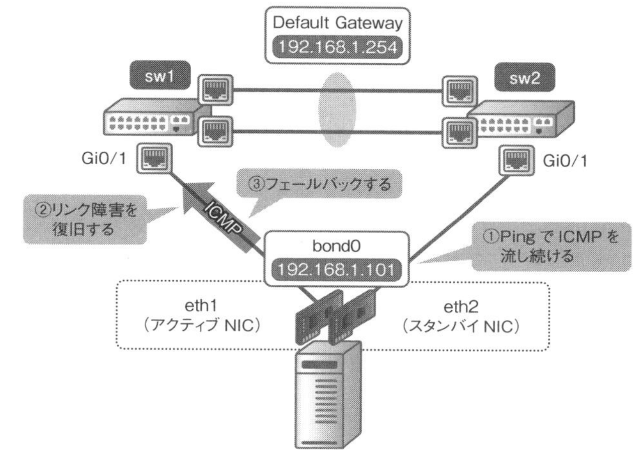

*1 ここでは、優先NICを設定しているものとします。

表 4.3.2 アクティブ NIC 障害復旧試験の例（Ubuntu 18.04 の場合）

試験前提	(1)設計どおりにサーバーが接続されていること (2)インターフェース試験に合格していること (3)VLAN 試験に合格していること (4)NIC 冗長化機能試験に合格していること (5)アクティブ NIC 障害発生試験に合格していること
事前作業	(1)サーバーに SSH で接続し、管理者ユーザーでログインする (2)サーバーの eth1 を sw1 の Gi0/1 に接続する (3)サーバーの eth2 を sw2 の Gi0/1 に接続する (4)サーバーの bond0 に以下を設定する • IP アドレス：192.168.1.101 • サブネットマスク：255.255.255.0 • デフォルトゲートウェイ：192.168.1.254

試験実施手順	合否判定基準
(1)サーバーの CLI で以下のコマンドを実行する ping 192.168.1.254	対向の機器から応答があること
(2)サーバーの CLI で以下のコマンドを実行する ip link set eth1 up	

(3) サーバーの CLI で以下のコマンドを実行する more /proc/net/bonding/bond0	以下を確認できること • Currently Active Slave が eth1 になっていること • bond0 の MII Status がアップしていること
(4) Ping の結果を確認し、ダウンタイムを計測する	以下を確認できること • 応答があること • 3 秒程度で通信が復旧していること、あるいは通信断が発生しないこと

図 4.3.5　論理 NIC の状態(Ubuntu 18.04 の場合、優先 NIC 設定あり)

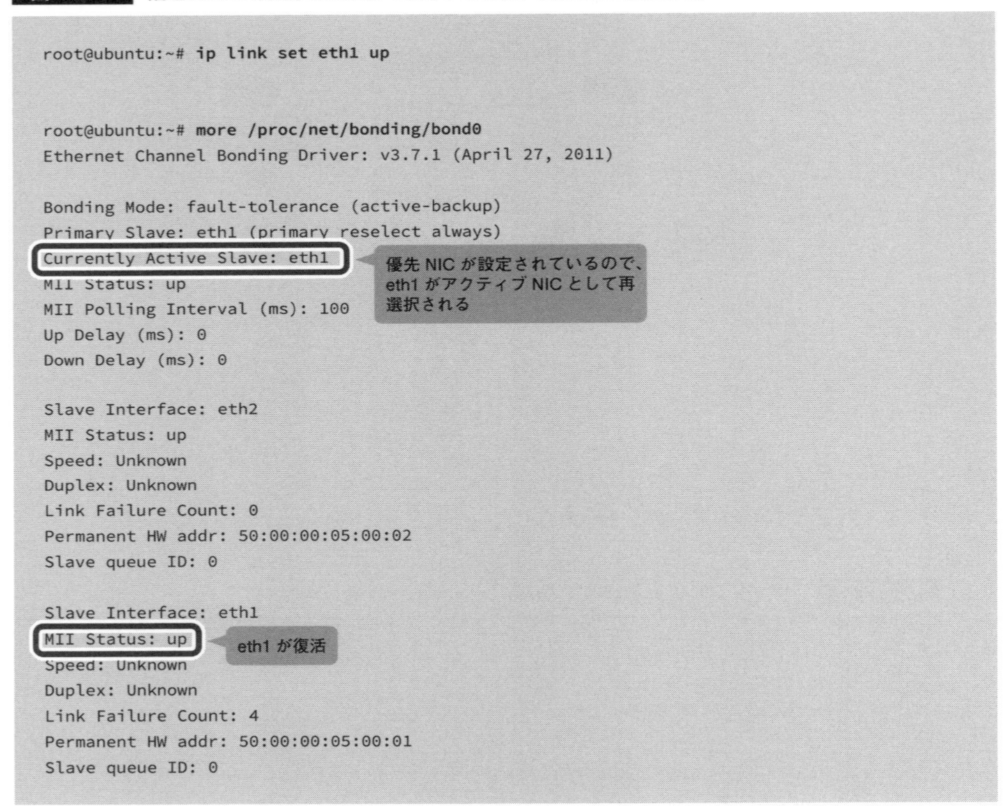

```
root@ubuntu:~# ip link set eth1 up


root@ubuntu:~# more /proc/net/bonding/bond0
Ethernet Channel Bonding Driver: v3.7.1 (April 27, 2011)

Bonding Mode: fault-tolerance (active-backup)
Primary Slave: eth1 (primary reselect always)
Currently Active Slave: eth1
MII Status: up
MII Polling Interval (ms): 100
Up Delay (ms): 0
Down Delay (ms): 0

Slave Interface: eth2
MII Status: up
Speed: Unknown
Duplex: Unknown
Link Failure Count: 0
Permanent HW addr: 50:00:00:05:00:02
Slave queue ID: 0

Slave Interface: eth1
MII Status: up
Speed: Unknown
Duplex: Unknown
Link Failure Count: 4
Permanent HW addr: 50:00:00:05:00:01
Slave queue ID: 0
```


eth1の障害復旧試験が完了したら、eth1をアクティブ物理NICに戻し、eth2でも同様の試験を実施します。eth2はスタンバイ物理NICなので、障害が起こってもフェールオーバーは発生しません。もちろん復旧しても、元どおりの状態に戻るだけです。これらの障害動作が通信に影響しないことを確認します。

4.4 MLAG障害試験

MLAG障害試験は、MLAG (Multi-chassis Link AGgregation) に関する障害試験です。 MLAGを組むスイッチの電源を落としたり、スイッチ間を接続するケーブルを抜いたりして障害を起こし、障害が発生したときと障害から復旧したときの状態を確認します。

ここでは、2台のCatalyst 3850でスタックグループを組んでいる環境で、「アクティブスイッチ（マスタースイッチ）に機器障害を起こしたとき（障害パターン①）」と「スタックケーブルのリンク障害（障害パターン②）を起こしたとき」、それぞれの障害発生試験と障害復旧試験について説明します。

図 4.4.1 MLAG 冗長化試験の構成例

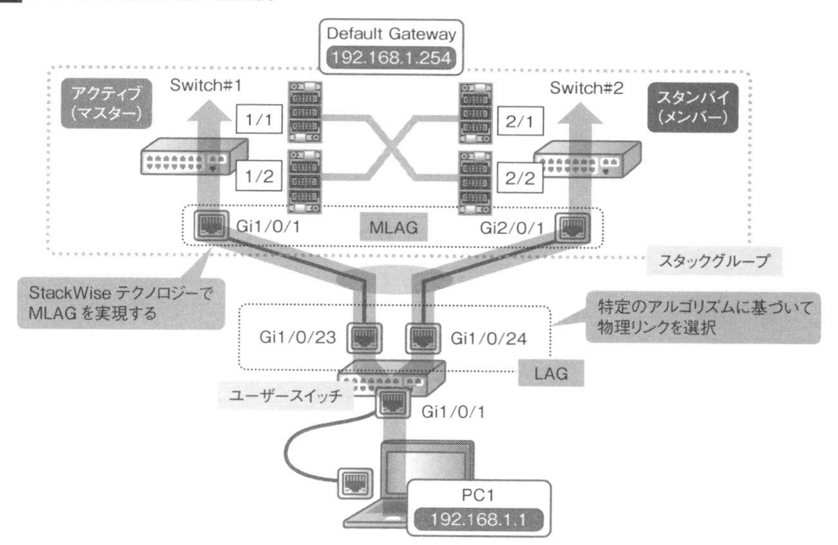

4.4.1 アクティブスイッチ障害発生試験（障害パターン①）

StackWiseテクノロジーは、アクティブスイッチに障害が発生すると、スタンバイスイッチにフェールオーバーします[*1]。

障害発生試験では、Pingでデフォルトゲートウェイに ICMPを流している状態で、アクティブスイッチ(Switch#1)の電源ケーブルを抜いて、機器障害を起こします。そして、その状態で、アクティブスイッチがスタンバイスイッチ(Switch#2)にフェールオーバーしていることや、許容時間以内に通信が復旧することなどを確認します。

*1 もう少し細かく言うと、その時点で最もプライオリティの高いスタンバイスイッチにフェールオーバーします。

TEST

図 4.4.2　アクティブスイッチ障害発生時の通信経路

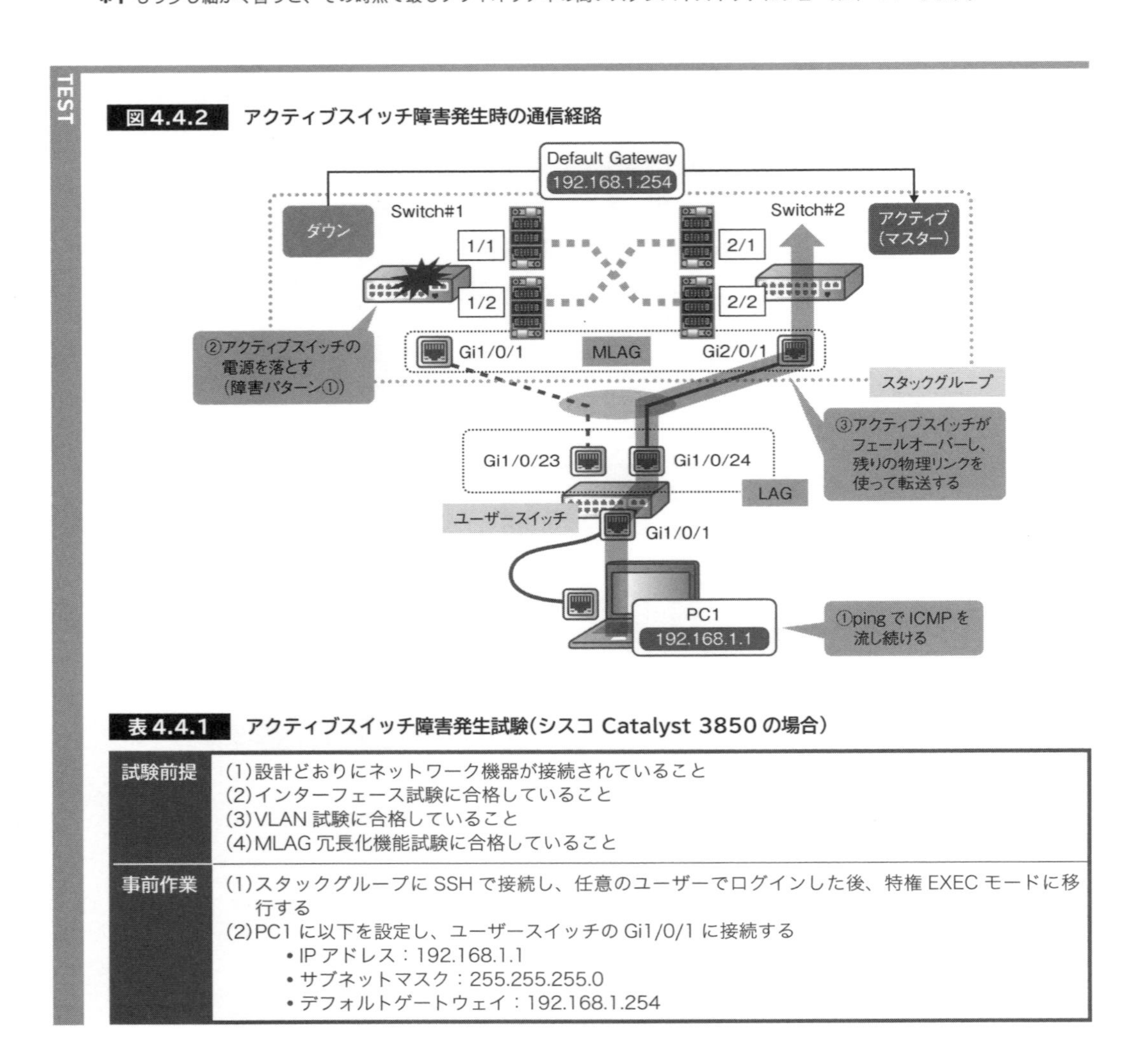

表 4.4.1　アクティブスイッチ障害発生試験(シスコ Catalyst 3850 の場合)

試験前提	(1)設計どおりにネットワーク機器が接続されていること (2)インターフェース試験に合格していること (3)VLAN 試験に合格していること (4)MLAG 冗長化機能試験に合格していること
事前作業	(1)スタックグループに SSH で接続し、任意のユーザーでログインした後、特権 EXEC モードに移行する (2)PC1 に以下を設定し、ユーザースイッチの Gi1/0/1 に接続する • IP アドレス：192.168.1.1 • サブネットマスク：255.255.255.0 • デフォルトゲートウェイ：192.168.1.254

試験実施手順	合否判定基準
(1)PC1 で ExPing を起動し、以下のとおり設定する 対象：192.168.1.254 環境： 実行間隔：1000 ミリ秒 タイムアウト：1000 ミリ秒 「定期的に実行する」にチェック 「0」分間隔	
(2)Ping を実行する	応答があること(OK と表示されること)
(3)Switch#1 の電源ケーブルを抜線する	
(4)スタックグループの CLI で以下のコマンドを実行する show switch	以下を確認できること • Switch#1 の Role が「Member」、Switch#2 の Role が「Active」になっていること • Switch#2 の Current State が「Ready」になっていること • Switch#1 の Current State が「Removed」になっていること
(5)スタックグループの CLI で以下のコマンドを実行する show switch stack-ports	すべて「DOWN」になっていること
(6)スタックグループの CLI で以下のコマンドを実行する show switch neighbors	以下を確認できること • Switch#2 しか存在しないこと • すべてのポートが「None」になっていること
(7)スタックグループの CLI で以下のコマンドを実行する show etherchannel summary	以下を確認できること • Po1 の状態が SU になっていること • Gi1/0/1 の状態が D になっていること • Gi2/0/1 の状態が P になっていること
(8)Ping の結果を確認し、ダウンタイムを計測する	以下を確認できること • 応答があること(OK と表示されること) • 3 秒程度で通信が復旧していること、あるいは通信断が発生しないこと

図 4.4.3 スタックグループの状態確認(シスコ Catalyst 3850 の場合)

```
sw1#show switch
Switch/Stack Mac Address : 0042.5a91.c580 - Foreign Mac Address
Mac persistency wait time: Indefinite
                                           H/W   Current
Switch#  Role    Mac Address     Priority Version  State
-------------------------------------------------------------
 1       Member  0000.0000.0000     0       0      Removed
*2       Active  0059.dca2.c780     14      V07    Ready
```

Switch#2 がアクティブになっていること

図 4.4.4 スタックポートの状態確認(シスコ Catalyst 3850 の場合)

```
sw1#show switch stack-ports

Switch#   Port1     Port2
----------------------------
```

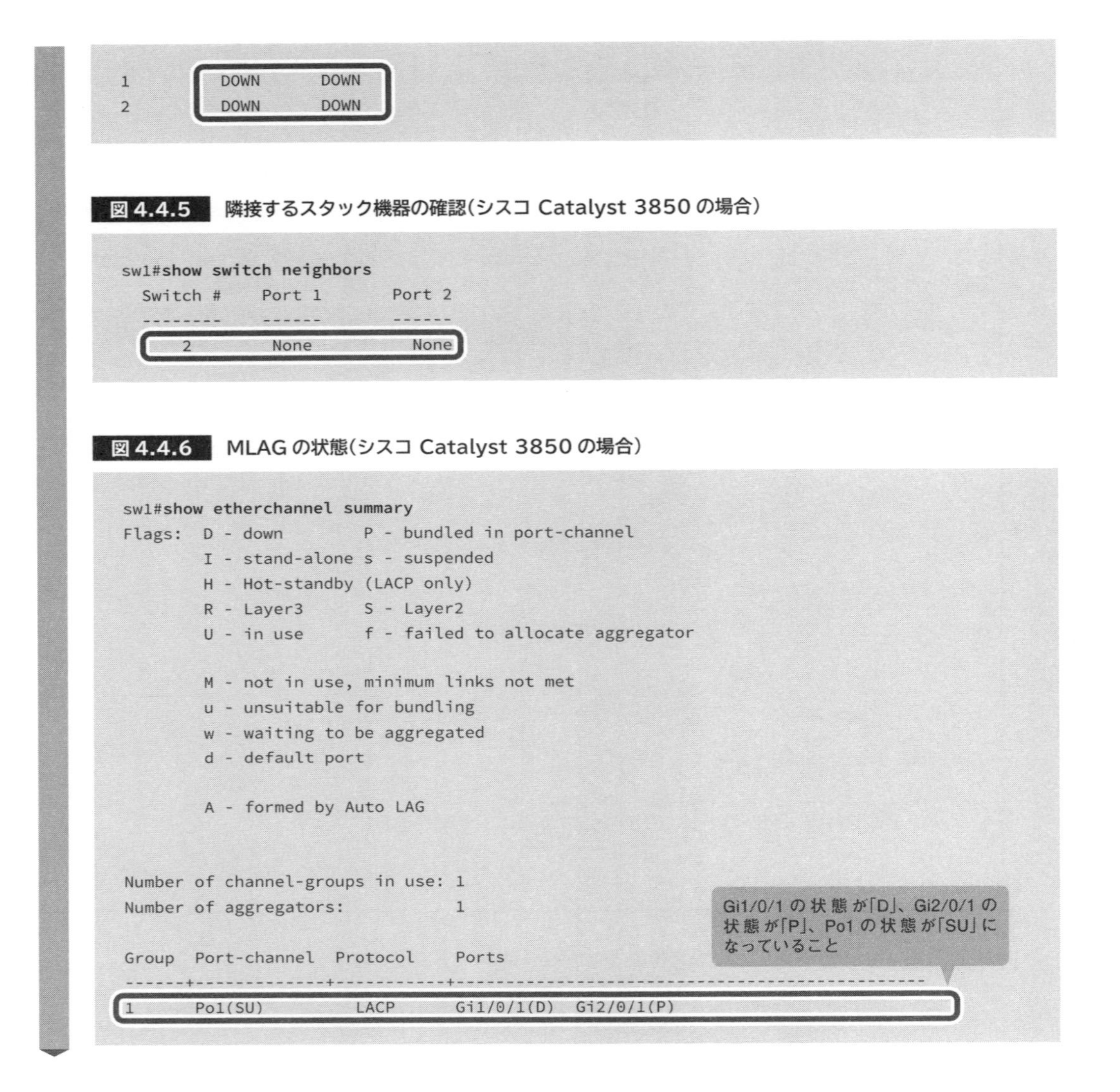

```
1           DOWN        DOWN
2           DOWN        DOWN
```

図 4.4.5　隣接するスタック機器の確認（シスコ Catalyst 3850 の場合）

```
sw1#show switch neighbors
  Switch #    Port 1       Port 2
  --------    ------       ------
      2        None          None
```

図 4.4.6　MLAG の状態（シスコ Catalyst 3850 の場合）

```
sw1#show etherchannel summary
Flags:  D - down        P - bundled in port-channel
        I - stand-alone s - suspended
        H - Hot-standby (LACP only)
        R - Layer3      S - Layer2
        U - in use      f - failed to allocate aggregator

        M - not in use, minimum links not met
        u - unsuitable for bundling
        w - waiting to be aggregated
        d - default port

        A - formed by Auto LAG


Number of channel-groups in use: 1
Number of aggregators:           1

Group  Port-channel  Protocol    Ports
------+-------------+-----------+-----------------------------------------------
1      Po1(SU)         LACP      Gi1/0/1(D)  Gi2/0/1(P)
```


4.4.2　アクティブスイッチ障害復旧試験（障害パターン①）

アクティブスイッチは、障害を起こしたスイッチが復活すると、スタンバイスイッチと認識し、各種情報を同期します。 同期が完了すると、レディ状態になり、そのスイッチも含めてパケットの処理を開始します。ちなみに、アクティブスイッチのフェールバックは発生しません。アクティブスイッチに障害が発生したり、スタックグループ全体を再起動したりしないかぎり、各スイッチの役割はそのままの状態を維持します。

障害復旧試験では、PingでICMPを流している状態で、抜いた電源ケーブルを再接続して、旧アクティブスイッチ(Switch#1)の機器障害を復旧します。そして、その状態でスタンバイスイッチとして認識されていることや、許容時間以内に通信が復旧することなどを確認します。

TEST

図 4.4.7 アクティブスイッチ障害復旧試験時の通信経路

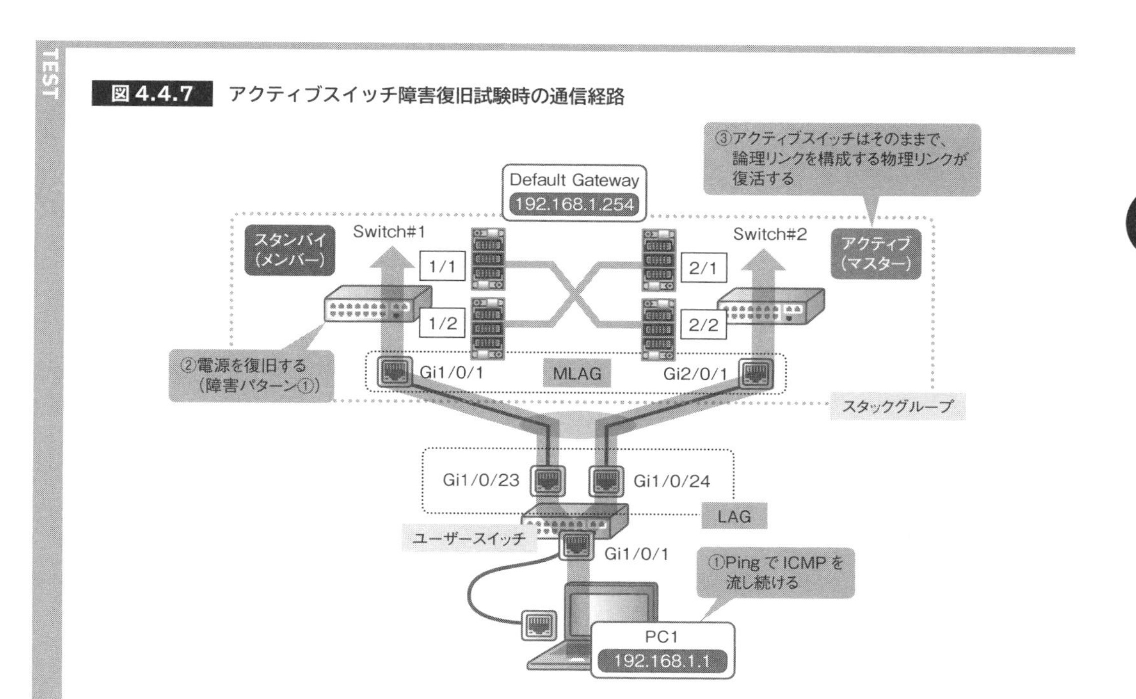

表 4.4.2 アクティブスイッチ障害復旧試験(シスコ Catalyst 3850 の場合)

試験前提	(1)設計どおりにネットワーク機器が接続されていること (2)インターフェース試験に合格していること (3)VLAN 試験に合格していること (4)MLAG 冗長化機能試験に合格していること (5)アクティブスイッチ障害発生試験に合格していること
事前作業	(1)スタックグループに SSH で接続し、任意のユーザーでログインした後、特権 EXEC モードに移行する (2)PC1 に以下を設定し、ユーザースイッチの Gi1/0/1 に接続する • IP アドレス：192.168.1.1 • サブネットマスク：255.255.255.0 • デフォルトゲートウェイ：192.168.1.254

障害試験 … MLAG障害試験

試験実施手順	合否判定基準
(1)PC1 で ExPing を起動し、以下のとおり設定する 対象：192.168.1.254 環境： 実行間隔：1000 ミリ秒 タイムアウト：1000 ミリ秒 「定期的に実行する」にチェック 「0」分間隔	
(2)Ping を実行する	応答があること(OK と表示されること)
(3)Switch#1 の電源ケーブルを接続する	
(4)スタックグループの CLI で以下のコマンドを実行する show switch	以下を確認できること • Switch#1 の Role が Standby、Switch#2 の Role が Active になっていること • Switch#1 のプライオリティが 15、Switch#2 のプライオリティが 14 になっていること • Current Status がすべて Ready になっていること
(5)スタックグループの CLI で以下のコマンドを実行する show switch stack-ports	Stack Port Status がすべて OK になっていること
(6)スタックグループの CLI で以下のコマンドを実行する show switch neighbors	以下を確認できること • Switch#1 のスタックポートが Switch#2 に接続されていること • Switch#2 のスタックポートが Switch#1 に接続されていること
(7)スタックグループの CLI で以下のコマンドを実行する show etherchannel summary	以下を確認できること • Po1 の状態が SU になっていること • Gi1/0/1 の状態が P になっていること • Gi2/0/1 の状態が P になっていること
(8)Ping の結果を確認し、ダウンタイムを計測する	以下を確認できること • 応答があること(OK と表示されること) • 3 秒程度で通信が復旧していること、あるいは通信

図 4.4.8　スタックグループの状態確認(シスコ Catalyst 3850 の場合)

```
sw1#show switch
Switch/Stack Mac Address : 0042.5a91.c580 - Local Mac Address
Mac persistency wait time: Indefinite
                                             H/W   Current
Switch#   Role     Mac Address     Priority Version  State
-----------------------------------------------------------
 1        Standby  0042.5a91.c580     15      V07     Ready
*2        Active   0059.dca2.c780     14      V07     Ready
```

Switch#1 がメンバースイッチとして認識されていること

図 4.4.9　スタックポートの状態確認(シスコ Catalyst 3850 の場合)

```
sw1#show switch stack-ports

Switch#   Port1     Port2
----------------------------
```

```
1        OK        OK
2        OK        OK
```

図 4.4.10 隣接するスタック機器の確認(シスコ Catalyst 3850 の場合)

```
sw1#show switch neighbors
  Switch #    Port 1       Port 2
  --------    ------       ------
      1          2            2
      2          1            1
```

図 4.4.11 MLAG の状態(シスコ Catalyst 3850 の場合)

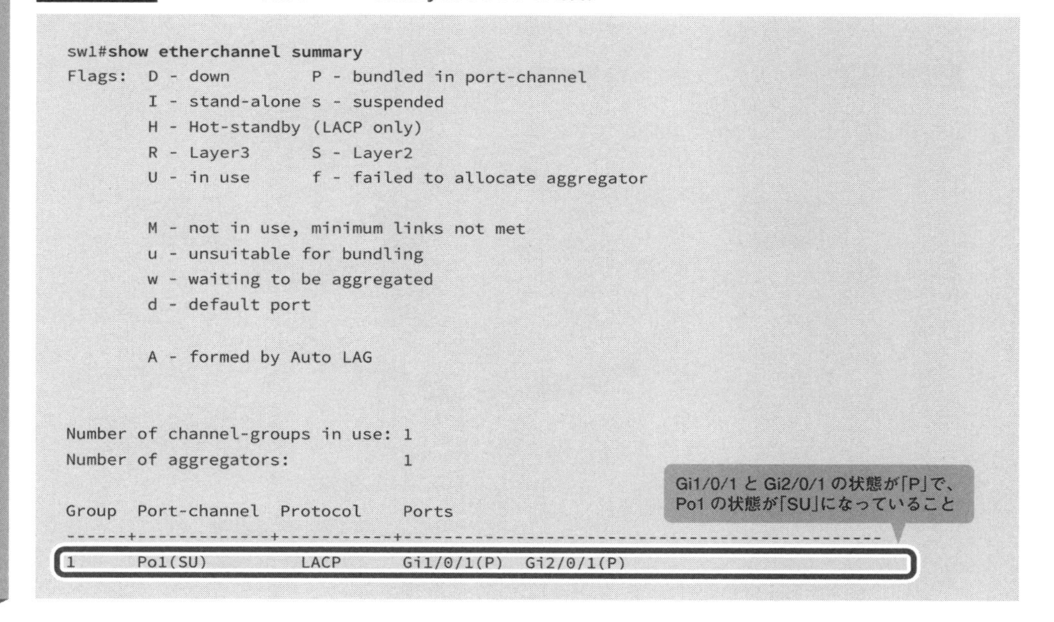

```
sw1#show etherchannel summary
Flags:  D - down         P - bundled in port-channel
        I - stand-alone s - suspended
        H - Hot-standby (LACP only)
        R - Layer3       S - Layer2
        U - in use       f - failed to allocate aggregator

        M - not in use, minimum links not met
        u - unsuitable for bundling
        w - waiting to be aggregated
        d - default port

        A - formed by Auto LAG


Number of channel-groups in use: 1
Number of aggregators:           1

Group  Port-channel  Protocol    Ports
------+-------------+-----------+-----------------------------------------------
1      Po1(SU)          LACP      Gi1/0/1(P)  Gi2/0/1(P)
```


アクティブスイッチ障害復旧試験が完了したら、スタックグループ全体を再起動し、Switch#1をアクティブスイッチに戻します。そして、スタンバイスイッチ(Switch#2)でも同様の試験を実施します。スタンバイスイッチに障害が起こると、スタックグループからメンバースイッチが見えなくなり、論理インターフェースから対象の物理インターフェースが切り離されます。これらの障害において、許容時間以内に通信が復旧することなどを同じように確認します。

4.4.3 スタックケーブルリンク障害発生試験(障害パターン②)

StackWiseテクノロジーは、スタックケーブルをリング状[*1]に接続することによって、物理レベルの冗長性を保っています。したがって、スタックケーブルの1本が切断したとしても、そのままの状態を維持し続けます。

障害発生試験では、Pingでデフォルトゲートウェイにを流している状態で、両機器を接続しているスタックケーブルの1本を抜いて、リンク障害を起こします。そして、その状態でフェールオーバーしないことや、通信断が発生しないことなどを確認します。

*1 2台構成の場合は、クロスに接続されることになります。

TEST

図4.4.12　スタックケーブルリンク障害発生時の通信経路

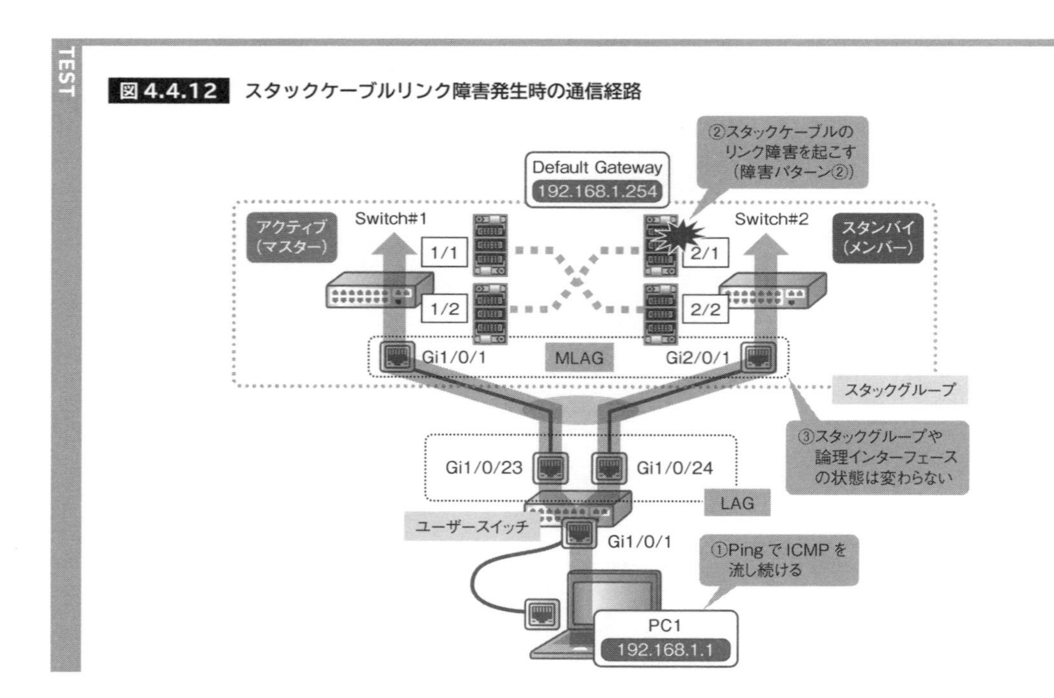

表 4.4.3 スタックケーブルリンク障害発生試験(シスコ Catalyst 3850 の場合)

試験前提	(1)設計どおりにネットワーク機器が接続されていること (2)インターフェース試験に合格していること (3)VLAN 試験に合格していること (4)MLAG 冗長化機能試験に合格していること
事前作業	(1)スタックグループに SSH で接続し、任意のユーザーでログインした後、特権 EXEC モードに移行する (2)PC1 に以下を設定し、ユーザースイッチの Gi1/0/1 に接続する • IP アドレス：192.168.1.1 • サブネットマスク：255.255.255.0 • デフォルトゲートウェイ：192.168.1.254

試験実施手順	合否判定基準
(1)PC1 で ExPing を起動し、以下のとおり設定する 対象：192.168.1.254 環境： 実行間隔：1000 ミリ秒 タイムアウト：1000 ミリ秒 「定期的に実行する」にチェック 「0」分間隔	
(2)Ping を実行する	応答があること(OK と表示されること)
(3)Switch#2 の StackPort1 に接続されているスタックケーブルを抜線する	
(4)スタックグループの CLI で以下のコマンドを実行する show switch	以下を確認できること • Switch#1 の Role が Active、Switch#2 の Role が Standby になっていること • Switch#1 のプライオリティが 15、Switch#2 のプライオリティが 14 になっていること • Current Status がすべて Ready になっていること
(5)スタックグループの CLI で以下のコマンドを実行する show switch stack-ports	以下を確認できること • Switch#1 の Port1 が OK、Port2 が DOWN • Switch#2 の Port1 が DOWN、Port2 が OK
(6)スタックグループの CLI で以下のコマンドを実行する show switch neighbors	以下を確認できること • Switch#1 の Port1 が 2、Port2 が None • Switch#2 の Port1 が None、Port2 が 1
(7)スタックグループの CLI で以下のコマンドを実行する show etherchannel summary	以下を確認できること • Po1 の状態が SU になっていること • Gi1/0/1 の状態が P になっていること • Gi2/0/1 の状態が P になっていること
(8)Ping の結果を確認し、ダウンタイムを計測する	以下を確認できること • 応答があること(OK と表示されること) • 通信断が発生しないこと

図 4.4.13 スタックグループの状態確認(シスコ Catalyst 3850 の場合)

```
sw1#show switch
Switch/Stack Mac Address : 0042.5a91.c580 - Local Mac Address
Mac persistency wait time: Indefinite
                                           H/W   Current
Switch#   Role    Mac Address     Priority Version  State
```

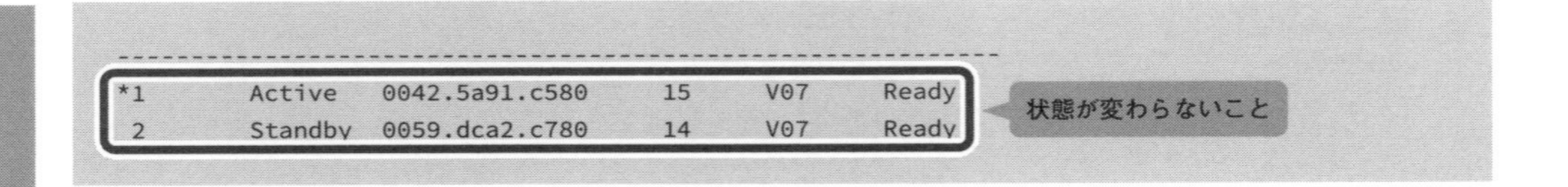

```
------------------------------------------------------------
*1       Active   0042.5a91.c580     15      V07     Ready
 2       Standby  0059.dca2.c780     14      V07     Ready
```


図 4.4.14　スタックポートの状態確認（シスコ Catalyst 3850 の場合）

```
sw1#show switch stack-ports

Switch#   Port1     Port2
----------------------------
1         OK        DOWN
2         DOWN      OK
```

図 4.4.15　隣接するスタック機器の確認（シスコ Catalyst 3850 の場合）

```
sw1#show switch neighbors
  Switch #    Port 1       Port 2
  --------    ------       ------
      1          2          None
      2        None           1
```

図 4.4.16　MLAG の状態（シスコ Catalyst 3850 の場合）

```
sw1#show etherchannel summary
Flags:  D - down        P - bundled in port-channel
        I - stand-alone s - suspended
        H - Hot-standby (LACP only)
        R - Layer3      S - Layer2
        U - in use      f - failed to allocate aggregator

        M - not in use, minimum links not met
        u - unsuitable for bundling
        w - waiting to be aggregated
        d - default port

        A - formed by Auto LAG


Number of channel-groups in use: 1
Number of aggregators:           1

Group  Port-channel  Protocol    Ports
------+-------------+-----------+-----------------------------------------
1      Po1(SU)         LACP      Gi1/0/1(P)  Gi2/0/1(P)
```

Gi1/0/1 と Gi2/0/1 の状態が「P」で、
Po1 の状態が「SU」になっていること

4.4.4 スタックケーブルリンク障害復旧試験(障害パターン②)

先述のとおり、StackWiseテクノロジーはスタックケーブルをリング状に接続することによって、物理的な冗長性を確保しています。したがって、**再接続したとしてもスタックポートの状態が変わるだけで、スタックグループやMLAGの状態に変化はありません。**

障害復旧試験では、PingでICMPを流している状態で、抜いたスタックケーブルを再接続してリンク障害を復旧します。そして、その状態でフェールオーバーしないことや、通信断が発生しないことなどを確認します。

TEST

図 4.4.17 スタックケーブルリンク障害復旧時の通信経路

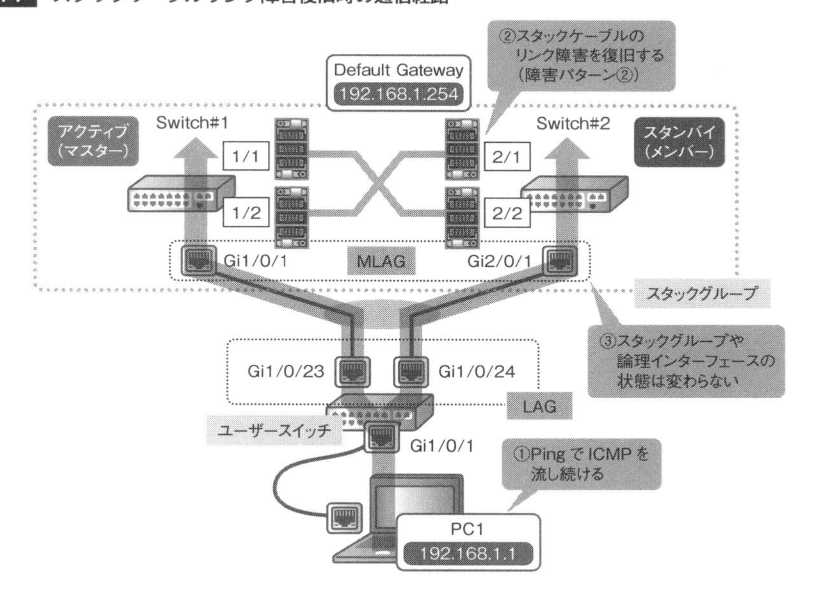

表 4.4.4 スタックケーブルリンク障害復旧試験(シスコ Catalyst 3850 の場合)

試験前提	(1)設計どおりにネットワーク機器が接続されていること (2)インターフェース試験に合格していること (3)VLAN 試験に合格していること (4)MLAG 冗長化機能試験に合格していること (5)スタックケーブルリンク障害発生試験に合格していること
事前作業	(1)スタックグループに SSH で接続し、任意のユーザーでログインした後、特権 EXEC モードに移行する (2)PC1 に以下を設定し、ユーザースイッチの Gi1/0/1 に接続する • IP アドレス:192.168.1.1 • サブネットマスク:255.255.255.0 • デフォルトゲートウェイ:192.168.1.254

試験実施手順	合否判定基準
(1)PC1 で ExPing を起動し、以下のとおり設定する 対象：192.168.1.254 環境： 実行間隔：1000 ミリ秒 タイムアウト：1000 ミリ秒 「定期的に実行する」にチェック 「0」分間隔	
(2)Ping を実行する	応答があること(OK と表示されること)
(3)Switch#2 の StackPort1 に接続されていたスタックケーブルを接続する	
(4)スタックグループの CLI で以下のコマンドを実行する show switch	以下を確認できること • Switch#1 の Role が Active、Switch#2 の Role が Standby になっていること • Switch#1 のプライオリティが 15、Switch#2 のプライオリティが 14 になっていること • Current Status がすべて Ready になっていること
(5)スタックグループの CLI で以下のコマンドを実行する show switch stack-ports	すべてのスタックポートが OK になっていること
(6)スタックグループの CLI で以下のコマンドを実行する show switch neighbors	以下を確認できること • Switch#1 のスタックポートが Switch#2 に接続されていること • Switch#2 のスタックポートが Switch#1 に接続されていること
(7)スタックグループの CLI で以下のコマンドを実行する show etherchannel summary	以下を確認できること • Po1 の状態が SU になっていること • Gi1/0/1 の状態が P になっていること • Gi2/0/1 の状態が P になっていること
(8)Ping の結果を確認し、ダウンタイムを計測する	以下を確認できること • 応答があること(OK と表示されること) • 通信断が発生しないこと

図 4.4.18　スタックグループの状態確認(シスコ Catalyst 3850 の場合)

```
sw1#show switch
Switch/Stack Mac Address : 0042.5a91.c580 - Local Mac Address
Mac persistency wait time: Indefinite
                                             H/W   Current
Switch#   Role    Mac Address     Priority Version  State
------------------------------------------------------------
*1       Active   0042.5a91.c580     15     V07      Ready
 2       Standby  0059.dca2.c780     14     V07      Ready
```

状態が変わらないこと

図 4.4.19 スタックポートの状態確認(シスコ Catalyst 3850 の場合)

```
sw1#show switch stack-ports

Switch#   Port1      Port2
----------------------------
1          OK         OK
2          OK         OK
```


図 4.4.20 隣接するスタック機器の確認(シスコ Catalyst 3850 の場合)

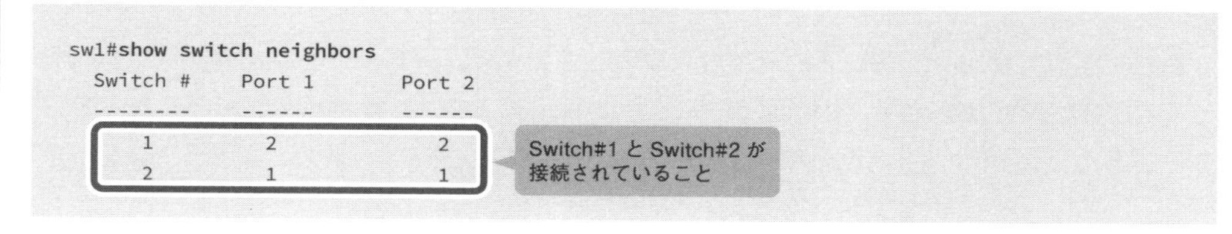

```
sw1#show switch neighbors
  Switch #     Port 1        Port 2
  --------     ------        ------
      1          2              2
      2          1              1
```


図 4.4.21 MLAG の状態(シスコ Catalyst 3850 の場合)

```
sw1#show etherchannel summary
Flags:  D - down          P - bundled in port-channel
        I - stand-alone s - suspended
        H - Hot-standby (LACP only)
        R - Layer3        S - Layer2
        U - in use        f - failed to allocate aggregator

        M - not in use, minimum links not met
        u - unsuitable for bundling
        w - waiting to be aggregated
        d - default port

        A - formed by Auto LAG


Number of channel-groups in use: 1
Number of aggregators:           1

Group  Port-channel  Protocol    Ports
------+-------------+-----------+-----------------------------------------------
1      Po1(SU)         LACP      Gi1/0/1(P)  Gi2/0/1(P)
```

Gi1/0/1 と Gi2/0/1 の状態が「P」で、Po1 の状態が「SU」になっていること

Switch#2のPort1の障害復旧試験が完了したら、もうひとつのスタックリンク(Switch#2のPort2)でも同様の試験を実施してください。先述のとおり、スタックケーブルは物理的な冗長性を確保しています。同じように、フェールオーバーしないことや、通信断が発生しないことなどを確認します。

4.5 STP障害試験

STP障害試験は、STP (Spanning Tree Protocol) に関する障害試験です。ルートブリッジの電源を落としたり、フォワーディング状態のインターフェースをシャットダウンしたりして機器障害やリンク障害を起こし、障害が発生したときと障害から復旧したときの状態を確認します。

ここでは、3台のスイッチ(ルートブリッジ・セカンダリルートブリッジ・非ルートブリッジ*1)でRapid STP*2を動作させている環境*3で、「ルートブリッジに機器障害を起こしたとき(障害パターン①)」と、「非ルートブリッジのフォワーディングポートのリンク障害を起こしたとき(障害パターン②)」、それぞれの障害発生試験と障害復旧試験について説明します。

*1 ルートブリッジでも、セカンダリールートブリッジでもないスイッチのことを「非ルートブリッジ」と言います。
*2 本構成ではシスコのCatalystスイッチを使用しているので、正確には「PVRST+」を使用することになります。
*3 疎通確認の関係で、L3スイッチであるsw1とsw2でHSRPグループを組み、デフォルトゲートウェイを冗長化しています。sw1がアクティブルーターで、sw2がスタンバイルーターです。

図4.5.1 STP障害試験の構成例

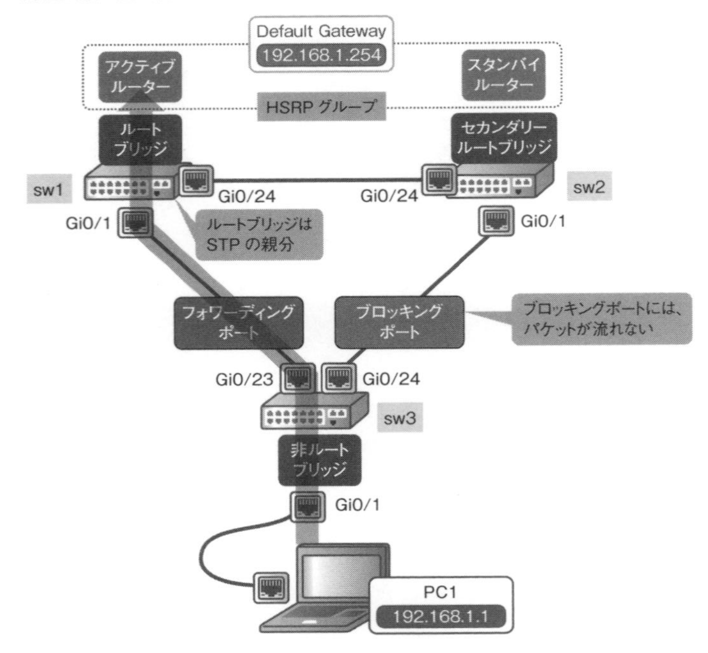

4.5.1 ルートブリッジ障害発生試験(障害パターン①)

ルートブリッジに障害が発生すると、2番目に高いブリッジプライオリティを持つセカンダリールートブリッジがルートブリッジの役割を引き継ぎます。また、非ルートブリッジのブロッキングポートが開放され、セカンダリールートブリッジ経由でパケットが流れ始めます。

障害発生試験では、PingでICMPを流している状態で、ルートブリッジの電源ケーブルを抜いて機器障害を起こします。そして、その状態でルートブリッジがフェールオーバーすることや、ブロッキングポートが開放すること、許容時間以内に通信が復旧することなどを確認します。なお、本書の構成例では、STPの収束(約1秒)よりもHSRPの収束(約10秒)に時間がかかります。HSRPがフェールオーバーして、はじめて通信ができるようになります。

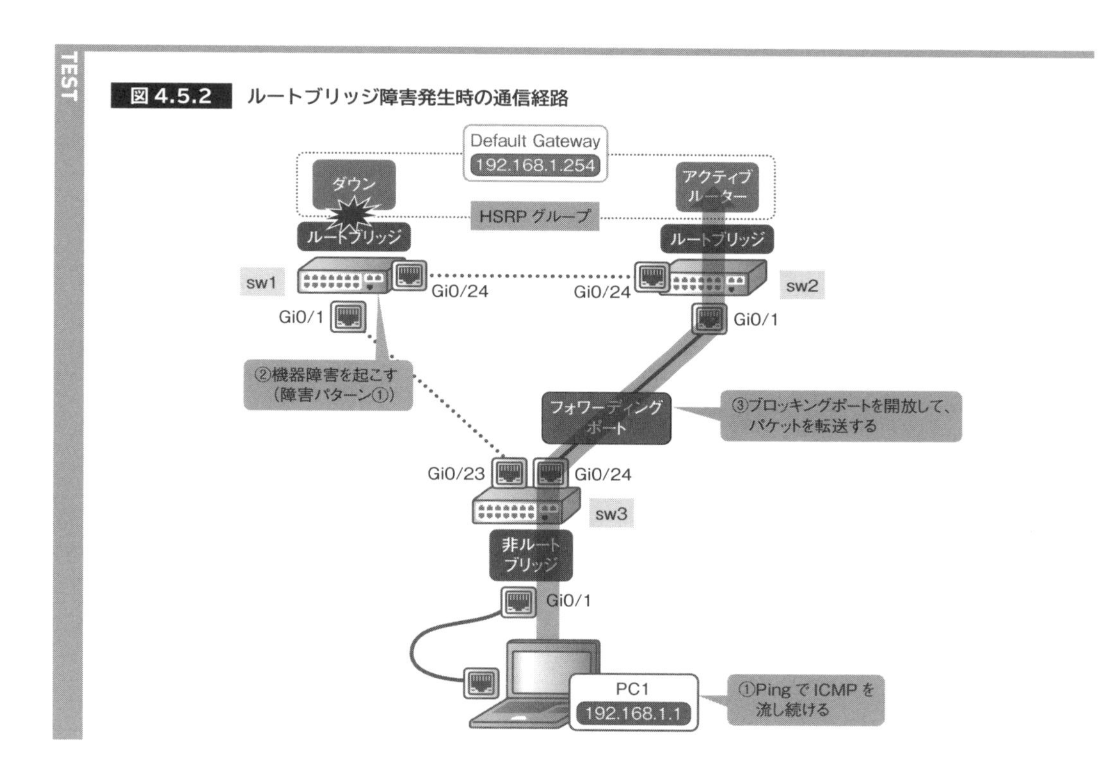

図 4.5.2 ルートブリッジ障害発生時の通信経路

表 4.5.1 ルートブリッジ障害発生試験

試験前提	(1)設計どおりにネットワーク機器が接続されていること (2)インターフェース試験に合格していること (3)VLAN 試験に合格していること (4)STP 冗長化機能試験に合格していること (5)FHRP 冗長化機能試験に合格していること
事前作業	(1)スイッチに対して、管理者ユーザーで SSH 接続を行い、特権 EXEC モードに移行する (2)PC1 に以下を設定し、sw3 の Gi0/1 に接続する • IP アドレス：192.168.1.1 • サブネットマスク：255.255.255.0 • デフォルトゲートウェイ：192.168.1.254

試験実施手順	合否判定基準
(1)PC1 で ExPing を起動し、以下のとおり設定する 対象：192.168.1.254 環境： 実行間隔：1000 ミリ秒 タイムアウト：1000 ミリ秒 「定期的に実行する」にチェック 「0」分間隔	
(2)Ping を実行する	応答があること(OK と表示されること)
(3)sw1 の電源ケーブルを抜線する	
(4)sw2 の CLI で以下のコマンドを実行する show spanning-tree	以下を確認できること • ルートブリッジになっていること • すべてのインターフェースがフォワーディング(FWD)状態になっていること
(5)sw3 の CLI で以下のコマンドを実行する show spanning-tree	Gi0/24 がフォワーディング(FWD)状態になっていること
(6)Ping の結果を確認し、ダウンタイムを計測する	以下を確認できること • 応答があること(OK と表示されること) • 15 秒以内で通信が復旧していること

図 4.5.3 新しいルートブリッジの状態(シスコ Catalyst スイッチの場合)

```
sw2#show spanning-tree

VLAN0001
  Spanning tree enabled protocol rstp
  Root ID    Priority    4097
             Address     5000.0002.0000
             This bridge is the root
             Hello Time   2 sec  Max Age 20 sec  Forward Delay 15 sec

  Bridge ID  Priority    4097   (priority 4096 sys-id-ext 1)
             Address     5000.0002.0000
             Hello Time   2 sec  Max Age 20 sec  Forward Delay 15 sec
             Aging Time  300 sec

Interface           Role Sts Cost      Prio.Nbr Type
------------------- ---- --- --------- -------- --------------------------------
Gi0/1               Desg FWD 4         128.1    P2p
Gi0/24              Desg FWD 4         128.24   P2p
```

図 4.5.4 ブロッキングポートの開放確認（シスコ Catalyst スイッチの場合）

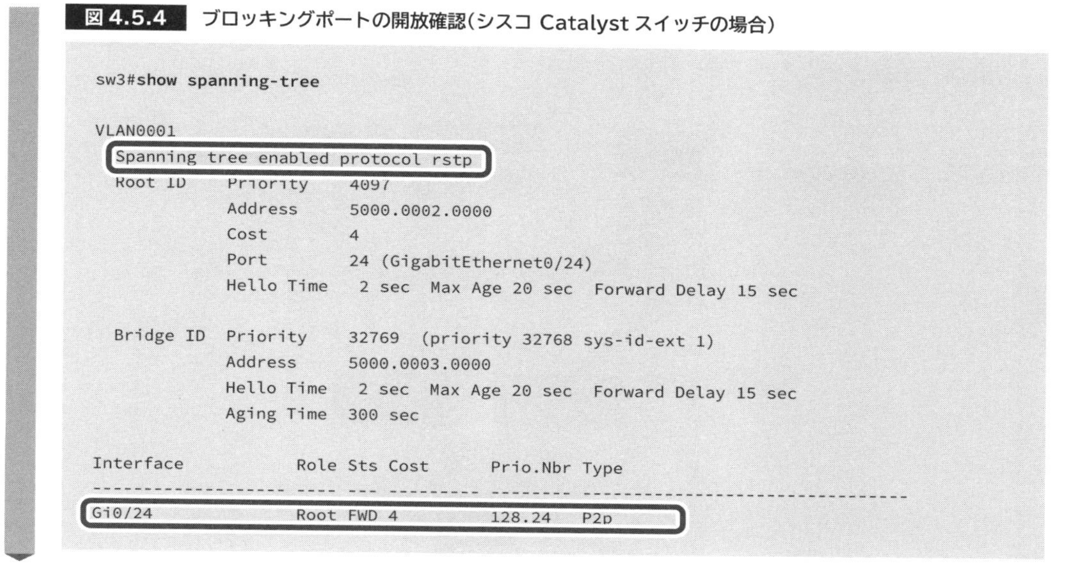

```
sw3#show spanning-tree

VLAN0001
  Spanning tree enabled protocol rstp
  Root ID    Priority    4097
             Address     5000.0002.0000
             Cost        4
             Port        24 (GigabitEthernet0/24)
             Hello Time   2 sec  Max Age 20 sec  Forward Delay 15 sec

  Bridge ID  Priority    32769  (priority 32768 sys-id-ext 1)
             Address     5000.0003.0000
             Hello Time   2 sec  Max Age 20 sec  Forward Delay 15 sec
             Aging Time  300 sec

Interface           Role Sts Cost      Prio.Nbr Type
------------------- ---- --- --------- -------- --------------------------------
Gi0/24              Root FWD 4         128.24   P2p
```

4.5.2 ルートブリッジ障害復旧試験（障害パターン①）

STPでは、ブリッジプライオリティの値が最も小さいスイッチがルートブリッジになります。**ルートブリッジは、自分よりもさらにブリッジプライオリティが小さいスイッチが復活すると、その役割を引き渡し、セカンダリールートブリッジに戻ります。**また、それに合わせてブロッキングポートを決め、障害試験前の状態に落ち着きます。

障害復旧試験では、PingでICMPを流している状態で、抜いた電源ケーブルを再接続して、旧ルートブリッジ（sw1）の機器障害を復旧します。そして、その状態でSTPが元どおりの状態に戻ることや、許容時間以内に通信が復旧することなどを確認します。

TEST

図 4.5.5　ルートブリッジ障害復旧時の通信経路

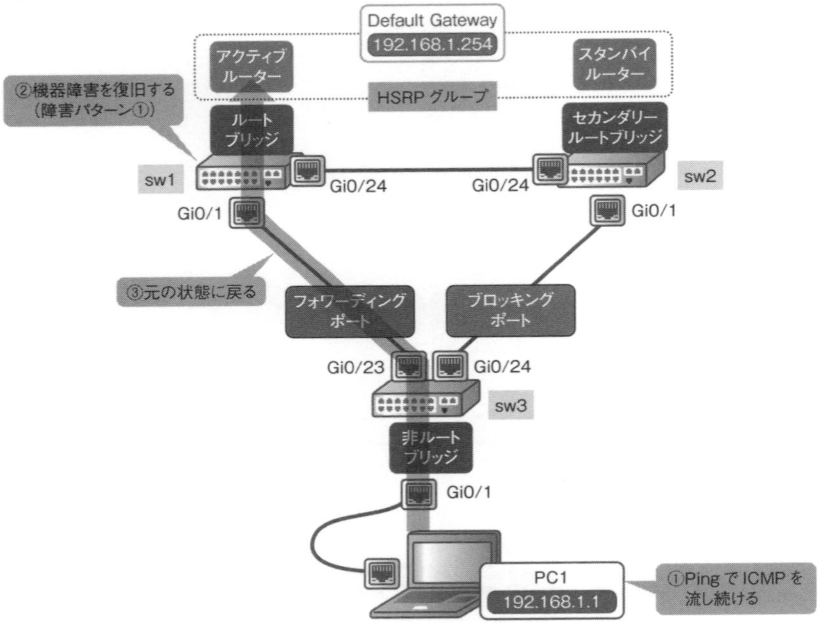

表 4.5.2　ルートブリッジ障害復旧試験

試験前提	(1)設計どおりにネットワーク機器が接続されていること (2)インターフェース試験に合格していること (3)VLAN 試験に合格していること (4)STP 冗長化機能試験に合格していること (5)ルートブリッジ障害発生試験に合格していること
事前作業	(1)スイッチに SSH で接続し、任意のユーザーでログインした後、特権 EXEC モードに移行する (2)PC1 に以下を設定し、sw3 の Gi0/1 に接続する • IP アドレス：192.168.1.1 • サブネットマスク：255.255.255.0 • デフォルトゲートウェイ：192.168.1.254

試験実施手順	合否判定基準
(1)PC1 でExPing を起動し、以下のとおり設定する 対象：192.168.1.254 環境： 実行間隔：1000 ミリ秒 タイムアウト：1000 ミリ秒 「定期的に実行する」にチェック 「0」分間隔	
(2)Ping を実行する	応答があること(OK と表示されること)
(3)sw1 の電源ケーブルを接続する	
(4)sw1 の CLI で以下のコマンドを実行する show spanning-tree	以下を確認できること • ルートブリッジになっていること • すべてのインターフェースがフォワーディング(FWD)状態になっていること
(5)sw2 の CLI で以下のコマンドを実行する show spanning-tree	すべてのインターフェースがフォワーディング(FWD)状態になっていること
(6)sw3 の CLI で以下のコマンドを実行する show spanning-tree	以下を確認できること • Gi0/23 がフォワーディング(FWD)状態になっていること • Gi0/24 がブロッキング(BLK)状態になっていること
(7)Ping の結果を確認し、ダウンタイムを計測する	以下を確認できること • 応答があること(OK と表示されること) • 15 秒以内に通信が復旧していること

図 4.5.6 ルートブリッジの状態(シスコ Catalyst スイッチの場合)

```
sw1#show spanning-tree

VLAN0001
  Spanning tree enabled protocol rstp
  Root ID    Priority    1
             Address     5000.0001.0000
             This bridge is the root
             Hello Time   2 sec  Max Age 20 sec  Forward Delay 15 sec

  Bridge ID  Priority    1      (priority 0 sys-id-ext 1)
             Address     5000.0001.0000
             Hello Time   2 sec  Max Age 20 sec  Forward Delay 15 sec
             Aging Time  300 sec

Interface           Role Sts Cost      Prio.Nbr Type
------------------- ---- --- --------- -------- --------------------------------
Gi0/1               Desg FWD 4         128.1    P2p
Gi0/24              Desg FWD 4         128.24   P2p
```

図 4.5.7 セカンダリールートブリッジの状態(シスコ Catalyst スイッチの場合)

```
sw2#show spanning-tree
```

```
VLAN0001
  Spanning tree enabled protocol rstp
  Root ID    Priority    1
             Address     5000.0001.0000
             Cost        4
             Port        24 (GigabitEthernet0/24)
             Hello Time   2 sec  Max Age 20 sec  Forward Delay 15 sec

  Bridge ID  Priority    4097   (priority 4096 sys-id-ext 1)
             Address     5000.0002.0000
             Hello Time   2 sec  Max Age 20 sec  Forward Delay 15 sec
             Aging Time  300 sec

Interface           Role Sts Cost      Prio.Nbr Type
------------------- ---- --- --------- -------- --------------------------------
Gi0/1               Desg FWD 4         128.1    P2p
Gi0/24              Root FWD 4         128.24   P2p
```

図 4.5.8　ブロッキングポートの確認(シスコ Catalyst スイッチの場合)

```
sw3#show spanning-tree

VLAN0001
  Spanning tree enabled protocol rstp
  Root ID    Priority    1
             Address     5000.0001.0000
             Cost        4
             Port        23 (GigabitEthernet0/23)
             Hello Time   2 sec  Max Age 20 sec  Forward Delay 15 sec

  Bridge ID  Priority    32769  (priority 32768 sys-id-ext 1)
             Address     5000.0003.0000
             Hello Time   2 sec  Max Age 20 sec  Forward Delay 15 sec
             Aging Time  300 sec

Interface           Role Sts Cost      Prio.Nbr Type
------------------- ---- --- --------- -------- --------------------------------
Gi0/23              Root FWD 4         128.23   P2p
Gi0/24              Altn BLK 4         128.24   P2p
```

ルートブリッジの障害復旧試験が完了したら、セカンダリールートブリッジでも同様の試験を実施してください。セカンダリールートブリッジに障害が発生しても、ルートブリッジもブロッキングポートも変化しません。これらの障害動作が通信に影響しないことを確認します。

4.5.3 フォワーディングポート障害発生試験(障害パターン②)

非ルートブリッジは、ルートブリッジに対するリンクに障害が発生すると、ブロッキングポートを開放し、セカンダリールートブリッジ経由でパケットを流し始めます。

障害発生試験では、PingでICMPを流している状態で、フォワーディングポートをシャットダウンしたりLANケーブルを抜いたりして、リンク障害を起こします。そして、その状態でブロッキングポート(Gi0/24)が開放されていること(フォワーディング状態になっていること)や、許容時間以内に通信が復旧することなどを確認します。

TEST

図 4.5.9 フォワーディングポート障害発生時の通信経路

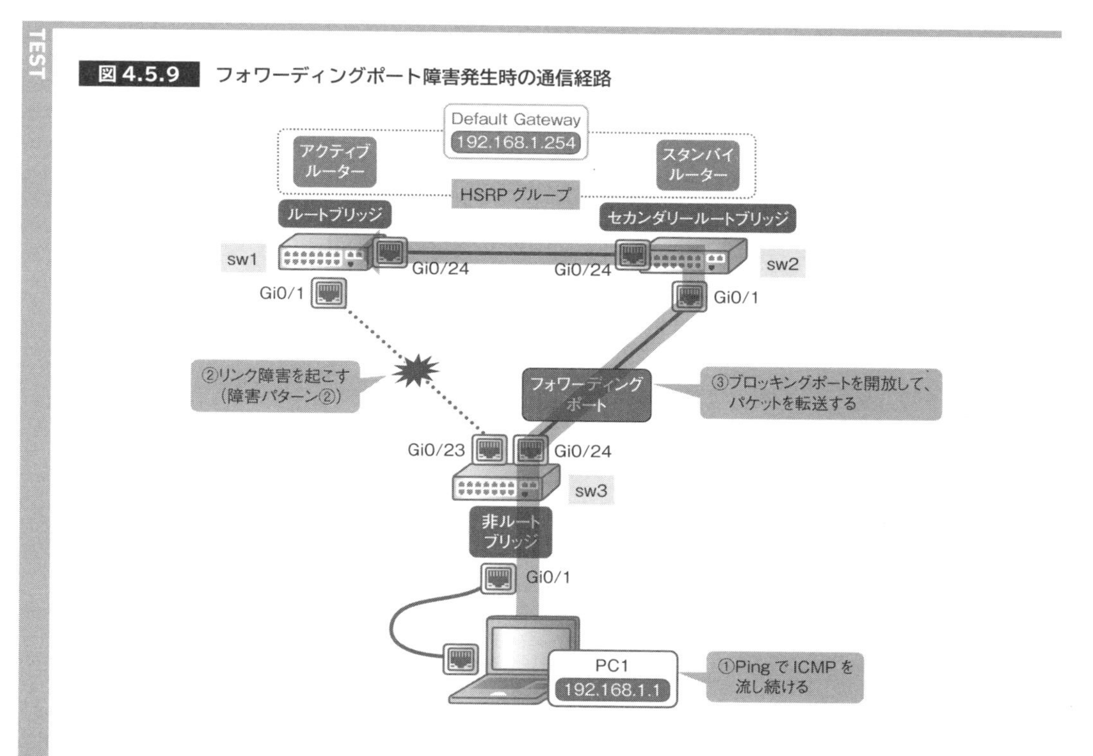

表 4.5.3 フォワーディングポート障害発生試験

試験前提	(1)設計どおりにネットワーク機器が接続されていること (2)インターフェース試験に合格していること (3)VLAN 試験に合格していること (4)STP 冗長化機能試験に合格していること (5)FHRP 冗長化機能試験に合格していること
事前作業	(1)スイッチに SSH で接続し、任意のユーザーでログインした後、特権 EXEC モードに移行する (2)PC1 に以下を設定し、sw3 の Gi0/1 に接続する • IP アドレス：192.168.1.1 • サブネットマスク：255.255.255.0 • デフォルトゲートウェイ：192.168.1.254

試験実施手順	合否判定基準
(1)PC1 で ExPing を起動し、以下のとおり設定する 対象：192.168.1.254 環境： 実行間隔：1000 ミリ秒 タイムアウト：1000 ミリ秒 「定期的に実行する」にチェック 「0」分間隔	
(2)Ping を実行する	応答があること(OK と表示されること)
(3)sw3 の CLI で以下のコマンドを実行する configure terminal interface Gi0/23 shutdown	
(4)sw3 の CLI で以下のコマンドを実行する show spanning-tree	Gi0/24 がフォワーディング(FWD)状態になっていること
(5)Ping の結果を確認し、ダウンタイムを計測する	以下を確認できること • 応答があること(OK と表示されること) • 3 秒以内に通信が復旧していること

図 4.5.10　ブロッキングポートの開放確認(シスコ Catalyst スイッチの場合)

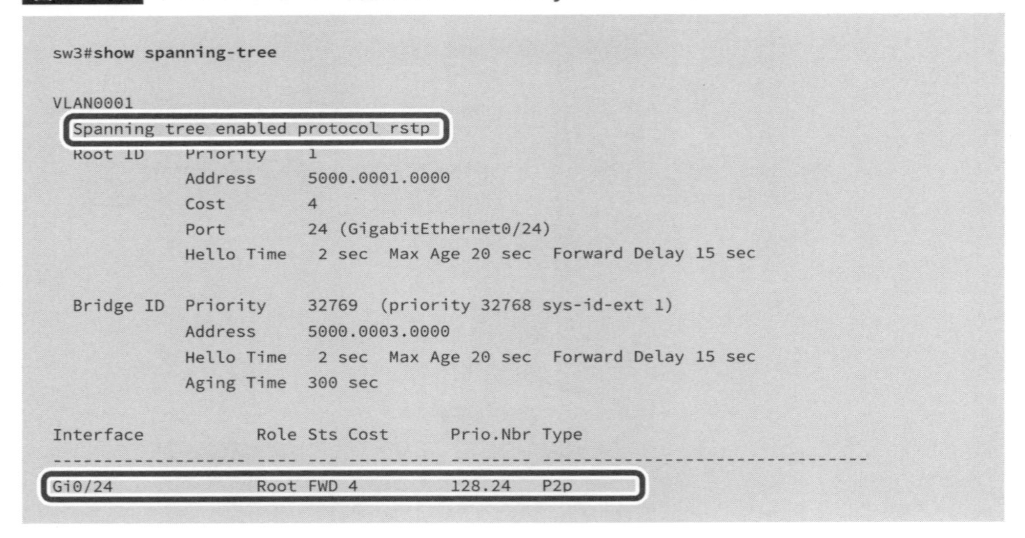

```
sw3#show spanning-tree

VLAN0001
  Spanning tree enabled protocol rstp
  Root ID    Priority    1
             Address     5000.0001.0000
             Cost        4
             Port        24 (GigabitEthernet0/24)
             Hello Time   2 sec  Max Age 20 sec  Forward Delay 15 sec

  Bridge ID  Priority    32769  (priority 32768 sys-id-ext 1)
             Address     5000.0003.0000
             Hello Time   2 sec  Max Age 20 sec  Forward Delay 15 sec
             Aging Time  300 sec

Interface           Role Sts Cost      Prio.Nbr Type
------------------- ---- --- --------- -------- --------------------------------
Gi0/24              Root FWD 4         128.24   P2p
```

4.5.4　フォワーディングポート障害復旧試験(障害パターン②)

非ルートブリッジは、ルートブリッジに対するリンク障害から復旧すると、STPの再計算を行い、またセカンダリールートブリッジに対するインターフェースをブロッキング、ルートブリッジに対するインターフェースをフォワーディングにします。つまり**障害発生前の状態に戻ります。**

障害復旧試験では、PingでICMPを流している状態で、シャットダウンしたインターフェースを有効化したり、抜いたLANケーブルを接続したりして、リンク障害を復旧します。そして、その状態でSTPの状態が元どおりの状態に戻ることや、許容時間以内に通信が復旧することなどを確認します。

図 4.5.11 フォワーディングポート障害復旧時の通信経路

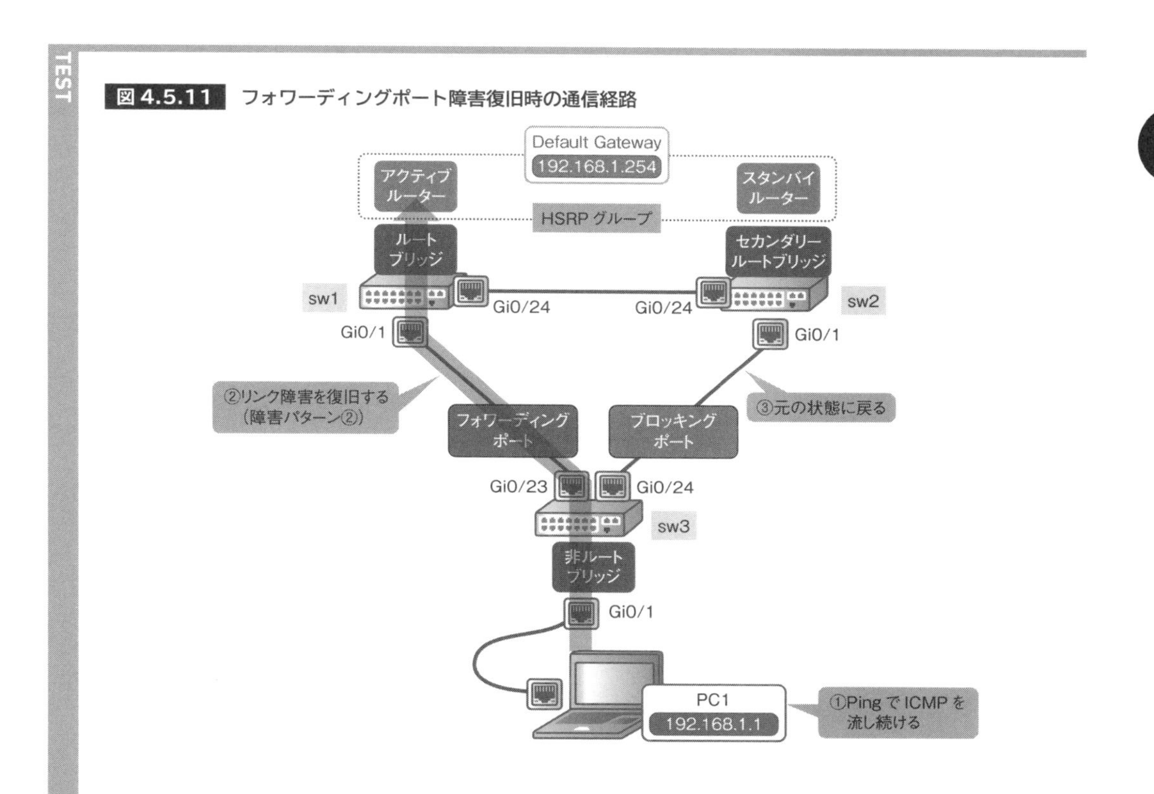

表 4.5.4 フォワーディングポート障害復旧試験

試験前提	(1)設計どおりにネットワーク機器が接続されていること (2)インターフェース試験に合格していること (3)VLAN 試験に合格していること (4)STP 冗長化機能試験に合格していること (5)FHRP 冗長化機能試験に合格していること (6)フォワーディングポート障害発生試験に合格していること
事前作業	(1)スイッチに SSH で接続し、任意のユーザーでログインした後、特権 EXEC モードに移行する (2)PC1 に以下を設定し、sw3 の Gi0/1 に接続する • IP アドレス：192.168.1.1 • サブネットマスク：255.255.255.0 • デフォルトゲートウェイ：192.168.1.254

試験実施手順	合否判定基準
(1)PC1 で ExPing を起動し、以下のとおり設定する 対象：192.168.1.254 環境： 実行間隔：1000 ミリ秒 タイムアウト：1000 ミリ秒 「定期的に実行する」にチェック 「0」分間隔	
(2)Ping を実行する	応答があること(OK と表示されること)
(3)sw3 の CLI で以下のコマンドを実行する configure terminal interface Gi0/23 no shutdown	
(4)sw3 の CLI で以下のコマンドを実行する show spanning-tree	以下を確認できること • Gi0/23 がフォワーディング(FWD)状態になっていること • Gi0/24 がブロッキング(BLK)状態になっていること
(5)Ping の結果を確認し、ダウンタイムを計測する	以下を確認できること • 応答があること(OK と表示されること) • 3 秒以内に通信が復旧していること

図 4.5.12　ブロッキングポートの確認(シスコ Catalyst スイッチの場合)

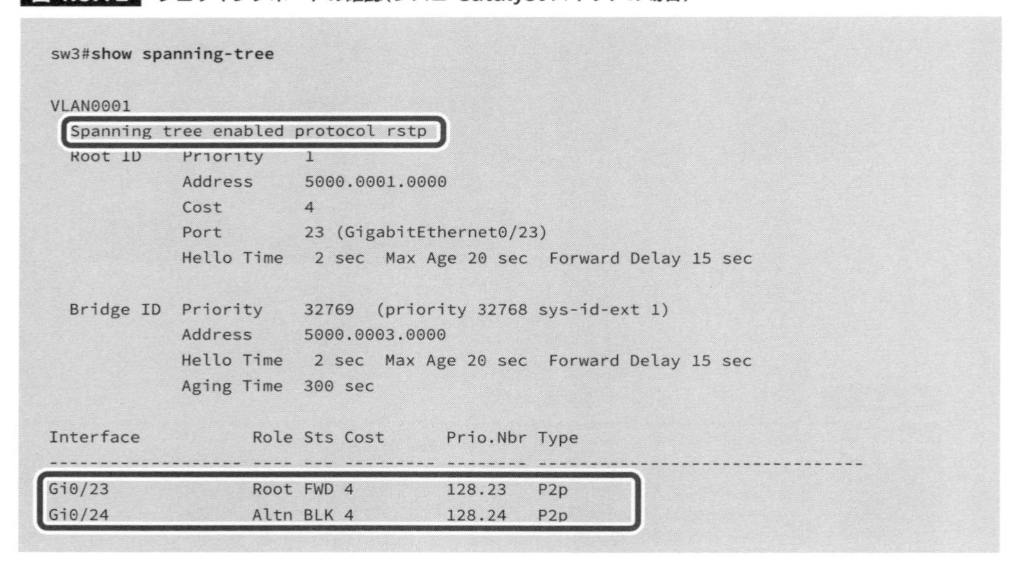

```
sw3#show spanning-tree

VLAN0001
  Spanning tree enabled protocol rstp
  Root ID    Priority    1
             Address     5000.0001.0000
             Cost        4
             Port        23 (GigabitEthernet0/23)
             Hello Time   2 sec  Max Age 20 sec  Forward Delay 15 sec

  Bridge ID  Priority    32769  (priority 32768 sys-id-ext 1)
             Address     5000.0003.0000
             Hello Time   2 sec  Max Age 20 sec  Forward Delay 15 sec
             Aging Time  300 sec

Interface           Role Sts Cost      Prio.Nbr Type
------------------- ---- --- --------- -------- --------------------------------
Gi0/23              Root FWD 4         128.23   P2p
Gi0/24              Altn BLK 4         128.24   P2p
```

フォワーディングポート障害復旧試験が完了したら、ブロッキングポート(Gi0/24)でも同様の試験を実施してください。ブロッキングポートに障害が起こっても、論理的なツリー構成に変化はありません。これらの障害動作が通信に影響しないことを確認します。

4.6 FHRP障害試験

FHRP障害試験は、FHRP (First Hop Redundancy Protocol) に関する障害試験です。ルーターの電源を落としたり、インターフェースをシャットダウンしたりして機器障害やリンク障害を起こし、障害が発生したときと障害から復旧したときの状態を確認します。

ここでは、2台のルーターをHSRPでアクティブ・スタンバイに冗長化しているネットワーク環境で、「アクティブルーターに機器障害を起こしたとき（障害パターン①）」と、「アクティブルーターのアップリンクインターフェースにリンク障害を起こしたとき（障害パターン②）」、それぞれの障害発生試験と障害復旧試験について説明します。

図 4.6.1 FHRP 障害試験の構成例

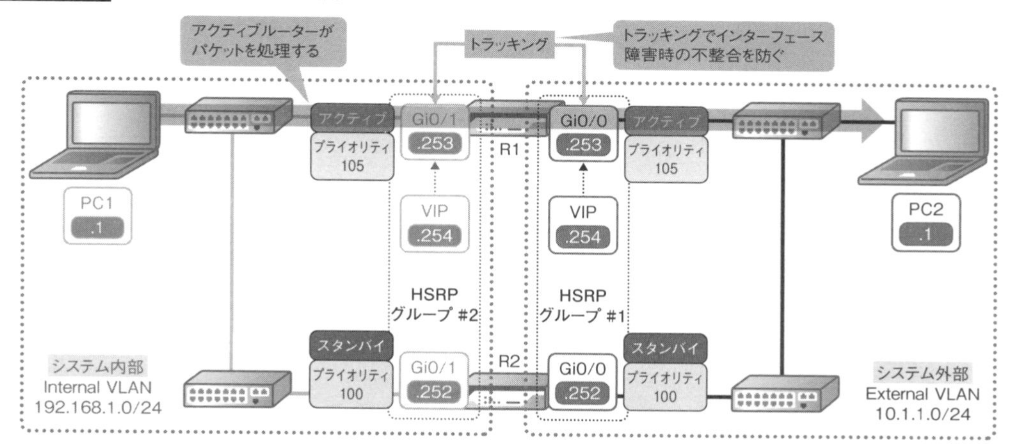

4.6.1 アクティブルーター障害発生試験（障害パターン①）

アクティブルーターに障害が発生すると、2番目に高いプライオリティを持つスタンバイルーターがアクティブルーターの役割を引き継ぎ、パケットのルーティングを開始します。

アクティブルーター障害発生試験では、PingでICMPを流している状態で、アクティブルーター（R1）の電源ケーブルを抜いて、機器障害を起こします。そして、その状態でHSRPがスタンバイルーター（R2）にフェールオーバーすることや、許容時間以内に通信が復旧することなどを確認します。

TEST

図 4.6.2　アクティブルーター障害発生時の通信経路

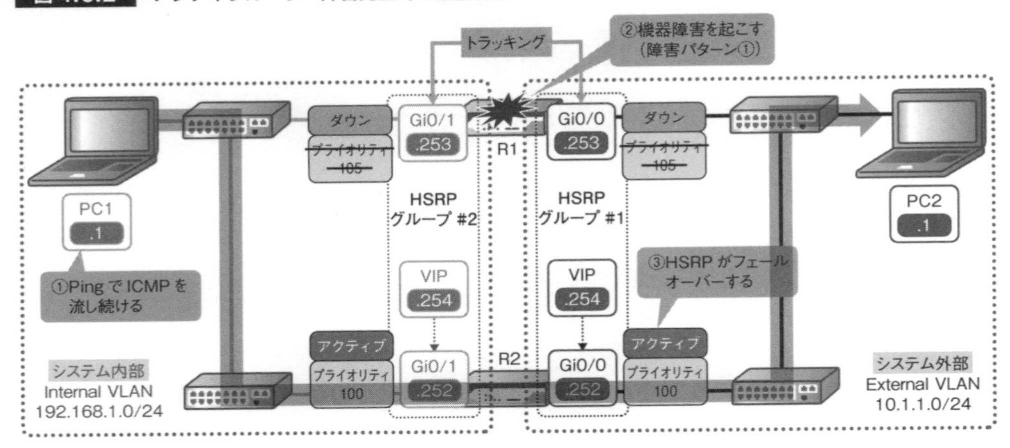

表 4.6.1　アクティブルーター障害発生試験(シスコルーターの場合)

試験前提	(1)設計どおりにネットワーク機器が接続されていること (2)インターフェース試験に合格していること (3)IP アドレス試験に合格していること (4)ルーティング試験に合格していること (5)FHRP 冗長化機能試験に合格していること
事前作業	(1)ルーターに SSH で接続し、任意のユーザーでログインした後、特権 EXEC モードに移行する (2)PC1 に以下を設定し、Internal VLAN に接続する • IP アドレス：192.168.1.1 • サブネットマスク：255.255.255.0 • デフォルトゲートウェイ：192.168.1.254 (3)PC2 に以下を設定し、External VLAN に接続する • IP アドレス：10.1.1.1 • サブネットマスク：255.255.255.0 • デフォルトゲートウェイ：10.1.1.254

試験実施手順	合否判定基準
(1)PC1 で ExPing を起動し、以下のとおり設定する 対象：10.1.1.1 環境： 実行間隔：1000 ミリ秒 タイムアウト：1000 ミリ秒 「定期的に実行する」にチェック 「0」分間隔	
(2)Ping を実行する	応答があること(OK と表示されること)
(3)R1 の電源ケーブルを抜線する	
(4)R2 の CLI で以下のコマンドを実行する show standby	Gi0/0 と Gi0/1 がアクティブになっていること
(5)Ping の結果を確認し、ダウンタイムを計測する	以下を確認できること • 応答があること(OK と表示されること) • 15 秒以内で通信が復旧していること、あるいは通信断が発生しないこと

図 4.6.3 新アクティブルーター(R2)の確認(シスコルーターの場合)

```
R2#show standby
GigabitEthernet0/0 - Group 1
  State is Active
    2 state changes, last state change 00:00:49
  Virtual IP address is 10.1.1.254
  Active virtual MAC address is 0000.0c07.ac01
    Local virtual MAC address is 0000.0c07.ac01 (v1 default)
  Hello time 3 sec, hold time 10 sec
    Next hello sent in 1.888 secs
  Preemption enabled
  Active router is local
  Standby router is unknown
  Priority 100 (default 100)
  Group name is "hsrp-Gi0/0-1" (default)
GigabitEthernet0/1 - Group 2
  State is Active
    2 state changes, last state change 00:00:52
  Virtual IP address is 192.168.1.254
  Active virtual MAC address is 0000.0c07.ac02
    Local virtual MAC address is 0000.0c07.ac02 (v1 default)
  Hello time 3 sec, hold time 10 sec
    Next hello sent in 2.208 secs
  Preemption enabled
  Active router is local
  Standby router is unknown
  Priority 100 (default 100)
  Group name is "hsrp-Gi0/1-2" (default)
```

4.6.2 アクティブルーター障害復旧試験(障害パターン①)

障害から復旧したときの挙動は設計によって異なりますが、筆者の経験上、**自動でフェールバックする、つまり障害試験前の状態に自動で戻す設計を選択することが多いでしょう。**この設計では、アクティブルーターは自分より高いプライオリティ値を持つルーターが復活すると、その役割を引き渡し、スタンバイルーターに戻ります。

アクティブルーター障害復旧試験では、PingでICMPを流している状態で、抜いた電源ケーブルを再接続して、旧アクティブルーター(R1)の機器障害を復旧します。そして、その状態でHSRPが元どおりの状態に戻ることや、許容時間以内に通信が復旧することなどを確認します。

TEST

図 4.6.4　アクティブルーター障害復旧時の通信経路

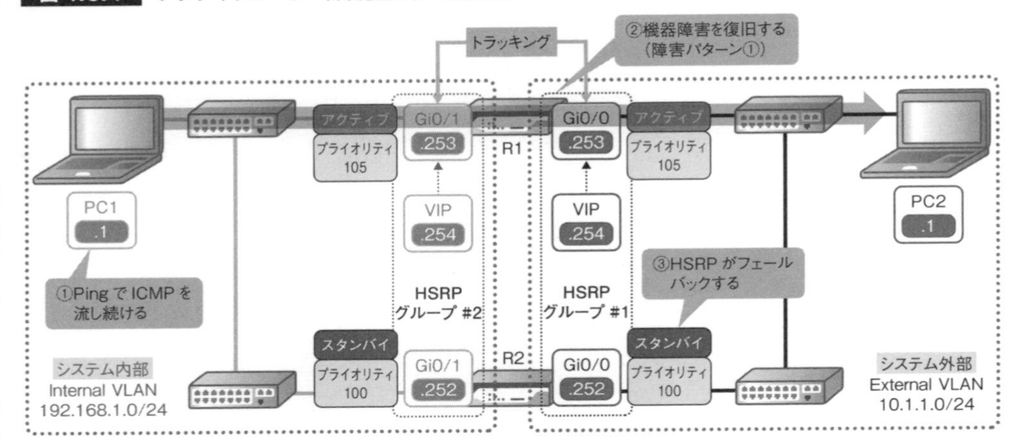

表 4.6.2　アクティブルーター障害復旧試験（シスコルーターの場合）

試験前提	(1)設計どおりにネットワーク機器が接続されていること (2)インターフェース試験に合格していること (3)IP アドレス試験に合格していること (4)ルーティング試験に合格していること (5)FHRP 冗長化機能試験に合格していること (6)アクティブルーター障害発生試験に合格していること
事前作業	(1)ルーターに SSH で接続し、任意のユーザーでログインした後、特権 EXEC モードに移行する (2)PC1 に以下を設定し、Internal VLAN に接続する • IP アドレス：192.168.1.1 • サブネットマスク：255.255.255.0 • デフォルトゲートウェイ：192.168.1.254 (3)PC2 に以下を設定し、External VLAN に接続する • IP アドレス：10.1.1.1 • サブネットマスク：255.255.255.0 • デフォルトゲートウェイ：10.1.1.254

試験実施手順	合否判定基準
(1)PC1 で ExPing を起動し、以下のとおり設定する 対象：10.1.1.1 環境： 実行間隔：1000 ミリ秒 タイムアウト：1000 ミリ秒 「定期的に実行する」にチェック 「0」分間隔	
(2)Ping を実行する	応答があること（OK と表示されること）
(3)R1 の電源ケーブルを接続する	
(4)R1 の CLI で以下のコマンドを実行する show standby	Gi0/0 と Gi0/1 がアクティブになっていること
(5)R2 の CLI で以下のコマンドを実行する show standby	Gi0/0 と Gi0/1 がスタンバイになっていること

(6)Ping の結果を確認し、ダウンタイムを計測する	以下を確認できること • 応答があること(OK と表示されること) • 15 秒以内で通信が復旧していること、あるいは通信断が発生しないこと

図 4.6.5 新アクティブルーター(R1)の確認(シスコルーターの場合)

```
R1#show standby
GigabitEthernet0/0 - Group 1
  State is Active
    3 state changes, last state change 00:00:14
  Virtual IP address is 10.1.1.254
  Active virtual MAC address is 0000.0c07.ac01
    Local virtual MAC address is 0000.0c07.ac01 (v1 default)
  Hello time 3 sec, hold time 10 sec
    Next hello sent in 2.000 secs
  Preemption enabled
  Active router is local
  Standby router is 10.1.1.252, priority 100 (expires in 9.584 sec)
  Priority 105 (configured 105)
    Track object 1 state Up decrement 10
  Group name is "hsrp-Gi0/0-1" (default)
GigabitEthernet0/1 - Group 2
  State is Active
    4 state changes, last state change 00:00:16
  Virtual IP address is 192.168.1.254
  Active virtual MAC address is 0000.0c07.ac02
    Local virtual MAC address is 0000.0c07.ac02 (v1 default)
  Hello time 3 sec, hold time 10 sec
    Next hello sent in 2.240 secs
  Preemption enabled
  Active router is local
  Standby router is 192.168.1.252, priority 100 (expires in 11.088 sec)
  Priority 105 (configured 105)
    Track object 2 state Up decrement 10
  Group name is "hsrp-Gi0/1-2" (default)
```

図 4.6.6 旧アクティブルーター(R2)の確認(シスコルーターの場合)

```
R2#show standby
GigabitEthernet0/0 - Group 1
  State is Standby
    7 state changes, last state change 00:00:37
  Virtual IP address is 10.1.1.254
  Active virtual MAC address is 0000.0c07.ac01
    Local virtual MAC address is 0000.0c07.ac01 (v1 default)
  Hello time 3 sec, hold time 10 sec
    Next hello sent in 1.344 secs
  Preemption enabled
  Active router is 10.1.1.253, priority 105 (expires in 9.552 sec)
  Standby router is local
  Priority 100 (default 100)
```

```
  Group name is "hsrp-Gi0/0-1" (default)
GigabitEthernet0/1 - Group 2
  State is Standby
    7 state changes, last state change 00:00:39
  Virtual IP address is 192.168.1.254
  Active virtual MAC address is 0000.0c07.ac02
    Local virtual MAC address is 0000.0c07.ac02 (v1 default)
  Hello time 3 sec, hold time 10 sec
    Next hello sent in 2.304 secs
  Preemption enabled
  Active router is 192.168.1.253, priority 105 (expires in 9.600 sec)
  Standby router is local
  Priority 100 (default 100)
  Group name is "hsrp-Gi0/1-2" (default)
```

アクティブルーター障害復旧試験が完了したら、スタンバイルーターでも同様の試験を実施してください。スタンバイルーターに障害が発生しても、フェールオーバーは発生しません。ただ単に、アクティブルーターからスタンバイルーターが見えなくなるだけです。これらの障害動作が通信に影響しないことを確認します。

4.6.3 アクティブルーターアップリンク障害発生試験(障害パターン②)

トラッキングが設定されている場合は、それに応じた試験も必要になります。図4.6.7のネットワーク構成の場合、トラッキングを設定しないと、片方のインターフェースがダウンしたときに、もう片方のインターフェースのHSRPがフェールオーバーせず、通信ができなくなります。そこで、**トラッキングの機能を利用してインターフェースの状態を監視し、片方のインターフェースダウンとともに、もう片方のインターフェースに適用されているHSRPがフェールオーバーするようにトラッキングを設定します。**

アクティブルーターアップリンク障害発生試験では、PingでICMPを流している状態で、アクティブルーター(R1)のアップリンクインターフェース(Gi0/0)をシャットダウンしたり、ささっているLANケーブルを抜いたりして、リンク障害を起こします。そして、その状態で両方のインターフェースのHSRPがスタンバイルーター(R2)にフェールオーバーすることや、許容時間以内に通信が復旧することなどを確認します。

TEST

図 4.6.7 アクティブルーターアップリンク障害発生時の通信経路

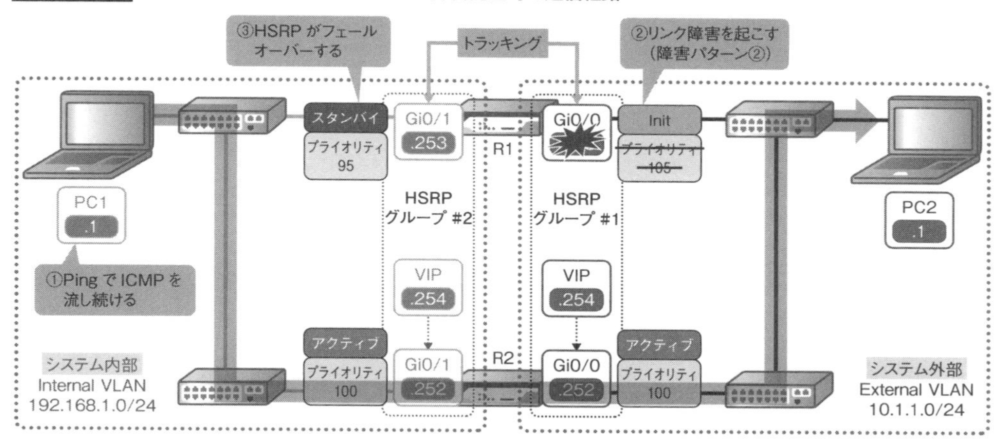

表 4.6.3 アクティブルーターアップリンク障害発生試験（シスコルーターの場合）

試験前提	(1)設計どおりにネットワーク機器が接続されていること (2)インターフェース試験に合格していること (3)IP アドレス試験に合格していること (4)ルーティング試験に合格していること (5)FHRP 冗長化機能試験に合格していること
事前作業	(1)ルーターに SSH で接続し、任意のユーザーでログインした後、特権 EXEC モードに移行する (2)PC1 に以下を設定し、Internal VLAN に接続する • IP アドレス：192.168.1.1 • サブネットマスク：255.255.255.0 • デフォルトゲートウェイ：192.168.1.254 (3)PC2 に以下を設定し、External VLAN に接続する • IP アドレス：10.1.1.1 • サブネットマスク：255.255.255.0 • デフォルトゲートウェイ：10.1.1.254

試験実施手順	合否判定基準
(1)PC1 で ExPing を起動し、以下のとおり設定する 対象：10.1.1.1 環境： 実行間隔：1000 ミリ秒 タイムアウト：1000 ミリ秒 「定期的に実行する」にチェック 「0」分間隔	
(2)Ping を実行する	応答があること（OK と表示されること）
(3)R1 の CLI で以下のコマンドを実行する configure terminal interface Gi0/0 shutdown	
(4)R1 の CLI で以下のコマンドを実行する show standby	以下を確認できること • Gi0/0 がイニシャル（Init）になっていること • Gi0/1 がスタンバイになっていること

(5)R2 の CLI で以下のコマンドを実行する show standby	Gi0/0 と Gi0/1 がアクティブになっていること
(6)Ping の結果を確認し、ダウンタイムを計測する	以下を確認できること • 応答があること(OK と表示されること) • 15 秒以内で通信が復旧していること、あるいは通信断が発生しないこと

図 4.6.8　旧アクティブルーター(R1)の状態(シスコルーターの場合)

```
R1#show standby
GigabitEthernet0/0 - Group 1
  State is Init (interface down)
    4 state changes, last state change 00:03:36
  Virtual IP address is 10.1.1.254
  Active virtual MAC address is unknown
    Local virtual MAC address is 0000.0c07.ac01 (v1 default)
  Hello time 3 sec, hold time 10 sec
  Preemption enabled
  Active router is unknown
  Standby router is unknown
  Priority 105 (configured 105)
    Track object 1 state Up decrement 10
  Group name is "hsrp-Gi0/0-1" (default)
GigabitEthernet0/1 - Group 2
  State is Standby
    6 state changes, last state change 00:03:24
  Virtual IP address is 192.168.1.254
  Active virtual MAC address is 0000.0c07.ac02
    Local virtual MAC address is 0000.0c07.ac02 (v1 default)
  Hello time 3 sec, hold time 10 sec
    Next hello sent in 0.960 secs
  Preemption enabled
  Active router is 192.168.1.252, priority 100 (expires in 10.496 sec)
  Standby router is local
  Priority 95 (configured 105)
    Track object 2 state Down decrement 10
  Group name is "hsrp-Gi0/1-2" (default)
```

図 4.6.9　新アクティブルーター(R2)の状態(シスコルーターの場合)

```
R2#show standby
GigabitEthernet0/0 - Group 1
  State is Active
    8 state changes, last state change 00:05:40
  Virtual IP address is 10.1.1.254
  Active virtual MAC address is 0000.0c07.ac01
    Local virtual MAC address is 0000.0c07.ac01 (v1 default)
  Hello time 3 sec, hold time 10 sec
    Next hello sent in 2.688 secs
  Preemption enabled
  Active router is local
```

```
  Standby router is unknown
  Priority 100 (default 100)
  Group name is "hsrp-Gi0/0-1" (default)
GigabitEthernet0/1 - Group 2
  State is Active
    8 state changes, last state change 00:05:38
  Virtual IP address is 192.168.1.254
  Active virtual MAC address is 0000.0c07.ac02
    Local virtual MAC address is 0000.0c07.ac02 (v1 default)
  Hello time 3 sec, hold time 10 sec
    Next hello sent in 0.704 secs
  Preemption enabled
  Active router is local
  Standby router is 192.168.1.253, priority 95 (expires in 8.960 sec)
  Priority 100 (default 100)
  Group name is "hsrp-Gi0/1-2" (default)
```


4.6.4 アクティブルーターアップリンク障害復旧試験(障害パターン②)

トラッキングされているインターフェースが復活すると、トラッキングによって下げられていたプライオリティ値を元に戻し、どちらのインターフェースのHSRPでもフェールバックを実行します。

アクティブルーターアップリンク障害復旧試験では、PingでICMPを流している状態で、シャットダウンしたアップリンクインターフェース(Gi0/0)を有効化したり、抜いたLANケーブルを接続したりして、リンク障害を復旧します。そして、その状態でHSRPの状態が元どおりに戻ることや、許容時間以内に通信が復旧することなどを確認します。

TEST

図4.6.10 アクティブルーターアップリンク障害復旧時の通信経路

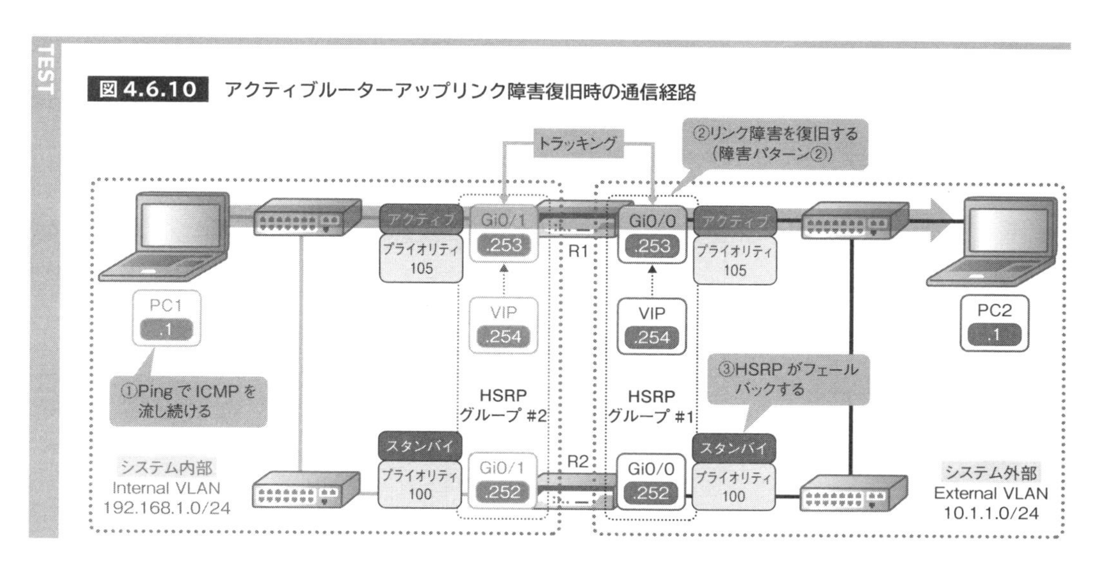

表 4.6.4　アクティブルーターアップリンク障害復旧試験(シスコルーターの場合)

試験前提	(1)設計どおりにネットワーク機器が接続されていること (2)インターフェース試験に合格していること (3)IP アドレス試験に合格していること (4)ルーティング試験に合格していること (5)FHRP 冗長化機能試験に合格していること (6)アクティブルーターアップリンク障害発生試験に合格していること
事前作業	(1)ルーターに SSH で接続し、任意のユーザーでログインした後、特権 EXEC モードに移行する (2)PC1 に以下を設定し、Internal VLAN に接続する • IP アドレス：192.168.1.1 • サブネットマスク：255.255.255.0 • デフォルトゲートウェイ：192.168.1.254 (3)PC2 に以下を設定し、External VLAN に接続する • IP アドレス：10.1.1.1 • サブネットマスク：255.255.255.0 • デフォルトゲートウェイ：10.1.1.254

試験実施手順	合否判定基準
(1)PC1 で ExPing を起動し、以下のとおり設定する 対象：10.1.1.1 環境： 実行間隔：1000 ミリ秒 タイムアウト：1000 ミリ秒 「定期的に実行する」にチェック 「0」分間隔	
(2)Ping を実行する	応答があること(OK と表示されること)
(3)R1 の CLI で以下のコマンドを実行する configure terminal interface Gi0/0 no shutdown	
(4)R1 の CLI で以下のコマンドを実行する show standby	Gi0/0 と Gi0/1 がアクティブになっていること
(5)R2 の CLI で以下のコマンドを実行する show standby	Gi0/0 と Gi0/1 がスタンバイになっていること
(6)Ping の結果を確認し、ダウンタイムを計測する	以下を確認できること • 応答があること(OK と表示されること) • 15 秒以内で通信が復旧していること、あるいは通信断が発生しないこと

図 4.6.11　新アクティブルーター(R1)の確認(シスコルーターの場合)

```
R1#show standby
GigabitEthernet0/0 - Group 1
  State is Active
    5 state changes, last state change 00:00:17
  Virtual IP address is 10.1.1.254
  Active virtual MAC address is 0000.0c07.ac01
    Local virtual MAC address is 0000.0c07.ac01 (v1 default)
  Hello time 3 sec, hold time 10 sec
    Next hello sent in 1.248 secs
  Preemption enabled
  Active router is local
```

```
  Standby router is 10.1.1.252, priority 100 (expires in 8.128 sec)
  Priority 105 (configured 105)
    Track object 1 state Up decrement 10
  Group name is "hsrp-Gi0/0-1" (default)
GigabitEthernet0/1 - Group 2
  State is Active
    7 state changes, last state change 00:00:19
  Virtual IP address is 192.168.1.254
  Active virtual MAC address is 0000.0c07.ac02
    Local virtual MAC address is 0000.0c07.ac02 (v1 default)
  Hello time 3 sec, hold time 10 sec
    Next hello sent in 2.448 secs
  Preemption enabled
  Active router is local
  Standby router is 192.168.1.252, priority 100 (expires in 11.808 sec)
  Priority 105 (configured 105)
    Track object 2 state Up decrement 10
  Group name is "hsrp-Gi0/1-2" (default)
```

図4.6.12 旧アクティブルーター(R2)の確認(シスコルーターの場合)

```
R2#show standby
GigabitEthernet0/0 - Group 1
  State is Standby
    10 state changes, last state change 00:00:41
  Virtual IP address is 10.1.1.254
  Active virtual MAC address is 0000.0c07.ac01
    Local virtual MAC address is 0000.0c07.ac01 (v1 default)
  Hello time 3 sec, hold time 10 sec
    Next hello sent in 0.160 secs
  Preemption enabled
  Active router is 10.1.1.253, priority 105 (expires in 9.440 sec)
  Standby router is local
  Priority 100 (default 100)
  Group name is "hsrp-Gi0/0-1" (default)
GigabitEthernet0/1 - Group 2
  State is Standby
    10 state changes, last state change 00:00:41
  Virtual IP address is 192.168.1.254
  Active virtual MAC address is 0000.0c07.ac02
    Local virtual MAC address is 0000.0c07.ac02 (v1 default)
  Hello time 3 sec, hold time 10 sec
    Next hello sent in 1.104 secs
  Preemption enabled
  Active router is 192.168.1.253, priority 105 (expires in 8.544 sec)
  Standby router is local
  Priority 100 (default 100)
  Group name is "hsrp-Gi0/1-2" (default)
```

アクティブルーターアップリンク障害復旧試験が完了したら、もう片方のダウンリンクインターフェースでも同様の試験を実施します。対象となるインターフェースがGi0/1に変わるだけで、確認項目としては変わりません。同じように、両方のインターフェースのHSRPがスタンバイルーター（R2）にフェールオーバーすることや、許容時間以内に通信が復旧することなどを確認します。

それが終わったら、今度はスタンバイルーター（R2）でも同様の試験を実施します。スタンバイルーターのインターフェース（Gi0/0、Gi0/1）に障害が発生しても、フェールオーバーは発生しません。アクティブルーターはそのままで、スタンバイルーターの障害インターフェースが認識できなくなるだけです。これらの障害動作が通信に影響しないことを確認します。

4.7 ファイアウォール障害試験

ファイアウォール障害試験は、ファイアウォールに関する障害試験です。ファイアウォールの電源を落としたり、LANケーブルを抜いたりして機器障害やリンク障害を起こし、障害が発生したときと障害から復旧したときの状態を確認します。

ここでは、2台のファイアウォールをアクティブ・スタンバイに冗長化しているネットワーク環境で、「アクティブファイアウォールに機器障害を起こしたとき（障害パターン①）」と、「アクティブファイアウォールのアップリンクインターフェースにリンク障害を起こしたとき（障害パターン②）」、それぞれの障害発生試験と障害復旧試験について説明します。

図 4.7.1　ファイアウォール障害試験の構成例

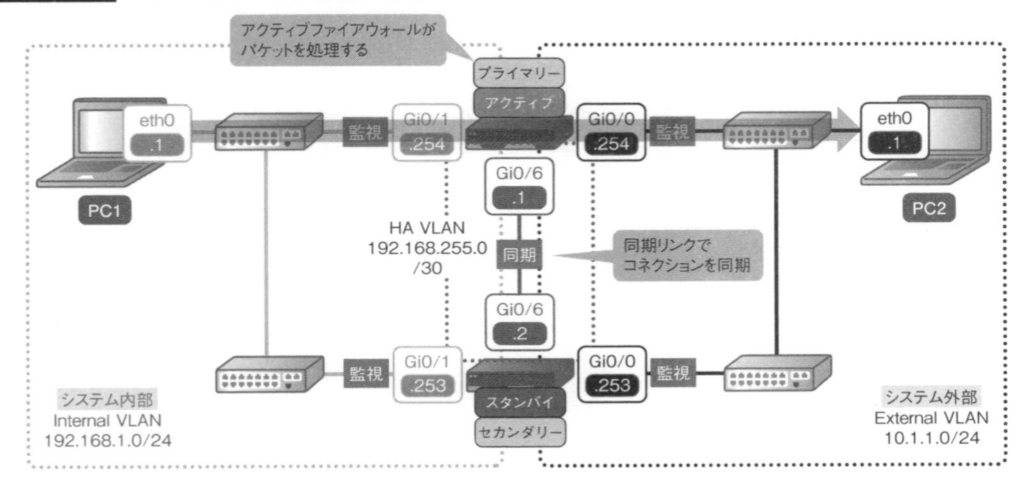

4.7.1 アクティブファイアウォール障害発生試験(障害パターン①)

スタンバイファイアウォールは、アクティブファイアウォールに障害が発生すると、同期用リンクを通じてその障害を検知し、アクティブファイアウォールの役割を引き継ぎます。

アクティブファイアウォール障害発生試験では、PingでICMPを流し、TelnetでTCPコネクションを確立している状態で、アクティブファイアウォール(プライマリー機)の電源を落として機器障害を起こします。そして、その状態でフェールオーバーすることや、TCPコネクションが確立され続けること、許容時間以内に通信が復旧することなどを確認します。

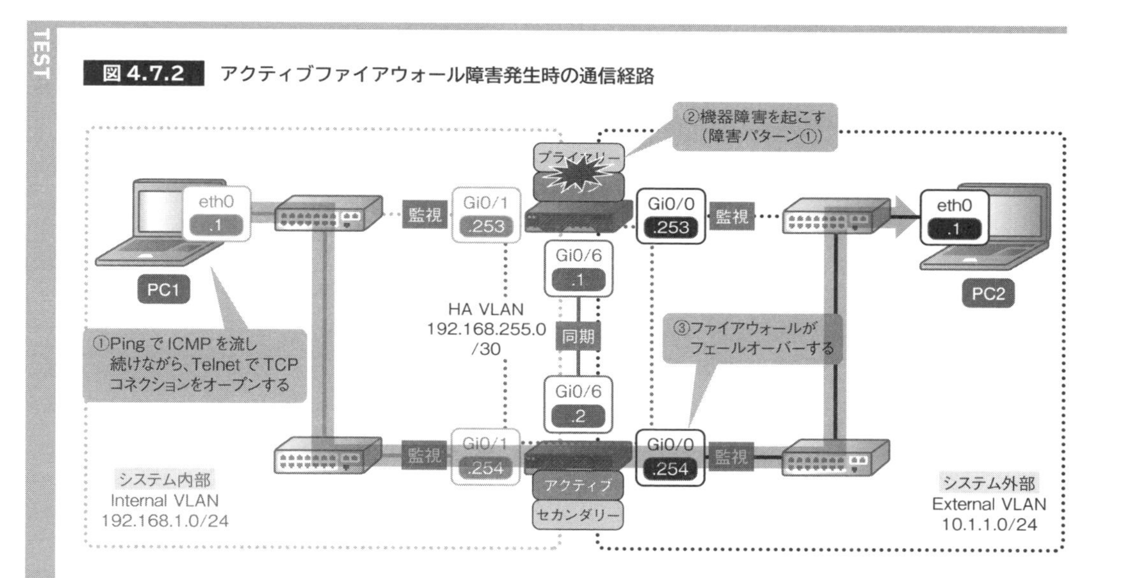

図 4.7.2 アクティブファイアウォール障害発生時の通信経路

表 4.7.1 アクティブファイアウォール障害発生試験(Cisco ASA の場合)

試験前提	(1)設計どおりにネットワーク機器が接続されていること (2)インターフェース試験に合格していること (3)IP アドレス試験に合格していること (4)ルーティング試験に合格していること (5)ファイアウォール試験に合格していること (6)ファイアウォール冗長化機能試験に合格していること
事前作業	(1)ファイアウォールに SSH で接続し、任意のユーザーでログインした後、特権 EXEC モードに移行する (2)PC1 に以下を設定し、Internal VLAN に接続する • IP アドレス:192.168.1.1 • サブネットマスク:255.255.255.0 • デフォルトゲートウェイ:192.168.1.254 (3)PC2 に以下を設定し、External VLAN に接続する • IP アドレス:10.1.1.1 • サブネットマスク:255.255.255.0 • デフォルトゲートウェイ:10.1.1.254 (4)PC2 で SSH サーバーを起動する

試験実施手順	合否判定基準
(1)PC1 の CLI で以下のコマンドを実行する ping 10.1.1.1	応答があること
(2)PC1 の CLI で以下のコマンドを実行する*1 telnet 10.1.1.1 22	以下のように、応答があること Trying 10.1.1.1... Connected to 10.1.1.1. Escape character is '^]'. SSH-2.0-OpenSSH_7.6p1 Ubuntu-4ubuntu0.3
(3)プライマリー機の CLI で以下のコマンドを実行する show conn address 192.168.1.1	(2)で確立した TCP コネクションが表示されること
(4)プライマリー機の電源ケーブルを抜線する	
(5)セカンダリー機の CLI で以下のコマンドを実行する show failover	以下を確認できること • セカンダリー機であること • アクティブであること • プライマリー機が Failed になっていること
(6)セカンダリー機の CLI で以下のコマンドを実行する show conn address 192.168.1.1	(3)と同じ TCP コネクションが表示されること
(7)Ping の結果を確認し、ダウンタイムを計測する	以下を確認できること • 応答があること • 15 秒以内で通信が復旧していること、あるいは通信断が発生しないこと
(8)PC1 の CLI でエンターキーを入力する	以下のように、応答があること*2 Protocol mismatch.

*1 sshコマンドを使用してもかまいません。ここでは、本文の説明との整合性を考慮して、telnetコマンドを使用してSSHサービスにアクセスしています。この時点でTCPコネクションがオープンします（以降の試験も同様です）。

*2 (2) でオープンしたコネクションを使用して、アプリケーションのやりとりが行われます。telnetでSSHサービス（TCP/22）にアクセスしているので、Protocol mismatchのエラーが返ってきますが、障害発生後もTCPコネクションが引き続き使用できることがポイントなので、特に問題ありません（以降の試験も同様です）。

図 4.7.3　新アクティブファイアウォール（セカンダリー機）の状態（Cisco ASA の場合）

```
FW1/sec/act# show failover
Failover On
Failover unit Secondary
Failover LAN Interface: fover GigabitEthernet0/6 (Failed - No Switchover)
Reconnect timeout 0:00:00
Unit Poll frequency 2 seconds, holdtime 10 seconds
Interface Poll frequency 2 seconds, holdtime 10 seconds
Interface Policy 1
Monitored Interfaces 2 of 61 maximum
MAC Address Move Notification Interval not set
Version: Ours 9.8(1), Mate Unknown
Serial Number: Ours 9A8TNEDMRUG, Mate Unknown
Last Failover at: 08:16:14 UTC Jul 28 2021
        This host: Secondary - Active
                Active time: 70 (sec)
                slot 0: empty
                  Interface outside (10.1.1.254): Unknown (Waiting)
                  Interface inside (192.168.1.254): Unknown (Waiting)
```

```
Other host: Primary - Failed
        Active time: 0 (sec)
          Interface outside (10.1.1.253): Unknown (Waiting)
          Interface inside (192.168.1.253): Unknown (Waiting)

Stateful Failover Logical Update Statistics
        Link : fover GigabitEthernet0/6 (Failed)

(以下、省略)
```

図 4.7.4 新アクティブファイアウォール(セカンダリー機)のコネクションテーブル(Cisco ASA の場合)

```
FW1/sec/act# show conn address 192.168.1.1
14 in use, 14 most used

ICMP outside 10.1.1.1:0 inside  192.168.1.1:2274, idle 0:00:00, bytes 112, flags
TCP outside  10.1.1.1:22 inside  192.168.1.1:59646, idle 0:00:34, bytes 41, flags U
```

図 4.7.5 TCP コネクション確立を確認

```
root@ubuntu:~# telnet 10.1.1.1 22
Trying 10.1.1.1...
Connected to 10.1.1.1.
Escape character is '^]'.
SSH-2.0-OpenSSH_7.6p1 Ubuntu-4ubuntu0.3

(障害発生)

Protocol mismatch.
Connection closed by foreign host.
```

障害を起こす前に、TCPコネクションを確立する

障害を起こした後も、アプリケーションレベルの応答が返ってくる

4.7.2 アクティブファイアウォール障害復旧試験(障害パターン①)

ファイアウォールが障害から復旧したときの挙動は設計によって異なりますが、筆者の経験上、自動でフェールバックしない設計にすることが多いでしょう。この設計では、障害から復旧したファイアウォールはスタンバイファイアウォールとなり、アクティブファイアウォールはそのままの状態を維持します。

アクティブファイアウォール障害復旧試験では、PingでICMPを流し、TelnetでTCPコネクションを確立している状態で、抜いた電源ケーブルを再接続して、旧アクティブファイアウォール(プライマリー機)の機器障害を復旧します。そして、その状態で新アクティブファイアウォール(セカンダリー機)がそのままアクティブ状態にあることや、旧アクティブファイアウォール(プライマリー機)がスタンバイファイアウォールと認識されること、通信に影響がないことなどを確認します。

TEST

図 4.7.6　アクティブファイアウォール障害復旧時の通信経路

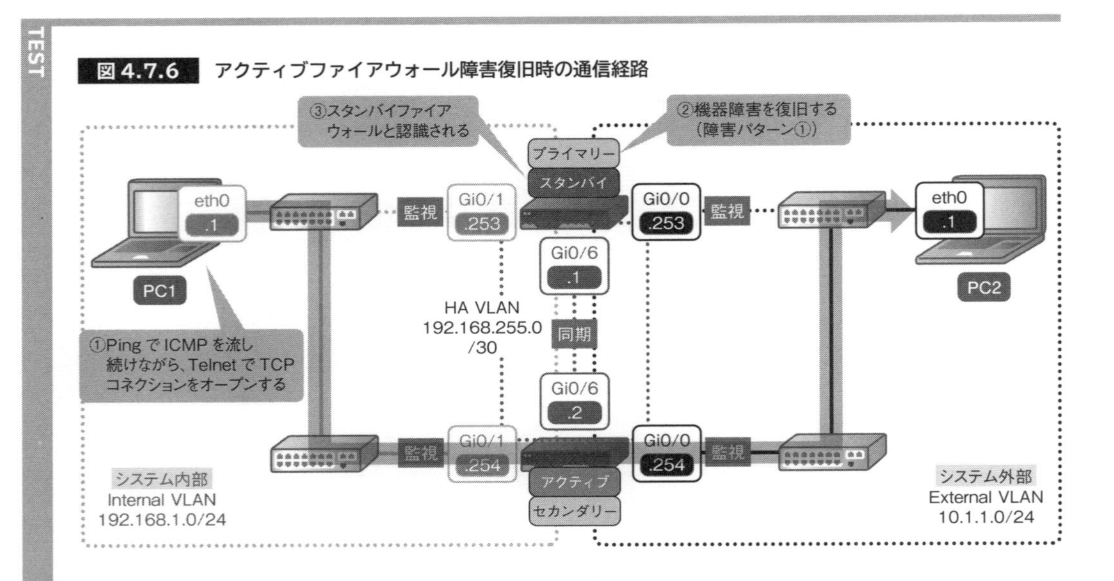

表 4.7.2　アクティブファイアウォール障害復旧試験（Cisco ASA の場合）

試験前提	(1)設計どおりにネットワーク機器が接続されていること (2)インターフェース試験に合格していること (3)IP アドレス試験に合格していること (4)ルーティング試験に合格していること (5)ファイアウォール試験に合格していること (6)ファイアウォール冗長化機能試験に合格していること (7)アクティブファイアウォール機器障害発生試験に合格していること
事前作業	(1)ファイアウォールに SSH で接続し、任意のユーザーでログインした後、特権 EXEC モードに移行する (2)PC1 に以下を設定し、Internal VLAN に接続する • IP アドレス：192.168.1.1 • サブネットマスク：255.255.255.0 • デフォルトゲートウェイ：192.168.1.254 (3)PC2 に以下を設定し、External VLAN に接続する • IP アドレス：10.1.1.1 • サブネットマスク：255.255.255.0 • デフォルトゲートウェイ：10.1.1.254 (4)PC2 で SSH サーバーを起動する

試験実施手順	合否判定基準
(1)PC1 の CLI で以下のコマンドを実行する ping 10.1.1.1	応答があること
(2)PC1 の CLI で以下のコマンドを実行する telnet 10.1.1.1 22	以下のように、応答があること Trying 10.1.1.1... Connected to 10.1.1.1. Escape character is '^]'. SSH-2.0-OpenSSH_7.6p1 Ubuntu-4ubuntu0.3
(3)セカンダリー機の CLI で以下のコマンドを実行する show conn address 192.168.1.1	(2)で確立した TCP コネクションが表示されること
(4)ファイアウォールの電源ケーブルを再接続する	正常に起動すること
(5)プライマリー機の CLI で以下のコマンドを実行する show failover	以下を確認できること • プライマリー機であること • スタンバイであること • セカンダリー機がアクティブになっていること
(6)セカンダリー機の CLI で以下のコマンドを実行する show failover	以下を確認できること • セカンダリー機であること • アクティブであること • プライマリー機がスタンバイになっていること
(7)プライマリー機の CLI で以下のコマンドを実行する show conn address 192.168.1.1	(3)と同じ TCP コネクションが表示されること
(8)Ping の結果を確認し、ダウンタイムを計測する	以下を確認できること • 応答があること(OK と表示されること) • 15 秒以内で通信が復旧していること、あるいは通信断が発生しないこと
(9)PC1 の CLI でエンターキーを入力する	以下のように、応答があること Protocol mismatch.

図 4.7.7 旧アクティブファイアウォール(プライマリー機)の状態(Cisco ASA の場合)

```
FW1/pri/stby# show failover
Failover On
Failover unit Primary
Failover LAN Interface: fover GigabitEthernet0/6 (up)
Reconnect timeout 0:00:00
Unit Poll frequency 2 seconds, holdtime 10 seconds
Interface Poll frequency 2 seconds, holdtime 10 seconds
Interface Policy 1
Monitored Interfaces 2 of 61 maximum
MAC Address Move Notification Interval not set
Version: Ours 9.8(1), Mate 9.8(1)
Serial Number: Ours 9AB3UQNBFK9, Mate 9A8TNEDMRUG
Last Failover at: 14:36:24 UTC Jul 28 2021
        This host: Primary - Standby Ready
                Active time: 0 (sec)
                slot 0: empty
                  Interface outside (10.1.1.253): Normal (Monitored)
                  Interface inside (192.168.1.253): Normal (Monitored)
```

```
          Other host: Secondary - Active
                  Active time: 25148 (sec)
                    Interface outside (10.1.1.254): Normal (Monitored)
                    Interface inside (192.168.1.254): Normal (Monitored)

Stateful Failover Logical Update Statistics
        Link : fover GigabitEthernet0/6 (up)

(以下、省略)
```

図 4.7.8　新アクティブファイアウォール(セカンダリー機)の状態(Cisco ASA の場合)

```
FW1/sec/act# show failover
Failover On
Failover unit Secondary
Failover LAN Interface: fover GigabitEthernet0/6 (up)
Reconnect timeout 0:00:00
Unit Poll frequency 2 seconds, holdtime 10 seconds
Interface Poll frequency 2 seconds, holdtime 10 seconds
Interface Policy 1
Monitored Interfaces 2 of 61 maximum
MAC Address Move Notification Interval not set
Version: Ours 9.8(1), Mate 9.8(1)
Serial Number: Ours 9A8TNEDMRUG, Mate 9AB3UQNBFK9
Last Failover at: 08:16:14 UTC Jul 28 2021
          This host: Secondary - Active
                  Active time: 25208 (sec)
                  slot 0: empty
                    Interface outside (10.1.1.254): Normal (Monitored)
                    Interface inside (192.168.1.254): Normal (Monitored)
          Other host: Primary - Standby Ready
                  Active time: 0 (sec)
                    Interface outside (10.1.1.253): Normal (Monitored)
                    Interface inside (192.168.1.253): Normal (Monitored)

Stateful Failover Logical Update Statistics
        Link : fover GigabitEthernet0/6 (up)

(以下、省略)
```

図 4.7.9　旧アクティブファイアウォール(プライマリー機)のコネクションテーブル(Cisco ASA の場合)

```
FW1/pri/stby# show conn address 192.168.1.1
5 in use, 5 most used

TCP outside  10.1.1.1:22 inside  192.168.1.1:32878, idle 0:00:04, bytes 41, flags UI
```

図4.7.10 TCPコネクション確立を確認

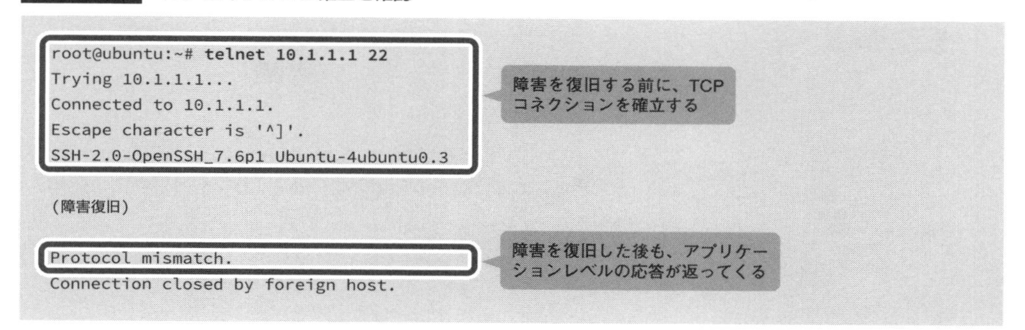

アクティブファイアウォール障害復旧試験が完了したら、アクティブファイアウォール(セカンダリー機)をフェールオーバーコマンドでスタンバイファイアウォールに戻し、スタンバイファイアウォールでも同様の試験を実施してください。スタンバイファイアウォールに障害が発生しても、フェールオーバーは発生しません。アクティブファイアウォールからスタンバイファイアウォールが見えなくなるだけです。これらの障害動作が通信に影響しないことを確認します。

4.7.3 アクティブファイアウォールアップリンク障害発生試験(障害パターン②)

ファイアウォールには、「再起動したとき」や「監視対象インターフェースがダウンしたとき」など、いくつかのフェールオーバートリガーイベントが用意されていて*1、ネットワーク構成や顧客の要件に応じて有効にしたり、無効にしたりします。図4.7.11のネットワーク構成では、アップリンクインターフェースがダウンしたとき迂回経路を確保できないため*2、両方のインターフェースを監視対象に定義し、インターフェースがダウンしたり、LANケーブルが切断したりしたらフェールオーバーするように設定する必要があります。この場合、**スタンバイファイアウォールは、アクティブファイアウォールの監視インターフェースがダウンすると、同期リンクを通じてその障害を検知し、アクティブファイアウォールの役割を引き継ぎます。**

アクティブファイアウォールアップリンク障害発生試験では、PingでICMPを流し、TelnetでTCPコネクションを確立している状態で、アクティブファイアウォール(プライマリー機)のアップリンクインターフェース(Gi0/0)にささっているLANケーブルを抜いて*3、リンク障害を起こします。そして、その状態でフェールオーバーすることや、TCPコネクションが確立され続けること、許容時間以内に通信が復旧することなどを確認します。

*1 Cisco ASAの場合、以下のフェールオーバートリガーイベントがあります。
- ハードウェアに障害が発生したとき、あるいは電源断されたとき
- ソフトウェアに障害が発生したとき
- 監視対象インターフェースに障害が発生したとき
- フェールオーバーコマンドを使用して、手動フェールオーバーしたとき

*2 同期用リンクは同期パケットをやりとりするためだけに使用します。ユーザーパケットの迂回経路にはなりません。

*3 Cisco ASAの場合、シャットダウンの設定も同期するため、LANケーブルを抜いてリンク障害を発生させます。

TEST

図 4.7.11　アクティブファイアウォールアップリンク障害発生時の通信経路

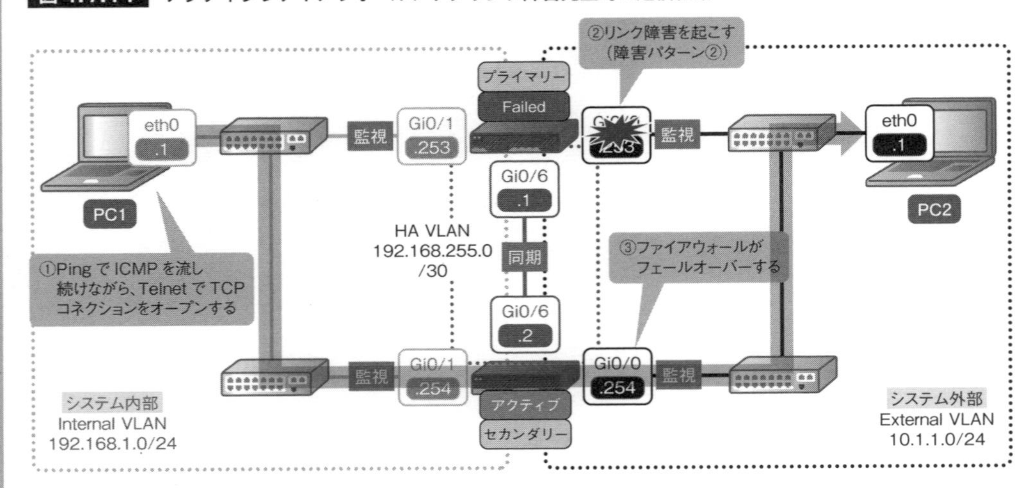

表 4.7.3　アクティブファイアウォールアップリンク障害発生試験（Cisco ASA の場合）

試験前提	(1)設計どおりにネットワーク機器が接続されていること (2)インターフェース試験に合格していること (3)IP アドレス試験に合格していること (4)ルーティング試験に合格していること (5)ファイアウォール試験に合格していること (6)ファイアウォール冗長化機能試験に合格していること
事前作業	(1)ファイアウォールに対して、管理者ユーザーで SSH 接続を行い、特権 EXEC モードに移行する (2)PC1 に以下を設定し、Internal VLAN に接続する • IP アドレス：192.168.1.1 • サブネットマスク：255.255.255.0 • デフォルトゲートウェイ：192.168.1.254 (3)PC2 に以下を設定し、External VLAN に接続する • IP アドレス：10.1.1.1 • サブネットマスク：255.255.255.0 • デフォルトゲートウェイ：10.1.1.254 (4)PC2 で SSH サーバーを起動する

試験実施手順	合否判定基準
(1)PC1 の CLI で以下のコマンドを実行する ping 10.1.1.1	応答があること
(2)PC1 の CLI で以下のコマンドを実行する telnet 10.1.1.1 22	以下のように、応答があること Trying 10.1.1.1... Connected to 10.1.1.1. Escape character is '^]'. SSH-2.0-OpenSSH_7.6p1 Ubuntu-4ubuntu0.3
(3)プライマリー機の CLI で以下のコマンドを実行する show conn address 192.168.1.1	(2)で確立した TCP コネクションが表示されること
(4)プライマリー機の Gi0/0 にささっている LAN ケーブルを抜線する	

(5)プライマリー機の CLI で以下のコマンドを実行する show failover	以下を確認できること • プライマリー機であること • Failed であること • セカンダリー機がアクティブになっていること
(6)セカンダリー機の CLI で以下のコマンドを実行する show failover	以下を確認できること • セカンダリー機であること • アクティブであること • プライマリー機が Failed になっていること
(7)セカンダリー機の CLI で以下のコマンドを実行する show conn address 192.168.1.1	(3)と同じ TCP コネクションが表示されること
(8)Ping の結果を確認し、ダウンタイムを計測する	以下を確認できること • 応答があること(OK と表示されること) • 15 秒以内で通信が復旧していること、あるいは通信断が発生しないこと
(9)PC1 の CLI でエンターキーを入力する	以下のように、応答があること Protocol mismatch.

図 4.7.12 旧アクティブファイアウォール(プライマリー機)の状態(Cisco ASA の場合)

```
FW1/pri/stby# show failover
Failover On
Failover unit Primary
Failover LAN Interface: fover GigabitEthernet0/6 (up)
Reconnect timeout 0:00:00
Unit Poll frequency 2 seconds, holdtime 10 seconds
Interface Poll frequency 2 seconds, holdtime 10 seconds
Interface Policy 1
Monitored Interfaces 2 of 61 maximum
MAC Address Move Notification Interval not set
Version: Ours 9.8(1), Mate 9.8(1)
Serial Number: Ours 9AB3UQNBFK9, Mate 9A8TNEDMRUG
Last Failover at: 16:37:50 UTC Jul 28 2021
        This host: Primary - Failed
                Active time: 3742 (sec)
                slot 0: empty
                  Interface outside (10.1.1.253): No Link (Waiting)
                  Interface inside (192.168.1.253): Normal (Monitored)
        Other host: Secondary - Active
                Active time: 22 (sec)
                  Interface outside (10.1.1.254): Normal (Waiting)
                  Interface inside (192.168.1.254): Normal (Waiting)

Stateful Failover Logical Update Statistics
        Link : fover GigabitEthernet0/6 (up)

(以下、省略)
```

図 4.7.13　新アクティブファイアウォール（セカンダリー機）の状態（Cisco ASA の場合）

```
FW1/sec/act# show failover
Failover On
Failover unit Secondary
Failover LAN Interface: fover GigabitEthernet0/6 (up)
Reconnect timeout 0:00:00
Unit Poll frequency 2 seconds, holdtime 10 seconds
Interface Poll frequency 2 seconds, holdtime 10 seconds
Interface Policy 1
Monitored Interfaces 2 of 61 maximum
MAC Address Move Notification Interval not set
Version: Ours 9.8(1), Mate 9.8(1)
Serial Number: Ours 9A8TNEDMRUG, Mate 9AB3UQNBFK9
Last Failover at: 16:37:50 UTC Jul 28 2021
        This host: Secondary - Active
                Active time: 74 (sec)
                slot 0: empty
                  Interface outside (10.1.1.254): Normal (Waiting)
                  Interface inside (192.168.1.254): Normal (Monitored)
        Other host: Primary - Failed
                Active time: 3742 (sec)
                  Interface outside (10.1.1.253): No Link (Waiting)
                  Interface inside (192.168.1.253): Normal (Monitored)

Stateful Failover Logical Update Statistics
        Link : fover GigabitEthernet0/6 (up)

（以下、省略）
```

図 4.7.14　新アクティブファイアウォール（セカンダリー機）のコネクションテーブル（Cisco ASA の場合）

```
FW1/sec/act# show conn address 192.168.1.1
9 in use, 14 most used

ICMP outside 10.1.1.1:0 inside  192.168.1.1:4240, idle 0:00:00, bytes 56, flags
TCP outside  10.1.1.1:22 inside  192.168.1.1:33044, idle 0:00:10, bytes 41, flags UI
```

図 4.7.15　TCP コネクション確立を確認

```
root@ubuntu:~# telnet 10.1.1.1 22
Trying 10.1.1.1...
Connected to 10.1.1.1.
Escape character is '^]'.
SSH-2.0-OpenSSH_7.6p1 Ubuntu-4ubuntu0.3

（障害発生）

Protocol mismatch.
Connection closed by foreign host.
```

障害を起こす前に、TCP コネクションを確立する

障害を起こした後も、アプリケーションレベルの応答が返ってくる

4.7.4 アクティブファイアウォールアップリンク障害復旧試験(障害パターン②)

先述のとおり、ファイアウォールが障害から復旧したときの挙動は設計によって異なりますが、筆者の経験上、自動でフェールバックしない設計にすることが多いでしょう。この設計では、障害から復旧したファイアウォールはスタンバイファイアウォールとなり、アクティブファイアウォールはそのままの状態を維持します。

アクティブファイアウォールアップリンク障害復旧試験では、PingでICMPを流し、TelnetでTCPコネクションを確立している状態で、抜いたLANケーブルを再接続してファイアウォール(プライマリー機)のリンク障害を復旧します。そして、その状態で新アクティブファイアウォール(セカンダリー機)がそのままアクティブ状態にあることや、旧アクティブファイアウォール(プライマリー機)がスタンバイファイアウォールと認識されること、通信に影響がないことなどを確認します。

TEST

図 4.7.16 アクティブファイアウォールアップリンク障害復旧時の通信経路

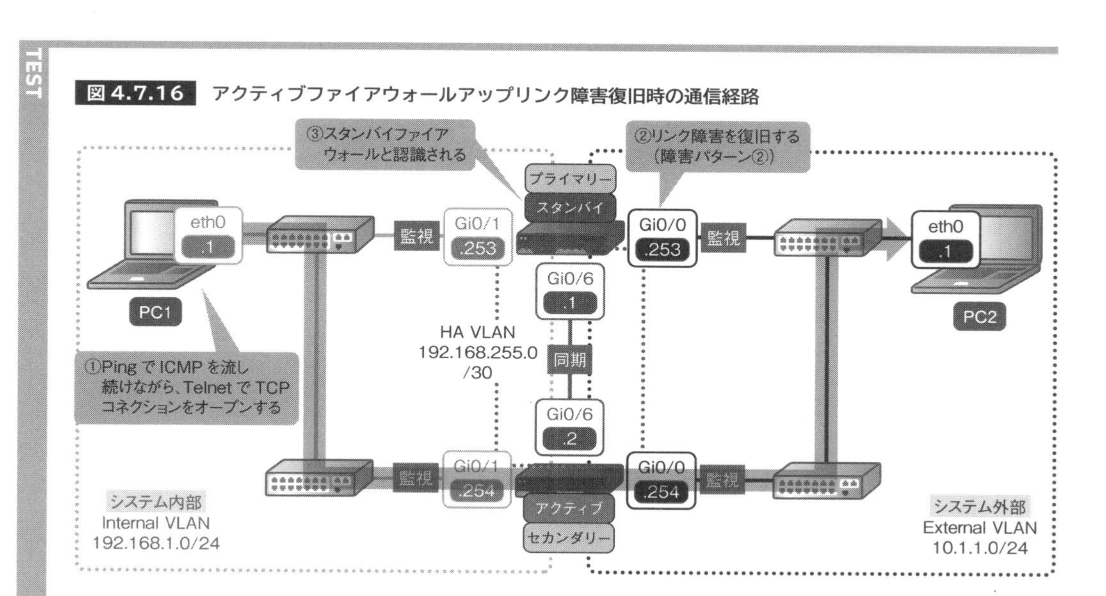

表 4.7.4 アクティブファイアウォールアップリンク障害復旧試験(Cisco ASA の場合)

試験前提	(1)設計どおりにネットワーク機器が接続されていること (2)インターフェース試験に合格していること (3)IP アドレス試験に合格していること (4)ルーティング試験に合格していること (5)ファイアウォール試験に合格していること (6)ファイアウォール冗長化機能試験に合格していること (7)アクティブファイアウォールアップリンク障害発生試験に合格していること

事前作業	(1)ファイアウォールに対して、管理者ユーザーで SSH 接続を行い、特権 EXEC モードに移行する (2)PC1 に以下を設定し、Internal VLAN に接続する ・IP アドレス：192.168.1.1 ・サブネットマスク：255.255.255.0 ・デフォルトゲートウェイ：192.168.1.254 (3)PC2 に以下を設定し、External VLAN に接続する ・IP アドレス：10.1.1.1 ・サブネットマスク：255.255.255.0 ・デフォルトゲートウェイ：10.1.1.254 (4)PC2 で SSH サーバーを起動する

試験実施手順	合否判定基準
(1)PC1 の CLI で以下のコマンドを実行する ping 10.1.1.1	応答があること
(2)PC1 の CLI で以下のコマンドを実行する telnet 10.1.1.1 22	以下のように、応答があること Trying 10.1.1.1... Connected to 10.1.1.1. Escape character is '^]'. SSH-2.0-OpenSSH_7.6p1 Ubuntu-4ubuntu0.3
(3)セカンダリー機の CLI で以下のコマンドを実行する show conn address 192.168.1.1	(2)で確立した TCP コネクションが表示されること
(4)プライマリー機の Gi0/0 にささっていた LAN ケーブルを再接続する	
(5)プライマリー機の CLI で以下のコマンドを実行する show failover	以下を確認できること ・プライマリー機であること ・スタンバイであること ・セカンダリー機がアクティブになっていること
(6)セカンダリー機の CLI で以下のコマンドを実行する show failover	以下を確認できること ・セカンダリー機であること ・アクティブであること ・プライマリー機がスタンバイになっていること
(7)プライマリー機の CLI で以下のコマンドを実行する show conn address 192.168.1.1	(3)と同じ TCP コネクションが表示されること
(8)Ping の結果を確認し、ダウンタイムを計測する	以下を確認できること ・応答があること(OK と表示されること) ・15 秒以内で通信が復旧していること、あるいは通信断が発生しないこと
(9)PC1 の CLI でエンターキーを入力する	以下のように、応答があること Protocol mismatch.

図 4.7.17 旧アクティブファイアウォール(プライマリー機)の状態(Cisco ASA の場合)

```
FW1/pri/stby# show failover
Failover On
Failover unit Primary
Failover LAN Interface: fover GigabitEthernet0/6 (up)
Reconnect timeout 0:00:00
Unit Poll frequency 2 seconds, holdtime 10 seconds
Interface Poll frequency 2 seconds, holdtime 10 seconds
Interface Policy 1
Monitored Interfaces 2 of 61 maximum
```

```
MAC Address Move Notification Interval not set
Version: Ours 9.8(1), Mate 9.8(1)
Serial Number: Ours 9AB3UQNBFK9, Mate 9A8TNEDMRUG
Last Failover at: 16:37:50 UTC Jul 28 2021
        This host: Primary - Standby Ready
                Active time: 3742 (sec)
                slot 0: empty
                  Interface outside (10.1.1.253): Normal (Monitored)
                  Interface inside (192.168.1.253): Normal (Monitored)
        Other host: Secondary - Active
                Active time: 1272 (sec)
                  Interface outside (10.1.1.254): Normal (Monitored)
                  Interface inside (192.168.1.254): Normal (Monitored)

Stateful Failover Logical Update Statistics
        Link : fover GigabitEthernet0/6 (up)

(以下、省略)
```

図 4.7.18 新アクティブファイアウォール(セカンダリー機)の状態(Cisco ASA の場合)

```
FW1/sec/act# show failover
Failover On
Failover unit Secondary
Failover LAN Interface: fover GigabitEthernet0/6 (up)
Reconnect timeout 0:00:00
Unit Poll frequency 2 seconds, holdtime 10 seconds
Interface Poll frequency 2 seconds, holdtime 10 seconds
Interface Policy 1
Monitored Interfaces 2 of 61 maximum
MAC Address Move Notification Interval not set
Version: Ours 9.8(1), Mate 9.8(1)
Serial Number: Ours 9A8TNEDMRUG, Mate 9AB3UQNBFK9
Last Failover at: 16:37:50 UTC Jul 28 2021
        This host: Secondary - Active
                Active time: 1246 (sec)
                slot 0: empty
                  Interface outside (10.1.1.254): Normal (Monitored)
                  Interface inside (192.168.1.254): Normal (Monitored)
        Other host: Primary - Standby Ready
                Active time: 3742 (sec)
                  Interface outside (10.1.1.253): Normal (Monitored)
                  Interface inside (192.168.1.253): Normal (Monitored)

Stateful Failover Logical Update Statistics
        Link : fover GigabitEthernet0/6 (up)

(以下、省略)
```

図 4.7.19　旧アクティブファイアウォール（プライマリー機）コネクションテーブル（Cisco ASA の場合）

```
FW1/pri/stby# show conn address 192.168.1.1
9 in use, 14 most used

TCP outside  10.1.1.1:22 inside  192.168.1.1:33060, idle 0:00:02, bytes 0, flags U
```

図 4.7.20　TCP コネクション確立を確認

```
root@ubuntu:~# telnet 10.1.1.1 22
Trying 10.1.1.1...
Connected to 10.1.1.1.
Escape character is '^]'.
SSH-2.0-OpenSSH_7.6p1 Ubuntu-4ubuntu0.3
```

障害を復旧する前に、TCP コネクションを確立する

（障害復旧）

```
Protocol mismatch.
Connection closed by foreign host.
```

障害を復旧した後も、アプリケーションレベルの応答が返ってくる

アクティブファイアウォールアップリンク障害復旧試験が完了したら、アクティブファイアウォール（セカンダリー機）をフェールオーバーコマンドでスタンバイファイアウォールに戻し、もう片方のダウンリンクインターフェースでも同様の試験を実施します。対象となるインターフェースがGi0/1に変わるだけで、確認項目としては変わりません。同じように、スタンバイファイアウォール（セカンダリー機）にフェールオーバーすることや、許容時間以内に通信が復旧することなどを確認します。

それが終わったら、今度はスタンバイファイアウォール（セカンダリー機）でも同様の試験を実施します。スタンバイファイアウォールのインターフェース（Gi0/0、Gi0/1）に障害が発生しても、フェールオーバーは発生しません。アクティブファイアウォールはそのままで、スタンバイファイアウォールの障害インターフェースが認識できなくなるだけです。これらの障害動作が通信に影響しないことを確認します。

4.8 負荷分散装置障害試験

負荷分散装置障害試験は、負荷分散装置に関する障害試験です。負荷分散装置の電源を落としたり、LANケーブルを抜いたりして機器障害やリンク障害を起こし、障害が起こったときと障害から復旧したときの状態を確認します。

ここでは、2台の負荷分散装置をアクティブ・スタンバイに冗長化しているネットワーク環境で、「アクティブ負荷分散装置に機器障害を起こしたとき(障害パターン①)」と、「アクティブ負荷分散装置のアップリンクインターフェースにリンク障害を起こしたとき(障害パターン②)」、「サーバーのサービス障害を起こしたとき(障害パターン③)」、それぞれの障害発生試験と障害復旧試験について説明します*1。

*1 負荷分散装置の障害試験は使用する機能によって、試験内容が多岐に及びます。ここでは、TCPをL4レベルで3台のWebサーバーに送信元パーシステンスして負荷分散し、そのコネクション・パーシステンス情報をスタンバイ機に同期する前提で説明します。

図 4.8.1 負荷分散装置障害試験の構成例

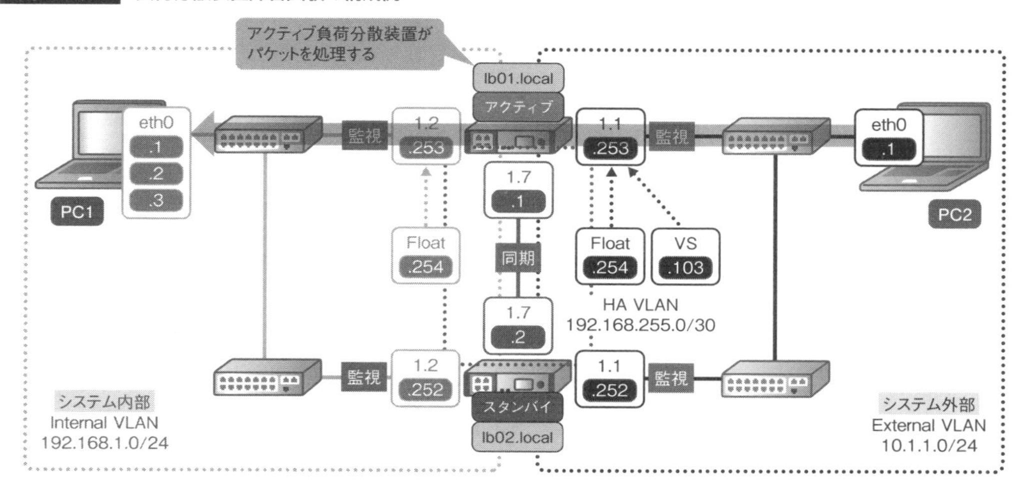

4.8.1 アクティブ負荷分散装置障害発生試験(障害パターン①)

スタンバイ負荷分散装置は、アクティブ負荷分散装置に障害が発生すると、同期用リンクを通じ

てその障害を検知し、アクティブ負荷分散装置の役割を引き継ぎます。

アクティブ負荷分散装置障害発生試験では、クライアントから負荷分散装置上の仮想サーバーに一定間隔でHTTPリクエストを送信している状態で、アクティブ負荷分散装置（lb01*1）の電源を落として機器障害を起こします。そして、その状態でフェールオーバーすることや、同じサーバーに割り振り続けられること、許容時間以内に通信が復旧することなどを確認します。

*1 設定上は「lb01.local」と「lb02.local」ですが、読みやすさを考慮して、本文中では「lb01」と「lb02」としています。

TEST

図 4.8.2　アクティブ負荷分散装置障害発生時の通信経路（F5 BIG-IP の場合）

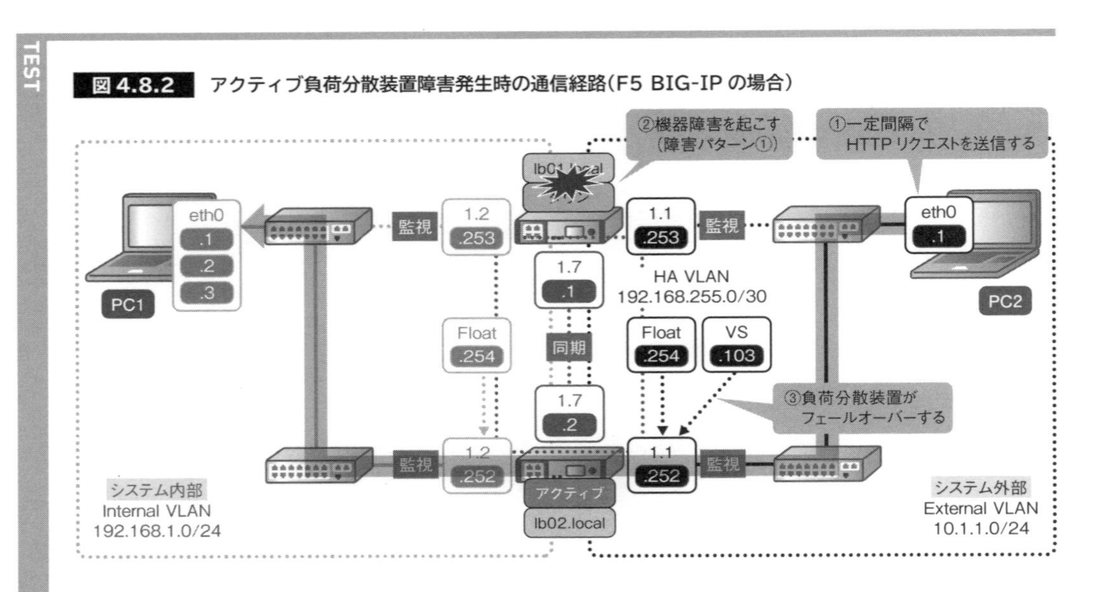

表 4.8.1　アクティブ負荷分散装置障害発生試験（F5 BIG-IP の場合）

試験前提	(1)設計どおりにネットワーク機器が接続されていること (2)インターフェース試験に合格していること (3)VLAN 試験に合格していること (4)IP アドレス試験に合格していること (5)ルーティング試験に合格していること (6)サーバー負荷分散試験に合格していること (7)負荷分散装置冗長化機能試験に合格していること
事前作業	(1)負荷分散装置に SSH で接続し、管理者ユーザーでログインする (2)PC1 に以下を設定し、Internal VLAN に接続する • IP アドレス： 192.168.1.1（Web サーバー #1 用） 192.168.1.2（Web サーバー #2 用） 192.168.1.3（Web サーバー #3 用） • サブネットマスク：255.255.255.0 • デフォルトゲートウェイ：192.168.1.254 (3)PC2 に以下を設定し、External VLAN に接続する • IP アドレス：10.1.1.1 • サブネットマスク：255.255.255.0 • デフォルトゲートウェイ：10.1.1.254 (4)PC1 で IP ベースの Virtual Host を有効にした Web サーバーを起動する

試験実施手順	合否判定基準
(1)PC2 の CLI で以下のコマンドを入力する while true;do echo -e "GET / HTTP/1.1\nhost: 10.1.1.103\n\n";sleep 1;done|telnet 10.1.1.103 80	以下のように、応答があること HTTP/1.1 200 OK Date: Wed, 04 Aug 2021 04:53:15 GMT Server: Apache/2.4.29 (Ubuntu) Last-Modified: Sat, 31 Jul 2021 05:52:24 GMT ETag: "31-5c864f0b335c6" Accept-Ranges: bytes Content-Length: 49 Content-Type: text/html <html> <body> Test Server #x*1 </body> </html>
(2)lb01 の CLI で以下のコマンドを実行する tmsh show sys connection cs-server-addr 10.1.1.103	(1)で確立した TCP コネクションが表示されること
(3)lb01 の CLI で以下のコマンドを実行する tmsh show ltm persistence persist-records	(1)で作成したパーシステンスレコードが表示されること
(4)lb01 の CLI で以下のコマンドを入力する sync sync halt	正常にシャットダウンすること
(5)lb02 の CLI で以下のコマンドを実行する tmsh show cm traffic-group traffic-group-1 all-properties	以下を確認できること • lb01.local の Status がオフラインになっていること • lb02.local の Status がアクティブになっていること
(6)lb02 の CLI で以下のコマンドを実行する tmsh show sys connection cs-server-addr 10.1.1.103	(2)と同じ TCP コネクションが表示されること
(7)lb02 の CLI で以下のコマンドを実行する tmsh show ltm persistence persist-records	(3)と同じパーシステンスレコードが表示されること
(8)PC2 の CLI で Ctrl+c を入力する	以下を確認できること • (1)と同じ Web サーバーに接続していること • 5 秒以内に通信が復旧していること

*1 Webサーバー #1、#2、#3のどれかのコンテンツが表示されます(以降の試験も同様です)。

図 4.8.3 新アクティブ負荷分散装置(lb02)の状態(F5 BIG-IP の場合)

```
[root@lb02:Active:Disconnected] config # tmsh show cm traffic-group traffic-group-1
all-properties

-------------------------------------------------------------
CentMgmt::Traffic Group: traffic-group-1
-------------------------------------------------------------
Name                                              traffic-group-1
Device                                            lb01.local
Status                                            offline
```

障害試験……負荷分散装置障害試験

```
Failsafe Fault                          false
Monitor Fault                           false
Active Reason                           -
Next Active                             false
Previous Active                         true
Load                                    -
Next Active Load                        -
HA Group                                -
Times Became Active                     4
Last Became Active                      2021-Aug-01 02:10:34

-------------------------------------------------------------
CentMgmt::Traffic Group: traffic-group-1
-------------------------------------------------------------
Name                                    traffic-group-1
Device                                  lb02.local
Status                                  active
Failsafe Fault                          false
Monitor Fault                           false
Active Reason                           peer-offline
Next Active                             false
Previous Active                         false
Load                                    1
Next Active Load                        -
HA Group                                ha
Times Became Active                     14
Last Became Active                      2021-Aug-01 02:12:39


Warning(s):
* Traffic group traffic-group-1 has no next-active device.
```

図 4.8.4　新アクティブ負荷分散装置(lb02)のコネクションテーブル(F5 BIG-IP の場合)

```
[root@lb02:Active:Disconnected] config # tmsh show sys connection cs-server-addr 10.1.1.103
Sys::Connections
10.1.1.1:53358  10.1.1.103:80  10.1.1.1:53358  192.168.1.1:80  tcp  67  (tmm: 0)  none
none
Total records returned: 1
```

図 4.8.5　新アクティブ負荷分散装置(lb02)のパーシステンステーブル(F5 BIG-IP の場合)

```
[root@lb02:Active:Disconnected] config # tmsh show ltm persistence persist-records
Sys::Persistent Connections
source-address  10.1.1.1  10.1.1.103:80  192.168.1.1:80  (tmm: 0)
Total records returned: 1
```

図 4.8.6 障害発生後の接続確認

```
root@ubuntu1:~# while true;do echo -e "GET / HTTP/1.1\nhost: 10.1.1.103\n\n";sleep
1;done|telnet 10.1.1.103 80
Trying 10.1.1.103...
Connected to 10.1.1.103.
Escape character is '^]'.
HTTP/1.1 200 OK
Date: Sat, 31 Jul 2021 17:12:21 GMT
Server: Apache/2.4.29 (Ubuntu)
Last-Modified: Sat, 31 Jul 2021 05:38:31 GMT
ETag: "31-5c864bf13d40f"
Accept-Ranges: bytes
Content-Length: 49
Content-Type: text/html

<html>
        <body>
                Test Server #1
        </body>
</html>


（障害発生）


HTTP/1.1 200 OK
Date: Sat, 31 Jul 2021 17:12:22 GMT
Server: Apache/2.4.29 (Ubuntu)
Last-Modified: Sat, 31 Jul 2021 05:38:31 GMT
ETag: "31-5c864bf13d40f"
Accept-Ranges: bytes
Content-Length: 49
Content-Type: text/html

<html>
        <body>
                Test Server #1
        </body>
</html>
```

障害発生後も同じサーバーに割り振られている

4.8.2 アクティブ負荷分散装置障害復旧試験(障害パターン①)

負荷分散装置が障害から復旧したときの挙動は設計によって異なりますが、筆者の経験上、自動でフェールバックしない設計にすることが多いでしょう。この設計では、障害から復旧した負荷分散装置はスタンバイ負荷分散装置となり、アクティブ負荷分散装置はそのままの状態を維持します。

アクティブ負荷分散装置障害復旧試験では、クライアントから負荷分散装置上の仮想サーバーに一定間隔でHTTPリクエストを送信している状態で、負荷分散装置を起動して、旧アクティブ負荷分散装置（lb01）の機器障害を復旧します。そして、その状態で新アクティブ負荷分散装置（lb02）がそのままアクティブ状態にあることや、旧アクティブ負荷分散装置（lb01）がスタンバイ負荷分散装置と認識されること、通信に影響がないことなどを確認します。

TEST

図 4.8.7　アクティブ負荷分散装置障害復旧時の通信経路（F5 BIG-IP の場合）

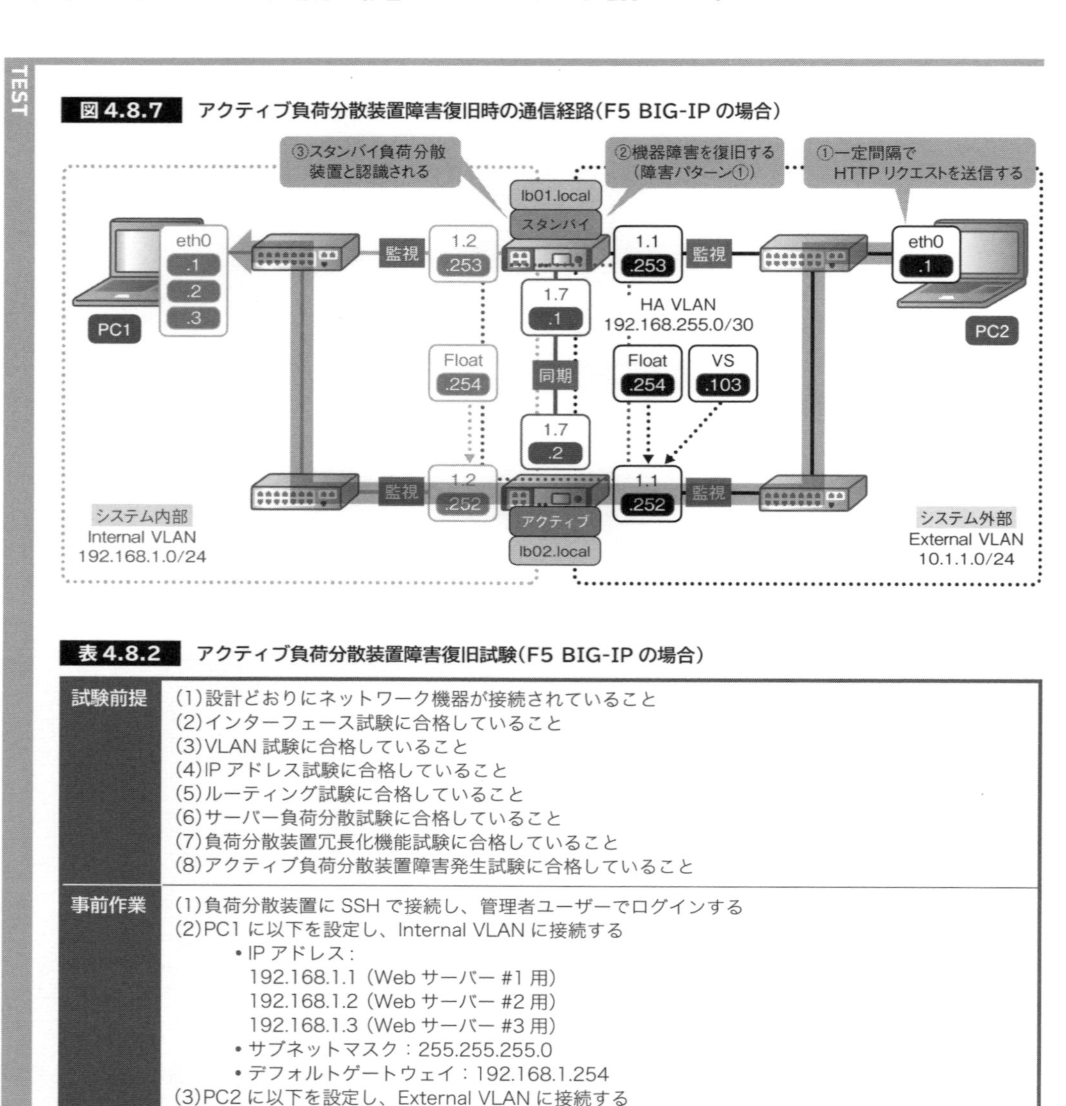

表 4.8.2　アクティブ負荷分散装置障害復旧試験（F5 BIG-IP の場合）

試験前提	(1)設計どおりにネットワーク機器が接続されていること (2)インターフェース試験に合格していること (3)VLAN 試験に合格していること (4)IP アドレス試験に合格していること (5)ルーティング試験に合格していること (6)サーバー負荷分散試験に合格していること (7)負荷分散装置冗長化機能試験に合格していること (8)アクティブ負荷分散装置障害発生試験に合格していること
事前作業	(1)負荷分散装置に SSH で接続し、管理者ユーザーでログインする (2)PC1 に以下を設定し、Internal VLAN に接続する • IP アドレス： 192.168.1.1（Web サーバー #1 用） 192.168.1.2（Web サーバー #2 用） 192.168.1.3（Web サーバー #3 用） • サブネットマスク：255.255.255.0 • デフォルトゲートウェイ：192.168.1.254 (3)PC2 に以下を設定し、External VLAN に接続する • IP アドレス：10.1.1.1 • サブネットマスク：255.255.255.0 • デフォルトゲートウェイ：10.1.1.254 (4)PC1 で IP ベースの Virtual Host を有効にした Web サーバーを起動する

試験実施手順	合否判定基準
(1)PC2 の CLI で以下のコマンドを入力する while true;do echo -e "GET / HTTP/1.1\nhost: 10.1.1.103\n\n";sleep 1;done|telnet 10.1.1.103 80	以下のように、応答があること HTTP/1.1 200 OK Date: Wed, 04 Aug 2021 04:53:15 GMT Server: Apache/2.4.29 (Ubuntu) Last-Modified: Sat, 31 Jul 2021 05:52:24 GMT ETag: "31-5c864f0b335c6" Accept-Ranges: bytes Content-Length: 49 Content-Type: text/html <html> <body> Test Server #x </body> </html>
(2)lb02 の CLI で以下のコマンドを実行する tmsh show sys connection cs-server-addr 10.1.1.103	(1)で確立した TCP コネクションが表示されること
(3)lb02 の CLI で以下のコマンドを実行する tmsh show ltm persistence persist-records	(1)で作成したパーシステンスレコードが表示されること
(4)lb01 を起動する	正常に起動する
(5)lb01 の CLI で以下のコマンドを実行する tmsh show cm traffic-group traffic-group-1 all-properties	以下を確認できること • lb01.local の Status がスタンバイになっていること • lb02.local の Status がアクティブになっていること
(6)lb02 の CLI で以下のコマンドを実行する tmsh show cm traffic-group traffic-group-1 all-properties	以下を確認できること • lb01.local の Status がスタンバイになっていること • lb02.local の Status がアクティブになっていること
(7)lb01 の CLI で以下のコマンドを実行する tmsh show sys connection cs-server-addr 10.1.1.103	(2)と同じ TCP コネクションが表示されること
(8)lb01 の CLI で以下のコマンドを実行する tmsh show ltm persistence persist-records	(3)と同じパーシステンスレコードが表示されること
(9)PC2 の CLI で Ctrl+c を入力する	以下を確認できること • (1)と同じ Web サーバーに接続していること • 通信断が発生しないこと

図 4.8.8 旧アクティブ負荷分散装置(lb01)の状態(F5 BIG-IP の場合)

```
[root@lb01:Standby:In Sync] config # tmsh show cm traffic-group traffic-group-1 all-
properties

-------------------------------------------------------------
CentMgmt::Traffic Group: traffic-group-1
-------------------------------------------------------------
Name                                      traffic-group-1
Device                                    lb01.local
Status                                    standby
Failsafe Fault                            false
Monitor Fault                             false
```

```
Active Reason                                              -
Next Active                                                true
Previous Active                                            false
Load                                                       -
Next Active Load                                           1
HA Group                                                   ha
Times Became Active                                        13
Last Became Active                                         2021-Jul-30 23:30:33

-------------------------------------------------------------
CentMgmt::Traffic Group: traffic-group-1
-------------------------------------------------------------
Name                                                       traffic-group-1
Device                                                     lb02.local
Status                                                     active
Failsafe Fault                                             false
Monitor Fault                                              false
Active Reason                                              peer-offline
Next Active                                                false
Previous Active                                            false
Load                                                       1
Next Active Load                                           -
HA Group                                                   ha
Times Became Active                                        5
Last Became Active                                         2021-Aug-01 02:27:36
```

図 4.8.9　新アクティブ負荷分散装置(lb02)の状態(F5 BIG-IP の場合)

```
[root@lb02:Active:In Sync] config # tmsh show cm traffic-group traffic-group-1 all-
properties

-------------------------------------------------------------
CentMgmt::Traffic Group: traffic-group-1
-------------------------------------------------------------
Name                                                       traffic-group-1
Device                                                     lb01.local
Status                                                     standby
Failsafe Fault                                             false
Monitor Fault                                              false
Active Reason                                              -
Next Active                                                true
Previous Active                                            false
Load                                                       -
Next Active Load                                           1
HA Group                                                   ha
Times Became Active                                        4
Last Became Active                                         2021-Aug-01 02:10:34

-------------------------------------------------------------
CentMgmt::Traffic Group: traffic-group-1
-------------------------------------------------------------
Name                                                       traffic-group-1
Device                                                     lb02.local
Status                                                     active
```

```
Failsafe Fault                              false
Monitor Fault                               false
Active Reason                               peer-offline
Next Active                                 false
Previous Active                             false
Load                                        1
Next Active Load                            -
HA Group                                    ha
Times Became Active                         14
Last Became Active                          2021-Aug-01 02:12:39
```

図 4.8.10 旧アクティブ負荷分散装置(lb01)のコネクションテーブル(F5 BIG-IP の場合)

```
[root@lb01:Standby:In Sync] config # tmsh show sys connection cs-server-addr 10.1.1.103
Sys::Connections
10.1.1.1:53360  10.1.1.103:80  10.1.1.1:53360  192.168.1.1:80  tcp  2  (tmm: 0)  none
none
Total records returned: 1
```

図 4.8.11 旧アクティブ負荷分散装置(lb01)のパーシステンステーブル(F5 BIG-IP の場合)

```
[root@lb01:Standby:In Sync] config # tmsh show ltm persistence persist-records
Sys::Persistent Connections
source-address  10.1.1.1  10.1.1.103:80  192.168.1.1:80  (tmm: 0)
Total records returned: 1
```

図 4.8.12 TCP コネクション確立とパーシステンスの確認

```
root@ubuntu1:~# while true;do echo -e "GET / HTTP/1.1\nhost: 10.1.1.103\n\n";sleep
1;done|telnet 10.1.1.103 80
Trying 10.1.1.103...
Connected to 10.1.1.103.
Escape character is '^]'.
HTTP/1.1 200 OK
Date: Sat, 31 Jul 2021 17:26:19 GMT
Server: Apache/2.4.29 (Ubuntu)
Last-Modified: Sat, 31 Jul 2021 05:38:31 GMT
ETag: "31-5c864bf13d40f"
Accept-Ranges: bytes
Content-Length: 49
Content-Type: text/html

<html>
        <body>
                Test Server #1
        </body>
</html>
```

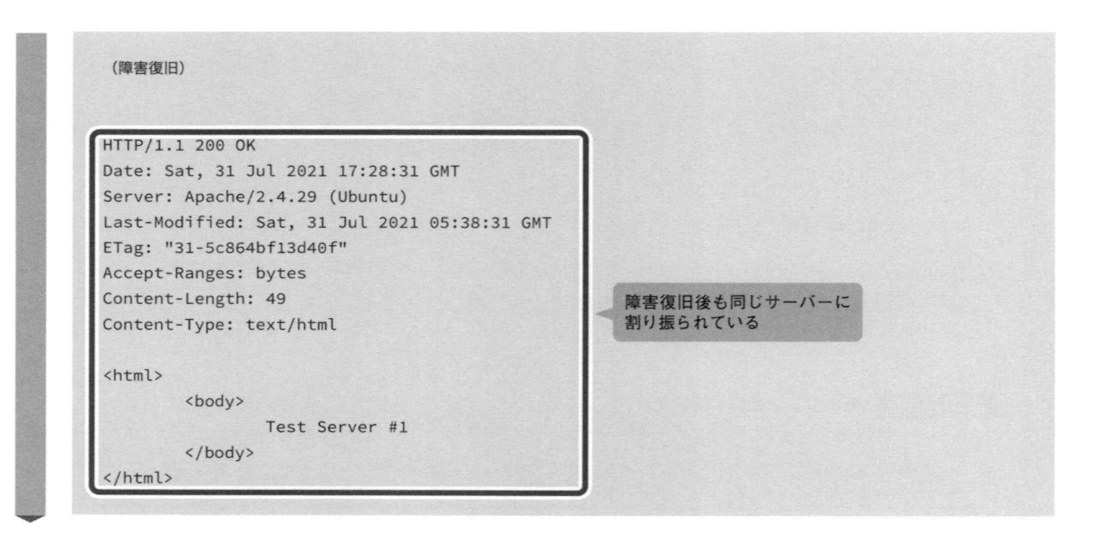

アクティブ負荷分散装置障害復旧試験が完了したら、アクティブ負荷分散装置（lb02）をフェールオーバーコマンドでスタンバイ負荷分散装置に戻し、スタンバイ負荷分散装置でも同様の試験を実施してください。スタンバイ負荷分散装置に障害が発生しても、フェールオーバーは発生しません。アクティブ負荷分散装置からスタンバイ負荷分散装置が見えなくなるだけです。これらの障害動作が通信に影響しないことを確認します。

4.8.3　アクティブ負荷分散装置アップリンク障害発生試験（障害パターン②）

負荷分散装置もファイアウォールと同じく、「再起動したとき」や「監視対象インターフェースがダウンしたとき」など、いくつかのフェールオーバートリガーイベントが用意されていて*1、ネットワーク構成や顧客の要件に応じて有効にしたり、無効にしたりします。図4.8.13のネットワーク構成では、インターフェースがダウンしたとき迂回経路を確保できないため*2、両方のインターフェースを監視対象に定義し、インターフェースがダウンしたり、LANケーブルが切断したりしたらフェールオーバーするように設定する必要があります。この場合、スタンバイ負荷分散装置は、アクティブ負荷分散装置の監視インターフェースがダウンすると、同期リンクを通じてその障害を検知し、アクティブ負荷分散装置の役割を引き継ぎます。

アクティブ負荷分散装置アップリンク障害発生試験では、クライアントから負荷分散装置上の仮想サーバーに一定間隔でHTTPリクエストを送信している状態で、アクティブ負荷分散装置（lb01）のアップリンク（1.1）にささっているLANケーブルを抜いたり、アップリンクインターフェースをシャットダウンしたりしてリンク障害を起こします。そして、その状態でフェールオーバーすることや、同じサーバーに割り振り続けられること、許容時間以内に通信が復旧することなどを確認します。

*1 F5 BIG-IPの場合、以下のフェールオーバートリガーイベントがあります。
- ハードウェアに障害が発生したとき、あるいは電源断されたとき
- 監視対象サービスに障害が発生したとき(Daemon Heartbeat Failsafe)
- 監視対象オブジェクト(負荷分散対象サーバー、論理インターフェース)に障害が発生したとき(Fast Failover)
- 監視対象VLANに無通信状態が発生したとき(VLAN Failsafe)
- 監視対象IPアドレスに疎通が取れなくなったとき(Gateway Failsafe)
- フェールオーバーコマンドを使用して、手動フェールオーバーしたとき

*2 同期用リンクは同期パケットをやりとりするためだけに使用します。ユーザーパケットの迂回経路にはなりません。

TEST

図 4.8.13 アクティブ負荷分散装置アップリンク障害発生試験

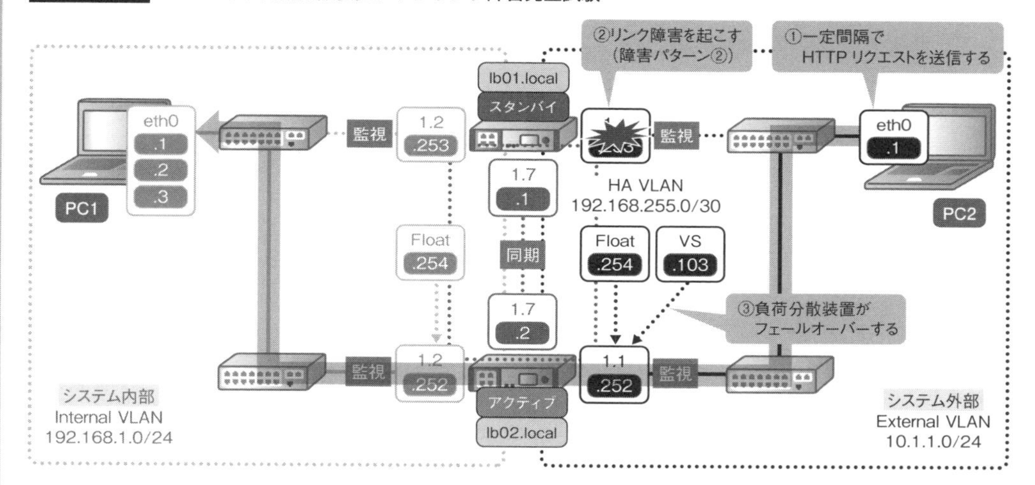

表 4.8.3 アクティブ負荷分散装置アップリンク障害発生試験(F5 BIG-IP の場合)

試験前提	(1)設計どおりにネットワーク機器が接続されていること (2)インターフェース試験に合格していること (3)VLAN 試験に合格していること (4)IP アドレス試験に合格していること (5)ルーティング試験に合格していること (6)サーバー負荷分散試験に合格していること (7)負荷分散装置冗長化機能試験に合格していること
事前作業	(1)負荷分散装置に対して、SSH で接続し、管理者ユーザーでログインする (2)PC1 に以下を設定し、Internal VLAN に接続する ・IP アドレス: 192.168.1.1 (Web サーバー #1 用) 192.168.1.2 (Web サーバー #2 用) 192.168.1.3 (Web サーバー #3 用) ・サブネットマスク:255.255.255.0 ・デフォルトゲートウェイ:192.168.1.254 (3)PC2 に以下を設定し、External VLAN に接続する ・IP アドレス:10.1.1.1 ・サブネットマスク:255.255.255.0 ・デフォルトゲートウェイ:10.1.1.254 (4)PC1 で IP ベースの Virtual Host を有効にした Web サーバーを起動する

試験実施手順	合否判定基準
(1)PC2 の CLI で以下のコマンドを入力する while true;do echo -e "GET / HTTP/1.1\nhost: 10.1.1.103\n\n";sleep 1;done|telnet 10.1.1.103 80	以下のように、応答があること HTTP/1.1 200 OK Date: Wed, 04 Aug 2021 04:53:15 GMT Server: Apache/2.4.29 (Ubuntu) Last-Modified: Sat, 31 Jul 2021 05:52:24 GMT ETag: "31-5c864f0b335c6" Accept-Ranges: bytes Content-Length: 49 Content-Type: text/html <html> <body> Test Server #x </body> </html>
(2)lb01 の CLI で以下のコマンドを実行する tmsh show sys connection cs-server-addr 10.1.1.103	(1)で確立した TCP コネクションが表示されること
(3)lb01 の CLI で以下のコマンドを実行する tmsh show ltm persistence persist-records	(1)で作成したパーシステンスレコードが表示されること
(4)lb01 の CLI で以下のコマンドを入力する tmsh modify net interface 1.1 disabled	インターフェースが無効化されること
(5)lb01 の CLI で以下のコマンドを実行する tmsh show cm traffic-group traffic-group-1 all-properties	以下を確認できること • lb01.local の Status がスタンバイになっていること • lb02.local の Status がアクティブになっていること
(6)lb02 の CLI で以下のコマンドを実行する tmsh show cm traffic-group traffic-group-1 all-properties	以下を確認できること • lb01.local の Status がスタンバイになっていること • lb02.local の Status がアクティブになっていること
(7)lb01 の CLI で以下のコマンドを実行する tmsh show sys ha-group ha detail	以下を確認できること • Score が 0 になっていること • tr1.1 の Percent Up が 0 になっていること • tr1.2 の Percent Up が 100 になっていること
(8)lb02 の CLI で以下のコマンドを実行する tmsh show sys ha-group ha detail	以下を確認できること • Score が 40 になっていること • tr1.1 の Percent Up が 100 になっていること • tr1.2 の Percent Up が 100 になっていること
(9)lb02 の CLI で以下のコマンドを実行する tmsh show sys connection cs-server-addr 10.1.1.103	(2)と同じ TCP コネクションが表示されること
(10)lb02 の CLI で以下のコマンドを実行する tmsh show ltm persistence persist-records	(3)と同じパーシステンスレコードが表示されること
(11)PC2 の CLI で Ctrl+c を入力する	以下を確認できること • (1)と同じ Web サーバーに接続していること • 5 秒以内に通信が復旧していること

図 4.8.14　旧アクティブ負荷分散装置(lb01)の状態(F5 BIG-IP の場合)

```
[root@lb01:Standby:In Sync] config # tmsh show cm traffic-group traffic-group-1 all-
```

```
properties

---------------------------------------------------------------
CentMgmt::Traffic Group: traffic-group-1
---------------------------------------------------------------
Name                                     traffic-group-1
Device                                   lb01.local
Status                                   standby
Failsafe Fault                           false
Monitor Fault                            false
Active Reason                            -
Next Active                              true
Previous Active                          true
Load                                     -
Next Active Load                         1
HA Group                                 ha
Times Became Active                      14
Last Became Active                       2021-Aug-01 13:41:04

---------------------------------------------------------------
CentMgmt::Traffic Group: traffic-group-1
---------------------------------------------------------------
Name                                     traffic-group-1
Device                                   lb02.local
Status                                   active
Failsafe Fault                           false
Monitor Fault                            false
Active Reason                            ha-score
Next Active                              false
Previous Active                          false
Load                                     1
Next Active Load                         -
HA Group                                 ha
Times Became Active                      6
Last Became Active                       2021-Aug-01 13:44:32
```

図 4.8.15 新アクティブ負荷分散装置(lb02)の状態(F5 BIG-IP の場合)

```
[root@lb02:Active:In Sync] config # tmsh show cm traffic-group traffic-group-1 all-
properties

---------------------------------------------------------------
CentMgmt::Traffic Group: traffic-group-1
---------------------------------------------------------------
Name                                     traffic-group-1
Device                                   lb01.local
Status                                   standby
Failsafe Fault                           false
Monitor Fault                            false
Active Reason                            -
Next Active                              true
Previous Active                          true
```

障害試験 …… 負荷分散装置障害試験

```
Load                                       -
Next Active Load                           1
HA Group                                   ha
Times Became Active                        5
Last Became Active                         2021-Aug-01 13:41:04

--------------------------------------------------------------
CentMgmt::Traffic Group: traffic-group-1
--------------------------------------------------------------
Name                                       traffic-group-1
Device                                     lb02.local
Status                                     active
Failsafe Fault                             false
Monitor Fault                              false
Active Reason                              ha-score
Next Active                                false
Previous Active                            false
Load                                       1
Next Active Load                           -
HA Group                                   ha
Times Became Active                        15
Last Became Active                         2021-Aug-01 13:44:32
```

図 4.8.16　旧アクティブ負荷分散装置（lb01）の監視インターフェースの状態（F5 BIG-IP の場合）

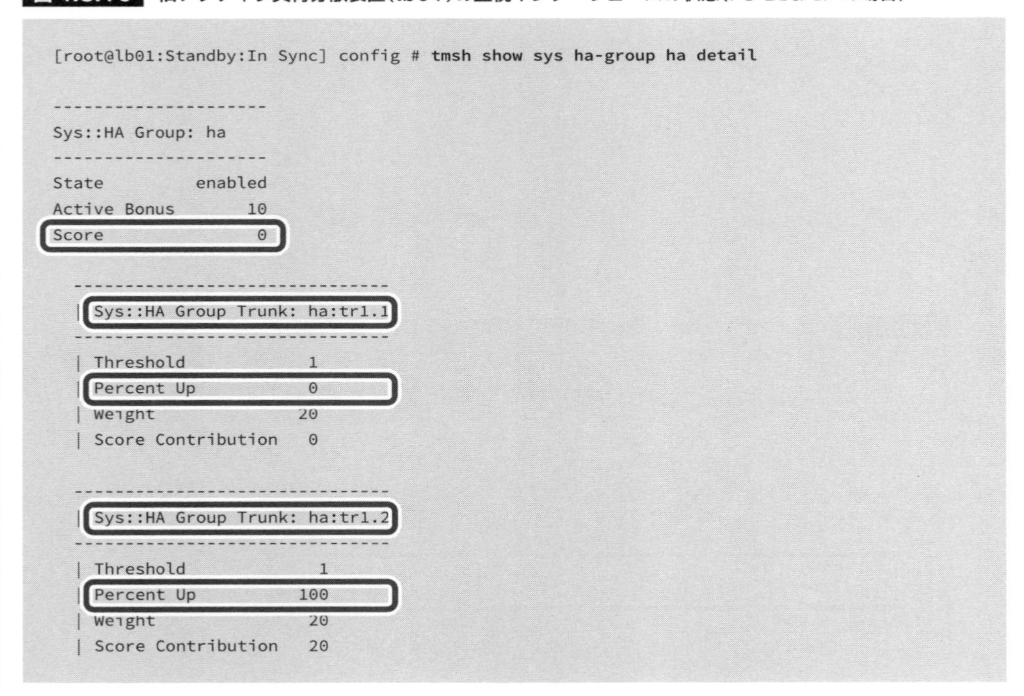

```
[root@lb01:Standby:In Sync] config # tmsh show sys ha-group ha detail

---------------------
Sys::HA Group: ha
---------------------
State           enabled
Active Bonus         10
Score                 0

    -------------------------------
    | Sys::HA Group Trunk: ha:tr1.1
    -------------------------------
    | Threshold            1
    | Percent Up           0
    | Weight              20
    | Score Contribution   0

    -------------------------------
    | Sys::HA Group Trunk: ha:tr1.2
    -------------------------------
    | Threshold            1
    | Percent Up         100
    | Weight              20
    | Score Contribution  20
```

図 4.8.17 新アクティブ負荷分散装置(lb02)の監視インターフェースの状態(F5 BIG-IP の場合)

```
[root@lb02:Active:In Sync] config # tmsh show sys ha-group ha detail

---------------------
Sys::HA Group: ha
---------------------
State           enabled
Active Bonus         10
Score                40

  ------------------------------
  | Sys::HA Group Trunk: ha:tr1.1
  ------------------------------
  | Threshold                 1
  | Percent Up              100
  | Weight                   20
  | Score Contribution       20

  ------------------------------
  | Sys::HA Group Trunk: ha:tr1.2
  ------------------------------
  | Threshold                 1
  | Percent Up              100
  | Weight                   20
  | Score Contribution       20
```

図 4.8.18 新アクティブ負荷分散装置(lb02)のコネクションテーブル(F5 BIG-IP の場合)

```
[root@lb02:Active:In Sync] config # tmsh show sys connection cs-server-addr 10.1.1.103
Sys::Connections
10.1.1.1:53370  10.1.1.103:80  10.1.1.1:53370  192.168.1.1:80  tcp  10  (tmm: 0)  none
none
Total records returned: 1
```

図 4.8.19 新アクティブ負荷分散装置(lb02)のパーシステンステーブル(F5 BIG-IP の場合)

```
[root@lb02:Active:In Sync] config # tmsh show ltm persistence persist-records
Sys::Persistent Connections
source-address  10.1.1.1  10.1.1.103:80  192.168.1.1:80  (tmm: 0)
Total records returned: 1
```

図 4.8.20 TCP コネクション確立とパーシステンスの確認

```
root@ubuntu1:~# while true;do echo -e "GET / HTTP/1.1\nhost: 10.1.1.103\n\n";sleep
1;done|telnet 10.1.1.103 80
Trying 10.1.1.103...
Connected to 10.1.1.103.
```

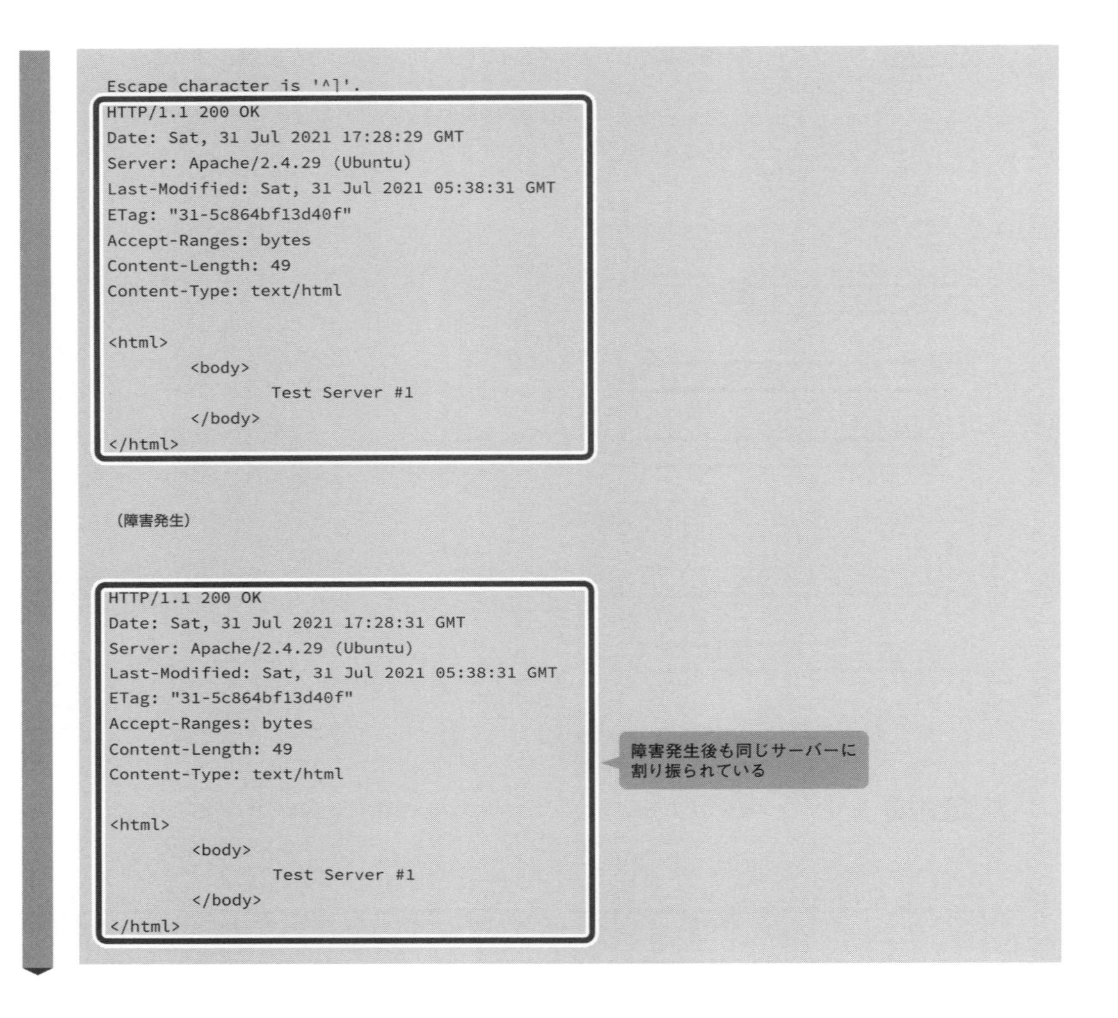

```
Escape character is '^]'.
HTTP/1.1 200 OK
Date: Sat, 31 Jul 2021 17:28:29 GMT
Server: Apache/2.4.29 (Ubuntu)
Last-Modified: Sat, 31 Jul 2021 05:38:31 GMT
ETag: "31-5c864bf13d40f"
Accept-Ranges: bytes
Content-Length: 49
Content-Type: text/html

<html>
        <body>
                Test Server #1
        </body>
</html>

（障害発生）

HTTP/1.1 200 OK
Date: Sat, 31 Jul 2021 17:28:31 GMT
Server: Apache/2.4.29 (Ubuntu)
Last-Modified: Sat, 31 Jul 2021 05:38:31 GMT
ETag: "31-5c864bf13d40f"
Accept-Ranges: bytes
Content-Length: 49
Content-Type: text/html

<html>
        <body>
                Test Server #1
        </body>
</html>
```


4.8.4 アクティブ負荷分散装置アップリンク障害復旧試験（障害パターン②）

先述のとおり、負荷分散装置が障害から復旧したときの挙動は設計によって異なりますが、筆者の経験上、自動でフェールバックしない設計にすることが多いでしょう。この設計では、障害から復旧した負荷分散装置はスタンバイ負荷分散装置となり、アクティブ負荷分散装置はそのままの状態を維持します。

アクティブ負荷分散装置アップリンク障害復旧試験では、クライアントから負荷分散装置上の仮想サーバーに一定間隔でHTTPリクエストを送信している状態で、シャットダウンしたアップリンクインターフェースを有効化して、旧アクティブ負荷分散装置（lb01）のリンク障害を復旧します。そして、その状態で新アクティブ負荷分散装置（lb02）がそのままアクティブ状態にあることや、旧アクティブ負荷分散装置（lb01）がスタンバイ負荷分散装置と認識されること、通信に影響がないことなどを確認します。

TEST

図 4.8.21 アクティブ負荷分散装置アップリンク障害復旧試験

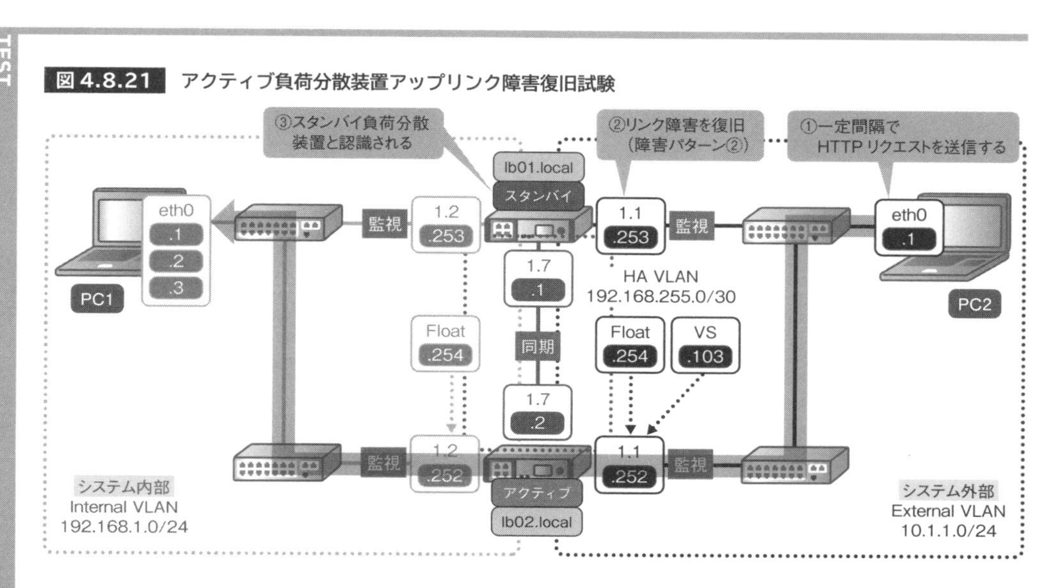

表 4.8.4 アクティブ負荷分散装置アップリンク障害復旧試験（F5 BIG-IP の場合）

試験前提	(1)設計どおりにネットワーク機器が接続されていること (2)インターフェース試験に合格していること (3)VLAN 試験に合格していること (4)IP アドレス試験に合格していること (5)ルーティング試験に合格していること (6)サーバー負荷分散試験に合格していること (7)負荷分散装置冗長化機能試験に合格していること (8)アクティブ負荷分散装置アップリンク障害発生試験に合格していること
事前作業	(1)負荷分散装置に SSH で接続し、管理者ユーザーでログインする (2)PC1 に以下を設定し、Internal VLAN に接続する • IP アドレス： 192.168.1.1（Web サーバー #1 用） 192.168.1.2（Web サーバー #2 用） 192.168.1.3（Web サーバー #3 用） • サブネットマスク：255.255.255.0 • デフォルトゲートウェイ：192.168.1.254 (3)PC2 に以下を設定し、External VLAN に接続する • IP アドレス：10.1.1.1 • サブネットマスク：255.255.255.0 • デフォルトゲートウェイ：10.1.1.254 (4)PC1 で IP ベースの Virtual Host を有効にした Web サーバーを起動する

試験実施手順	合否判定基準
(1)PC2 の CLI で以下のコマンドを入力する while true;do echo -e "GET / HTTP/1.1\nhost: 10.1.1.103\n\n";sleep 1;done|telnet 10.1.1.103 80	以下のように、応答があること HTTP/1.1 200 OK Date: Wed, 04 Aug 2021 04:53:15 GMT Server: Apache/2.4.29 (Ubuntu) Last-Modified: Sat, 31 Jul 2021 05:52:24 GMT ETag: 31-5c864f0b335c6 Accept-Ranges: bytes Content-Length: 49 Content-Type: text/html <html> <body> Test Server #x </body> </html>
(2)lb02 の CLI で以下のコマンドを実行する tmsh show sys connection cs-server-addr 10.1.1.103	(1)で確立した TCP コネクションが表示されること
(3)lb02 の CLI で以下のコマンドを実行する tmsh show ltm persistence persist-records	(1)で作成したパーシステンスレコードが表示されること
(4)lb01 の CLI で以下のコマンドを入力する tmsh modify net interface 1.1 enabled	インターフェースが有効化されること
(5)lb01 の CLI で以下のコマンドを実行する tmsh show cm traffic-group traffic-group-1 all-properties	以下を確認できること • lb01.local の Status がスタンバイになっていること • lb02.local の Status がアクティブになっていること
(6)lb02 の CLI で以下のコマンドを実行する tmsh show cm traffic-group traffic-group-1 all-properties	以下を確認できること • lb01.local の Status がスタンバイになっていること • lb02.local の Status がアクティブになっていること
(7)lb01 の CLI で以下のコマンドを実行する tmsh show sys ha-group ha detail	以下を確認できること • Score が 40 になっていること • tr1.1 の Percent Up が 100 になっていること • tr1.2 の Percent Up が 100 になっていること
(8)lb02 の CLI で以下のコマンドを実行する tmsh show sys ha-group ha detail	以下を確認できること • Score が 40 になっていること • tr1.1 の Percent Up が 100 になっていること • tr1.2 の Percent Up が 100 になっていること
(9)lb01 の CLI で以下のコマンドを実行する tmsh show sys connection cs-server-addr 10.1.1.103	(2)と同じ TCP コネクションが表示されること
(10)lb01 の CLI で以下のコマンドを実行する tmsh show ltm persistence persist-records	(3)と同じパーシステンスレコードが表示されること
(11)PC2 の CLI で Ctrl+c を入力する	以下を確認できること • (1)と同じ Web サーバーに接続していること • 通信断が発生しないこと

図 4.8.22　旧アクティブ負荷分散装置(lb01)の状態(F5 BIG-IP の場合)

```
[root@lb01:Standby:In Sync] config # tmsh show cm traffic-group traffic-group-1 all-
```

```
properties

-------------------------------------------------------------
CentMgmt::Traffic Group: traffic-group-1
-------------------------------------------------------------
Name                                      traffic-group-1
Device                                    lb01.local
Status                                    standby
Failsafe Fault                            false
Monitor Fault                             false
Active Reason                             -
Next Active                               true
Previous Active                           true
Load                                      -
Next Active Load                          1
HA Group                                  ha
Times Became Active                       17
Last Became Active                        2021-Aug-01 15:01:27

-------------------------------------------------------------
CentMgmt::Traffic Group: traffic-group-1
-------------------------------------------------------------
Name                                      traffic-group-1
Device                                    lb02.local
Status                                    active
Failsafe Fault                            false
Monitor Fault                             false
Active Reason                             ha-score
Next Active                               false
Previous Active                           false
Load                                      1
Next Active Load                          -
HA Group                                  ha
Times Became Active                       9
Last Became Active                        2021-Aug-01 15:02:48
```

図 4.8.23 新アクティブ負荷分散装置(lb02)の状態(F5 BIG-IP の場合)

```
[root@lb02:Active:In Sync] config # tmsh show cm traffic-group traffic-group-1 all-
properties

-------------------------------------------------------------
CentMgmt::Traffic Group: traffic-group-1
-------------------------------------------------------------
Name                                      traffic-group-1
Device                                    lb01.local
Status                                    standby
Failsafe Fault                            false
Monitor Fault                             false
Active Reason                             -
Next Active                               true
Previous Active                           true
```

障害試験 …… 負荷分散装置障害試験

```
Load                                        -
Next Active Load                            1
HA Group                                    ha
Times Became Active                         8
Last Became Active                          2021-Aug-01 15:01:27

--------------------------------------------------------------
CentMgmt::Traffic Group: traffic-group-1
--------------------------------------------------------------
Name                                        traffic-group-1
Device                                      lb02.local
Status                                      active
Failsafe Fault                              false
Monitor Fault                               false
Active Reason                               ha-score
Next Active                                 false
Previous Active                             false
Load                                        1
Next Active Load                            -
HA Group                                    ha
Times Became Active                         18
Last Became Active                          2021-Aug-01 15:02:48
```

図 4.8.24　旧アクティブ負荷分散装置(lb01)の監視インターフェースの状態(F5 BIG-IP の場合)

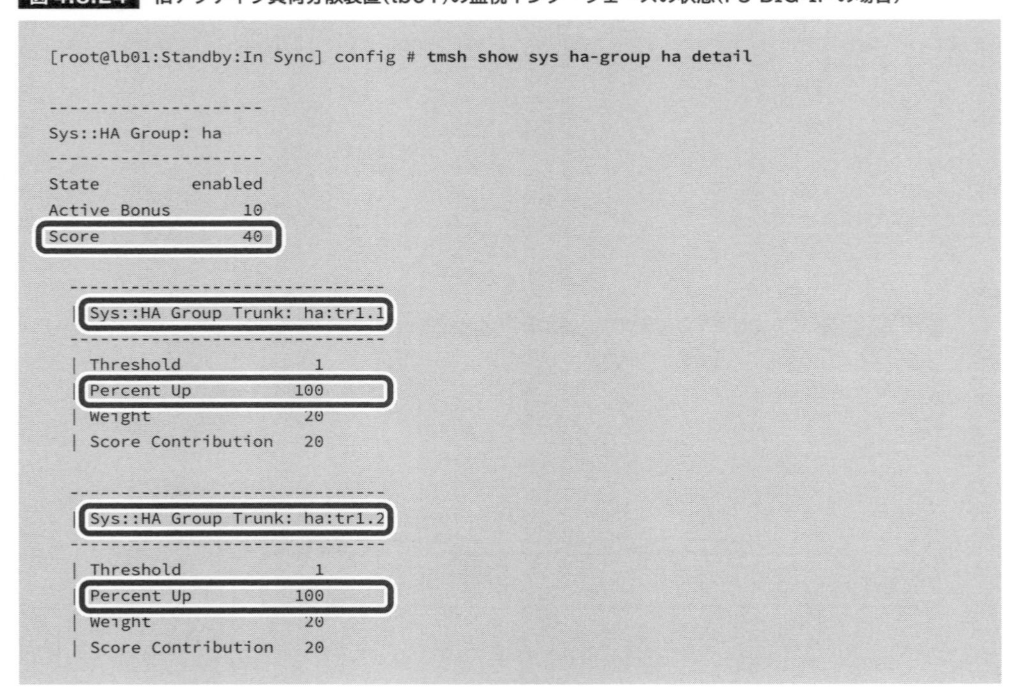

```
[root@lb01:Standby:In Sync] config # tmsh show sys ha-group ha detail

---------------------
Sys::HA Group: ha
---------------------
State          enabled
Active Bonus        10
Score               40

  ------------------------------
  | Sys::HA Group Trunk: ha:tr1.1
  ------------------------------
  | Threshold              1
  | Percent Up           100
  | Weight                20
  | Score Contribution    20

  ------------------------------
  | Sys::HA Group Trunk: ha:tr1.2
  ------------------------------
  | Threshold              1
  | Percent Up           100
  | Weight                20
  | Score Contribution    20
```

図 4.8.25 新アクティブ負荷分散装置(lb02)の監視インターフェースの状態(F5 BIG-IP の場合)

```
[root@lb02:Active:In Sync] config # tmsh show sys ha-group ha detail

---------------------
Sys::HA Group: ha
---------------------
State           enabled
Active Bonus         10
Score                40

  ------------------------------
  | Sys::HA Group Trunk: ha:tr1.1
  ------------------------------
  | Threshold              1
  | Percent Up           100
  | Weight                20
  | Score Contribution    20

  ------------------------------
  | Sys::HA Group Trunk: ha:tr1.2
  ------------------------------
  | Threshold              1
  | Percent Up           100
  | Weight                20
  | Score Contribution    20
```

図 4.8.26 旧アクティブ負荷分散装置(lb01)のコネクションテーブル(F5 BIG-IP の場合)

```
[root@lb01:Standby:In Sync] config # tmsh show sys connection cs-server-addr 10.1.1.103
Sys::Connections
10.1.1.1:53372  10.1.1.103:80  10.1.1.1:53372  192.168.1.2:80  tcp  9  (tmm: 0)  none
none
Total records returned: 1
```

図 4.8.27 旧アクティブ負荷分散装置(lb01)のパーシステンステーブル(F5 BIG-IP の場合)

```
[root@lb01:Standby:In Sync] config # tmsh show ltm persistence persist-records
Sys::Persistent Connections
source-address  10.1.1.1  10.1.1.103:80  192.168.1.2:80  (tmm: 0)
Total records returned: 1
```

図 4.8.28 TCP コネクション確立とパーシステンスの確認

```
root@ubuntu1:~# while true;do echo -e "GET / HTTP/1.1\nhost: 10.1.1.103\n\n";sleep
1;done|telnet 10.1.1.103 80
Trying 10.1.1.103...
Connected to 10.1.1.103.
```

```
Escape character is '^]'.
HTTP/1.1 200 OK
Date: Sun, 01 Aug 2021 06:33:38 GMT
Server: Apache/2.4.29 (Ubuntu)
Last-Modified: Sat, 31 Jul 2021 05:52:11 GMT
ETag: "31-5c864eff8df1f"
Accept-Ranges: bytes
Content-Length: 49
Content-Type: text/html

<html>
        <body>
                Test Server #2
        </body>
</html>

（障害復旧）

HTTP/1.1 200 OK
Date: Sun, 01 Aug 2021 06:34:17 GMT
Server: Apache/2.4.29 (Ubuntu)
Last-Modified: Sat, 31 Jul 2021 05:52:11 GMT
ETag: "31-5c864eff8df1f"
Accept-Ranges: bytes
Content-Length: 49
Content-Type: text/html

<html>
        <body>
                Test Server #2
        </body>
</html>
```

障害復旧後も同じサーバーに割り振られている

アクティブ負荷分散装置アップリンク障害復旧試験が完了したら、アクティブ負荷分散装置（lb02）をフェールオーバーコマンドでスタンバイ負荷分散装置に戻し、もう片方のインターフェースでも同様の試験を実施します。対象となるインターフェースが1.2に変わるだけで、確認項目としては変わりません。同じように、スタンバイ負荷分散装置（lb02）にフェールオーバーすることや、許容時間以内に通信が復旧することなどを確認します。

それが終わったら、今度はスタンバイ負荷分散装置（lb02）でも同様の試験を実施します。スタンバイ負荷分散装置のインターフェース（1.1、1.2）に障害が発生しても、フェールオーバーは発生しません。アクティブ負荷分散装置はそのままで、スタンバイ負荷分散装置の監視インターフェースがダウンするだけです。これらの障害動作が通信に影響しないことを確認します。

4.8.5 サーバーサービス障害発生試験(障害パターン③)

負荷分散装置は、負荷分散対象サーバーのサービスに障害が発生すると、ヘルスチェックで検知して負荷分散対象から切り離します。

サーバーサービス障害発生試験では、クライアントから負荷分散装置上の仮想サーバーに一定間隔でHTTPリクエストを送信している状態で、割り振られたサーバーのサービス、あるいはサーバー自体を落としてサービス障害を起こします。そして、その状態で異なるサーバーに割り振られることを確認します。

ここではPC1でIPベース方式のVirtual Host(p.100参照)を使用して「192.168.1.1」「192.168.1.2」「192.168.1.3」のIPアドレスを持つ3つのWebサイトを立ち上げ、PC2から送信元IPアドレスパーシステンスを有効にした「10.1.1.103」の負荷分散装置上の仮想サーバーに対してHTTPでアクセスする環境を前提に説明します。

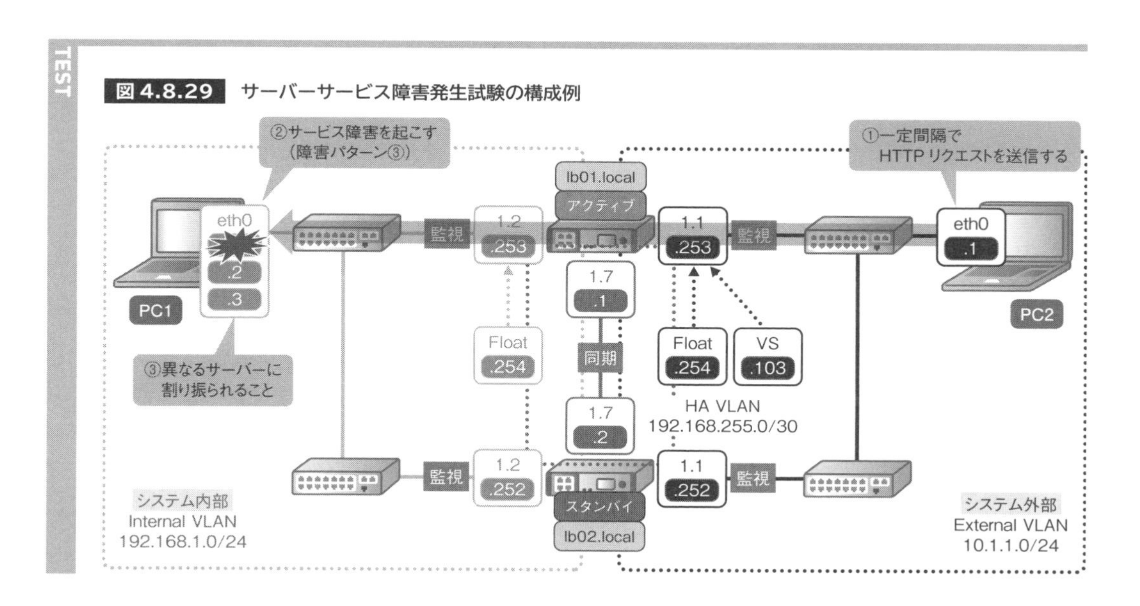

図 4.8.29 サーバーサービス障害発生試験の構成例

表 4.8.5　サーバーサービス障害発生試験(F5 BIG-IP の場合)

試験前提	(1)設計どおりにネットワーク機器が接続されていること (2)インターフェース試験に合格していること (3)VLAN 試験に合格していること (4)IP アドレス試験に合格していること (5)ルーティング試験に合格していること (6)サーバー負荷分散試験に合格していること (7)負荷分散装置冗長化機能試験に合格していること
事前作業	(1)負荷分散装置に対して、SSH で接続し、管理者ユーザーでログインする (2)PC1 に以下を設定し、Internal VLAN に接続する • IP アドレス: 192.168.1.1 (Web サーバー #1 用) 192.168.1.2 (Web サーバー #2 用) 192.168.1.3 (Web サーバー #3 用) • サブネットマスク：255.255.255.0 • デフォルトゲートウェイ：192.168.1.254 (3)PC2 に以下を設定し、External VLAN に接続する • IP アドレス：10.1.1.1 • サブネットマスク：255.255.255.0 • デフォルトゲートウェイ：10.1.1.254 (4)PC1 で IP ベースの Virtual Host を有効にした Web サーバーを起動する

試験実施手順	合否判定基準
(1)PC2 の CLI で以下のコマンドを実行する while true; do date; curl http://10.1.1.103/; sleep 1; done	同じ Virtual Host に接続していること
(2)PC1 の CLI で以下のコマンドを入力する a2dissite [(1)で接続した Virtual Host の設定ファイル] systemctl reload apache2	設定を再読み込みできること
(3)lb01 の GUI で、「Pools」-「pl-http-01」-「Members」を選択し、負荷分散対象サーバーの状態を確認する	以下を確認できること • (2)で無効にした Virthal Host が赤ひし形アイコン(Offline)になっていること • それ以外のサーバーが緑丸アイコン(Available)になっていること
(4)PC2 の CLI で接続しているサーバーを確認する	25 秒以内に(2)と異なる Virtual Host に接続すること

図 4.8.30　ヘルスチェックの状態(F5 BIG-IP の場合)

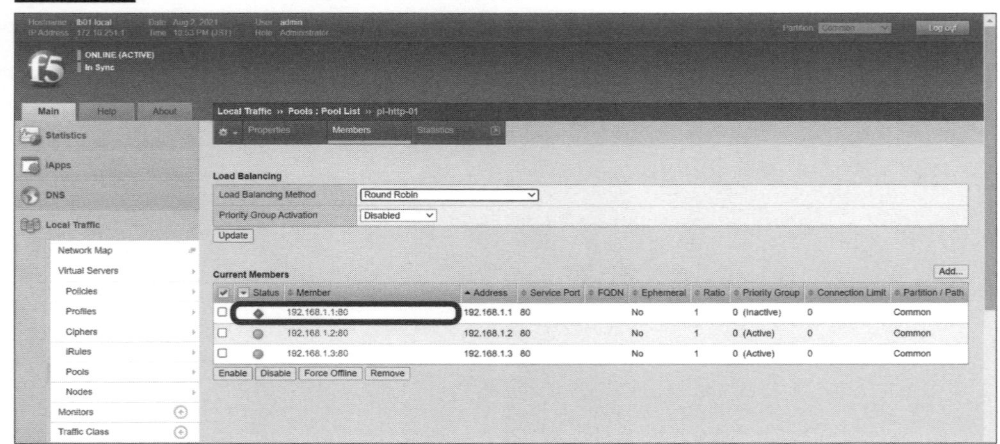

図 4.8.31 アプリケーションコマンドと応答状態

```
root@ubuntu1:~# while true; do date; curl http://10.1.1.103/; sleep 1; done
Sun Nov  7 05:14:08 JST 2021
<html>
        <body>
                Test Server #1
        </body>
</html>
Sun Nov  7 05:14:09 JST 2021
<html>
        <body>
                Test Server #1
        </body>
</html>

（障害発生）

Sun Nov  7 05:14:10 JST 2021
<!DOCTYPE HTML PUBLIC "-//IETF//DTD HTML 2.0//EN">
<html><head>
<title>404 Not Found</title>
</head><body>
<h1>Not Found</h1>
<p>The requested URL was not found on this server.</p>
<hr>
<address>Apache/2.4.29 (Ubuntu) Server at 10.1.1.103 Port 80</address>
</body></html>

（省略）

Sun Nov  7 05:14:29 JST 2021
<html>
        <body>
                Test Server #3
        </body>
</html>
Sun Nov  7 05:14:30 JST 2021
<html>
        <body>
                Test Server #3
        </body>
</html>
```

障害発生後に異なるサーバーに割り振られている

4.8.6 サーバーサービス障害復旧試験(障害パターン③)

負荷分散装置は、負荷分散対象サーバーのサービスが復旧すると、ヘルスチェックで検知して負荷分散対象に戻します。

サーバーサービス障害復旧試験では、クライアントから負荷分散装置上の仮想サーバーに一定間隔でHTTPリクエストを送信している状態で、サーバーのサービスを有効化してサービス障害を復旧します。そして、その状態でサーバーのヘルスチェックが成功し、負荷分散対象になっていること、通信に影響がないことなどを確認します。

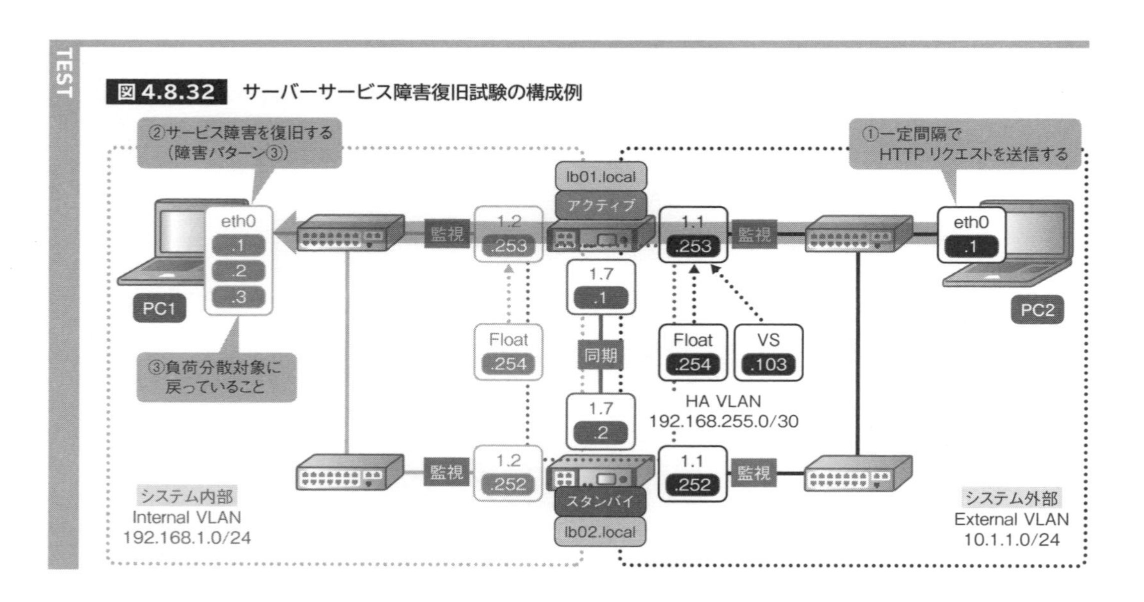

図4.8.32 サーバーサービス障害復旧試験の構成例

表 4.8.6 サーバーサービス障害復旧試験（F5 BIG-IP の場合）

試験前提	(1)設計どおりにネットワーク機器が接続されていること (2)インターフェース試験に合格していること (3)VLAN 試験に合格していること (4)IP アドレス試験に合格していること (5)ルーティング試験に合格していること (6)サーバー負荷分散試験に合格していること (7)負荷分散装置冗長化機能試験に合格していること (8)サーバーサービス障害発生試験に合格していること
事前作業	(1)負荷分散装置に対して、SSH で接続し、管理者ユーザーでログインする (2)PC1 に以下を設定し、Internal VLAN に接続する ・IP アドレス： 192.168.1.1（Web サーバー #1 用） 192.168.1.2（Web サーバー #2 用） 192.168.1.3（Web サーバー #3 用） ・サブネットマスク：255.255.255.0 ・デフォルトゲートウェイ：192.168.1.254 (3)PC2 に以下を設定し、External VLAN に接続する ・IP アドレス：10.1.1.1 ・サブネットマスク：255.255.255.0 ・デフォルトゲートウェイ：10.1.1.254 (4)PC1 で IP ベースの Virtual Host を有効にした Web サーバーを起動する

試験実施手順	合否判定基準
(1)PC2 の CLI で以下のコマンドを実行する while true; do date; curl http://10.1.1.103/; sleep 1; done	サーバーのコンテンツが表示されること
(2)PC1 の CLI で以下のコマンドを入力する a2ensite ［サーバーサービス障害発生試験で無効にした Virtual Host の設定ファイル］ systemctl reload apache2	設定を再読み込みできること
(3)lb01 の GUI で、「Pools」-「pl-http-01」-「Members」を選択し、負荷分散対象サーバーの状態を確認する	すべてのサーバーのステータスが緑丸アイコン(Available)になっていること
(4)PC2 の CLI で接続しているサーバーを確認する	(1)と同じ Virtual Host に接続していること

図 4.8.33 ヘルスチェックの状態（F5 BIG-IP の場合）

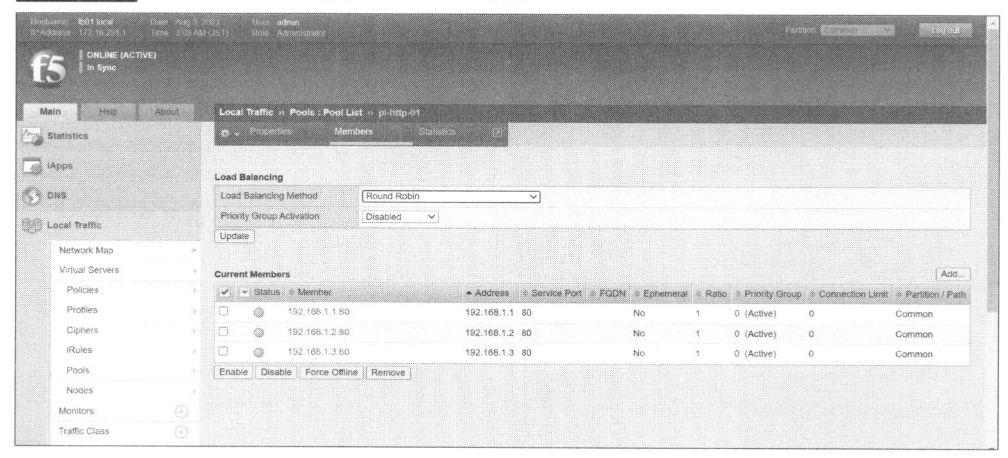

4.9 実際の現場では

　さて、ここまでいろいろな冗長化機能の障害試験を、可能なかぎりシンプルなネットワーク構成をもとに説明してきました。実際の現場のネットワーク環境もこれくらいシンプルであれば苦労しないのですが、そうは問屋が卸しません。実際の現場で動作しているシステムのネットワークは、もう少し複雑で、いろいろな機器がいろいろな形で組み合わさってできています。そこで、実際の構築現場で障害試験をするときは、**上流から下流に（インバウンド）、あるいは下流から上流に（アウトバウンド）に、一気通貫にパケットを流しながら、部分部分を切り出して障害を起こしていきます。**

　インターネットにHTTPサーバーを公開する、よくあるオンプレミスのサーバーサイトを例に説明しましょう。一般的なオンプレミスのサーバーサイトは、図4.9.1のように、インターネットから順に、「インターネット回線を受けるL3スイッチ」→「セキュリティ制御とNATを行うファイアウォール」→「ファイアウォールと負荷分散装置の冗長化機能を分断するL2スイッチ」→「サーバー負荷分散を行う負荷分散装置」→「サーバーを接続するL2スイッチ 」→「サービスを提供するサーバー」がそれぞれ並列に構成されています。このネットワークの場合、上位（インターネット）の端末から定期的にICMPリクエストとHTTPリクエストを仮想サーバーに対して送信している状態で、「L3スイッチ障害試験」→「ファイアウォール障害試験」→「FW-LB接続L2スイッチ障害試験」→「負荷分散装置障害試験」→「サーバー接続L2スイッチ障害試験」→「NIC障害試験」→「サービス障害試験」の順に試験を実施し、都度冗長化の状態と通信断時間を確認します。

図 4.9.1 実際の現場では

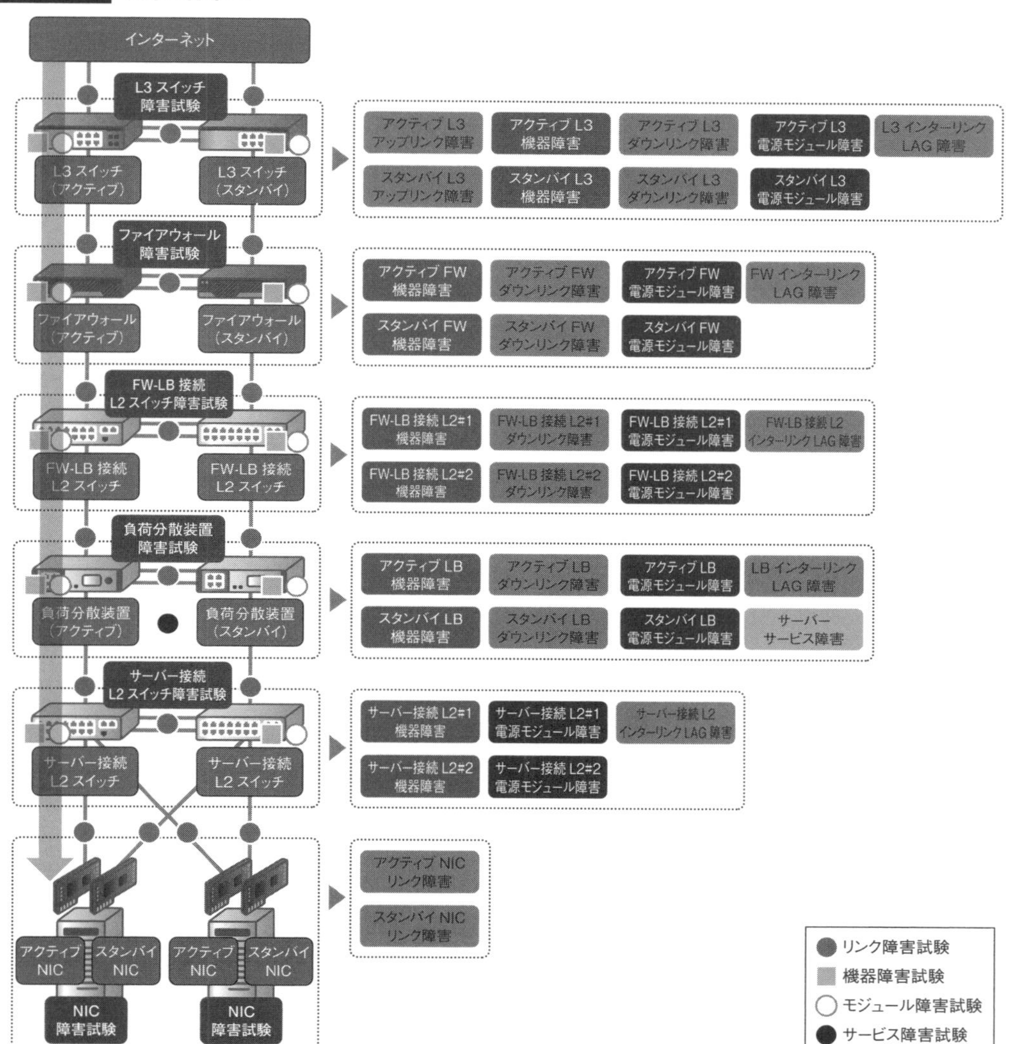

障害試験 …… 実際の現場では

第5章

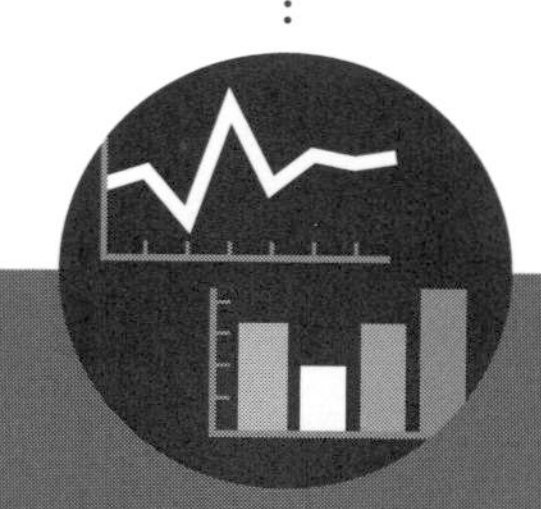

性能試験・長期安定化試験

どんなに高性能なネットワーク機器であっても、どんなに高性能なサーバーであっても、無限の転送能力を持っているわけではありません。必ず転送能力の限界が存在します。性能試験では、顧客が想定しているユーザー数のトラフィックを遅延なく処理できるか、またどれくらいのユーザー数のトラフィックだったら処理できるかなど、ネットワーク機器やサーバーのネットワーク性能に関する各種項目をひとつひとつ確認していきます。また、長期安定化試験では、そのトラフィックを長期間にわたって安定的に処理できるかどうかを確認します。

5.1 性能試験のポイント

性能試験は、その名のとおり、ネットワーク機器やサーバーのネットワーク性能を確認する試験です。「パフォーマンス試験」と言ったりもしますが、基本的な意味合いは同じと考えてよいでしょう。

読者の皆さんは、SNSやテレビで何らかのイベント告知があって、いざそのWebサイトにアクセスしたとき、「また落ちてる……」と辟易した経験はありませんか？　少なくとも筆者はあります。ここ最近だと、自治体で新型コロナウイルスのワクチン接種を予約しようとしたときや、DXを推進する省庁が発足したと聞いてワクワクしながらWebサイトを見に行ってみたとき…などなど、心なしかイベントのたびにWebサイトが落ちているような気すらします。そして、そのたびに「性能試験しなかったのかな」と残念に思ったりします。**システムダウンは、ユーザーの信頼とお金に直結します。**また、どんなに素晴らしいデザインで、素晴らしいアプリケーションを作っても、ダウンしていたら意味がありません。そんなことを何度も繰り返してしまわないように、性能試験では、専用の負荷装置や負荷ツールを利用して大量のトラフィックを流し、そのときの通信状況やリソース状況（CPU使用率やメモリ使用率）などを確認します。

図5.1.1　性能試験でトラフィックをガンガン流す

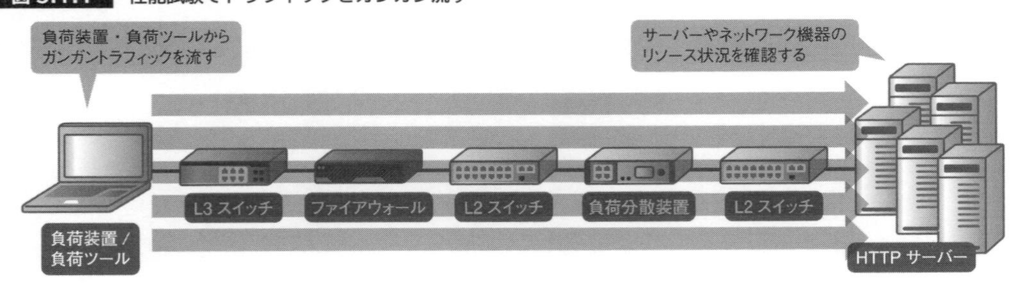

5.1.1 性能試験は大きく2種類

一般的な現場で実施する性能試験は、顧客から要求されたトラフィック量を処理できるか確認する「**負荷試験**」と、そのシステムの限界性能を確認する「**ストレス試験**」の2種類に大別できます。それぞれ説明しましょう。

負荷試験

負荷試験は、顧客が想定しているユーザー数のトラフィック量を遅延なく、かつリソース的にもゆとりを持って処理できているかを確認する試験です。顧客は、そのシステムを今後数年間にわたって使用するだろうユーザー数やデータ量、新規コネクション数や新規リクエスト数など、機器の性能に関わる要件（性能要件）を、要件定義の段階で定義しているはずです。負荷試験では、実際にそれを模したパケットを流し、性能要件をクリアすることを実証します。また、そのときのCPU使用率やメモリ使用率など、リソースの状況を確認します。

ストレス試験

ストレス試験は、ネットワーク機器やサーバーの限界（最大）性能を見極める試験です。顧客の要件が絶対なのは間違いありませんが、その要件が必ずしも正しいとは限りません。いきなり何かがバズってアクセスが集中するかもしれませんし、いきなり大きなファイルが何十万人に共有されるかもしれません。結局のところ、運用フェーズに入ると、いつどんなことがあるかは誰にもわからず、想定外のことが起こらない保証はありません。ストレス試験では、顧客が想定している以上のトラフィックをガンガン流し、どれくらいまで処理しきれるのか確認します。また、あわせて、そのときどんな挙動をするのかも確認します。

また、たまにメーカーが公開しているスペックシートの情報を鵜呑みにして限界性能を決めようとする人がいますが、それは大きな誤りです。限界性能は、使用する機能や通信の状況（プロトコル比率やコンテンツサイズなど）に大きく左右されます。**スペックシートの情報は、最も値が出やすい条件・環境で測定した、ある種のチャンピオンデータに近いものです。**必ずしも構築環境と合致するわけではありません。あくまで参考程度に留めるようにしてください。

図 5.1.2 性能試験とストレス試験でかける負荷の差

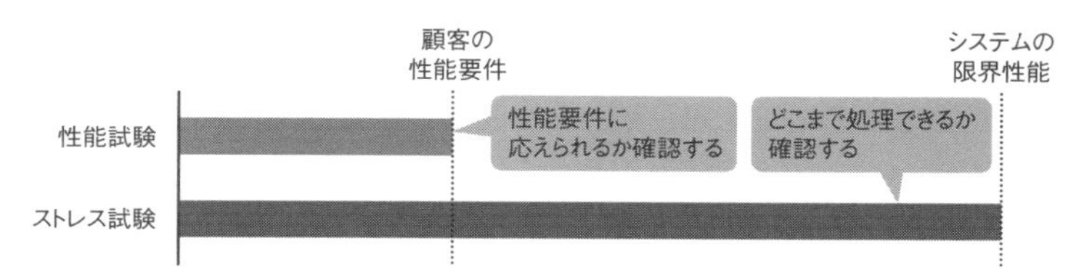

5.1.2 性能試験の流れ

性能試験は「**試験設計**」「**試験実施**」「**試験結果報告**」の3ステップで構成されています。それぞれのステップの意味は、読んで字の如くではあるのですが、それぞれちょっとした勘所があるので、ひとつひとつ噛み砕いて説明しましょう。

図 5.1.3　性能試験の 3 ステップ

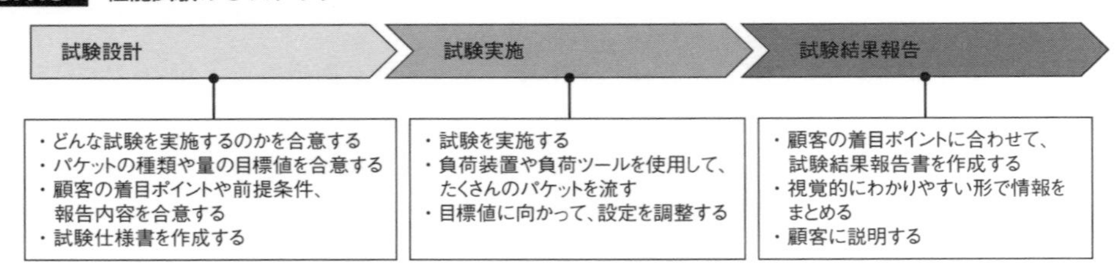

試験設計

試験設計は、どんな性能試験をするかを策定するステップです。いざ性能試験を実施するにしても、どのようなパケットをどこからどこにどのくらい投げ、どのようにまとめるのか、これを決めないことには始まりません。このステップでは、顧客が想定しているユーザー数やユーザーアプリケーション、プロトコル比率やコンテンツサイズなどを確認し、そこから試験で流すべきパケットの種類や量の目標値を顧客と合意します。また、あわせて性能試験において顧客が着目したいポイントや報告すべき試験結果、試験の前提条件などについても合意します。合意した内容は、後々認識の齟齬が発生しないように、試験仕様書という形でまとめます。

試験実施

試験実施は、試験設計で作成した試験仕様書に基づいて、試験を実施するステップです。基本的には粛々と試験を実施していくだけなのですが、性能試験は鬼のようにトラフィックをガンガン流す必要があり、一筋縄でいかないことが多く、ほとんどの場合、目標値に向けた職人並みの調整が必要になります。

たとえば、パケットのコンテンツサイズを大きくしないとスループットや同時コネクション数は上がらないでしょうし、逆にコンテンツサイズを小さくしないと新規コネクション数（CPS、Connections Per Second）*1や新規リクエスト数（RPS、Requests Per Second）*2は上がらないでしょう。顧客の要件が絶対なのは間違いありませんが、目標値の負荷がかけられなければ意味がありません。**可能なかぎり目標値に近づけられるように調整を繰り返し、顧客と合意しながら試験を進めます。**

*1 1秒間に処理できるTCP/UDPコネクション数のこと。
*2 1秒間に処理できるリクエスト数のこと。

試験結果報告

試験結果報告は、試験の結果を顧客に報告するステップです。性能試験は、これまでに説明してきた単体試験や結合試験、障害試験とは違い、合格・不合格の2種類では片づけられないことがほとんどです。

たとえば、スループットと応答遅延の相関関係を知りたい顧客であれば、スループット(bps、bits per second)＊1を横軸、応答遅延(ミリ秒)を縦軸にとったグラフを作成したり、SSL処理によるCPU使用率の変化を知りたい顧客であれば、SSLトランザクション数(TPS、Transactions Per Second)＊2を横軸、CPU使用率(%)を縦軸にとったグラフを作成したりして、**視覚的にわかりやすい形で、試験結果報告書として顧客に報告します。**

＊1 1秒間に処理できるビット数のこと。
＊2 1秒間に処理できるSSLのトランザクション数のこと。

図 5.1.4 試験結果報告のグラフの例(値はイメージです)

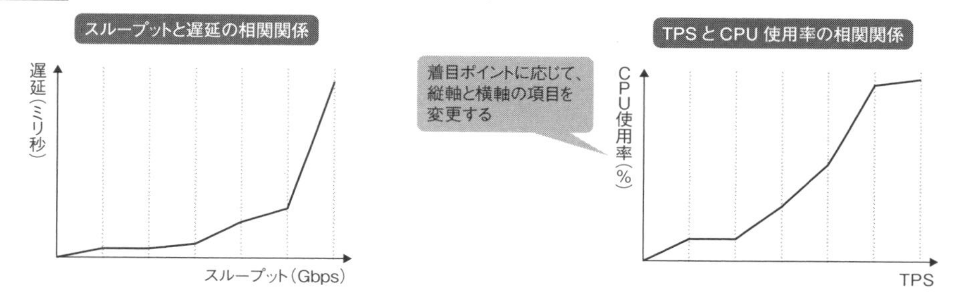

5.1.3 流すパケットを設計する

どのようなパケットを、どこからどこに対してどのくらい投げるのか。これが性能試験において最も重要なポイントになります。性能試験で流すパケットは、実際の環境とまったく同じであることが望ましいのは間違いありません。しかし、数限りないアプリケーションのパケットがネットワークを流れている昨今、**実際の環境とまったく同じにすることは事実上不可能です。**また、あまりに複雑なパケットを流そうとすると、ツールや機器でそのパケットを作り出すのが難しくなり、結果として、試験実施のときに自分の首を絞めることになります。**流すパケットは、自分が試験で生成できるくらいシンプルなものにすることを目標としましょう。**

さて、性能試験において流すパケットは、構築するシステムや顧客が着目したいポイントによって大きく異なります。ここでは、インターネットに負荷分散装置でSSL/TLSオフロードしたWebサーバーを公開するシステムを試験する場合を例にとって説明します。

図 5.1.5　パケット設計のための構成例

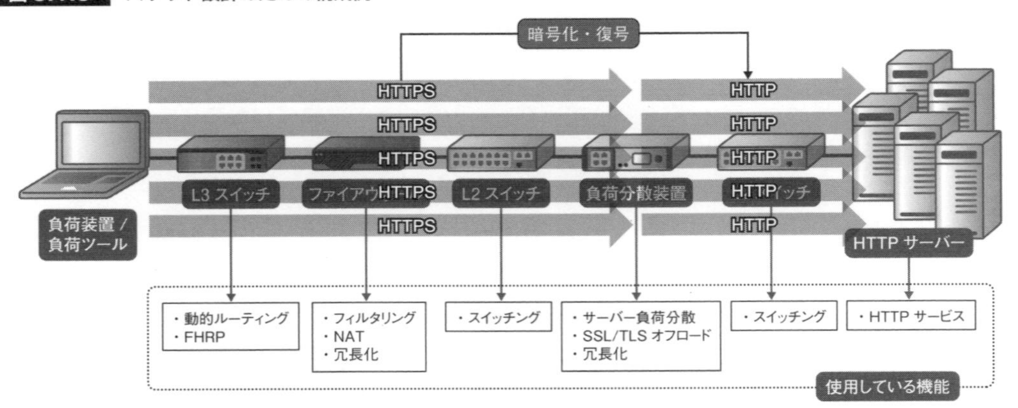

どのようなパケットを流すか

まず、どんなプロトコルのパケットを流すか考えます。

顧客の着目ポイントは、構築するシステムや顧客の過去の経験[*1]などによって若干異なりますが、筆者の経験上、そのシステムのボトルネックとなる部分のことが多い気がします。SSL/TLSが関わるシステムは、往々にしてSSL/TLSハンドシェイク処理がボトルネックになり、ほとんどの場合、顧客の目はSSL/TLSのTPSに向きます。したがって、プロトコルとしてはHTTPSだけに絞って性能試験を実施すればよいでしょう。

＊1　過去に何かの機能や機器で痛い目を見ていたりすると、その部分に大きくバイアスがかかりがちです。

図 5.1.6　ボトルネックとなるところが着目されがち

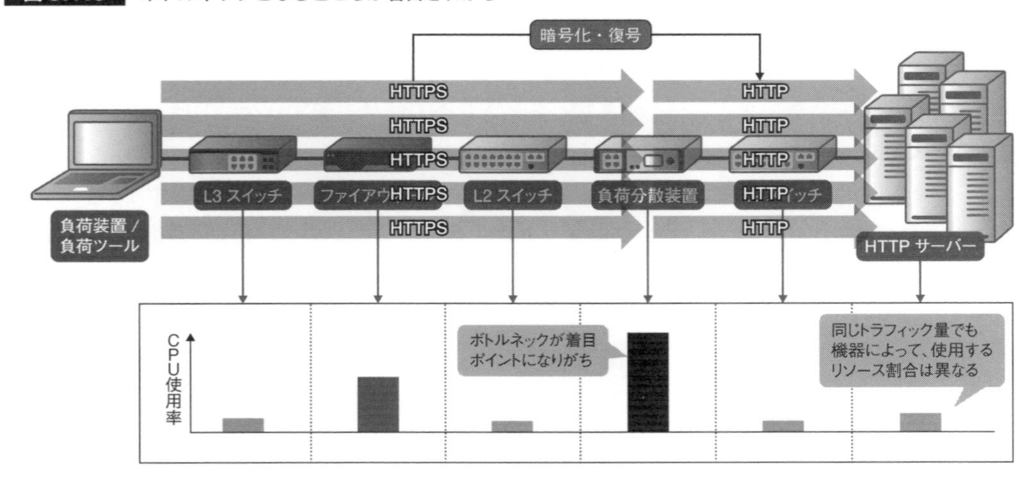

HTTPSの場合は、そこからさらに機器の性能を左右しやすい、SSL/TLSの鍵サイズやCipher Suites（暗号化方式と認証方式の組み合わせ）、コンテンツサイズなどの設定項目を決める必要があります。これらを、目標値となるTPSを目指して、組み合わせや値を調整しながら進めます。

どこからどこにパケットを流すか

続いて、どこからどこに対してパケットを流すか考えます。

「どこから」は、責任分界点を基準に考えます。今回のシステムの場合、L3スイッチのアップリンクが責任分界点になります。そこで、L3スイッチに負荷装置や負荷ツールをインストールした端末たちを接続し、そこからパケットを流します。

流すパケットの送信元IPアドレスや送信元ポート番号は、可能なかぎり分散させるようにしましょう。最近のネットワーク機器はCPUのマルチコア化が進んでいて、IPアドレスやポート番号など、パケットに含まれる情報をもとに、処理するCPUコアを選択します。ひとつのCPUコアで処理できるパケット量には限界があります。パケットの送信元IPアドレスや送信元ポート番号を分散すると、処理するCPUコアも分散され、よりたくさんのトラフィックを処理できるようになります。

たとえば、F5のBIG-IPシリーズは、デフォルトで送信元ポート番号と宛先ポート番号をもとに処理するCPUコアを選択します。したがって、同じTCPコネクションのパケットだけを投げ続けたら、ひとつのCPUコアだけに処理が偏ってしまい、思ったような性能を引き出すことができません。異なる送信元ポート番号を使用するように、負荷装置や負荷ツールを設定する必要があります。

図 5.1.7 パケットの情報が同じだと、使用する CPU コアが偏る

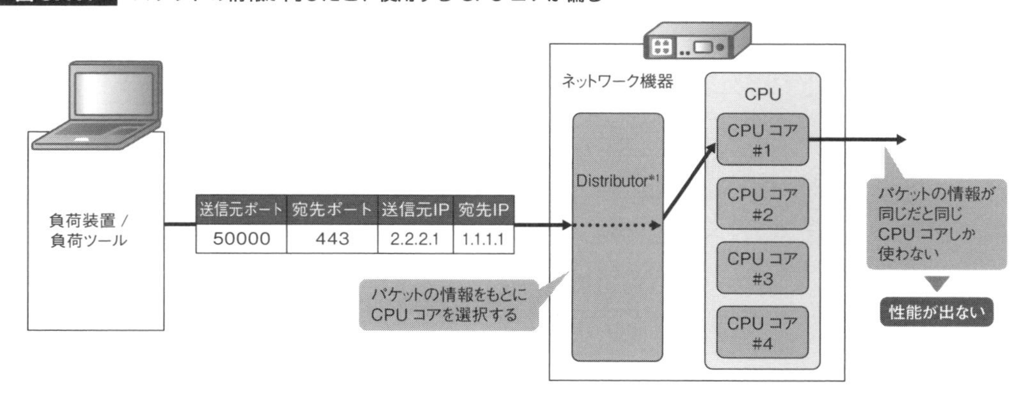

*1 Distributorは、受信したパケットをCPUコアに分散するためのソフトウェア、あるいはハードウェアのコンポーネントのことです。

図5.1.8　パケットの情報を変えると、使用するCPUコアが分散される

「どこに」は、インターネットに公開されているファイアウォール上のグローバルIPアドレスと、SSL/TLSのポート番号であるTCP/443です。特に迷う必要はありません。ファイアウォールで受け取ったパケットはグローバルIPアドレスから、負荷分散装置上のVIP（仮想サーバーのIPアドレス）に宛先IPアドレスをNATされます。そして、負荷分散装置で複数のWebサーバーのIPアドレスに負荷分散（動的宛先NAT）、およびHTTP（TCP/80）に復号されます。

図5.1.9　負荷装置／負荷ツールからグローバルIPアドレスに対してパケットを流す

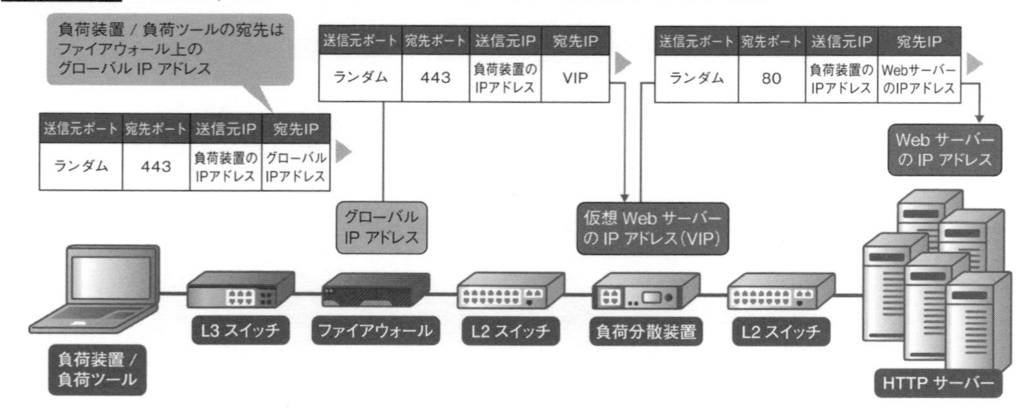

どのくらいのパケットを流すか

最後に、どのくらいの量のパケットを流すか考えます。

「どのくらい」かは、顧客の着目ポイントによって変わります。先述のとおり、SSL/TLSが関わるシステムは、SSL/TLSハンドシェイクがボトルネックになり、ほとんどの場合においてSSL/TLSのTPSが着目ポイントになるでしょう。目標値となるTPSを目指してパケットを流します。

たとえば、顧客が以下のような環境を想定している場合、目標となるTPSは10000 TPSになります。ここを目指して設定を調整します。

図 5.1.10 着目ポイントによって目標値が変わる

目標値の材料	値	条件
想定しているユーザー数	100000 ユーザー	1 ユーザーあたり 1 端末を使用する
プロトコル	SSL/TLS	すべて SSL/TLS でコネクションを確立する
1 ユーザーあたりの同時コネクション数	30 コネクション	1 コネクションごとに SSL セッションを確立する
ピーク時間	5 分間(300 秒)	始業時の 5 分間に上記コネクションを確立する
ピーク時間のユーザー利用割合	100%	ピーク時間にすべてのユーザーがアクセスする

10000TPS = (100000 ユーザー × 30 コネクション × 100%) ÷ 300 秒

5.1.4 負荷装置と負荷ツールを考える

流すパケットを設計したら、今度はどの負荷装置や負荷ツールを使用して、そのパケットを生み出すのか考えます。

負荷装置の有名どころとしては、IXIA社の「IxLoad」とSpirent社の「Avalanche」があります。どちらもかなり高価な機器ですが、ありとあらゆるパケットを凄まじい勢いで生成することによって、数万～数十万台規模のクライアント環境を再現することができたり、同じようにサーバー環境を再現できたり、性能試験に関するいろいろなことができます。また、最近のネットワーク機器は、高性能化が加速度的に進んでいて、ちょっとやそっとのトラフィックではビクともしません。限界性能を見極めるストレス試験ともなると、もはや負荷装置でなくては対応しきれません。**負荷装置を用意できるのであれば、負荷装置を使用したほうがよいのは間違いないでしょう。**

図 5.1.11　負荷装置は 1 台で爆速

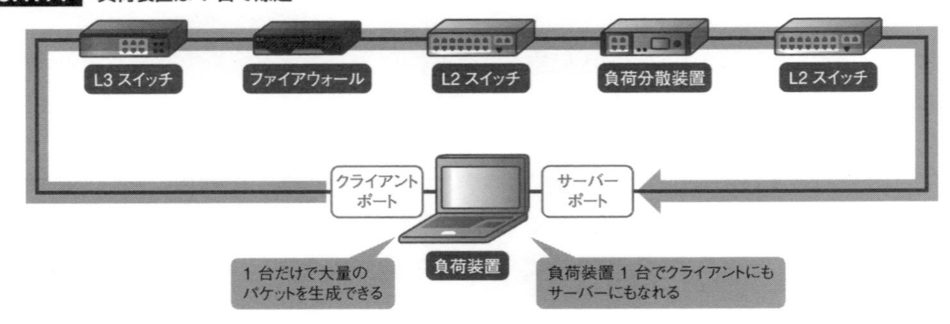

とはいえ、先述のとおり、負荷装置はかなり高価で、おいそれと用意できるようなものではありません。その場合は、負荷ツールを使用します。**負荷ツールはPCやサーバーなどの端末にインストールして実行することになるため、生み出すトラフィックの量はそのスペックに大きく左右されます**。まずは、1台でどれくらいのトラフィックを生み出せるか、徐々に値を上げていってだいたいの限界値を確認し、足りないようであれば、同じような端末*1を数台、あるいは数十台用意して、トラフィックを稼ぎます。

*1 もちろん仮想マシンでも大丈夫です。

図 5.1.12　端末をたくさん用意してトラフィックを稼ぐ

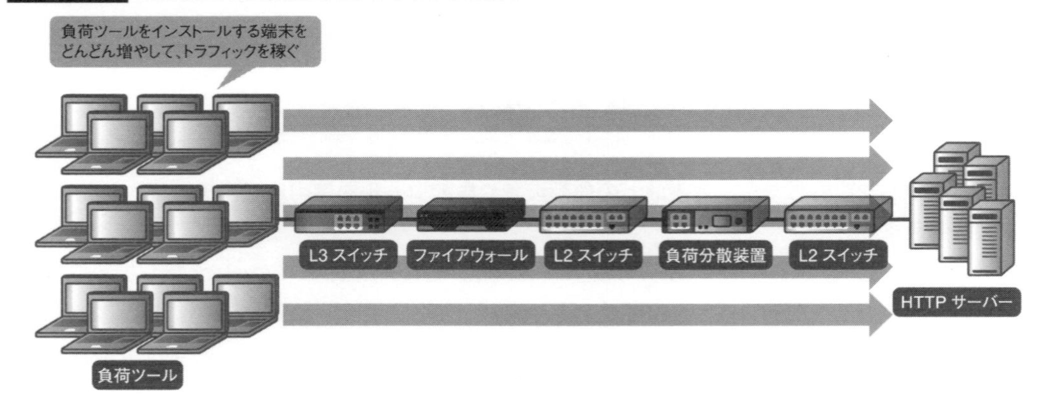

負荷ツールの有名どころと言えば、「**Apache Bench**」「**Apache JMeter**」「**iPerf**」の3種類でしょう。それぞれ得手不得手がありますので、使い方も含めて説明します。

Apache Bench

さくっとWeb (HTTP/HTTPS) サーバーの性能試験をしたいときには、Apache Benchを使用

するのがよいでしょう。Apache Benchは、Webサーバーのデファクトスタンダードである「Apache」に付属している負荷ツールで、Apacheをインストールすると自動的にインストールされます。動作は、指定したひとつのURLだけに対して、指定した条件（リクエスト回数や同時接続数、時間など）でリクエストを送信するという、とてもシンプルなものです。いわゆる一般的なWebブラウザと同じような動作——Webページに埋め込まれているリンクを辿って、複数のファイルをダウンロードしたり、動的なパラメーターをWebサーバーとやりとりしたりなど——ができるわけではありませんが、その手軽さとシンプルさも相まって、性能試験でよく使用されます。

Apache Benchは、コマンドラインから「**ab**」というコマンドを、いくつかのオプションとともに実行することによって利用できます。たとえば、10000回のリクエストを、1000同時コネクションを維持しながら投げたい場合は、次図のように実行します。

図 5.1.13 Apache Bench 端末の実行例

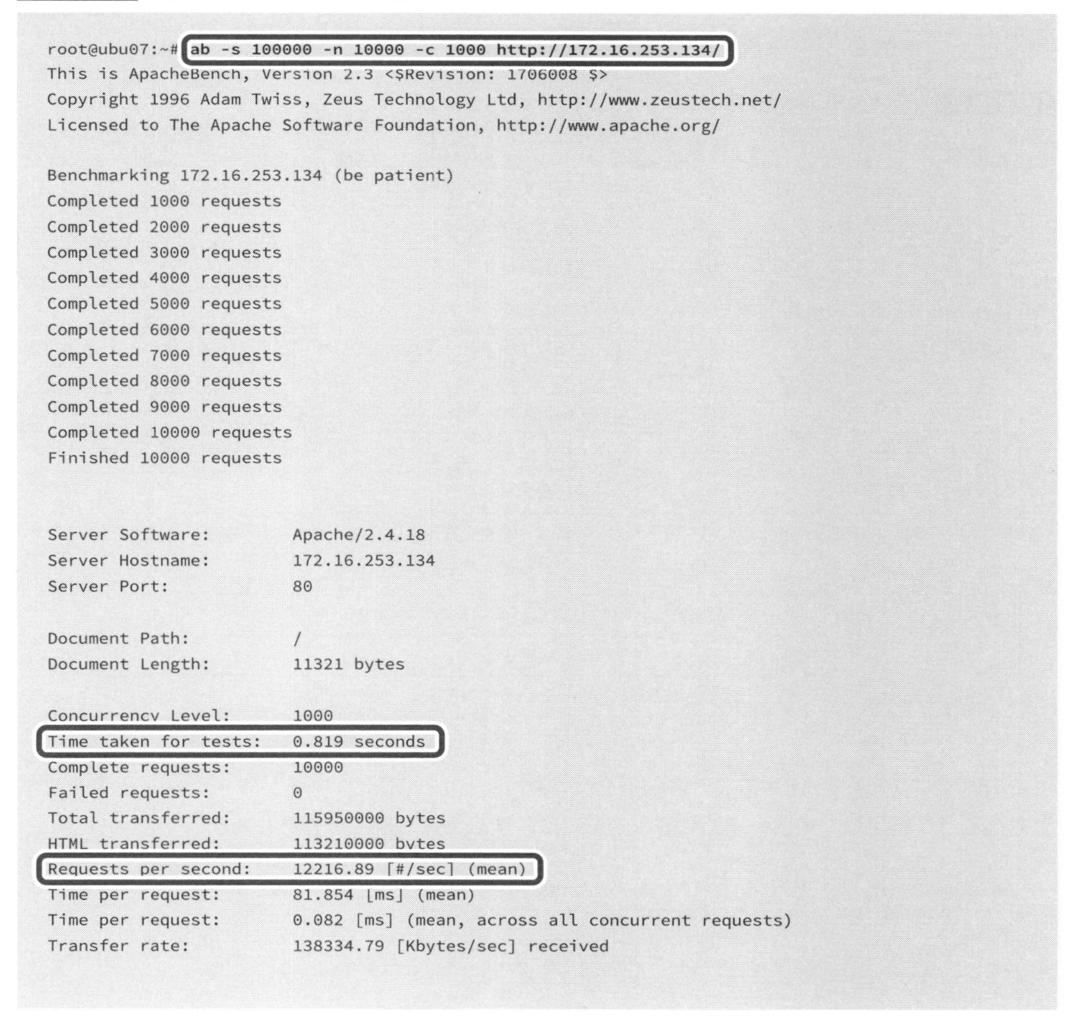

```
root@ubu07:~# ab -s 100000 -n 10000 -c 1000 http://172.16.253.134/
This is ApacheBench, Version 2.3 <$Revision: 1706008 $>
Copyright 1996 Adam Twiss, Zeus Technology Ltd, http://www.zeustech.net/
Licensed to The Apache Software Foundation, http://www.apache.org/

Benchmarking 172.16.253.134 (be patient)
Completed 1000 requests
Completed 2000 requests
Completed 3000 requests
Completed 4000 requests
Completed 5000 requests
Completed 6000 requests
Completed 7000 requests
Completed 8000 requests
Completed 9000 requests
Completed 10000 requests
Finished 10000 requests


Server Software:        Apache/2.4.18
Server Hostname:        172.16.253.134
Server Port:            80

Document Path:          /
Document Length:        11321 bytes

Concurrency Level:      1000
Time taken for tests:   0.819 seconds
Complete requests:      10000
Failed requests:        0
Total transferred:      115950000 bytes
HTML transferred:       113210000 bytes
Requests per second:    12216.89 [#/sec] (mean)
Time per request:       81.854 [ms] (mean)
Time per request:       0.082 [ms] (mean, across all concurrent requests)
Transfer rate:          138334.79 [Kbytes/sec] received
```

```
Connection Times (ms)
              min  mean[+/-sd] median   max
Connect:        0    1   2.1      0      15
Processing:     3   17  85.9      7     803
Waiting:        2   17  85.9      7     803
Total:          6   17  87.3      7     818

Percentage of the requests served within a certain time (ms)
  50%      7
  66%      7
  75%      8
  80%      8
  90%      9
  95%     10
  98%     18
  99%    810
 100%    818 (longest request)
```

表 5.1.1　代表的な Apache Bench（ab コマンド）のオプション

オプション	説明
-A [ユーザー名]:[パスワード]	ベーシック認証で使用するユーザー名とパスワードを指定する
-B [IP アドレス]	送信元 IP アドレスを指定する
-c [コネクション数]	同時コネクション数を指定する
-C [Cookie 名]:[Cookie 値]	リクエストに Cookie を追加する
-f [プロトコル]	SSL/TLS プロトコルのバージョン（SSL2, SSL3, TLS1, TLS1.1, TLS1.2, or ALL）を指定する
-k	HTTP Keepalive を有効にする
-m [HTTP メソッド]	HTTP メソッドを指定する
-n [リクエスト数]	合計リクエスト数を指定する
-P [ユーザー名]:[パスワード]	プロキシサーバー経由で接続するときに、ユーザー名とパスワードを指定する
-s [タイムアウト時間]	タイムアウト時間を指定する（デフォルト 30 秒）
-t [タイムリミット時間]	最大実行時間を指定する（デフォルトは無限）
-X [IP アドレス]:[ポート番号]	プロキシサーバーを指定する
-Z [Cipher Suite]	SSL/TLS の Cipher Suite を指定する

この例では、10000リクエストを0.819秒で実行し、12210.01 RPS[*1]のトラフィックを生成できたことがわかります。代表的な表示結果には、次表のようなものがあります。

*1 Apache Benchは、デフォルトでHTTP Keepaliveが無効なHTTP/1.0でリクエストを送信するため、1リクエストごとに、ひとつのTCPコネクションを作ります。つまり、RPS = CPSになります。

表 5.1.2 表示結果の意味

表示	説明
Concurrency Level	同時コネクション数
Time taken for tests	テストにかかった時間
Complete requests	正常に処理することができたリクエスト数
Failed requests	処理に失敗したリクエスト数
Total transferred	テストによって転送されたデータの容量
HTML transferred	テストによって転送されたHTMLの容量(HTTPヘッダーは含まれない)
Requests per second	1秒あたりに処理できるリクエスト数
Time per request	1リクエストあたりにかかった時間の平均値
Transfer rate	1秒あたりに受け取ったデータの容量
Connection Times	リクエストにかかった時間の内訳
Percentage of the requests served within a certain time	すべてのリクエストの割合に対して、処理が完了した時間

Apache JMeter

アプリケーションの動作を含めた、凝った性能試験をしたいときには、Apache JMeter (以降、JMeter) を使用するのがよいでしょう。 HTTP/HTTPSだけでなく、FTPやSMTP、LDAPなど、いろいろなプロトコルに対応しているだけでなく、アプリケーションにおけるいろいろな処理をシナリオとして登録でき、幅広い性能試験に対応できます。

図 5.1.14 JMeterの設定画面

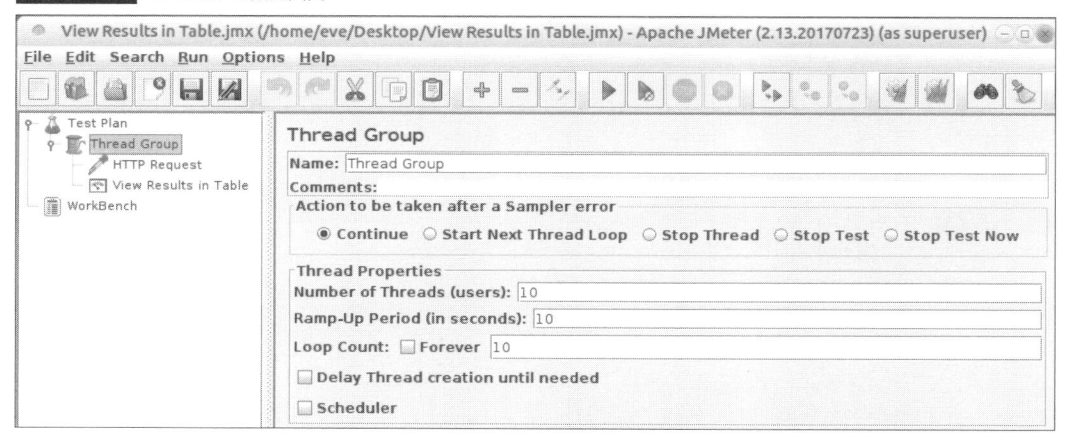

JMeterは、設定画面上で「○○をした後、○○して、その後○○をループ処理する」といったようなシナリオ(テスト計画)を作り、それにあわせたトラフィックを流すことができます。その他

にも、トラフィックの流し方も、いきなりダーっと流すだけでなく、徐々に目標値に上げていくように流すことができたり、シナリオを同時並行に実行できたり、フリーソフトなのに至れり尽くせりな感があります。ただし、その分端末のリソース（CPUやメモリなど）を消費しがちなところには注意が必要です。

iPerf

実効スループット[*1]を知りたいときには、iPerfを使用するのがよいでしょう。1000BASE-Tのインターフェースのnicを持っているからといって、1Gbpsで通信できるかと言えば、そんなことはありません。1Gbpsはあくまで机上の理論値です。500Mbpsくらい出れば及第点と言えるでしょう。iPerfを使用して、実際に通信するときに、どのくらいのスループットが出るか確認します。

iPerfは、コマンドラインから「**iperf3**」というコマンドを、サーバー、クライアントそれぞれで実行することによって、利用できます。まず、サーバーとなる端末のコマンドラインで「iperf -s」を入力して、iPerfサーバーを起動します[*2]。続いて、クライアントとなる端末のコマンドラインで「iperf -c <サーバーのIPアドレス>」を入力します。すると、クライアントがサーバーに対して大量のパケットを投げ始め、その結果を画面に表示します。次図の例では、クライアントからサーバーに対して、8.37Gbps[*3]の実効スループットでパケットを送信できていることがわかります。

*1 実際のネットワーク環境において、1秒あたりに転送されたビット数。
*2 デフォルトでTCPとUDPの5201番をLISTENするようになります。
*3 この例ではクライアントからサーバーに対してデータを送信します。下の行にある8.40Gbpsは、サーバーから受け取るACK（確認応答）から算出された値です。

図 5.1.15　サーバー端末の実行例

```
root@ubu06:~# iperf3 -s
-----------------------------------------------------------
Server listening on 5201
-----------------------------------------------------------
```

図 5.1.16　クライアント側の実行例*1 *2

```
root@ubu07:~# iperf3 -c 172.16.253.134 -O 3 -V
iperf 3.0.11
Linux ubu07 4.4.0-210-generic #242-Ubuntu SMP Fri Apr 16 09:57:56 UTC 2021 x86_64 x86_64 x86_64
GNU/Linux
Time: Tue, 17 Aug 2021 14:35:56 GMT
Connecting to host 172.16.253.134, port 5201
      Cookie: ubu07.1629210956.946430.2c9c1c3c7bd5
      TCP MSS: 1448 (default)
[  4] local 172.16.253.136 port 54366 connected to 172.16.253.134 port 5201
Starting Test: protocol: TCP, 1 streams, 131072 byte blocks, omitting 3 seconds, 10 second test
[ ID] Interval           Transfer     Bandwidth       Retr  Cwnd
```

```
[  4]   0.00-1.00   sec  1.63 GBytes  14.0 Gbits/sec    0    892 KBytes       (omitted)
[  4]   1.00-2.00   sec  1021 MBytes  8.57 Gbits/sec    0    892 KBytes       (omitted)
[  4]   2.00-3.00   sec   999 MBytes  8.38 Gbits/sec    0    892 KBytes       (omitted)
[  4]   0.00-1.00   sec   998 MBytes  8.37 Gbits/sec    0    892 KBytes
[  4]   1.00-2.00   sec   999 MBytes  8.38 Gbits/sec    0    892 KBytes
[  4]   2.00-3.00   sec   994 MBytes  8.34 Gbits/sec    0    892 KBytes
[  4]   3.00-4.00   sec   998 MBytes  8.37 Gbits/sec    0    892 KBytes
[  4]   4.00-5.00   sec   998 MBytes  8.37 Gbits/sec    0    892 KBytes
[  4]   5.00-6.00   sec   998 MBytes  8.37 Gbits/sec    0    892 KBytes
[  4]   6.00-7.00   sec   996 MBytes  8.36 Gbits/sec    0    892 KBytes
[  4]   7.00-8.00   sec   996 MBytes  8.36 Gbits/sec    0    892 KBytes
[  4]   8.00-9.00   sec   999 MBytes  8.38 Gbits/sec    0    892 KBytes
[  4]   9.00-10.00  sec  1001 MBytes  8.40 Gbits/sec    0    892 KBytes
- - - - - - - - - - - - - - - - - - - - - - - - -
Test Complete. Summary Results:
[ ID] Interval           Transfer     Bandwidth       Retr
[  4]   0.00-10.00  sec  9.74 GBytes  8.37 Gbits/sec    0             sender
[  4]   0.00-10.00  sec  9.78 GBytes  8.40 Gbits/sec                  receiver
CPU Utilization: local/sender 8.6% (0.2%u/8.4%s), remote/receiver 3.1% (0.1%u/3.0%s)
```

＊1 トラフィックが安定してからの値を実効値として取得するために、「-O」オプションで最初の3秒間の結果を省略するようにしています。

＊2 「-V」オプションでより詳細な情報を表示するようにしています。

表 5.1.3 代表的な iPerf（iperf3 コマンド）のオプション

ショートオプション	ロングオプション	説明
-4	--version4	IPv4 を使用する
-6	--version6	IPv6 を使用する
-b [帯域値]	--bandwidth [帯域値]	スループットを制限する（デフォルトは UDP のときで 1Mbps、TCP のときで無制限）
-B [IP アドレス]	--bind [IP アドレス]	IP アドレスを指定する
-c [IP アドレス]	--client [IP アドレス]	クライアントモードでサーバーに接続する
-M [MSS 値]	--set-mss [MSS 値]	MSS を指定する（デフォルトは MTU-40bytes）
-O [秒]	--omit [秒]	最初の秒数を省略する
-p [ポート番号]	--port [ポート番号]	ポート番号を指定する（デフォルトは 5201 番）
-P [コネクション数]	--parallel [ポート番号]	データ送受信用コネクションを指定する（デフォルトは 1）
-R	--reverse	リバースモードで動作する（デフォルトはクライアントからサーバーに対してデータを送信、リバースモードはサーバーからクライアントに対してデータを送信）
-s	--server	サーバーモードで動作する
-t [秒]	--time [秒]	転送時間を指定する（デフォルトは 10 秒）
-u	--udp	UDP を使用する（デフォルトは TCP）
-V	--verbose	詳細な情報を表示する

5.2 長期安定化試験のポイント

長期安定化試験は、長期間にわたって安定的に性能を発揮できるかを確認する試験です。これまでの試験は、あくまでその瞬間瞬間で問題なくパケットを処理できることを保証するものであって、実際の環境のように長期間にわたって、どんどん飛んでくるパケットをひたすら処理できるかまでは保証できていません。たとえば、機器のバグでメモリリークしていたら、これまでの試験では洗い出すことはできません。長期安定化試験では、24時間や48時間、場合によっては10日間など、顧客が決めた期間、決められたトラフィックを流し続け、安定的に、かつ問題なく動作することを確認します。

5.2.1 長期安定化試験の流れ

長期安定化試験の流れの大枠は、性能試験とそこまで大きく変わりません。**「試験設計」で流すパケットや試験期間を策定し、「試験実施」で策定した期間試験を実施し、「試験結果報告」で顧客に報告します。**

図 5.2.1　長期安定化試験の 3 ステップ

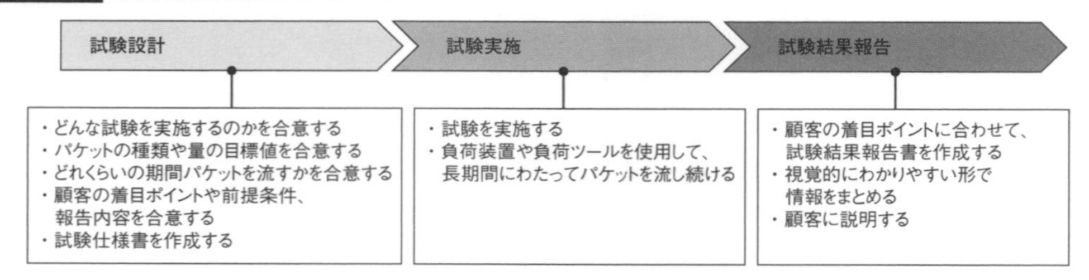

試験設計

試験設計は、どんな性能試験をするかを策定するステップです。性能試験と同じく、どのようなパケットをどのくらい流すかももちろんですが、**長期安定化試験のときは、加えてどのくらいの期間パケットを流し続けるかも重要な要素になります。**また、顧客の着目ポイントも性能試験とは異なります。筆者の経験上、長期安定化試験のときは、リソース（CPU使用率やメモリ使用率）やエラーログが着目されることが多い気がします。

試験設計で合意した内容は、後々認識の齟齬が発生しないように、試験仕様書という形でまとめます。

試験実施

試験実施は、試験設計で作成した試験仕様書に基づいて、試験を実施するステップです。基本的には粛々と試験を実施していくだけです。使用する負荷ツールによっては、スクリプトを使用しないと、長期間パケットを流し続けられなかったりもします。使用する負荷ツールに合わせてうまく設定を調整してください。

試験結果報告

試験結果報告は、試験の結果を顧客に報告するステップです。長期安定化試験も、性能試験と同じく、これまでに説明してきた単体試験や結合試験、障害試験とは違い、合格・不合格の2種類では片づけられないことがほとんどです。**視覚的にわかりやすい形にして試験結果報告書を作成し、顧客に報告します。**

たとえば、メモリの状態変化を知りたい顧客であれば、時間を横軸、メモリ使用率(%)を縦軸にとったグラフを作成します。もしもメモリリークが起きていたら、徐々にメモリ使用率が上がってきて、これまでの試験でわからなかった潜在的な障害が明白になります。

図 5.2.2　メモリリークが起きているときのグラフの例(値はイメージです)

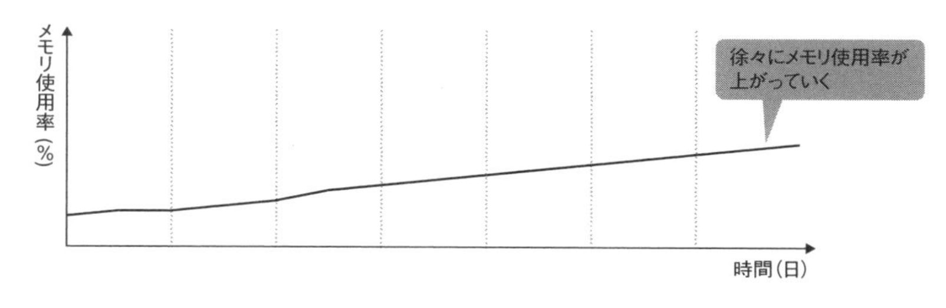

INDEX

数字

A

B

C

E

F

H

I

J

L

か

き

く

け

こ

さ

し

す

せ

そ

た

ち

て

と

ね

は

ひ

ふ

■本書のサポートページ
https://isbn2.sbcr.jp/09207/

本書をお読みいただいたご感想を上記URLからお寄せください。
本書に関するサポート情報やお問い合わせ受付フォームも掲載しておりますので、あわせてご利用ください。

著者紹介

みやた ひろし

大学と大学院で地球環境科学の分野を研究した後、某システムインテグレーターにシステムエンジニアとして入社。その後、某ネットワーク機器ベンダーのコンサルタントに転身。設計から構築、運用に至るまで、ネットワークに関連する業務全般を行う。
CCIE（Cisco Certified Internetwork Expert）

著書に『サーバ負荷分散入門』『インフラ/ネットワークエンジニアのためのネットワーク技術＆設計入門』『インフラ/ネットワークエンジニアのためのネットワーク・デザインパターン』『パケットキャプチャの教科書』『図解入門TCP/IP』（以上、みやた ひろし名義）、『イラスト図解式 この一冊で全部わかるサーバーの基本』（きはし まさひろ名義）がある。

インフラ/ネットワークエンジニアのための
ネットワーク「動作試験（どうさしけん）」入門（にゅうもん）

2021年 12月 17日　初版第1刷発行
2023年 8月 30日　初版第2刷発行

著　者 ……………… みやた ひろし
発行者 ……………… 小川 淳
発行所 ……………… SBクリエイティブ株式会社
〒106-0032 東京都港区六本木2-4-5
https://www.sbcr.jp/
印　刷 ……………… 株式会社シナノ

カバーデザイン ……… 細山田 光宣＋グスクマ・クリスチャン・セサル
（株式会社細山田デザイン事務所）
カバーイラスト ……… 桑原 紗織
制　作 ……………… クニメディア株式会社
企画・編集 ………… 友保 健太

落丁本、乱丁本は小社営業部（03-5549-1201）にてお取り替えいたします。
定価はカバーに記載されております。

Printed in Japan　ISBN978-4-8156-0920-7